普通高等教育“十三五”规划教材

化工原理

张秀玲　刘爱珍　刘　葵　主编

化学工业出版社

·北京·

本书是在“化工原理”课程一线教师多年教学实践的基础上，根据地方本科院校创新型、应用型人才培养新模式的特点编写而成。本书内容突出工程特色，注重工程实践能力培养。本书各章介绍了单元操作的原理、计算方法及相应设备；单元操作按过程原理分类，以过程带操作；各个章节中强调经常使用的内容，淡化公式的推导，而注重公式的应用，为学生熟练掌握公式、应用公式奠定基础。每章后配有适量习题，方便读者复习提高。

本书可作为少学时的化工原理课程教材，特别适用于应用型本科院校学生及非化工专业的学生学习使用。

图书在版编目（CIP）数据

化工原理/张秀玲，刘爱珍，刘葵主编. —北京：化学工业出版社，2015.10（2022.1 重印）

普通高等教育“十三五”规划教材

ISBN 978-7-122-24715-5

Ⅰ.①化… Ⅱ.①张…②刘…③刘… Ⅲ.①化工原理-高等学校-教材 Ⅳ.①TQ02

中国版本图书馆 CIP 数据核字（2015）第 171003 号

责任编辑：赵玉清　　文字编辑：向　东

责任校对：王素芹　　装帧设计：韩　飞

出版发行：化学工业出版社（北京市东城区青年湖南街 13 号　邮政编码 100011）

印　　装：涿州市般润文化传播有限公司

787mm×1092mm　1/16　印张 17¾　字数 451 千字　2022 年 1 月北京第 1 版第 6 次印刷

购书咨询：010-64518888　　售后服务：010-64518899

网　　址：http://www.cip.com.cn

凡购买本书，如有缺损质量问题，本社销售中心负责调换。

定　　价：45.00 元

本书编写人员名单

主　　编：张秀玲　刘爱珍　刘　葵
编写人员：张秀玲　刘爱珍　刘　葵　邱玉娥
　　　　　王丽梅　宋玉兰　商书波　王福明

前言

本书是遵循化学工程与工艺专业教学指导分委员会普通高等学校“化学工程与工艺专业规范”要求，结合地方本科院校“创新性、应用型”人才培养新模式的特点，深入地研究和比较了国内外优秀化工原理教材及相关参考书，充分吸收了众多教材的精华编写而成的。

本书不求知识的全面性，重在突出基本观点和工程处理方法，培养学生的工程实践能力。在教学内容上贯彻“少而精”的理念，精选各相关单元操作的主要内容。各单元操作按传递过程的共性归类，重点介绍了化工单元操作的基本原理、计算方法及相应设备；淡化公式的推导，而注重公式的应用，着重培养学生以工程观念观察、分析和解决实际工程技术问题的能力。本书力求知识结构合理、内容精炼、层次分明，便于学生学习。

本书是德州学院“化工原理”课程一线教师在多年教学实践的基础上，针对化工类及相关专业的需求，进行规划和编写的。其中，绪论由邱玉娥编写；第1章及第7章的萃取和膜分离部分由宋玉兰编写；第2章、第6章及附录部分由刘爱珍编写；第3章及第7章的蒸发部分由王丽梅编写；第4章由张秀玲、王福明编写；第5章由商书波编写；全书的插图由商书波绘制完成。张秀玲、刘爱珍及广西师范大学的刘葵教授担任本书的主编并负责最后的统编定稿。本书的编写还得到了德州学院领导的支持和关心，在此一并表示诚挚的谢意。

本书是“山东省本科高校化工特色专业建设”及山东省“卓越工程师教育培养计划”的成果之一，是编写者在总结近几年来主持研究山东省教育厅教改课题(2012477)、山东省教育科学研究重点课题［(2010GZ081) 及 (2008GG112)］研究成果的基础上，针对地方本科院校的教学特点编写而成。

由于编者水平有限，书中不足之处在所难免，敬请读者批评指正。

编者

2015年4月

目录

第0章 绪 论

0.1 化工原理课程的性质、内容与任务

化工原理是综合运用数学、物理、化学和算法语言等基础知识，将自然科学中的基本原理（质量守恒、能量守恒及平衡关系等）用来研究化工生产中内在的共同规律，讨论化工生产过程中各个单元操作的基本原理、典型设备结构、工艺尺寸设计和设备的选型以及计算方法的一门工程学科。它是化学工程与工艺类及相近专业的专业基础理论主干课程，在基础课与专业课之间起着承上启下、从“化学”到“化工”、由“理”及“工”的桥梁作用，是自然科学领域的基础课向工程科学的专业课过渡的入门课程。

化工原理课程的主要内容是以化工生产中的物理加工过程为背景，按其操作原理的共性归纳为若干“化工单元操作”（流体流动、传热、吸收、蒸馏、干燥、机械分离、蒸发、结晶、吸附、膜分离等），研究各化工单元操作的基本原理，单元操作中典型设备的构造、设备的操作特性与过程和设备的设计与计算、设备的选择与改造等。化工原理属于工程科学，是用自然科学的原理考察、解释和处理工程实际问题的科学。本课程的研究方法主要是在理论指导下的实验研究法（经验法）和数学模型法（半经验半理论方法）。

化工原理课程的主要任务是培养学生综合利用本学科的基础理论及专业基础理论知识，分析解决化工生产实际问题的能力，具体包括以下几种基本能力：

① 选择单元操作和设备的能力　根据具体生产工艺要求、物料特性，用工程观点（安全适用、经济合理）合理选择单元操作及设备；

② 进行设计计算的能力　根据选定的单元操作进行工艺计算和设备设计；

③ 进行单元操作的能力　熟悉典型单元操作过程的操作原理、操作方法，初步具备分析、解决操作故障的能力；

④ 开发创新能力　具有选择适宜操作条件，探索强化过程途径和提高设备效能的初步能力。

除了以上几种基本能力的培养外还应该特别指出的是，近年来，随着高新技术的发展（例如新材料、生物化工、制药、环境工程等领域的发展和崛起）出现了一系列的新型单元操作和过程技术，如膜分离技术、反应精馏技术、超临界流体技术、超重力场分离、电磁分离技术等。它们是各单元操作之间、各专业学科之间相互渗透、耦合的结果。因此，注意培养学生灵活运用本学科以及各学科间知识与技术的耦合来开发新型单元操作与设备的基本能力十分重要。

0.2 化工过程与单元操作

0.2.1 化工过程与单元操作

化工过程是指化学工业的生产过程。它的特点之一是操作步骤多，因为原料在各步骤中

需要依次通过若干个或若干组设备，经过各种方式的处理后才能成为产品；同时由于化学工业使用的原料与所得的产品种类繁多，不同化工过程的差别很大。但分析各种化工过程可发现，它们一般都可概括为原料预处理、化学反应和产品的分离与精制三大步骤，其简图如图0-1所示。

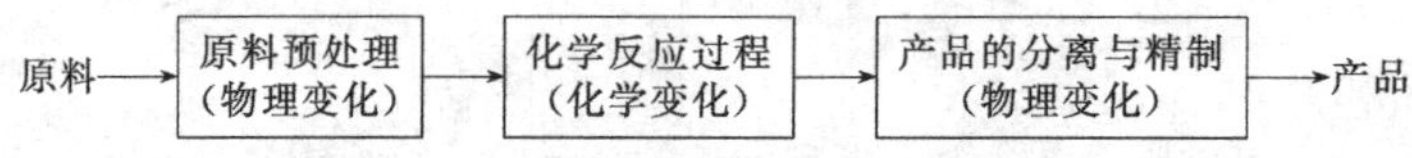

图0-1　化工过程三大步骤

由图0-1可以看出，一个化工过程的操作步骤可以归纳为两大类：一类以化学反应为主，通常是在反应器中进行；另一类则主要是物理加工过程，包括原料预处理和产品的分离与精制两大部分。从生产化工产品的角度讲，化学反应是核心步骤，但在化工厂的设备投资和操作费用中通常并不占据主要比例。实际上，涉及原料预处理和产品的分离及精制的物理加工过程，在整个化工生产中发挥着极其重要的作用，并在很大程度上决定着整个生产的经济效益。化学工业中将具有共同的物理变化，遵循共同的物理学规律，以及具有共同作用的基本操作称之为单元操作。

0.2.2　单元操作的分类及特点

各种单元操作根据不同的物理原理，采用相应的设备，达到各自的工艺目的。对于目前工业上经常使用的单元操作，可从不同角度加以分类。

按各单元操作所遵循的基本原理分为：

① 遵循流体动力规律的单元操作　包括流体输送、沉降、过滤搅拌等。

② 遵循热量传递基本规律的单元操作　包括加热、冷却、冷凝、蒸发等。

③ 遵循传质基本规律的单元操作　包括蒸馏、吸收、萃取等。

因为遵循传质基本规律的单元操作其最终目的是将混合物中的组分分开，故又称分离操作单元。

④ 同时遵循热质传递规律的单元操作　包括气体的增湿与减湿、结晶、干燥等。

另外，还有热力过程（制冷）、粉体工程（粉碎、颗粒分级、流态化）等单元操作。同时，随着新产品、新工艺的开发或为实现绿色化工生产，对物理过程提出了一些特殊要求，又不断地发展出新的单元操作或化工技术，如膜分离、参数泵分离、电磁分离、超临界技术等。此外，以节约能耗，提高效率或洁净无污染生产为目标的集成化工艺（如反应精馏、反应膜分离、萃取精馏、多塔精馏系统的优化热集成等）将是未来的发展趋势。

单元操作具有下列特点：①所有的单元操作都是物理性操作，即只改变物料的状态或其物理性质，并不改变其化学性质；②单元操作是化工生产过程中共有的操作，只是不同的化工生产中所包含的单元操作数目、名称与排列顺序不同；③单元操作用于不同的化工过程时，基本原理相同，所用的设备也是通用的。

0.3　单元操作中的物料衡算与能量衡算

在研究各类单元操作时，为了搞清过程始末和过程之中各段物料的数量、组成之间的关系以及过程中各股物料带进、带出的能量及与环境交换的能量，必须进行物料衡算和能量衡算。物料衡算及能量衡算也是本课程解决问题时的常用手段之一。

0.3.1 物料衡算

物料衡算是化工计算中最基本、也是最重要的内容之一，它是能量衡算的基础。一般在物料衡算之后，才能计算所需要提供或移走的能量。通常，物料衡算有两种情况，一种是对已有的生产设备或装置，利用实际测定的数据，算出另一些不能直接测定的物料量，用此计算结果，对生产情况进行分析、作出判断、提出改进措施。另一种是设计一种新的设备或装置，根据设计任务，先作物料衡算，求出进、出各设备的物料量，然后再作能量衡算，求出设备或过程的热负荷，从而确定设备尺寸及整个工艺流程。

0.3.1.1 物料衡算式

物料衡算是以质量守恒定律为基础对物料平衡进行计算的。物料平衡是指“在单位时间内进入系统（体系）的全部物料质量必定等于离开该系统的全部物料质量与积累在该系统内的物料质量之和”，用公式表示即为：

$$\sum G_{入}-\sum G_{出}=G \tag{0-1}$$

式中 $\sum G_{入}$——输入物料量的总和，kg；

$\sum G_{出}$——输出物料量的总和，kg；

G——积累物料量，kg。

0.3.1.2 物料衡算的方法和步骤

进行物料衡算时，为了能顺利地计算，避免错误，必须掌握计算技巧，按正确的计算方法和步骤进行。尤其是对复杂的物料衡算过程，更应如此，这样才能获得准确的计算结果。一般情况物料衡算的基本步骤如下：

① 根据题意画出简单的流程示意图；

② 列出由物料平衡所需求解的问题；

③ 决定系统的边界，即根据物料平衡所需求解的问题，确定计算范围；

④ 选择计算基准；

⑤ 用数学方法进行物料平衡计算；

⑥ 列出物料平衡表，并进行校核。

0.3.2 能量衡算

能量衡算的基础是物料衡算，只有在进行完备的物料衡算后才能作出能量衡算。在化工生产中，能量的消耗是一项重要的技术经济指标，它是衡量工艺过程、设备设计、操作制度是否先进合理的主要指标之一。

能量衡算的依据是能量守恒定律。根据能量守恒定律，在任何一个化工生产过程中，凡向该过程输入的能量必等于该过程输出的能量。在许多化工生产中所涉及的能量仅为热能，所以本教材只对热量衡算作简单介绍。

0.3.2.1 热量衡算式

热量衡算有两种情况，一种是在设计时，根据给定的进出物料量及已知温度求另一股物料的未知物料量或温度，常用于计算换热设备的蒸汽用量或冷却水用量；另一种是在原有的装置上，对某个设备，利用实际测定（有时也要作一些相应的计算）的数据，计算出另一些不能或很难直接测定的热量或能量，由此对设备作出能量上的分析。

根据能量守恒定律，在任何一个化工生产过程中，一定时间内凡向系统（体系）输入的热量，必等于从该系统输出的热量与积累在该系统内的热量之和。对于连续定态过程，积累的热量为零，则热量衡算的基本关系式可表示为：

$$\sum Q_F=\sum Q_D+q \tag{0-2}$$

式中 $\sum Q_F$——输入系统的各物料带入的总热量，kJ；

$\sum Q_D$——输出系统的各物料带出的总热量，kJ；

q——系统与环境交换的总热量，当系统向环境散热时，此值为正，称为热损失，kJ。

0.3.2.2 热量衡算的方法与步骤

热量衡算的方法与步骤和物料衡算大致相同，一般包括以下几个基本步骤：

① 绘制以单位时间为基准的物料流程图，确定热量衡算范围。

② 在物料流程图上标明温度、压力、相态等已知条件。

③ 选定计算基准温度。在进行热量计算时，基准温度选择不恰当，会给计算带来许多不便。因此，在同一个计算中，要选择同一个计算基准温度，而且要使计算尽量地简单、方便。由于手册、文献上查到的热力学数据大多数是273K或298K的数据，故选此温度为基准温度计算比较方便。计算时相态的确定也是很重要的。

④ 列出热量衡算式，然后用数学方法求解未知值。

⑤ 整理并校核计算结果，列出热量平衡表。

进行热量衡算时应注意以下几点：

① 热量衡算时要先根据物料的变化和走向，认真分析热量间的关系，然后根据热量守恒定律列出热量关系式；

② 要弄清楚过程中出现的热量形式，以便搜集有关的物性数据；

③ 计算结果是否正确适用，关键在于数据的正确性和可靠性；

④ 间歇操作设备，传热量 Q 随时间而变化，因此要用不均衡系数将设备的热负荷由“kJ/台”换算为“kJ/h”；

⑤ 选定设备的换热面积要大于理论计算面积。

0.4 单位制与单位换算

化学工程和化学工艺中涉及多种物理量。任何一个物理量的大小都是用数字和单位联合来表达的，二者缺一不可。运算时，数字与单位一并纳入运算。

0.4.1 单位制

一般，物理量的单位是可任选的，但由于各个物理量之间存在着客观联系，因此不必对每种物理量的单位都单独进行任意选择，而可通过某些物理量的单位来度量另一些物理量。因此，单位就会有基本单位和导出单位两种。在描述单元操作的众多物理量中，独立的物理量叫基本量，其单位叫作基本单位，如时间、长度、质量等；由基本量导出的物理量，叫作导出物理量（简称导出量），其单位叫作导出单位，如速度、加速度、密度等。

基本单位和导出单位构成一个完整的体系，称为单位制。

由于历史和地区的原因，也由于学科领域的不同，出现了对基本量及其单位的不同选择，因而产生了不同的单位制度。常用的单位制有以下几种。

0.4.1.1　绝对单位制

常用的绝对单位制有两种。

① 厘米·克·秒制（简称 CGS 制），又称物理单位制。其基本量为长度、质量和时间，它们的单位为基本单位。其中长度单位是厘米，质量单位是克，时间单位是秒。力是导出量，力的单位由牛顿第二定律 $F=ma$ 导出，其单位为 $g \cdot cm/s^2$，称为达因。在过去的科学实验和物理化学数据手册中常用这种单位制。

② 米·千克·秒制（简称 MKS 制），又称绝对实用单位制。其基本量与 CGS 制相同，但基本单位不同。其长度单位是米，质量单位是千克，时间单位是秒。导出量——力的单位是 $kg \cdot m/s^2$，称为牛顿。

0.4.1.2　工程单位制（重力单位制）

工程单位制选用长度、力和时间为基本量，其基本单位分别为米、千克力和秒。质量是导出量。工程单位制中力的单位千克力是这样规定的：它相当于真空中以 MKS 制量度的 1kg 质量的物体，在重力加速度为 $9.807m/s^2$ 下所受的重力。质量的单位相应为 $kgf \cdot s^2/m$，并无专门名称。

0.4.1.3　国际单位制（简称 SI 制）

国际单位制规定了七个基本量及对应的基本单位，即长度——米、质量——千克、时间——秒、电流强度——安培、热力学温度——开尔文、发光强度——坎德拉及物质的量——摩尔（在化工原理中，一般只使用米、千克、秒、开尔文和摩尔），还有两个辅助单位和大量的导出单位。SI 制还规定了一套词冠（单位词头）来表示十进倍数或分数。

自然科学与工程技术领域里的一切单位都可以由 SI 制的七个基本单位导出，所以 SI 制通用于所有科学部门，这就是其通用性；在 SI 制中任何一个导出单位由基本单位相乘或相除而导出时，都不引入比例常数，或者说其比例常数都等于 1，从而使运算简便，不易发生错漏，这就是其一贯性。SI 制的“通用性”和“一贯性”的优点，使它在国际上迅速得到推广。

0.4.1.4　中华人民共和国法定计量单位（简称法定单位制）

《中华人民共和国法定计量单位》是以国际单位制（SI）单位为基础，并根据我国的实际情况，适当选用一些非国际单位制单位。我国的法定计量单位包括：①国际单位制的基本单位；②国际单位制的辅助单位；③国际单位制中具有专门名称的导出单位；④国家选定的非国际单位制单位；⑤由以上单位构成的组合形式的单位；⑥由词头和以上单位所构成的十进倍数和分数单位。本教材采用法定单位制。

0.4.2　单位换算

在我国，以国际单位制（SI）单位为基础的法定计量单位虽已公布推行，但工程制单位在生产、设计使用中仍较普遍，而且化学工程中常用的物理、化学数据有些仍以物理制（CGS）单位表示。因此，有必要对单位换算知识简单进行介绍。

0.4.2.1　物理量的单位换算

同一物理量，若采用不同的单位制则数值就不相同。例如：重力加速度在法定单位制中的单位是 m/s^2，数值为 9.81；在 CGS 制中单位是 cm/s^2，数值为 981。二者包括单位在内的数值比称为单位换算因子。如重力加速度在法定单位制与 CGS 制中的单位换算因子为：

$$\frac{9.81\text{m/s}^2}{981\text{cm/s}^2}=\frac{1}{100}\text{m/cm}$$

任何单位换算因子都是彼此相等而单位不同的两个同名物理量（包括单位在内）的比值。单位换算时，需要换算因子。化工中常用单位的换算因子可从教材附录中查得。

0.4.2.2 经验公式（或数字公式）的单位换算

化工计算中常遇到的公式有两类：

一类为物理方程，它是根据物理规律建立起来的，如牛顿定律中力、质量和加速度的关系，$F=ma$。物理方程遵循单位或量纲一致的原则。同一物理方程中绝不允许采用两种单位制度。

用一定单位制度的基本物理量来表示某一物理量，称为该物理量的量纲。在 MKS 单位制度中，基本物理量质量、长度、时间、热力学温度的量纲分别用 M、L、T 与 Θ 表示，力的量纲为 MLT^{-2}；在工程单位制度中，力为基本量，其量纲用 F 表示，质量的量纲则变为 FT^2L^{-1}。量纲一致的原则是量纲分析方法的基础。

另一类为经验方程，它是根据实验数据整理成的公式，式中各物理量的符号只代表指定单位制度的数据部分，因而经验公式又称数字公式。当所给物理量的单位与经验公式指定的单位制度不相同时，则需要进行单位换算。可采取两种方式进行单位换算：将诸物理量的数据换算成经验公式中指定的单位后，再分别代入经验公式进行计算；若经验公式需经常使用，对大量的数据进行单位换算很繁琐，则可将公式加以变换，使式中各符号都采用所希望的单位制度。

第1章 流体流动及输送机械

物质的常规聚集状态分为气体、液体和固体，气体和液体合称为流体。在化工生产过程中所处理的物料多为流体，通常需要将流体从一个装置输送到另一个装置，使之进行后续的加工处理。但是，无论是管道输送、流量测定，还是输送流体所需的功率的计算和输送设备的选择及操作，都与流体流动的基本原理和规律密切相关。不仅如此，许多单元操作都与流体流动密切相关，例如沉降、过滤、传热与传质等过程。本章主要讨论流体的特性、流体在管路流动过程的基本原理及流体输送机械。

1.1 流体静力学

流体静力学主要是研究平衡状态下流体性质在受力作用下变化规律的科学，是流体力学的一个分支。本节仅讨论流体在重力场中流体的静力平衡规律。

静止流体中没有剪应力，只有来自于压力的法向力，而法向力的产生具有重要的作用，如大型水电站和防护堤坝的建立，都必须考虑水压力的作用。因此流体的静力平衡规律在工程技术领域应用很多，如流体贮存容器和输送管道的受力计算、液压传动装置的设计、液位的测量和液封技术等。

描述静态平衡下流体性质的物理量有很多，常用的有密度、压力、温度、体积等。因此在研究流体的静力平衡规律之前，先对与此相关的物理量予以说明。

1.1.1 密度和压力

1.1.1.1 密度

单位体积流体所具有的质量称为流体的密度，用符号 ρ 表示，单位为 kg/m^3。流体的密度可用下式表示：

$$\rho=\lim_{\Delta V\to 0}\frac{\Delta m}{\Delta V}=\frac{dm}{dV} \tag{1-1}$$

式中 m——流体的质量，kg；

V——流体的体积，m^3。

式中，$\Delta V\to 0$ 时，$\frac{\Delta m}{\Delta V}$的极限值即流体在某点的密度。

任何一种流体的密度都是压力和温度的函数。

对于液体，压力的变化对密度的影响很小，可以忽略不计，故通常视液体为不可压缩流体。但温度的变化则有一定的影响。因此，查阅和使用液体的密度数据，一定要注意其所指的温度。

气体是可压缩流体，它的密度随着温度和压力的不同而有较大的差别。低压气体的密度（极低压力除外）可按照理想气体状态方程计算，即

$$\rho=\frac{m}{V}=\frac{pM}{RT} \tag{1-2}$$

式中　p——气体的绝对压力，kPa；

M——气体的摩尔质量，kg/kmol；

R——气体常数，其值为 8.314kJ/(kmol·K)；

T——热力学温度，K。

化工生产中经常遇到各种混合物，在无直接的实测数据时，混合物的密度可以用一些近似公式进行估算。通常，按理想溶液各组分混合前后体积不变，即混合物体积等于各组分单独存在时体积的加和原则进行计算。

对于液体，混合物组成常用组分的质量分数表示，因此液体混合物密度 ρ_m 的计算公式为：

$$\frac{1}{\rho_m}=\sum_{i=1}^{n}\frac{x_{w_i}}{\rho_i} \tag{1-3}$$

式中　ρ_i——液体混合物中 i 组分的密度，kg/m^3；

x_{wi}——液体混合物中 i 组分的质量分数。

对于气体，混合物组成常用体积分数（或摩尔分数）表示，因此气体混合物密度 ρ_m 的计算公式为：

$$\rho_m=\sum_{i=1}^{n}\rho_i y_i \tag{1-4}$$

式中　ρ_i——气体混合物中 i 组分的密度，kg/m^3；

y_i——气体混合物中 i 组分的摩尔分数。

对于理想气体混合物，其密度的计算只需要将公式(1-2) 中的摩尔质量 M 用混合物的平均相对分子质量 $\overline{M}$ 代替即可。其计算公式如下：

$$\overline{M}=\sum_{i=1}^{n}y_iM_i \tag{1-5}$$

式中　M_i——混合气体中 i 组分的分子量。

1.1.1.2　压力

通常，流体单位表面积上所受的压力称为流体的静压力，简称压力，即

$$p=\frac{F}{A} \tag{1-6}$$

式中　p——流体的静压力，N/m^2 或者 Pa；

F——垂直作用于流体表面的总压力（法向力），N；

A——作用面的表面积，m^2。

在国际单位制中，压力的单位为 Pa，即帕斯卡；工程单位为 kgf/m^2。压力单位之间的换算关系如下：

$1atm=101300Pa=101.3kPa=10330kgf/m^2=10.33mH_2O=760mmHg$

工程中，称流体体系的真实压力为绝对压力。工业上一般采用的测压仪表（压力表）的读数常常是被测流体的绝对压力与当地大气压力的差值，称为表压力，即

表压力=绝对压力-大气压力

当被测流体体系的压力小于外界大气压力时，使用真空表进行测量。真空表的读数称为真空度，它表示被测流体的绝对压力低于当地大气压力的数值，即

真空度＝大气压力－绝对压力

不难看出，真空度实际上就是流体表压力的负值。

1.1.2　流体静力学方程

研究流体在重力场内的平衡规律实质上就是讨论静止流体内部压力随位置高低变化的规律。描述静止流体内部压力变化规律的数学表达式，称作流体静力学基本方程。此方程的推导可以通过分析流体内部的静平衡得到。

如图 1-1 所示，在一种单一连续的静止流体内部，取一底面积为 A，高度为 dz 的垂直流体柱，此微元下底和上底的垂直坐标为 z 和 $z+dz$。作用于下底和上底的压力分别为 p 和 $p+dp$，流体的密度为 ρ。由于流体处于静止状态，故在垂直方向上的作用力只有体积力和压力，且处于平衡状态，即

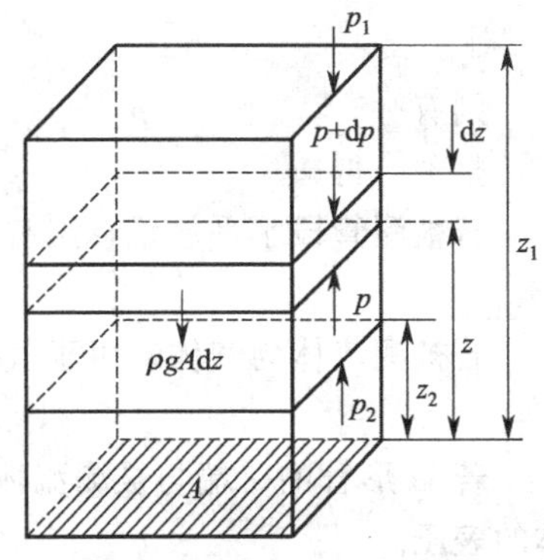

图 1-1　静止流体的力平衡

$$pA=(p+dp)A+\rho gA\,dz \Rightarrow \frac{dp}{\rho}+g\,dz=0 \qquad (1\text{-}7)$$

对于不可压缩流体，ρ 为常数，则对式(1-7) 积分得到静力学基本方程：

$$gz+\frac{p}{\rho}=\text{常数} \qquad (1\text{-}8)$$

若积分上下限分别取高度等于 z_1 和 z_2 的两个平面，且作用在这两个平面上的压力分别为 p_1 和 p_2，则有：

$$\frac{p_2-p_1}{\rho}=(z_1-z_2)g \qquad (1\text{-}9)$$

$$\frac{p_2-p_1}{\rho g}=z_1-z_2 \qquad (1\text{-}10)$$

根据上述推导，得到了静力学基本方程的不同形式，现做如下讨论：

① 式(1-8) ～式(1-10) 等表达式仅适用于重力场中静止的且不可压缩的单一连续流体。

② 静压力仅与垂直位置有关而与各点的水平位置无关，这是由于流体仅处于重力场中的缘故。在离心力场的作用下，静压力分布则遵循不同的规律。

③ 上述各表达式只能用于静置、连通的同一种流体的内部。对于间断的、并非单一流体的内部则不满足这一关系，处理这种情况时必须采用逐段传递压力的办法。

④ 一定高度的液体柱可以表示压力差的大小。需要注意的是，在使用液体柱高度表示压力或者压力差时，必须标明是何种液体。

1.1.3　流体静力学方程的应用

静力学原理在工程实际中的应用相当广泛，如测压力表、液位的测量和液封高度的计算等。在此仅介绍根据流体静力学原理制成的测压力表，这种装置统称为液柱压差计，较为典型的有以下两种。

1.1.3.1　U 形管压差计

U 形管压差计结构如图 1-2 所示。在一根 U 形玻璃管内装入液体，称为指示液 A，要求指示液 A 的密度 ρ_A 大于被测流体的密度 ρ_B，并与被测液体 B 不互溶。

当U形管的两端与被测两点相通时，由于作用于U形管两端的压力不等（图中 $p_1 > p_2$），因此指示液A在U形管的两侧便显示出一定的高度差 R。

由图可见，a、a'两点在同一水平面上，且该两点都处在相连通的同一静止流体内，因此 a、a'两点的压力相等，即 $p_a = p_{a'}$。则分别对U形管的两侧流体柱列流体静力学方程，得

$$p_a = p_1 + \rho_B g(m+R)$$

$$p_{a'} = p_2 + \rho_B g(m+Z) + \rho_A gR$$

则有 $$p_1 + \rho_B g(m+R) = p_2 + \rho_B g(m+Z) + \rho_A gR$$

整理，得 $$p_1 - p_2 = (\rho_A - \rho_B)gR + \rho_B gZ$$

若被测管段水平放置，则有 $Z=0$，上式简化为：

$$p_1 - p_2 = (\rho_A - \rho_B)gR \tag{1-11}$$

若被测流体为气体，由于气体的密度比指示液的密度小得多，可以忽略不计，则有：

$$p_1 - p_2 = \rho_A gR \tag{1-11a}$$

若U形管的一端与被测流体连接，另一端与大气相通，此时读数 R 反映的就是被测流体的表压。

1.1.3.2 双液U形管微压差计

根据公式(1-11)可知，若所测压力差较小，用普通压差计测量的读数就较小，难以准确读出 R 值，会造成较大的测量误差。在此情况下，改用双液U形管微压差计可以大大提高测量的精度。

如图1-3所示，双液U形管微压差计是在U形管的上方增设两个小室，装入密度接近但不互溶的两种指示液A和C。由于小室的截面远大于管截面，故即使下方指示液A的高度差很大，两小室的指示液C的液面仍能基本保持等高。根据流体静力学方程得到：

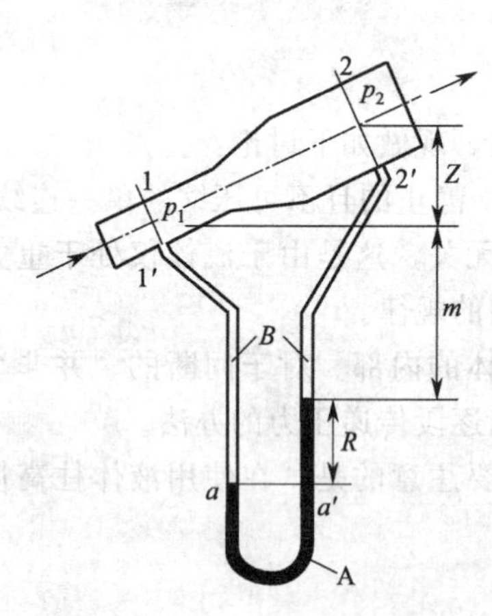

图1-2 U形管压差计结构

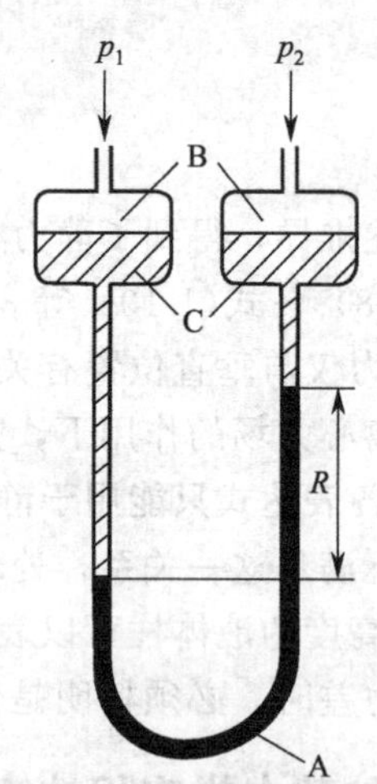

图1-3 双液U形管微压差计

$$p_1 - p_2 = (\rho_A - \rho_C)gR \tag{1-12}$$

根据上式可知，只要选择的两种指示液A和C的密度差足够小，就可以使得读数 R 放大到普通U形管压差计的几倍甚至更大。

此外，将普通U形管压差计倾斜放置，也可以放大读数，即为倾斜U形管压差计。

【例1-1】 用普通U形管压差计测量气体管路上两点的压力差，指示液用水，读数 R 为10mm。为了提高测量精度，改用双液U形管微压差计，指示液A为煤油，密度为850kg/m³；

指示液 C 为含酒精 40% 的水溶液，密度为 $920kg/m^3$。问读数可以放大到多少毫米？

解　用 U 形管压差计测量时，其压力差为：$p_1-p_2=\rho_水 gR$

用双液 U 形管微压差计测量时，其压力差为：$p_1-p_2=(\rho_A-\rho_C)gR'$

由于两种压差计所测的压力差相同，则联立以上两式，得：

$$R'=\frac{\rho_水 R}{\rho_A-\rho_C}=\frac{1000\times0.01}{920-850}=0.143(m)=143(mm)$$

即读数可以放大到 143mm。

1.2　流体动力学

在工业上流体大多是沿封闭的管路系统流动，因此必须研究流体在管内流动的状态与规律，即流体动力学。

1.2.1　流量和流速

1.2.1.1　流量

流量的表示方法有两种，即体积流量和质量流量。

体积流量是指单位时间内流体流过管路任一流通截面的体积，用 V_s 表示，单位为 m^3/s。质量流量指的是单位时间内流体流过管路任一流通截面的质量，用 m_s 表示，单位为 kg/s。

体积流量与质量流量之间的关系为：

$$m_s=\rho V_s \tag{1-13}$$

1.2.1.2　流速

单位时间内流体在流动方向上流过的距离称为流速，用 u 表示，单位为 m/s。实际上，流体在管道内流动，管道内任一截面上的各质点的流速各不相同，在管壁处为零，愈接近管中心，流速愈大。为了应用方便，工程上所指的流速一般是指以流量除以流通截面积 A 所得的平均速度，仍用 u 表示。以质量流量除以流通截面积所得的平均速度称为质量流速，用 G 表示，单位为 $kg/(m^2\cdot s)$，即：

$$u=\frac{V_s}{A} \tag{1-14}$$

$$G=\frac{m_s}{A} \tag{1-15}$$

流速与质量流速之间的关系为：

$$G=\rho u \tag{1-16}$$

1.2.2　稳定流动与非稳定流动

流动系统中，所有点的状态参数都不随时间改变的流动称为稳定（稳态、定态）流动，反之称为非稳定（非稳态、非定态）流动。稳定流动中各点的流速，压力及物理性质如密度、黏度等虽不随时间改变，但可随位置改变。

连续生产过程中的流体流动，多可视为稳定流动，在开工或停工阶段，则可能属于不稳定流动。本章以分析稳定流动为主。

1.2.3　流动系统中的物料衡算

流动系统中的物料衡算关系也称为流体流动的连续性方程。

对于一个稳定流动系统，系统内任意位置上均无物料累计，因此物料衡算关系可以写为：输入＝输出，即流入体系的质量流量＝流出体系的质量流量。

在如图 1-4 所示的稳定流动的管路系统中，流体从截面 1—1′流入的质量流量 m_{s1} 应等于从截面 2—2′流出的质量流量 m_{s2}，即

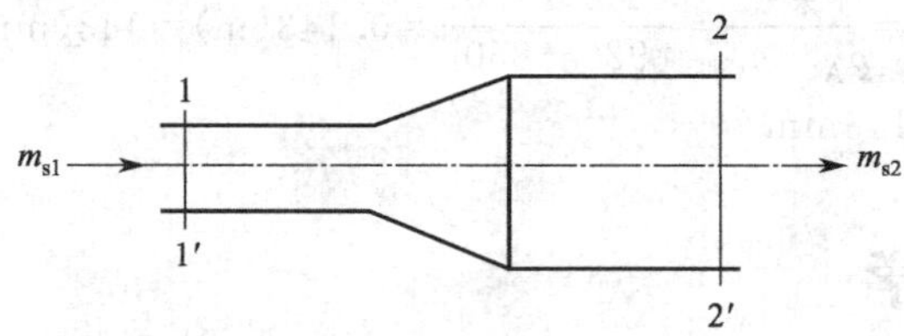

图 1-4　管路系统的总质量衡算

$$m_{s1}=m_{s2}$$

或

$$\rho_1 u_1 A_1=\rho_2 u_2 A_2 \tag{1-17}$$

如果把这一关系推广到管路系统中的任意截面，则有：

$$m_s=\rho_1 u_1 A_1=\rho_2 u_2 A_2=\cdots=\rho u A=\text{常数} \tag{1-17a}$$

若流体是不可压缩流体，即 ρ＝常数，则有

$$V_s=u_1 A_1=u_2 A_2=\cdots=uA=\text{常数} \tag{1-17b}$$

式(1-17a)、式(1-17b) 称为流体稳定流动时的连续性方程。

对于圆形管道，d 为直径，则不可压缩流体稳定流动的连续性方程可以写为：

$$u_1\ \frac{\pi}{4}d_1^2=u_2\ \frac{\pi}{4}d_2^2$$

即

$$\frac{u_2}{u_1}=\left(\frac{d_1}{d_2}\right)^2 \tag{1-18}$$

该式说明，体积流量一定时，管内流体的流速与管道直径的平方成反比。

1.2.4　流动系统中的能量衡算

参与衡算的能量包括两方面，一是流动着的流体本身具有的能量，二是系统与外界交换的能量。伯努利方程表示了在流体的流动过程中，各种形式能量之间的转换关系。本节采用能量衡算的方法推导伯努利方程式。

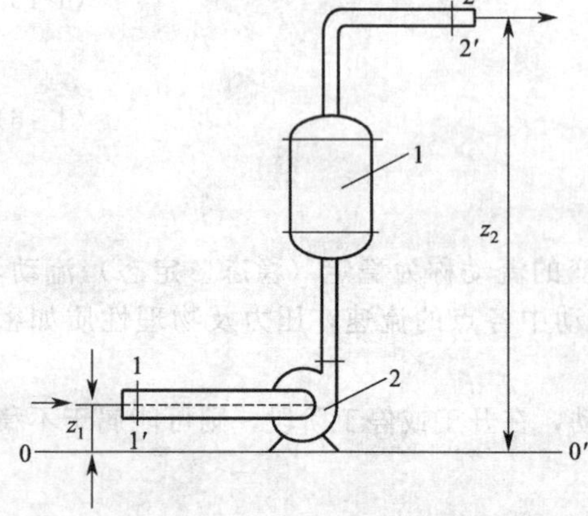

图 1-5　流动系统的总能量衡算

1—换热器；2—流体输送机械

1.2.4.1　流体流动的总能量衡算

在图 1-5 所示的流体流动系统中，流体由截面 1—1′流入，经过不同管径的管道和设备由截面 2—2′流出，管路中有对流体做功的泵及与流体发生热交换的换热器。现以截面 1—1′和截面 2—2′之间的管路设备作为衡算对象。假定在稳定流动条件下，每单位时间有质量为 $m$kg 的流体从截面 1—1′进入，必然有质量为 $m$kg 的流体从截面 2—2′流出。由于流体本身具有一定的能量，所以在此过程中同时发生流体携带能量输入或者输出。流体进出时输入或者输出的能量包含以下几项：

① 内能　物质内部的能量总和。它是原子与

分子的运动及其相互作用的结果。从宏观角度来看，它与流体的温度相关，而压力的影响可以忽略不计。单位质量流体的内能以 U 表示，单位为 J/kg。

② 位能 流体因处于重力场内而具有的能量。位能是一个相对值，其大小由所选取基准水平面的位置而定。若流体与基准水平面的距离为 z，则位能等于将流体升举到距离 z 处所做的功，因此，单位质量流体的位能为 gz，单位为 J/kg。

③ 动能 流体以一定速度流动时，便具有一定的动能，其大小等于流体从静止加速到流速 u 时所需要的功，即单位质量流体具有的位能为 $\frac{1}{2}u^2$，单位为 J/kg。

④ 静压能 和静止流体相同，流动着的流体内部任何位置上都具有一定的静压能。流体进入到衡算单位内需要对抗压力做功，这部分功变成为流体的静压能进入衡算单位。单位质量流体所具有的静压能为 pv，单位为 J/kg。v 为流体的比容，表达式为 $v=\frac{V}{m}$，单位为 m^3/kg。

除此之外，能量可以通过其他外界条件与衡算系统之间进行交换。如图 1-5 所示，泵和换热器可以向系统输入和输出能量。通常有两项：

① 热 流体通过热交换器吸热或放热。换热器向单位质量流体输入的能量为 Q_e（吸热为正值，放热为负值），其单位为 J/kg。

② 功 单位质量流体由泵获得的能量称为外功或者净功，用 W_e（流体接受外功为正值，流体对外做功时为负值）表示，单位为 J/kg。

根据能量守恒定律，对于划定的衡算范围，连续稳定的流动系统，输入的总能量等于输出的总能量。在图 1-5 中，以管道、输送机械和换热器等装置的内壁面、截面 1—1′和截面 2—2′之间的范围作为衡算范围，以 1kg 流体作为衡算基准，列出总能量衡算式：

$$U_1+gz_1+\frac{u_1^2}{2}+p_1v_1+Q_e+W_e=U_2+gz_2+\frac{u_2^2}{2}+p_2v_2 \tag{1-19}$$

或

$$\Delta U+g\Delta z+\frac{\Delta(u^2)}{2}+\Delta(pv)=Q_e+W_e \tag{1-19a}$$

式(1-19a) 即为单位质量流体稳定流动过程的总能量衡算式，也是流动系统的热力学第一定律的表达式。此式从理论上说明了流动系统中各种能量之间的关系。

1.2.4.2 伯努利方程式

由于热与内能都不能直接转变为机械能而用于流体输送，因此考虑流体输送所需能量即输送过程中能量的转变和消耗时，可以将热和内能消去，从而得到适用于计算流体输送系统的机械能衡算式。

假设 1kg 流体在规定的衡算范围内流动，为克服流动阻力损失的能量用 w_f 表示，其单位为 J/kg。Q_e'代表 1kg 流体从截面 1—1′流到截面 2—2′所获得的总热量，则有

$$Q_e'=Q_e+w_f \tag{1-20}$$

根据热力学第一定律有：

$$\Delta U=Q'_e-\int_{v_1}^{v_2}p\,dv \tag{1-21}$$

式中 $\int_{v_1}^{v_2}p\,dv$——1kg 流体从截面 1—1′流到截面 2—2′因被加热引起体积膨胀而做的功，J/kg。

将式(1-20)、式(1-21) 代入式(1-19a) 得：

$$g\Delta z+\frac{\Delta(u^2)}{2}+\int_{p_1}^{p_2}v\mathrm{d}p=W_e-w_f \tag{1-22}$$

式(1-22)就是流体稳定流动过程的机械能衡算关系式。这一关系式对不可压缩流体和可压缩流体均适用。

对于不可压缩流体，则有：

$$g\Delta z+\frac{\Delta(u^2)}{2}+\frac{\Delta p}{\rho}=W_e-w_f \tag{1-23}$$

或
$$gz_1+\frac{u_1^2}{2}+\frac{p_1}{\rho}+W_e=gz_2+\frac{u_2^2}{2}+\frac{p_2}{\rho}+w_f \tag{1-23a}$$

若流体为不可压缩的理想流体，其流动时不产生流动阻力，则流体流动的能量损失 $w_f=0$，在没有外加功的条件下，式(1-23a)可以简化为：

$$gz_1+\frac{u_1^2}{2}+\frac{p_1}{\rho}=gz_2+\frac{u_2^2}{2}+\frac{p_2}{\rho} \tag{1-24}$$

式(1-24)称为伯努利方程式。而式(1-23)及式(1-23a)是它的引申，习惯上也称为伯努利方程式。

1.2.4.3 伯努利方程式的讨论

① 伯努利方程式(1-24)只适用于不可压缩的理想流体做稳定流动而无外功输入时的情况。伯努利方程式表明，单位质量流体在任一截面上所具有的位能、动能和静压能之和，即总机械能是一常数，用 E 表示，单位为J/kg。

② 当体系无外功，其处于静止状态时，因 $u=0$，无流动则无阻力，即 $w_f=0$，伯努利方程式可简化为：

$$gz_1+\frac{p_1}{\rho}=gz_2+\frac{p_2}{\rho}$$

此式即为流体静力学基本方程式。由此可见，流体的静止状态不过是流动状态的一个特例。

③ 伯努利方程式是基于流体流动系统的机械能衡算关系式导出的，若衡算采用不同基准，则可以得到伯努利方程式的几种不同的形式。式(1-23a)是以单位质量流体为衡算基准得到的关系式，式中各项单位为J/kg。

若以单位体积流体为衡算基准，则有：

$$\rho gz_1+\frac{\rho u_1^2}{2}+p_1+\rho W_e=\rho gz_2+\frac{\rho u_2^2}{2}+p_2+\rho w_f \tag{1-23b}$$

式中各项单位为Pa。

若以单位重量流体为衡算基准，则有：

$$z_1+\frac{u_1^2}{2g}+\frac{p_1}{\rho g}+H_e=z_2+\frac{u_2^2}{2g}+\frac{p_2}{\rho g}+h_f \tag{1-23c}$$

式中 $H_e=\frac{W_e}{g}$，$h_f=\frac{w_f}{g}$，各项单位为m。z、$\frac{u^2}{2g}$、$\frac{p}{\rho g}$、H_e、h_f 分别称为位压头、动压头、静压头、外加压头和压头损失。

④ 对于可压缩流体的流动，当所取系统两截面之间的绝对压力的变化小于原来压力的20%时，仍可使用伯努利方程式进行计算。但式中的流体密度应该以两截面之间流体的平均密度 ρ_m 来代替。

⑤ 式中 W_e 是输送机械对单位质量流体所做的有效功，是选用流体输送机械的重要依据。而单位时间内输送机械所做的有效功称为有效功率，以 N_e 表示，单位为 W（即 J/kg），计算式为：

$$N_e = W_e m_s \tag{1-25}$$

若泵的功率为 η，则泵的轴功率 N 为：

$$N = \frac{N_e}{\eta} \tag{1-26}$$

1.2.4.4　伯努利方程式的应用

伯努利方程与连续性方程是解决流体流动问题不可缺少的两个重要方程。应用伯努利方程解题时，应注意以下几点。

① 计算前先根据题意画出流动系统的示意图，标明流体的流动方向，定出上、下游截面，明确流动系统的衡算范围。

② 基准水平面原则上可以任意选取，但必须与地面平行，为方便计算，宜选取两截面中位置较低的截面为基准水平面；若截面不是水平面，而是垂直于地面，则基准面应选过管中心线的水平面。

③ 截面的选取应与流体的流动方向相垂直，并且两截面间流体应是定态连续流动。截面宜选在已知量多、计算方便之处。

④ 计算时，各物理量的单位应保持一致，压力表示方法也应一致，即同为绝压或同为表压。

下面通过例题来说明伯努利方程式的应用。

（1）确定管路中流体的流量

【例 1-2】 常温的水在本题附图所示的管道内由下向上做定态流动。管道内径由 $d_1=300\text{mm}$ 逐渐缩小至 $d_2=150\text{mm}$。测得图中截面 1—1′和 2—2′处的静压力分别为 0.2MPa 和 0.15MPa（均为表压），两个测压面的垂直距离为 1.5m。流动过程的能量损失忽略不计。试求水在管道中流动时的质量流量（kg/s）。

解　如图所示，取截面 1—1′和 2—2′，并以 1—1′截面为基准水平面，在两截面之间列伯努利方程。两截面之间无外功加入，能量损失忽略不计，因此有：

$$gz_1 + \frac{u_1^2}{2} + \frac{p_1}{\rho} = gz_2 + \frac{u_2^2}{2} + \frac{p_2}{\rho} \tag{a}$$

取水的密度 $\rho \approx 1000\text{kg/m}^3$，式(a) 中各物理量的数值为：

$z_1=0$，$z_2=2.0\text{m}$，$p_1=0.2\text{MPa}$(表压)，$p_2=0.15\text{MPa}$(表压)，根据不可压缩流体在管道内做稳态流动时，速度与管内径的平方成反比，得：

$$\frac{u_2}{u_1} = \left(\frac{d_1}{d_2}\right)^2$$

代入 d_1 和 d_2 的数值，得：$u_1 = 0.25u_2$

将以上各值代入式(a)，得：

$$0 + \frac{(0.25u_2)^2}{2} + \frac{2\times10^5}{1000} = 9.81\times1.5 + \frac{u_2^2}{2} + \frac{1.5\times10^5}{1000}$$

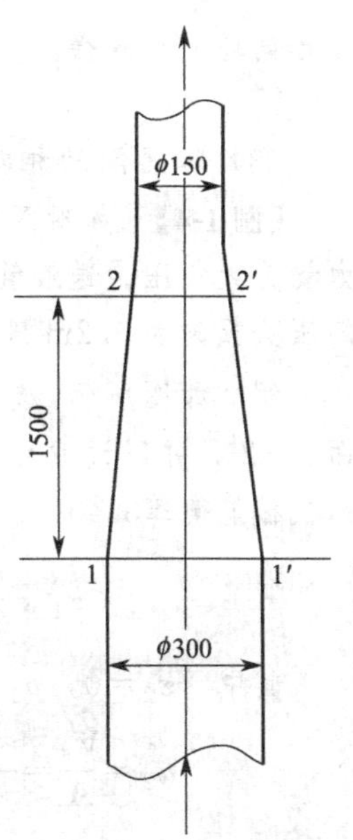

【例 1-2】附图

解得：　　　　　　　$u_2=8.68(\mathrm{m/s})$

质量流量：　　$m_s=8.68\times\frac{\pi}{4}\times0.15^2\times1000=1.53\times10^3(\mathrm{kg/s})$

(2) **确定管路中流体的压力**

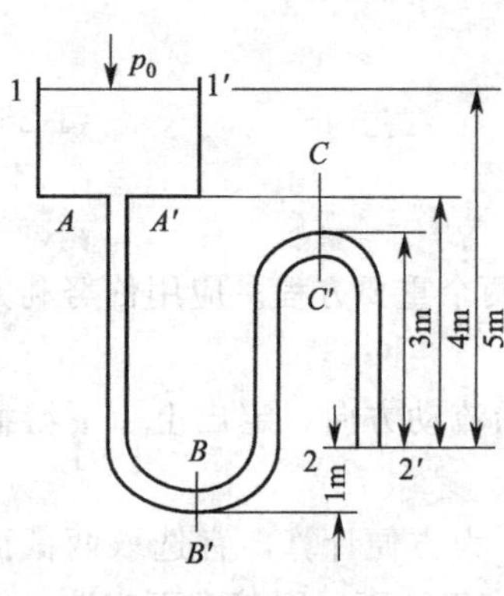

【例 1-3】附图

【例 1-3】 理想流体在如附图所示的管路中流动，设管径均匀一致，水槽液面高度维持不变，试求：(1) 管路出口流速；(2) 管路中A、B、C各点的压力。

解　(1) 如附图所示，选取水槽液面为截面1—1′，管出口为截面2—2′，并以2—2′截面为基准水平面，在两截面间列伯努利方程：

$$gz_1+\frac{u_1^2}{2}+\frac{p_1}{\rho}=gz_2+\frac{u_2^2}{2}+\frac{p_2}{\rho} \tag{a}$$

其中

$z_1=5\mathrm{m}$，$z_2=0$，$p_1=p_2=0$(表压)，$u_1\approx0$ 将以上各值代入式(a)，得：

$$u_2=\sqrt{2\times9.81\times5}=9.9(\mathrm{m/s})$$

根据连续性方程，因为各处管径均匀一致，则有：

$$u_A=u_B=u_C=u_2=9.9(\mathrm{m/s})$$

(2) 以2—2′截面为基准水平面，在如图所示的A—A′截面与2—2′截面间列伯努利方程，得：

$$gz_A+\frac{u_A^2}{2}+\frac{p_A}{\rho}=gz_2+\frac{u_2^2}{2}+\frac{p_2}{\rho} \tag{b}$$

其中　　　　　$z_A=4\mathrm{m}$，$z_2=0$，$p_2=0$(表压)，$u_A=9.9\mathrm{m/s}$

将以上各值代入式(b)，得：

$$p_A=\rho g z_A=1000\times9.81\times4=39.24(\mathrm{kPa})(\text{表压})$$

同理，可求得：

$$p_B=9.81\mathrm{kPa}(\text{真空度}),\ p_C=29.34\mathrm{kPa}(\text{表压})$$

(3) **容器间的相对位置**

【例 1-4】 如附图所示，从高位槽向塔内进料，高位槽中液位恒定，高位槽和塔内的压力均为大气压。送液管为ϕ45mm×2.5mm的钢管，要求送液量为3.6m³/h。设料液在管内的压头损失为1.2m液柱（不包括出口能量损失），试求高位槽的液面要高出进料口多少米？

解　如图所示，选取水槽液面为截面1—1′，管出口内侧为截面2—2′，并以过截面2—2′的中心线为基准水平面，在两截面间列机械能衡算式：

$$z_1+\frac{u_1^2}{2g}+\frac{p_1}{\rho g}=z_2+\frac{u_2^2}{2g}+\frac{p_2}{\rho g}+h_f \tag{a}$$

其中　$z_2=0$，$p_1=p_2=0$(表压)，$u_1\approx0$，$h_f=1.2\mathrm{m}$，

$$u_2=\frac{V_s}{A}=\frac{3.6}{3600\times\frac{\pi}{4}\times0.04^2}=0.8(\mathrm{m/s})$$

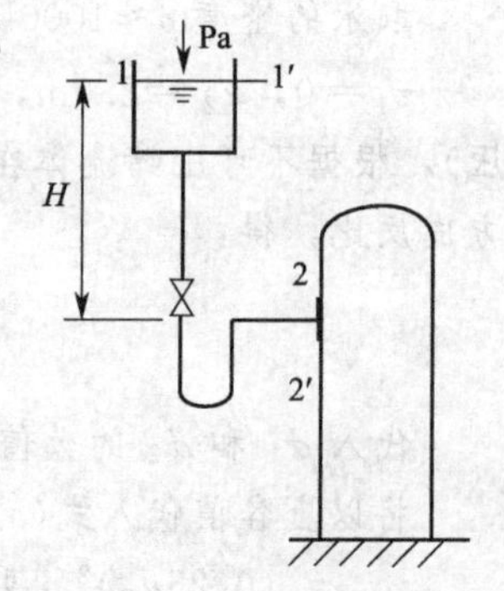

【例 1-4】附图

将以上各值代入式(a)，得：

$$z_1=\frac{0.8^2}{2\times 9.81}+1.2=1.23(\mathrm{m})$$

即高位槽的液面要高出进料口 1.23m。

（4）确定流体输送机械的功率

【例 1-5】 用泵将储液池中常温下的水送至吸收塔顶部，储液池水面维持恒定，各部分的相对位置如附图所示。输水管的直径为 ϕ76mm×3mm 的钢管，排水管出口喷头连接处的压力为 6.5×10^4Pa（表压），送水量为 $35\mathrm{m^3/h}$，水流经全部管道的能量损失为 200J/kg，试求泵的有效功率。

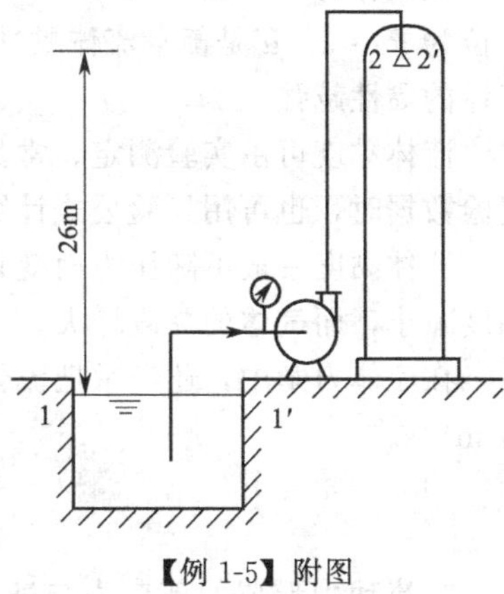

【例 1-5】附图

解　以储液池的水面为截面 1—1′，排水管出口与喷头连接处为截面 2—2′，并以 1—1′截面为基准水平面，在两截面间列机械能衡算方程：

$$gz_1+\frac{u_1^2}{2}+\frac{p_1}{\rho}+W_e=gz_2+\frac{u_2^2}{2}+\frac{p_2}{\rho}+w_f$$

得 $$W_e=g(z_2-z_1)+\frac{u_2^2-u_1^2}{2}+\frac{p_2-p_1}{\rho}+w_f \qquad \text{(a)}$$

其中，$z_1=0$，$z_2=26\mathrm{m}$，$p_1=0$（表压），$p_2=6.5\times10^4\mathrm{Pa}$（表压），$u_1\approx0$，$u_2=\frac{V_s}{A}=\frac{35}{3600\times\frac{\pi}{4}\times(0.07)^2}=2.53(\mathrm{m/s})$，$w_f=200\mathrm{J/kg}$。

将以上各数据带入式(a)，取水的密度为 $\rho=1000\mathrm{kg/m^3}$，得：

$$W_e=9.81\times26+\frac{2.53^2}{2}+\frac{6.5\times10^4}{1000}+200=523.3(\mathrm{J/kg})$$

泵的有效功率为：$N_e=W_em_s=W_eV_s\rho=\frac{523.3\times35\times1000}{3600}=5.09(\mathrm{kW})$

1.3　流体流动的阻力损失

流体输送计算的重要内容之一就是计算流体流动的阻力。流体在管内的流动阻力分为两类：直管阻力和局部阻力。直管阻力是流体在一定管径的管道内流动时，为克服流体的黏性阻力而消耗的能量，亦称为沿程阻力。局部阻力是流体在流经管件、阀门时，因流体的流速和方向发生改变而损失的能量。因此，在讨论管路的阻力如何计算之前，首先应对流体的黏度和牛顿黏性定律有所了解。

1.3.1　牛顿黏性定律与流体的黏度

流体静止时不能承受任何切向力。当有切向力作用时，流体不再静止，将发生连续不断的变形，其内部质点间会产生相对运动，同时速度不同的相邻流体层之间会产生剪切力以抵抗其相对运动，流体所具有的这种性质称为黏性。所对应的剪切力称为黏滞力，也称为内摩擦力。黏性是流体的固有属性之一，不论流体处于静止还是流动状态，都有黏性。

大量实验表明，流体流动时，两相邻流体层之间单位面积上的内摩擦力 τ 与垂直于流动

方向的速度梯度$\frac{du}{dy}$成正比，即

$$\tau=\mu\frac{du}{dy} \tag{1-27}$$

此式称为牛顿黏性定律。式中μ为比例系数，称为黏性系数或动力黏度，简称黏度，单位为Pa·s。μ是衡量流体黏性大小的一个物理量。μ越大，流体内部的剪应力越大，即流体的黏性越强。

流体黏度可由实验测定。常见流体的黏度值，可通过查取有关手册或资料获得；当缺乏实验数据时，也可用经验公式计算。

流体黏度一般不随压力而变化。但温度对流体黏度的影响很大。当温度升高时，液体的黏度减小，而气体的黏度增大。

在流体力学中，还经常把流体黏度μ与密度ρ之比称为运动黏度，用符号ν表示，单位为m^2/s。

$$\nu=\frac{\mu}{\rho} \tag{1-28}$$

在流动中形成的剪应力与速度梯度的关系完全符合牛顿黏性定律的流体称为牛顿型流体，如水、空气等就属于这一类流体。但是工业中还有很多流体，不服从牛顿黏性定律，如泥浆、某些高分子溶液、悬浮液等，这类流体称为非牛顿型流体。

1.3.2 流动类型与雷诺数

流体流动类型首先由雷诺在实验中观察发现。雷诺实验装置如图1-6所示，在保持恒定液面的透明水槽内，安装一根玻璃管，玻璃管的入口为喇叭状，管出口处装有调节流量的阀门；水槽上方放置一小瓶，瓶内充有色液体。实验时，有色液体从瓶中流出，经喇叭口中心处的针状细管流入玻璃管内，从有色液体的流动状况可观察到管内水流中质点的运动情况。

当水流速度较小时，管中心的有色液体沿着轴线方向呈一条轮廓清晰的细直线，平稳地流过整根玻璃管，与旁侧的水没有丝毫混合，如图1-7(a) 所示。当开大阀门使水流速逐渐增大到一定数值时，呈直线运动的有色细流开始出现波动而呈不规则的波浪形，如图1-7(b) 所示。当水流速度继续增大，细线的波动加剧，然后被冲断而向四周散开，最后使得整个玻璃管中的水呈现均匀一致的颜色，如图1-7(c) 所示。

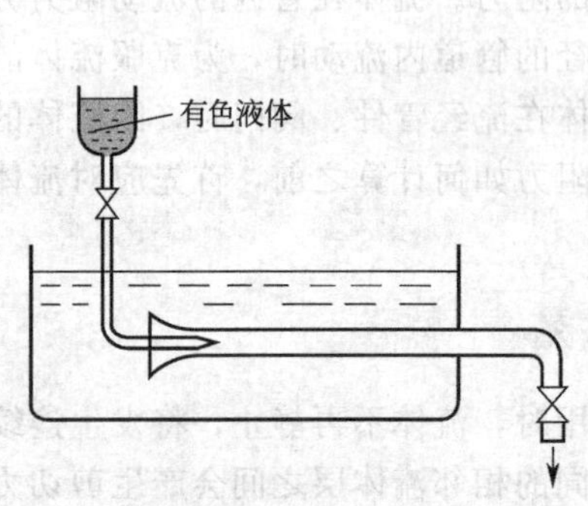

图1-6 雷诺实验装置

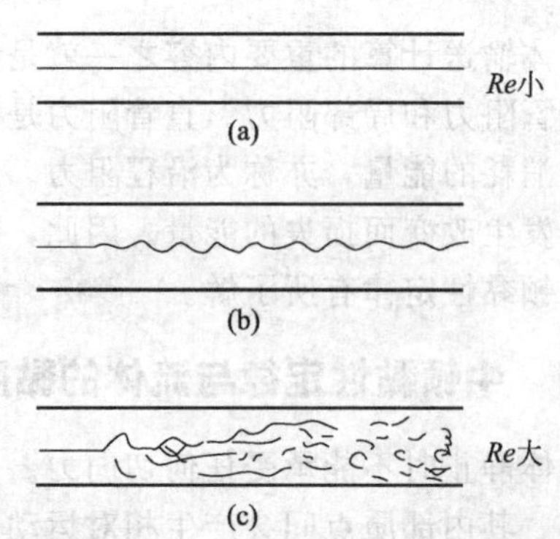

图1-7 流体流动类型

雷诺实验揭示了流体在管内流动时有两种截然不同的类型，即层流和湍流。

层流也称滞流，如图 1-7(a) 所示。流体质点是沿着与管轴平行的方向作直线运动，质点之间互不混合。因此，整个管的流体就如同一层一层的同心圆在平行地运动。

湍流也称紊流，如图 1-7(c) 所示。流体质点除了沿管道向前流动外，还会彼此碰撞并互相混合，各质点的流速在大小和方向上随时都会发生变化。

进一步实验表明，除了流速，还有管径、流体的黏度 μ 和密度 ρ 对流动情况也有影响。通过对实验数据的整理，可将这些影响因素组合成一个数群，称为雷诺数，用 Re 表示，其表达式为：

$$Re=\frac{du\rho}{\mu} \tag{1-29}$$

雷诺数是由几个物理量组合而成的无量纲数群，称为准数。其值不会因为采用的单位制不同而改变。但计算时各物理量必须采用同一单位制。

雷诺数的大小可以用来判断流体的流动类型。根据实验，流体在圆形直管内流动，当 $Re \leqslant 2000$ 时，流动为层流；当 $Re \geqslant 4000$ 时，流动为湍流；而当 $2000 < Re < 4000$ 时，流体处于不稳定的流动状态，随外界的干扰情况而变，有时出现层流，有时出现湍流，称为过渡流。

【例 1-6】 25℃的水在内径为 60mm 的管内流动，流速为 5m/s，试判断其流动类型。

解　25℃的水的密度和黏度分别为：$\rho=996\text{kg/m}^3$，$\mu=8.94\times10^{-4}\text{Pa}\cdot\text{s}$，$d=0.06\text{m}$，则：

$$Re=\frac{du\rho}{\mu}=\frac{0.06\times5\times996}{8.94\times10^{-4}}=3.34\times10^5>4000$$

由此可以判定流动型态为湍流。

1.3.3　流体阻力计算

1.3.3.1　直管阻力计算

大量的实验研究表明，流体流经圆形直管的阻力与流体的动能 $\frac{u^2}{2}$、管长 l 成正比，与其管径 d 成反比。即：

单位质量流体的直管阻力损失 (J/kg)：$w_f=\lambda\frac{l}{d}\frac{u^2}{2}$　　(1-30)

单位体积流体的直管阻力损失 (Pa)：$\Delta p_f=\rho w_f=\lambda\frac{l}{d}\frac{\rho u^2}{2}$　　(1-30a)

单位重量流体的直管阻力损失 (m)：$h_f=\frac{w_f}{g}=\lambda\frac{l}{d}\frac{u^2}{2g}$　　(1-30b)

式(1-30)、式(1-30a)、式(1-30b) 称为范宁公式，是直管阻力损失的计算通式，对层流和湍流均适用。

式中 λ 称为摩擦系数，无量纲，是雷诺数 Re 和管壁粗糙度的函数。其数值可由实验测定，也可通过公式计算获得。

对于层流直管流动，管壁上凹凸不平的地方被平稳流动的流体层所覆盖，管壁粗糙度对摩擦系数 λ 的值没有影响，λ 仅是雷诺数 Re 的函数，由理论推导得到：

$$\lambda=\frac{64}{Re} \tag{1-31}$$

式(1-31) 即为层流时，摩擦系数 λ 与雷诺数 Re 之间的关系式。

流体湍流流动时，管壁的粗糙程度对于流动的影响很大，因而影响到 λ 的计算。

化工生产中使用的管子可分为光滑管和粗糙管。光滑管包括玻璃管、铜管、铅管及塑料管等，而钢管和铸铁管称为粗糙管。即使是同种材料制造的管路，由于使用时间、使用条件及锈蚀程度的不同，管壁的粗糙程度也会产生很大的差异。管壁粗糙面凸起部分的平均高度，称为绝对粗糙度，以 ε 表示，单位为 mm；绝对粗糙度 ε 与管内径 d 的比值 $\frac{\varepsilon}{d}$ 称为相对粗糙度。管壁绝对粗糙度可查表 1-1。该表中的 ε 值只对新管而言，若经较长时间使用，管壁的 ε 值可能会显著增大。

表 1-1　某些工业管路壁面的绝对粗糙度

材料		ε/mm	材料		ε/mm
金属管	无缝黄铜管、钢管、铅管	0.01～0.05	非金属管	干净玻璃管	0.0015～0.01
	新的无缝钢管、镀锌铁管	0.1～0.2		橡皮软管	0.01～0.03
	新的铸铁管	0.3		木管	0.25～1.25
	具有轻度腐蚀的无缝钢管	0.2～0.3		陶瓷排水管	0.45～6.0
	具有显著腐蚀的无缝钢管	0.5 以上		平整的水泥管	0.33
	旧铸铁管	0.85 以上		石棉水泥管	0.03～0.8

根据研究表明，湍流流动时，摩擦系数 λ 是雷诺数和相对粗糙度的函数，即：

$$\lambda=\Phi\left(Re,\frac{\varepsilon}{d}\right) \tag{1-32}$$

工程上为使用方便，以 $\frac{\varepsilon}{d}$ 为参数，λ 为纵坐标，Re 为横坐标，将根据式(1-32) 所做实验的结果标绘在如图 1-8 所示的双对数坐标图上，称为莫狄摩擦系数图。

此图是由莫狄对新商品钢管实测得到，可分为四个区域。

(1) 层流区（$Re \leqslant 2000$）　图中左边的直线代表层流时的式(1-31)：$\lambda=\frac{64}{Re}$。即层流时，λ 与 $\frac{\varepsilon}{d}$ 无关，只是 Re 的函数。

(2) 过渡区（$2000 < Re < 4000$）　此区域中的流动类型不稳定，一般将湍流时的关系线延长出来，查得 λ 值。

(3) 湍流区（$Re \geqslant 4000$ 及右侧虚线以下区域）　其中最下面的一条曲线代表水力光滑管，其 λ 只是 Re 的函数；其余的代表粗糙管。由图可以看出，流体在粗糙管内湍流流动时，λ 与 Re、$\frac{\varepsilon}{d}$ 均有关。当 $\frac{\varepsilon}{d}$ 一定时，λ 随 Re 值的增大而减小，接近虚线时，减小趋势变缓；当 Re 值一定时，λ 随 $\frac{\varepsilon}{d}$ 的减小而减小。

(4) 完全湍流区（虚线以上的区域）　此区域中，λ 仅与 $\frac{\varepsilon}{d}$ 有关，λ 与 Re 的关系趋近于水平线，当 $\frac{\varepsilon}{d}$ 一定时，λ 为常数。此时直管阻力 $w_f \propto u^2$，因此此区域又称为阻力平方区。

除了可以通过莫狄摩擦系数图查得 λ 的数值外，还可将实验数据关联，得出各种计算 λ 的关联式。

对于光滑管，有柏拉修斯公式：

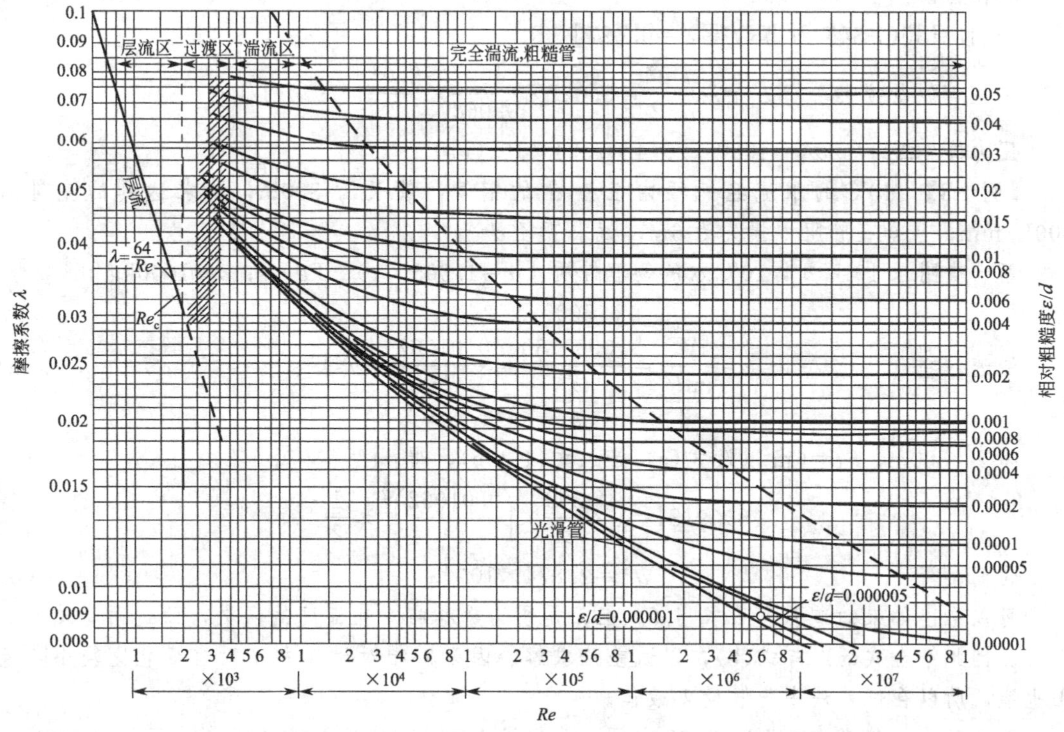

图 1-8　摩擦系数 λ 与 Re 及 ε/d 的实验关系

$$\lambda=\frac{0.3164}{Re^{0.25}}(5000<Re<10^5) \tag{1-33}$$

对于湍流区直至完全湍流区的光滑管、粗糙管，有科尔布鲁克公式：

$$\frac{1}{\sqrt{\lambda}}=-2lg\left(\frac{\varepsilon/d}{3.7}+\frac{2.51}{Re\sqrt{\lambda}}\right) \tag{1-34}$$

在完全湍流区，Re 对 λ 的影响很小，式中含 Re 的项可以忽略。

对于化工生产中的非圆形管道，可以按照前面介绍的圆管公式计算直管阻力，但须将公式中管径的 d 用当量直径 d_e 替换。

$$d_e=4\times\frac{流通截面积}{润湿周边} \tag{1-35}$$

例如，由内径为 D 的大管和外径为 d 的小管组成的套管间隙，其当量直径为：

$$d_e=4\times\frac{\frac{\pi}{4}(D^2-d^2)}{\pi(D+d)}=D-d \tag{1-35a}$$

【例 1-7】 20℃下，1kg 的水以 2.0m/s 的流速流经内径为 68mm、长为 100m 的钢管，试求直管能量损失和压力降。

解　查附录 10，得 20℃水的物理性质：$\mu=1\times10^{-3}$Pa·s；$\rho=1000$kg/m³

则 $$Re=\frac{du\rho}{\mu}=\frac{0.068\times2\times1000}{1\times10^{-3}}=1.36\times10^5>4000$$

因此水的流动型态为湍流，查表 1-1，取钢管的绝对粗糙度 ε＝0.2mm，则相对粗糙度 $\frac{\varepsilon}{d}=\frac{0.2}{68}=0.00294$

查图 1-8，得　$\lambda=0.027$

[或按照式(1-34) 计算，得 $\lambda=0.027$]

则直管能量损失　　$w_f=\lambda \frac{l}{d}\frac{u^2}{2}=0.027\times\frac{100}{0.068}\times\frac{2.0^2}{2}=79.4(\text{J/kg})$

压力降　$\Delta p_f=\rho w_f=1000\times 79.4=7.94\times 10^4(\text{Pa})$

【例 1-8】 10℃的水流经一根内径为 d 的钢管，管长为 300m，要求达到的流量为 500L/min，已知直管阻力损失为 6m，试求管径 d。

解　查附录 10 可知，10℃水的物理性质：$\mu=1.305\times 10^{-3}\text{Pa}\cdot\text{s}$；$\rho=1000\text{kg/m}^3$

流速

$$u=\frac{V_s}{\frac{\pi d^2}{4}}=\frac{\frac{500}{1000\times 60}}{\frac{\pi d^2}{4}}=\frac{0.01062}{d^2}(\text{m/s}) \quad \text{(a)}$$

将 $l=300\text{m}$，$h_f=6\text{m}$ 以及式(a) 带入式(1-30b)，得：

$$6\times 9.81=\lambda\times\frac{300}{d}\times\left(\frac{0.01062}{d^2}\right)^2\times\frac{1}{2}$$

化简，得

$$d^5=2.874\times 10^{-4}\lambda \quad \text{(b)}$$

可以看出如果知道 λ 即可求出 d。但 λ 是雷诺数和相对粗糙度的函数，而这两者均与 d 有关。因此结合式(a) 与式(b)，以试差法求解。因为 λ 相对于 u 和 d 而言变化比较小，范围也窄，所以在试差法中先假设 λ 最佳。

湍流时的 λ 值多在 0.02～0.03 之间，先假设 $\lambda=0.02$，代入式(b)，得：

$$d=0.0895\text{m}$$

校验所设的 λ 值：取 $\varepsilon=0.2\text{mm}$，则相对粗糙度 $\frac{\varepsilon}{d}=\frac{0.2}{89.5}=0.0022$，且

$$Re=\frac{du\rho}{\mu}=\frac{0.0895\times 1000}{1.305\times 10^{-3}}\times\frac{0.01062}{0.0894^2}=9.10\times 10^4>4000$$

查图 1-8 或按照式(1-34) 计算得 $\lambda=0.026$。此值比设定的 λ 要大，将计算得到的 λ 带入式(b) 中重新计算 d，得 $d=0.0943\text{m}$。

用此 d 值按照上述方法重新求λ，可知与第二次假设的值很接近，表明第二次求得的 d 值已经基本正确。实际上钢管的尺寸有一定规格（如附录 22 所示），因此无需计算得很精确。

实际采用的管的内径一般不应小于算出的 d 值，查附录 22，可选用公称直径为 100mm 的无缝钢管，壁厚为 4mm，实际外径为 108mm。此规格表示为 F108mm×4mm。

1.3.3.2 局部阻力计算

化工管路中除直管外，还有弯头、三通等管件和阀门，如图 1-9 所示。流体流经管件、阀门及突然变化的管径等局部位置时，流速的大小、方向或分布会发生变化，由此所产生的边界层分离而引起的阻力损失称为形体阻力。所以流体流经上述局部位置时的摩擦阻力与形体阻力之和称为局部阻力。

为克服局部阻力所引起的能量损失有两种计算方法：一种是局部阻力系数法，一种是当量长度法。

局部阻力系数法：该法是将局部阻力表示成动能的倍数，即

$$W_f'=\zeta\frac{u^2}{2} \quad (1\text{-}36)$$

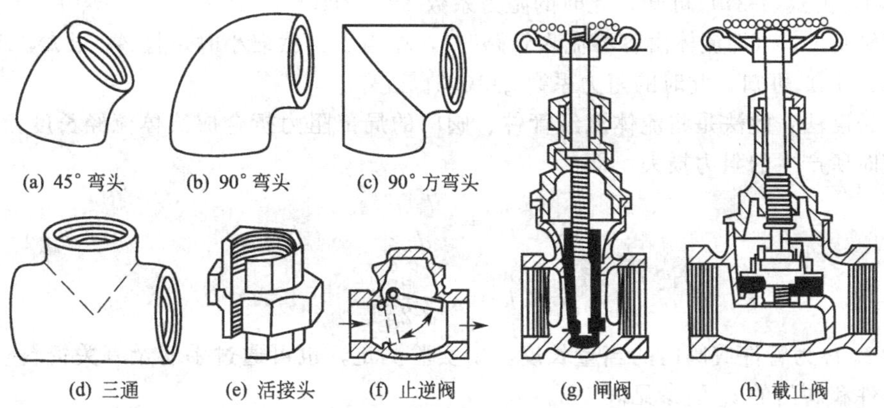

图 1-9　常用管件与阀门

$$h_f'=\zeta\frac{u^2}{2g} \tag{1-36a}$$

式中，ζ 称为局部阻力系数，一般由实验测定，也可由手册及有关资料查得。表 1-2 列出了一些常用管件和阀门的局部阻力系数。

表 1-2　常用管件和阀门的当量长度、阻力系数

名　称	l_e/d	阻力系数	名　称	l_e/d	阻力系数
弯头(45°)	17	0.35	标准阀		
弯头(90°)	35	0.75	全开	300	6.0
三通	50	1	半开	475	9.5
回弯头	75	1.5	角阀(全开)	100	2
管接头(活接头)	2	0.04	止逆阀		
闸阀			球式	3500	70
全开	9	0.17	摇板式	100	2
半开	225	4.5	水表(盘式)	350	7

如图 1-10 所示，(a) 为流体从细管流入粗管的流道突然扩大，(b) 为流体从粗管流入细管的流道突然缩小。这两种情况下的局部阻力均可用式(1-36) 进行计算，式中流速应以小管内流速为准，式中的阻力系数可分别用以下两式计算。

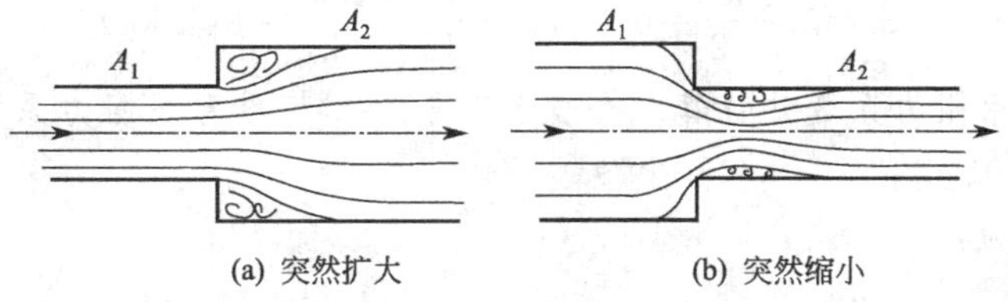

图 1-10　突然扩大和突然缩小

突然扩大时
$$\zeta=\left(1-\frac{A_1}{A_2}\right)^2 \tag{1-37}$$

突然缩小时
$$\zeta=0.5\left(1-\frac{A_2}{A_1}\right) \tag{1-37a}$$

对于管路出口（即流体由管路排入大气或者容器时），相当于突然放大时，且 A_2 很大，

$A_1/A_2 \approx 0$，由式(1-37) 可知，此时的阻力系数 $\zeta=1.0$。

对于管路进口（即流体由容器流入管路时），相当于突然缩小时，且 A_1 很大，$A_2/A_1 \approx 0$，由式(1-37a) 可知，此时的阻力系数 $\zeta=0.5$。

当量长度法：此法是将流体流经管件、阀门的局部阻力折合成流体流经长度为 l_e 的同直径管道时所产生的阻力损失，即

$$w_f'=\lambda \frac{l_e}{d}\frac{u^2}{2} \tag{1-38}$$

$$h_f'=\lambda \frac{l_e}{d}\frac{u^2}{2g} \tag{1-38a}$$

式中 l_e 称为管件或阀门的当量长度，由实验测定，也可通过手册及有关资料查得。一些常用管件和阀门的 l_e 值参见表 1-2。

1.3.3.3 总阻力计算

流体流经管路系统的总阻力损失应为直管阻力损失和局部阻力损失之和。若管路直径不变，则总阻力损失计算公式为：

$$\sum w_f=w_f+w_f'=\left(\lambda \frac{l}{d}+\sum\zeta\right)\frac{u^2}{2} \tag{1-39}$$

或

$$\sum w_f=w_f+w_f'=\lambda \frac{l+\sum l_e}{d}\frac{u^2}{2} \tag{1-39a}$$

式中 $\sum l_e$，$\sum\zeta$——等直径管路中所有当量长度或所有局部阻力系数的总和。

当管路系统由若干不同直径的管段组成时，各段应分别计算，再加合。

【例 1-9】 某管路内径为 150mm，管壁粗糙度为 0.3mm。其直管部分长 30m，管路中装有两个全开标准阀，3 个 90°标准弯头。管内流体流速为 1.5m/s，密度为 1000kg/m^3，黏度为 0.65×10^{-3}Pa·s。试求流体流经该段管路的阻力损失。

解 ∵ $Re=\dfrac{du\rho}{\mu}=\dfrac{0.15\times1.5\times1000}{0.65\times10^{-3}}=3.46\times10^5>4000$

∴ 流体的流动型态为湍流。

管壁的相对粗糙度： $\dfrac{\varepsilon}{d}=\dfrac{0.3}{150}=0.002$

查图 1-8，得： $\lambda=0.024$

直管阻力损失为：

$$w_f=\lambda \frac{l}{d}\frac{u^2}{2}=0.024\times\frac{50}{0.15}\times\frac{1.5^2}{2}=9(\text{J/kg})$$

局部阻力损失用阻力系数法计算。查表 1-2 得：90°标准弯头阻力系数为 0.75；全开标准阀阻力系数为 6.0。

局部阻力损失为：

$$w_f'=\zeta\frac{u^2}{2}=(3\times0.75+2\times6.0)\times\frac{1.5^2}{2}=16.03(\text{J/kg})$$

管路总阻力损失为：$\sum w_f=w_f+w_f'=9+16.03=25.03(\text{J/kg})$

1.4 管路计算

管路计算是连续性方程、伯努利方程和阻力损失计算式在管路中的应用。化工生产中常

用的管路，根据其布设方式可分为简单管路和复杂管路两类。

1.4.1 简单管路的计算

简单管路为没有分支或汇合的管路，整个管路的内径可以相同，也可由不同内径的管子串联而成，如图 1-11 所示。

简单管路在稳定流动时，具有如下特点：

① 流体流经各管段的质量流量不变，对于不可压缩流体，则体积流量也不变；

② 整个管路的总阻力损失等于各管段阻力损失之和。

根据计算目的不同，管路计算可分为设计型和操作型两大类。

所谓设计型，是指规定输送流体的流量 V_s，要求设计出经济、合理的管路，主要确定优化的管径 d。管径 d 可按下式计算：

$$d=\sqrt{\frac{4V_s}{\pi u}} \tag{1-40}$$

由式(1-40) 可以看出，若选较小流速，则管径增大，使设备费用增大；反之，若选较大流速，则管径减小，使设备费用降低，但流体流动过程中的阻力损失增大，操作费用增加。因此应选择适宜流速使每年的总经济费用为最低，如图 1-12 所示。

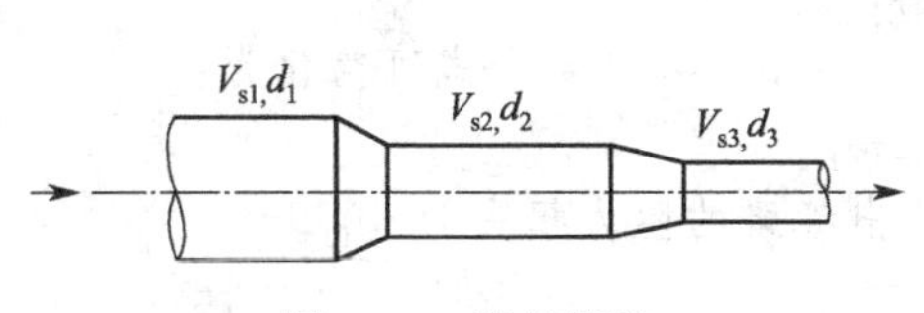

图 1-11　简单管路

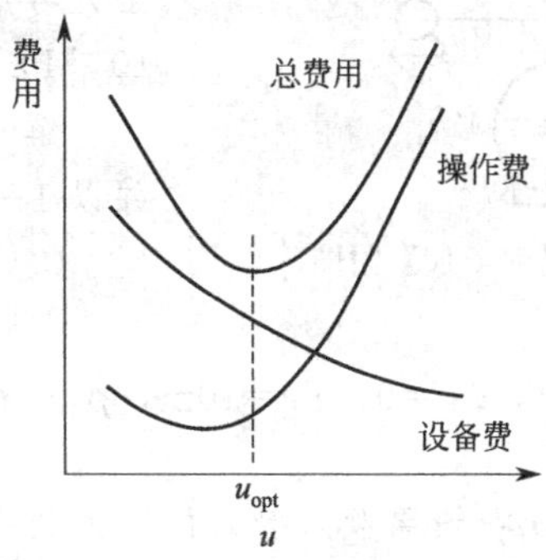

图 1-12　适宜流速的确定

生产中，某些流体常用流速的大体范围见表 1-3。一般来说，密度大或黏度大的流体，流速应取小一些；含有固体杂质的流体，流速应取大一些；对于真空管路，选择的流速必须保证产生的压降低于允许值。

确定经济管径时，一般先选择适宜流速，由式(1-40) 估算出管径，再参考附录 22 或相关手册，圆整到管路的标准规格。

表 1-3　某些流体在管路中的常用流速范围

流体类别	常用流速范围/(m/s)	流体类别	常用流速范围/(m/s)
自来水(3×10^5Pa 左右)	1～1.5	过热蒸气	30～50
水及低黏度液体(1×10^5～1×10^6Pa)	1.5～3.0	低压气体	8～15
高黏度液体	0.5～1.0	高压气体	15～20
工业供水(<8.1×10^5Pa)	1.5～3.0	一般气体(常压)	10～20
工业供水(>8.1×10^5Pa)	>3.0	真空操作下的气体	<10
饱和蒸气	20～40		

操作型计算是指对于已知的管路系统，当操作条件改变时，考察流动参数的变化情况，或核算给定条件下的某项技术指标。

在这类问题中，求 u 时会发现这样的问题，即在阻力计算时，需用到摩擦系数 λ，而 λ 与 u 呈现复杂的函数关系，难以直接求解，此时工程上常采用试差法解决。试差时，通常将 λ 作为试差变量，可取流动处于阻力平方区时的 λ 值设为初值，或在其常见值 0.02～0.03 范围内取一值设为初值。试差法求流速的基本步骤如下：

① 根据伯努利方程列出试差等式。

② 试差。整个管路的总阻力损失等于各管段阻力损失之和。

假设 λ 值，由试差方程计算 u，再计算 Re，结合 $\frac{\varepsilon}{d}$ 查出 λ 值，若该值与假设值相等或相近，则原假设值正确，计算得到的 u 有效。否则，重新假设 λ 值，直至满足要求为止。

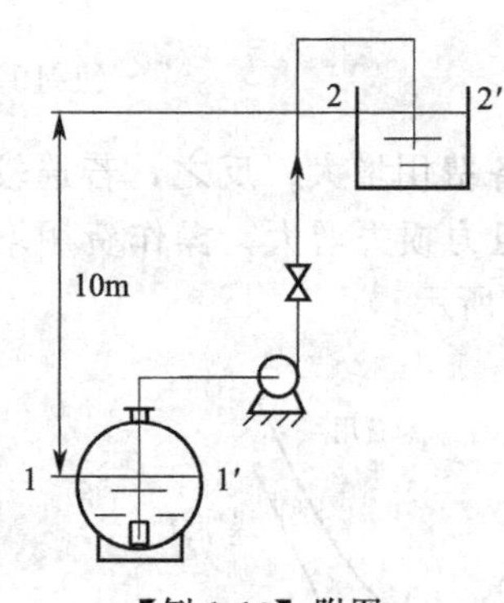

【例 1-10】附图

【例 1-10】 如图所示，用泵将敞口贮槽中的溶液送到高位槽，流量为 20m³/h，高位槽液面比贮槽液面高 10m。已知泵吸入管为 ϕ89mm×4mm，管长 15m，装有一个止逆底阀（摇板式）、一个 90°弯头管路；泵排出管为 ϕ57mm×3.5mm，管长 50m，装有一个闸阀、3 个 90°弯头和一个标准阀。阀门都按全开考虑。操作条件下溶液的密度为 880kg/m³，黏度为 0.74×10^{-3}Pa·s。试求泵的有效功率。

解　以贮槽液面为截面 1—1′，高位槽液面为截面 2—2′，并以 1—1′截面为基准水平面，在两截面间列机械能衡算方程：

$$gz_1+\frac{u_1^2}{2}+\frac{p_1}{\rho}+W_e=gz_2+\frac{u_2^2}{2}+\frac{p_2}{\rho}+\sum w_f$$

其中，$z_1=0$，$z_2=10$m，$p_1=p_2=0$(表压)，$u_1=u_2\approx0$，则上式可简化为：

$$W_e=10g+\sum w_f \tag{a}$$

求 w_f：设泵吸入管路的阻力损失为 w_{f1}，泵排出管路的阻力损失为 w_{f2}。

对泵吸入管路：$u_1=\dfrac{V_s}{\dfrac{\pi}{4}d_1^2}=\dfrac{20}{3600\times\dfrac{\pi}{4}\times0.081^2}=1.08(\mathrm{m/s})$

则 $Re_1=\dfrac{d_1u_1\rho}{\mu}=\dfrac{0.081\times1.08\times880}{0.74\times10^{-3}}=1.04\times10^5>4000$

水的流动型态为湍流，查表 1-1，取钢管的绝对粗糙度 $\varepsilon=0.2$mm，则相对粗糙度 $\dfrac{\varepsilon}{d_1}=\dfrac{0.2}{81}=0.0025$

查图 1-8，得：$\lambda_1=0.0257$

查表 1-2，得：90°弯头阻力系数为 0.75，止逆底阀（摇板式）阻力系数为 2.0，管入口阻力系数为 0.5。

则吸入管路总阻力损失为：

$$w_{f1}=\left(\lambda_1\frac{l_1}{d_1}+\sum\zeta_{吸入}\right)\frac{u_1^2}{2}=\left(0.0257\times\frac{15}{0.081}+0.75+2.0+0.5\right)\frac{1.08^2}{2}=4.67(\mathrm{J/kg})$$

对泵排出管路：$u_2=\dfrac{V_s}{\dfrac{\pi}{4}d_2^2}=\dfrac{20}{3600\times\dfrac{\pi}{4}\times0.05^2}=2.83(\mathrm{m/s})$

则
$$Re_2=\frac{d_2u_2\rho}{\mu}=\frac{0.05\times 2.83\times 880}{0.74\times 10^{-3}}=1.68\times 10^5>4000$$

水的流动型态为湍流，查表 1-1，取钢管的绝对粗糙度 $\varepsilon=0.2\text{mm}$，则相对粗糙度 $\frac{\varepsilon}{d_2}=\frac{0.2}{50}=0.004$

查图 1-8，得：$\lambda_2=0.03$

查表 1-2，得：90°弯头的当量长度为 35，闸阀的当量长度为 9，标准阀的当量长度为 300，管出口阻力系数为 1.0。则排出管路总阻力损失为：

$$w_{f2}=\left(\lambda\frac{l_2+\sum l_e}{d_2}+\zeta_{出口}\right)\frac{u_2^2}{2}=\left[0.03\times\left(\frac{50}{0.05}+3\times 35+9+300\right)+1.0\right]\frac{2.83^2}{2}=173.87(\text{J/kg})$$

将以上各数据带入式(a)，得：

$$W_e=10\times 9.81+4.67+173.87=276.64(\text{J/kg})$$

泵的有效功率为：$N_e=W_em_s=W_eV_s\rho=\frac{276.64\times 20\times 880}{3600}=1.35(\text{kW})$

【例 1-11】 某水塔的排水流程如图所示，采用碳钢水煤气管，规格是 F33.5mm×3.25mm，直管长为 120m，管路上有标准 90°弯头 4 个，开度为 1/2 的闸阀 1 个，全开截止阀 1 个，水温 20℃。塔内水面高于出水口 25m。试求管路的排水量。

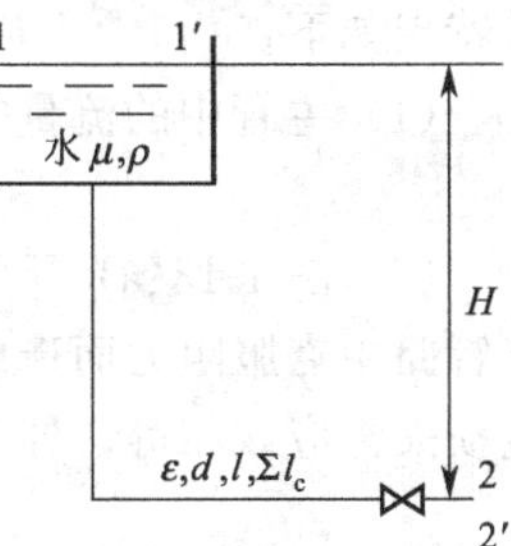

【例 1-11】附图

解　以塔内水面为截面 1—1′，出水口外侧为截面 2—2′，并以地面为基准水平面，在两截面间列机械能衡算方程：

$$gz_1+\frac{u_1^2}{2}+\frac{p_1}{\rho}=gz_2+\frac{u_2^2}{2}+\frac{p_2}{\rho}+\sum w_f$$

其中，$z_1-z_2=25\text{m}$，$p_1=p_2=0$(表压)，$u_1=u_2\approx 0$，则上式可简化为：

$$(z_1-z_2)g=\sum w_f \tag{a}$$

查表 1-2 得：90°弯头的 l_e/d 为 35，开度为 1/2 的闸阀的 l_e/d 为 225，全开截止阀的 l_e/d 为 300，管出口阻力系数为 1.0，所以 $\frac{\sum l_e}{d}=35\times 4+225+300=665$，则

$$\sum w_f=\left(\lambda\frac{l+\sum l_e}{d}+\zeta_{出口}\right)\frac{u^2}{2}=\left[\lambda\times\left(\frac{120}{0.027}+665\right)+1.0\right]\frac{u^2}{2}=(5109.44\lambda+1.0)\frac{u^2}{2}$$

将以上各数据带入式(a)，得：

$$25g=(5109.44\lambda+1.0)\frac{u^2}{2} \tag{b}$$

需采用试差法求解 u。取 $\varepsilon=0.2\text{mm}$，则 $\varepsilon/d=0.2/27=7.41\times 10^{-3}$，假设流动进入阻力平方区，可查得 $\lambda=0.035$，以此值为设定初值，代入式(b)，得 $u=1.65\text{m/s}$。

20℃水的密度为 1000kg/m^3，黏度为 $1.0\times 10^{-3}\text{Pa}\cdot\text{s}$，则

$$Re=\frac{du\rho}{\mu}=\frac{0.027\times 1000\times 1.65}{1.0\times 10^{-3}}=4.46\times 10^4>4000$$

查图 1-8，得 $\lambda=0.036$。此值比设定的 λ 要大，将计算得到的 λ 带入式(b) 中重新计算 u，得 $u=1.63\text{m/s}$。用此 u 值按照上述方法重新求 λ，可知与第二次假设的值很接近，表明第二次的假设正确，即 $\lambda=0.036$。

$$V_s=\frac{\pi}{4}d^2u=\frac{\pi}{4}\times0.027^2\times1.63=9.32\times10^{-4}(\mathrm{m^3/s})=3.36(\mathrm{m^3/h})$$

1.4.2 复杂管路的计算

复杂管路指的是分支的管路，包括并联管路、分支管路和汇合管路。

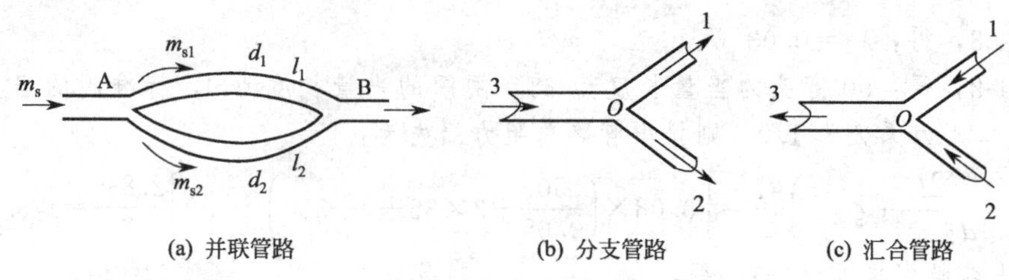

图 1-13 复杂管路

1.4.2.1 并联管路

如图 1-13(a) 所示，并联管路是在主管某处分为几支，然后又汇合成一主管路的管路。其特点如下。

(1) 主管中的流量等于并联的各支路流量之和，对于不可压缩流体，则有：

$$V_s=V_{s1}+V_{s2} \tag{1-41}$$

(2) 图 1-13(a) 所示的并联管路中，A 和 B 两截面之间的压力降，系由流体在各个分支管路中克服阻力而造成的。因此，在并联管路中，单位质量流体不论通过哪一根支路，能量损失都应该相等，即并联管路各支管的阻力损失相等。

$$w_{f1}=w_{f2}=w_{fAB} \tag{1-42}$$

因而在计算并联管路的阻力损失时，只需任选一根支管计算即可，绝不能将各支管阻力损失加和在一起作为并联管路的阻力损失。

对于并联管路中任一支路，有

$$w_{fi}=\lambda_i\frac{(l+\sum l_e)_i}{d_i}\frac{u_i^2}{2}$$

将 $u_i=\frac{4V_{si}}{\pi d_i^2}$代入上式，得：

$$w_{fi}=\frac{8\lambda_i(l+\sum l_e)_i}{\pi^2 d_i^5}V_{si}^2$$

根据公式(1-42)，则有：

$$\frac{8\lambda_1(l+\sum l_e)_1}{\pi^2 d_1^5}V_{s1}^2=\frac{8\lambda_2(l+\sum l_e)_2}{\pi^2 d_2^5}V_{s2}^2$$

可得并联管路各支路的流量比为：

$$V_{s1}:V_{s2}=\sqrt{\frac{d_1^5}{\lambda_1(l+\sum l_e)_1}}:\sqrt{\frac{d_2^5}{\lambda_2(l+\sum l_e)_2}} \tag{1-43}$$

由此可知，在并联管路中，各支管的流量与其管径、管长、阻力系数有关。支管越长、管径越小、阻力系数越大，其流量越小，反之亦然。

1.4.2.2 分支管路和汇合管路

分支管路是指流体由一根主管分流为几根分支管；汇合管路是指几根支管汇总于一根主

管，分别如图 1-13（b）、（c）所示。其特点如下：

① 主管中的流量等于各支管流量之和，对于不可压缩流体，则有：

$$V_{s3}=V_{s1}+V_{s2} \tag{1-44}$$

② 无论分支管路还是汇合管路，流体在 O 点处的总机械能为一定值，在各支管流动终了时的总机械能与能量损失之和必然相等，即：

$$\frac{p_1}{\rho}+z_1g+\frac{u_1^2}{2}+w_{f,O-1}=\frac{p_2}{\rho}+z_2g+\frac{u_2^2}{2}+w_{f,O-2} \tag{1-45}$$

【例 1-12】 如图所示，用泵将水池 A 中的水同时送到敞口高位槽 B 和 C 中。管路 OB 中最大流量为 $44m^3/h$，管路 OC 中最大流量为 $16m^3/h$，有关部位的高度在图中标出。已知在各段管路阀全开的情况下，管路的压头损失自 A 到 O 为 10m，自 O 到 B 为 6.8m，自 O 到 C 为 9.5m，水的密度为 $1000kg/m^3$，试求泵所需功率，泵的效率为 70%。

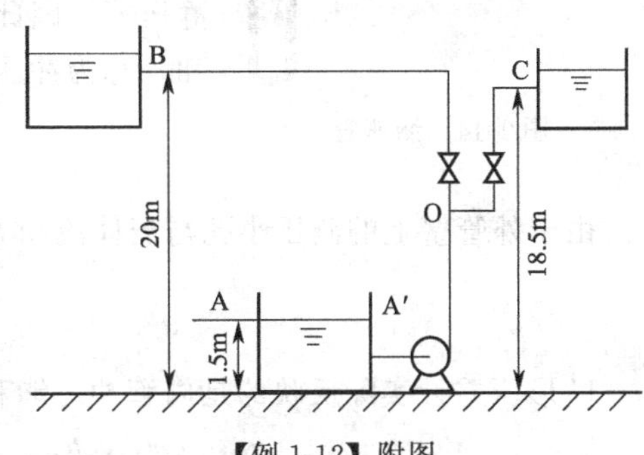

【例 1-12】附图

解　将水池中的水以不同流量同时送到不同的高位槽，所需泵的压头不一定相等。应按所需压头大的支路进行计算。因为是较长距离输送，动能项可忽略不计，以地面为基准水平面，确定三通处所需的最大压头值。

B、C 两处的总压头分别是

$$h_B=z_B+\frac{p_B}{\rho g}=20m,\ h_C=z_C+\frac{p_C}{\rho g}=18.5m$$

要保证水按规定流量送到高位槽 B，三通处所需的总压头为：

$$h_O=h_B+\sum h_{fOB}=26.8m$$

要保证水按规定流量送到高位槽 C，三通处所需的总压头为：

$$h'_O=h_C+\sum h_{fOC}=28m$$

比较后知：须取 $h'_O=28m$

在水池内液面 A—A′和三通 O 处列机械能衡算方程：

$$z_A+\frac{u_A^2}{2g}+\frac{p_A}{\rho g}+h_e=h_O+\sum h_{fAO}$$

即

$$1.5+0+0+h_e=28+10$$

解得：

$$h_e=36.5m$$

泵所需功率为：$N=\dfrac{\rho V_s g h_e}{\eta}=\dfrac{1000\times(44+16)\times 9.81\times 36.5}{0.7\times 3600}=8.53(kW)$

1.5　流量测量

流量或者流速是工业生产中进行调节、控制的重要参数之一，测量流量的仪表很多，下面介绍几种根据流体力学原理设计的流量计。

1.5.1　测速管

测速管又称皮托管，如图 1-14 所示，是由两根弯成直角的同心套管组成，内管管口正

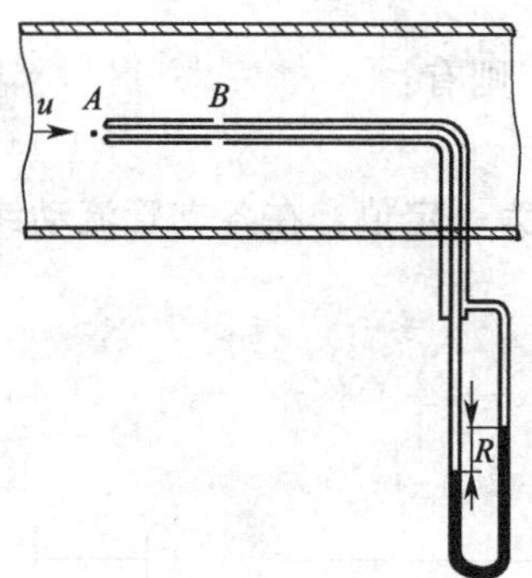

图 1-14 测速管

对着管道中流体流动方向，外管的管口是封闭的，在外管前端壁面四周开有若干测压小孔。为了减小误差，测速管的前端经常做成半球形以减少涡流。测量时，测速管可以放在管截面的任一位置上，并使内管管口正对着管道中流体的流动方向，测速管的内管与外管分别与U形压差计的两臂相连。

当流体以速度 u 流向测速管前端时，因内管已充满被测流体，故流体到达管口 A 处即被挡住，速度降为零，动能转化为静压能，因此内管测得的是流体在 A 处的局部动能和静压能之和，称为冲压能，即：

$$\frac{p_A}{\rho}=\frac{p}{\rho}+\frac{1}{2}\dot{u}^2$$

由于外管壁上的测压小孔与流体流动方向平行，所以外管仅测得流体的静压能，即

$$\frac{p_B}{\rho}=\frac{p}{\rho}$$

U形压差计实际反映的是内管冲压能和外管静压能之差，即

$$\frac{\Delta p}{\rho}=\frac{p_A}{\rho}-\frac{p_B}{\rho}=\left(\frac{p}{\rho}+\frac{1}{2}\dot{u}^2\right)-\frac{p}{\rho}=\frac{1}{2}\dot{u}^2$$

则该处的局部速度为

$$\dot{u}=\sqrt{\frac{2\Delta p}{\rho}} \tag{1-46}$$

将U形压差计公式(1-11) 代入，得

$$\dot{u}=\sqrt{\frac{2Rg(\rho_0-\rho)}{\rho}} \tag{1-46a}$$

由此可知，测速管实际测得的是流体在管截面某处的点速度，因此利用测速管可以测得流体在管截面上的速度分布。若要获得流量，可对速度分布曲线进行积分。也可以用测速管测量管中心的最大流速 u_{max}，利用图1-15求出管截面的平均速度，进而求出流量，此法较常用。

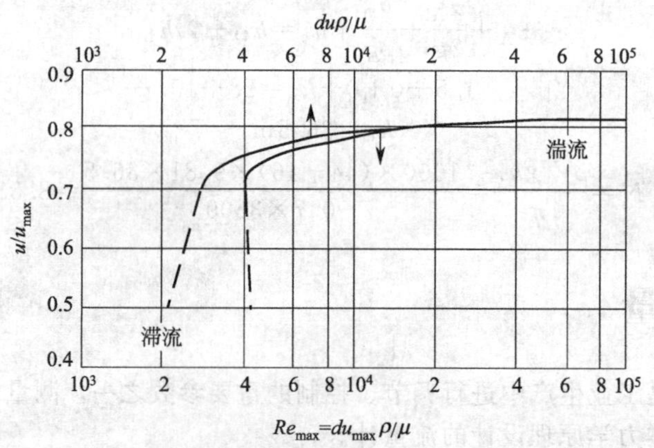

图 1-15 u/u_{max} 与 Re 的关系

测速管的安装必须保证测量点位于均匀流段，一般要求测量点上、下游的直管长度最好

大于 50 倍管内径，至少也应大于 8～12 倍；并且测速管的外径不应超过管内径的 1/50。

测速管对流体的阻力较小，适用于测量大直径管道中清洁气体的流速，若流体中含有固体杂质，易将测压孔堵塞，故不宜采用。此外，测速管的压差读数较小，常常需要放大或配用微差压差计。

1.5.2 孔板流量计

孔板流量计是利用流体流经节流元件产生的压力差来实现流量测量的。如图 1-16 所示，在管道内与流动垂直的方向插入一片中央开圆孔的板，孔的中心位于管道的中心线上，以一定取压方式测取孔板前后两端的压差，并与压差计相连，即构成了孔板流量计。

当被测流体流经孔板的孔口时，流动截面收缩到小孔的截面积，由于惯性作用，流体通过小孔后会继续收缩一段距离，达流动截面最小处（图中 2—2′截面），称为缩脉，此处流速最大。然后流束逐渐扩大到整个管截面，流速也降低到原来的数值。这种由于孔板节流作用而产生的流速变化必然引起流体压力的变化。在缩脉处流速最大，则相应的压力最低。当流体以一定的流量流经孔板时，在孔板前后就产生一定的压力差 Δp。流量愈大，Δp 也就愈大，所以利用测量压差的方法就可以测量流量。

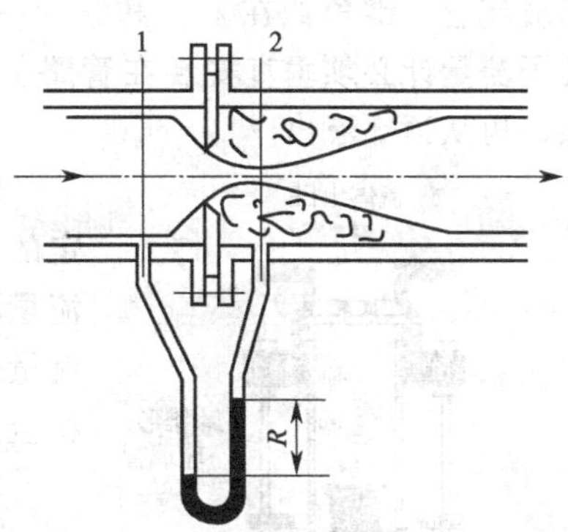

图 1-16 孔板流量计

孔板流量计的流量计算公式为：

$$V_s = C_0 A_0 \sqrt{\frac{2\Delta p}{\rho}} \tag{1-47}$$

若用 U 形压差计测量孔板前后的压差，则

$$V_s = C_0 A_0 \sqrt{\frac{2gR(\rho_0 - \rho)}{\rho}} \tag{1-47a}$$

式中 ρ_0——指示液的密度；

ρ——待测液的密度；

A_0——孔板圆孔处的截面积；

C_0——孔流系数，其值由实验测定。

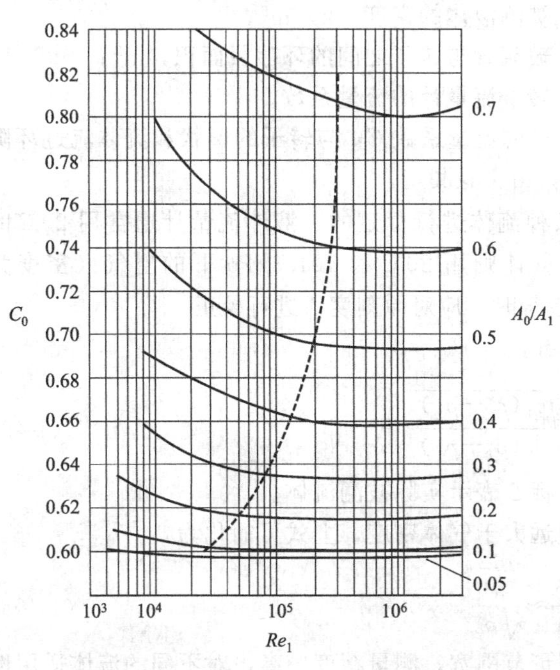

图 1-17 孔流系数 C_0 与 Re_1 及 A_0/A_1 的关系

C_0 与孔面积和管道面积比 A_0/A_1、管内流体的雷诺数 Re 等有关，同时孔板的取压方式、加工精度、管壁粗糙度等因素也对 C_0 有一定的影响。对于按标准规格及精度制作的孔板，用角接取压法安装在光滑管路中的标准孔板流量计，实验测得的 C_0 与 Re、A_0/A_1 的关系曲线如图 1-17 所示。从图中可以看出，对于 A_0/A_1 一定的标准孔板，C_0 只是 Re 的函数，并随 Re 的增大而减小。当增大到一定界限值之后，C_0 不再随 Re 变化，成为一个仅取决于 A_0/A_1 的常数。选用或设计孔板

流量计时，应尽量使常用流量在此范围内。常用的 C_0 值为 0.6～0.7。

孔板流量计的结构简单，价格低廉，检修方便。其主要缺点是流体流经孔板时的能量损失大，故孔板流量计不适于测量流量范围较大的场合。而且孔板边缘容易腐蚀和磨损，所以孔板流量计要定期进行检修。

孔板流量计安装时，要在上下游留有一段管径不变的直管段作为稳定段，通常要求上游直管长度为管径的 10 倍，下游直管长度为管径的 5 倍。

1.5.3 转子流量计

转子流量计是一种典型的变截面流量计，结构如图 1-18 所示，是由一段上粗下细的锥形玻璃管（锥角约在 4°）和管内一个密度大于被测流体的固体转子（或称浮子）所构成。转子流量计必须垂直安装在管路上，使流体自玻璃管底部流入，经过转子和管壁之间的环隙，再从顶部流出。

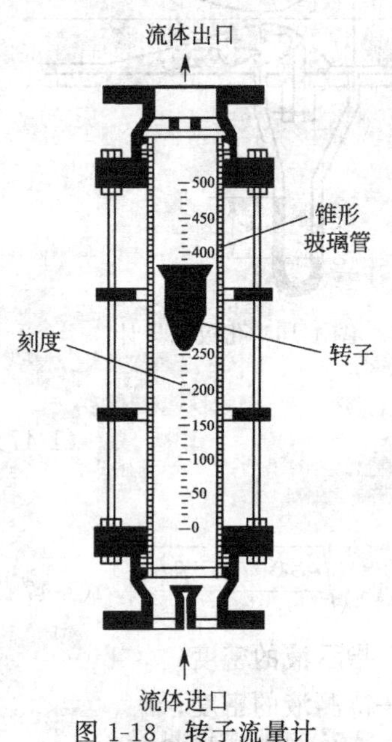

图 1-18 转子流量计

管中无流体通过时，转子沉在管底部。当被测流体以一定的流量自下而上流动时，转子被托起而悬浮在流体中，随流量不同，转子将悬浮在不同高度上。玻璃管外表面上刻有流量值，根据转子停留时其上端平面所处的位置，即可读取相应的流量。

转子流量计的流量计算公式为：

$$V_s = C_R A_R \sqrt{\frac{2gV_f(\rho_f-\rho)}{A_f\rho}} \tag{1-48}$$

式中 V_f——转子的体积，m^3；

A_f——转子最大部分的截面积，m^2；

ρ_f——转子材质的密度，kg/m^3；

ρ——被测液体的密度，kg/m^3；

A_R——玻璃管与转子之间的环隙截面积，m^2；

C_R——转子流量计的流量系数。

转子流量计的流量系数 C_R 与转子的形状和流体流过环隙时的 Re 有关，由实验测定。

转子流量计上的刻度，是在出厂前用某种流体进行标定的。液体流量计通常用 20℃的水（密度为 $1000kg/m^3$）标定，而气体流量计则用 20℃和 101.3kPa 下的空气（密度为 $1.2kg/m^3$）标定。当被测流体与上述条件不符时，应对原刻度值进行校正。

设流量系数 C_R 相同，在同一刻度下，有：

$$\frac{V_{s2}}{V_{s1}} = \sqrt{\frac{\rho_1(\rho_f-\rho_2)}{\rho_2(\rho_f-\rho_1)}} \tag{1-49}$$

式中，下标 1 表示出厂标定用流体；下标 2 表示实际被测流体。

若被测流体为气体，因转子材料的密度远大于气体密度，上式可简化为：

$$\frac{V_{s2}}{V_{s1}} \approx \sqrt{\frac{\rho_1}{\rho_2}} \tag{1-49a}$$

转子流量计读数方便，流动阻力小，测量范围宽，测量精度较高，对不同的流体适用性广。缺点是玻璃管不能经受高温和高压，在安装使用过程中玻璃容易破碎。

1.6　流体输送机械

流体输送是化工生产中重要的单元操作之一。流体输送机械就是向流体做功以提高其机械能的装置。流体从输送机械获得机械能后，其直接的表现就是压力提高，即静压头的增大。新增的静压头在输送过程中再转变为其他压头或者用于克服阻力损失。通常输送液体的机械称为泵，输送气体的机械有风机、压缩机、真空泵等。流体输送机械也可按工作原理分为离心式、正位移式(容积式) 和其他类型 (如喷射式)。

本节主要介绍流体输送机械的工作原理、结构、主要特性等，以便于合理地选型。

1.6.1　离心泵

1.6.1.1　离心泵的工作原理

离心泵在是化工生产中应用最广泛的泵，其结构较简单，流量易于调节，适用范围广，可用于输送有腐蚀性、含悬浮物等性质特殊的液体。

离心泵装置如图 1-19 所示，在蜗壳形泵壳 2 中，有叶轮 1 固定在泵轴 3 上。泵壳中央的吸入口与吸入管 4 连接，液体经底阀和吸入管进入泵内。泵壳一侧的排出口与排出管 6 连接。泵轴由电机或其他动力装置带动。

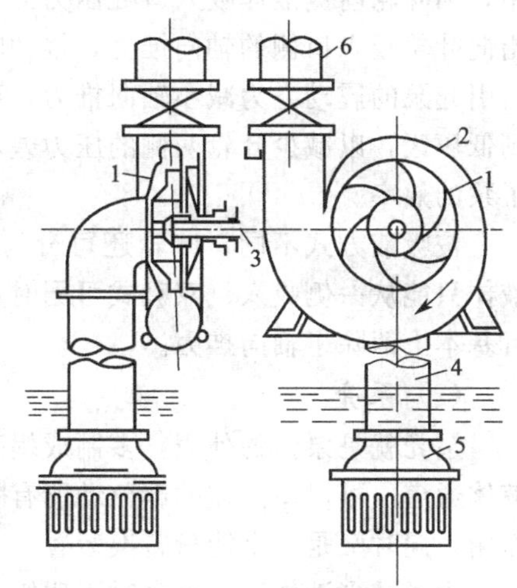

图 1-19　离心泵装置简图

1—叶轮；2—泵壳；3—泵轴；4—吸入管；5—底阀；6—排出管；

离心泵启动前，需先向泵内灌满所输送的液体。启动后，泵轴带动叶轮高速旋转，叶片之间的液体随叶轮一起旋转。在离心力的作用下，液体从叶轮中心被抛向叶轮外围，其静压能增大，并以很高的速度流入泵壳。由于蜗壳形通道逐渐扩大，液体在壳内减速，大部分动能转换为静压能，最后液体以较高的压力经排出口进入排出管路。

叶轮中心的液体被抛出后，叶轮中心处形成真空。泵的吸入管路一端与叶轮中心处相通，另一端则浸没在输送的液体内，在液面压力与泵内压力的压差作用下，液体便经吸入管路进入泵内，填补了被排出液体的位置。只要叶轮不停地旋转，离心泵就会不断地吸入和排出液体。由此可见，离心泵之所以能输送液体，主要是依靠高速旋转的叶轮所产生的离心力。

离心泵启动时，如果泵和吸入管路内没有充满液体，则泵壳内存有空气。因为空气的密度比液体小得多，导致叶轮旋转所产生的离心力很小，不足以造成吸入液体所需的真空度，这样液体便吸不上来。此时启动泵，也不能输送液体，此现象称为气缚。为防止气缚现象的发生，离心泵启动前需要使泵内充满液体，也称作灌泵为防止泵内的液体因重力流入低位槽内，在泵吸入管路的底部装有止逆阀 (底阀)。

1.6.1.2　离心泵的主要部件

(1) 叶轮

叶轮是离心泵的核心部件，它通过高速旋转将原动机的能量传给液体，以提高液体静压能与动能。叶轮由 4～12 片后弯叶片组成，叶片之间形成液体流过的通道，按结构可分为开式、半闭式和闭式三种，如图 1-20 所示。

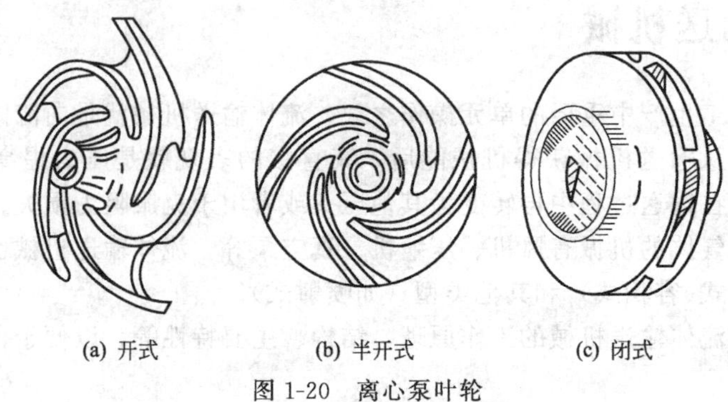

(a) 开式　　(b) 半开式　　(c) 闭式

图 1-20　离心泵叶轮

闭式叶轮主要用于输送洁净的液体；半闭式和开式叶轮适用于输送浆料、黏性大或有固体颗粒的悬浮液，不易堵塞，但效率较低。

闭式或半闭式叶轮在运转时，离开叶轮的一部分高压液体可流入叶轮与泵壳之间的空腔中，因叶轮前侧液体吸入口处压力低，因此液体作用于叶轮前、后侧的压力不等，便产生了指向叶轮吸入口侧的轴向推力，推动叶轮向吸入口侧移动，造成叶轮和泵壳间的摩擦，严重时引起泵的震动。为减小轴向推力，可在叶轮后盖板上钻若干个平衡孔，使部分高压液体漏到低压区，以减少叶轮两侧的压力差，从而有效地降低轴向推力的不利影响，但同时也降低了泵的效率。

按吸液方式不同，叶轮还可分为单吸与双吸两种，如图 1-21 所示。单吸式结构简单，液体只能从一侧吸入；双吸式可同时从叶轮两侧对称地吸入液体，具有较大的吸液能力，而且基本上消除了轴向推力。

(2) 泵壳

泵壳就是泵体的外壳，多制成蜗壳形。它包围旋转的叶轮，壳内有一截面积逐渐扩大的液体通道，可以使液体的部分动能有效地转化为静压能。因此泵壳不仅起收集和导出液体的作用，同时又是一个能量转换装置。

为了减少液体进入泵壳时因碰撞引起的能量损失，有些泵壳内在叶轮外周还安装有一个固定的带叶片的环，称为导轮。如图 1-22 所示，导轮叶片的弯曲方向与叶轮上叶片的弯曲方向相反，可引导液体在泵壳通道内平稳地改变方向，使能量损耗降至最小，将动压能转换为静压能的效率提高。

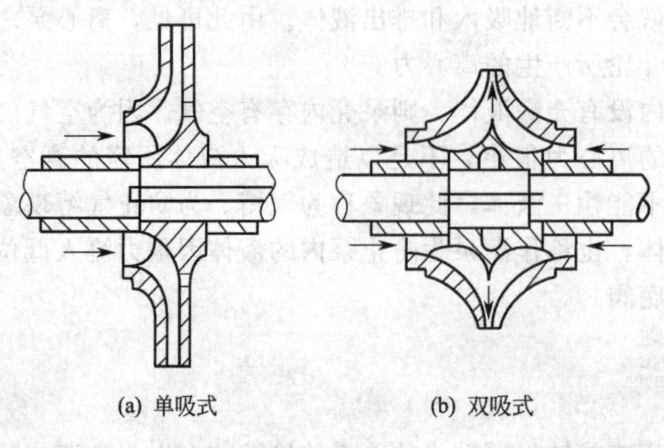

(a) 单吸式　　(b) 双吸式

图 1-21　离心泵的吸液方式

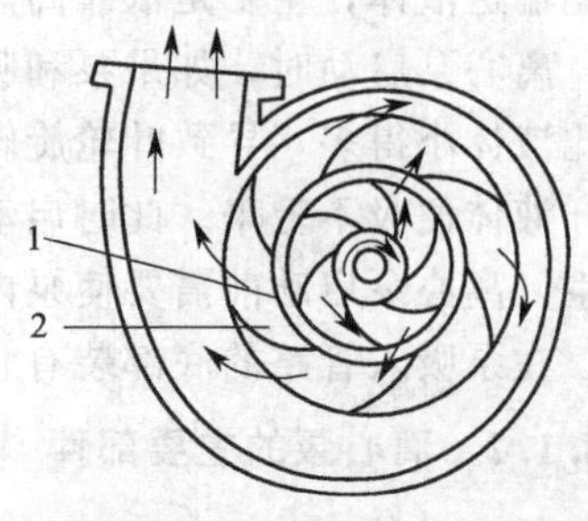

图 1-22　有导轮的离心泵

1—叶轮；2—导轮

(3) 轴封装置

离心泵在工作时，泵轴转动而泵壳不动，其间必有缝隙。为防止泵内高压液体从间隙露出，或避免外界空气进入泵内，泵轴与泵壳之间设有轴封装置，常见的有填料密封和机械密封两类，后者用于密封要求较高的场合，如酸、碱、易燃、易爆及有毒液体的输送。

1.6.1.3　离心泵的主要性能及特性曲线

(1) 离心泵的主要性能参数

离心泵的主要性能参数有压头、流量、功率、效率等，是正确选择和使用离心泵的主要依据。

① 压头（扬程）　是指单位重量流体流经泵所获得的能量，以 H 表示，单位为 J/N（或 m），其值主要取决于泵的结构、转速和流量。对于特定的泵，在一定的转速下，压头和流量之间的关系一般由实验测得。

② 流量　是指离心泵在单位时间内能排入到管路系统的液体体积，以 Q 表示，单位为 m^3/s 或 m^3/h，其大小取决于泵的结构、尺寸和转速等。

③ 功率　单位时间内由电机传给泵轴的能量称为轴功率，以 N 表示；有效功率是指单位时间内液体从叶轮获得的能量，以 N_e 表示。两者的单位均为 W 或 kW。

④ 效率　离心泵工作时会有能量损失，致使由电机传给泵的能量不能全部传给液体。通常用泵的效率反映能量损失的大小，以 η 表示，即

$$\eta = N_e / N \tag{1-50}$$

离心泵能量损失包括下面几个部分：a. 水力损失，包括实际流体在泵内流动时的摩擦损失以及流体在局部因流速和方向改变引起的环流和冲击损失；b. 机械损失，指泵运转时，机械部件接触处由于摩擦造成的能量损失；c. 容积损失，泵内部分高压液体泄漏至低压区造成泵实际排液量减少引起的损失。

一般小型泵的效率为 50%～70%，大型泵可达 90%左右。

(2) 离心泵的特性曲线

离心泵的特性曲线是指泵的压头 H、轴功率 N 和效率 η 与流量 Q 之间的关系，通常由实验测定。离心泵出厂前均由生产厂家测定该泵的特性曲线，附于泵的样本或说明书中，供用户在泵的选择和操作时参考。不同型号的离心泵有各自不同的特性曲线，但是基本形状相似。

图 1-23 所示为 IS125-100-250 型号离心泵在转速 $n=1450$r/min 的特性曲线。

① H-Q 曲线　表示压头与流量的关系。通常压头随流量的增大而减小（流量很小时可能例外），即流量越大，泵向单位重量流体提供的机械能越小。

② N-Q 曲线　表示功率与流量的关系。功率随流量增大而增大，当流量为零时，所需功率最小。故离心泵在启动前应关闭出口阀，使电动机的启动电流降至最低。

③ η-Q 曲线　表示效率与流量的关系。效率先随流量的增大而上升，达到一个最大值后开始逐步下降。离心泵在曲线的最高效率点处操作最为经济，生产中一般应使泵在最高效率点附近 92%的范围内工作，此范围称为高效区。

(3) 离心泵特性的影响因素

① 液体性质的影响　离心泵的压头、流量及效率均与液体的密度无关，只有轴功率与密度成正比；当输送液体的黏度大于水的黏度时，泵的流量、压头、效率都会下降，而轴功率增大，使泵的特性曲线发生变化，其具体的修正方法可参阅有关专著。

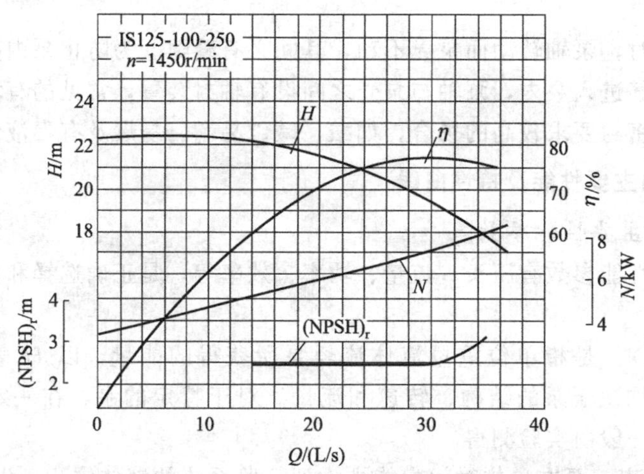

图 1-23 IS125-100-250 型离心泵特性曲线

② 转速 离心泵的特性曲线是在特定转速下测定的。当泵的转速改变时，其流量、压头和轴功率也会随之改变，若泵的转速变化小于 20%，效率基本不变。此时，有比例定律：

$$\frac{Q_2}{Q_1}=\frac{n_2}{n_1};\ \frac{H_2}{H_1}=\left(\frac{n_2}{n_1}\right)^2;\ \frac{N_2}{N_1}=\left(\frac{n_2}{n_1}\right)^3 \tag{1-51}$$

③ 叶轮直径 当转速一定时，对同一型号的离心泵，切削叶轮尺寸对其性能也有影响。当叶轮直径的切削量小于 20%时，认为泵的效率不变。泵的流量、压头和轴功率与流量间的关系，有切割定律：

$$\frac{Q_2}{Q_1}=\frac{D_2}{D_1};\ \frac{H_2}{H_1}=\left(\frac{D_2}{D_1}\right)^2;\ \frac{N_2}{N_1}=\left(\frac{D_2}{D_1}\right)^3 \tag{1-52}$$

1.6.1.4 离心泵的工作点与流量调节

一台泵安装在特定管路中，以一定转速运转时，所提供的液体流量和压头由泵本身的特性和管路的特性共同决定。

(1) 管路特性曲线

管路的特性指的是液体通过特定管路的流量与其所需外加压头之间的关系。对如图 1-24 所示的管路输送系统，可由伯努利方程导出输送液体所需泵提供的外加压头为：

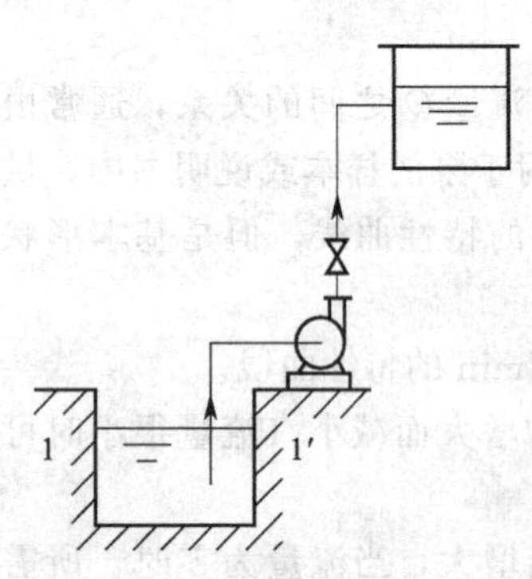

图 1-24 管路输送系统

$$H_e=\Delta z+\frac{\Delta p}{\rho g}+\frac{\Delta u^2}{2g}+\Sigma h_f \tag{1-53}$$

对特定管路系统，前两项为固定值，即：

$$A=\Delta z+\frac{\Delta p}{\rho g}$$

因贮槽与高位槽的截面比管路截面大得多，则$\frac{\Delta u^2}{2g}\approx 0$，式中的压头损失：

$$\Sigma h_f=\lambda\frac{l+\Sigma l_e}{d}\frac{u^2}{2g}=\lambda\frac{l+\Sigma l_e}{d}\frac{1}{2g}\left(\frac{Q}{\frac{\pi}{4}d^2}\right)^2=\frac{8\lambda}{\pi^2 g}\frac{l+\Sigma l_e}{d^5}Q^2$$

当管路和流体一定时，上式中的 d、l、Σl_e 均为定值，而 λ 是 Re 的函数，且当流体流动进入阻力平方区时，λ 可视为常数，则令：

$$B=\frac{8\lambda}{\pi^2 g}\left(\frac{l+\sum l_e}{d^5}\right)$$

因此，式(1-53) 可写为：

$$H_e=A+BQ^2 \tag{1-53a}$$

式(1-53a) 即为管路特性方程。它表示在特定管路里输送液体时，输送液体的流量与所需外加压头之间的关系。将此关系绘在相应的坐标图上，得到的 H_e-Q 曲线称为管路特性曲线，如图 1-25 所示。管路特性曲线仅与管路的布局及操作条件有关，与泵的性能无关。

(2) 离心泵的工作点

离心泵安装在特定管路中工作时，泵提供的压头和流量必须与管路所需要的压头和流量相一致。将泵的 H-Q 曲线与管路的 H_e-Q 曲线绘在同一坐标系中，两曲线的交点称为泵的工作点。此工作点对应的压头和流量既是管路所需要的，又是泵能够提供的。若该点对应的效率在高效区，则该工作点是适宜的。

泵的工作点可通过图解或联立求解泵的特性方程和管路的特性方程得到。

(3) 离心泵的流量调节

泵在实际操作过程中，经常需要调节流量。由于泵的工作点由管路特性和泵的特性共同决定，因此改变泵的特性和管路特性均能改变工作点，从而达到调节流量的目的。

① 改变出口阀的开度　离心泵的排出管路上都装有调节流量用的出口阀。阀门关小或开大就是增大或减小管路阻力，从而改变管路的特性。

如图 1-26 所示，离心泵的原工作点为 C，相应的流量为 Q_C。若关小出口阀，管路阻力增大，管路特性曲线变陡，如图中曲线 1 所示，工作点由 C 变为 D，流量由 Q_C 降至 Q_D，泵所提供的压头上升；相反，开大出口阀，管路阻力减小，管路特性曲线变缓，如图中曲线 2 所示，工作点由 C 变为 E，流量由 Q_C 升至 Q_E，泵所提供的压头下降。

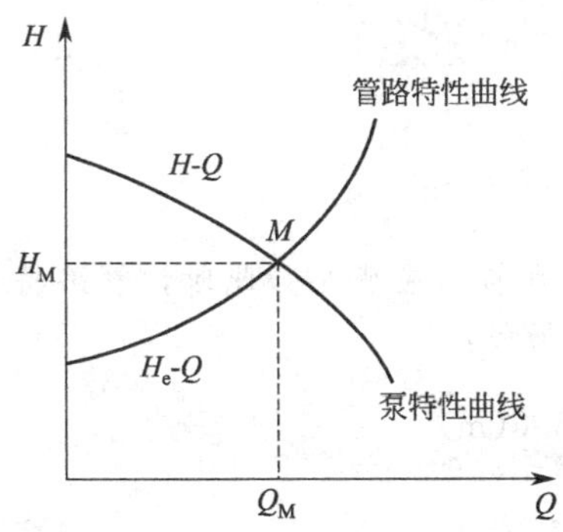

图 1-25　管路特性曲线与工作点

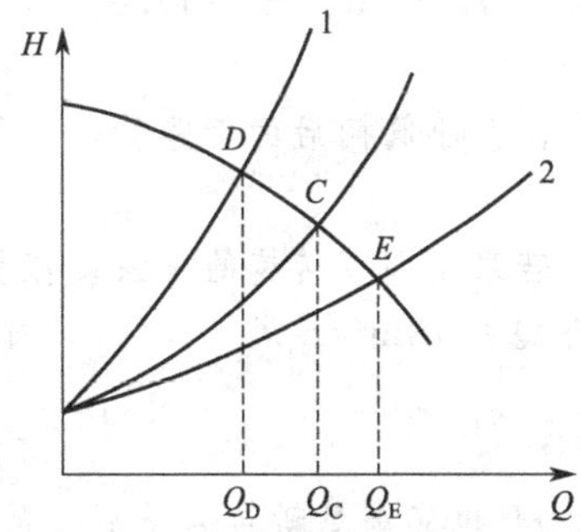

图 1-26　改变阀门开度时工作点的变化

此种流量调节方法中，关小阀门实际上是人为增加管路阻力来适应泵的特性，且使泵在低效率区工作，不够经济，但优点是方便快捷，且流量可连续变化，在实际生产中被广泛采用。

② 改变泵的转速　如图 1-27 所示，原转速 n_1 时，泵的工作点为 C，相应的流量为 Q_C。若转速增加到 n_2，泵的特性曲线上移，如图中曲线 2 所示，工作点由 C 变为 E，流量和压头均能增加。若转速降到 n_3，泵的特性曲线下移，如图中曲线 3 所示，工作点由 C 变为 D，流量和压头均下降。这种调节流量的方法合理、经济，但需变速装置或能变速的原动机。

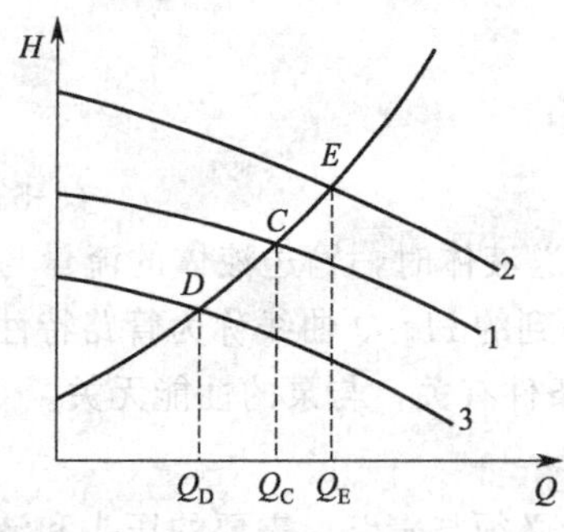

图 1-27 改变泵转速时工作点的变化

此外，切削叶轮直径也可改变离心泵的特性曲线，但这种调节方法实施起来不方便，且调节流量范围不大，所以生产上很少采用。

【例 1-13】 某输水管路系统，离心泵在转速 $n=2900\text{r/min}$ 时的特性曲线方程为 $H=25-5Q^2$，管路特性方程为 $H_e=10+2.5Q^2$，Q 的单位为 m^3/min。试求：(1) 泵在此管路中工作时的实际流量与扬程；(2) 若采用关小阀门的方法使流量变为 $72\text{m}^3/\text{h}$，求此时的管路特性方程；(3) 若采用调节转速的方法使流量变为 $72\text{m}^3/\text{h}$，求新转速为多少？

解 (1) 已知离心泵在转速 $n=2900\text{r/min}$ 时的特性曲线方程为：

$$H=25-5Q^2 \tag{a}$$

管路特性方程为：

$$H_e=10+2.5Q^2 \tag{b}$$

式(a)、式(b) 两式联立求解，得泵在此管路中工作时的实际流量与扬程分别为：

$$Q=1.414\text{m}^3/\text{min}=84.84\text{m}^3/\text{h},\ H=15\text{m}$$

(2) 关小阀门后，离心泵的特性曲线方程不变，将 $Q'=72\text{m}^3/\text{h}$ 代入式(a)，可得到新工作点的扬程：

$$H'=25-5\left(\frac{72}{60}\right)^2=17.8(\text{m})$$

Q'、H' 也应满足关小阀门后的管路特性方程。

设关小阀门后的管路特性方程为：

$$H_e=10+B'Q^2 \tag{c}$$

将 $Q'=72\text{m}^3/\text{h}$、$H'=17.8\text{m}$ 代入式(c)，得：

$$B'=5.4$$

所以，关小阀门后的管路特性方程为：

$$H_e=10+5.4Q^2$$

(3) 若采用调节转速的方法使流量变为 $72\text{m}^3/\text{h}$，则转速应变小。此时，管路特性方程不变，将 $Q''=72\text{m}^3/\text{h}$ 代入式(b)，可得到新工作点的扬程：

$$H''=10+2.5\left(\frac{72}{60}\right)^2=13.6(\text{m})$$

Q''、H'' 也应满足新转速下离心泵的特性曲线方程。

根据比例定律，有：

$$Q=\frac{n}{n'}Q'',\ H=\left(\frac{n}{n'}\right)^2 H''$$

将上式代入式(a) 化简后，得新转速下离心泵的特性曲线方程：

$$H''=25\times\left(\frac{n'}{n}\right)^2-5(Q'')^2 \tag{d}$$

将 $Q''=72\text{m}^3/\text{h}$，$H''=13.6\text{m}$，$n=2900\text{r/min}$ 代入式(d)，得：

$$n'=2645\text{r/min}$$

1.6.1.5 离心泵的安装高度

离心泵的安装高度是指泵入口与被吸入液体液面间的垂直距离，即图 1-28 中的 z_s。在工业生产中，离心泵的安装高度是有限制的，这个限制就是要防止泵“汽蚀现象”的发生。

(1) 离心泵的汽蚀现象

根据离心泵的工作原理可知，液体之所以能被吸入泵内，是依靠贮槽液面与泵入口处之间的压力差。在贮槽液面上方压力 p_0 一定的情况下，泵的安装高度 z_s 提高将导致泵内压力降低，泵内最低压力 p_K 通常位于如图 1-28 所示的 K 点附近。当 z_s 增加到使 p_K 降至被输送流体在操作温度下的饱和蒸气压时，泵内液体将发生沸腾。生成的蒸气泡在随液体从入口向外围流动时，因为压力迅速增大而急剧冷凝，使液体以很大速度从周围冲向气泡中心，产生频率很高、瞬时压力很大的冲击波，这种现象称为“汽蚀”。汽蚀时传递到叶轮及泵壳的冲击波，加上液体中微量溶解的氧对金属化学腐蚀的共同作用，在一定时间后，可使叶轮表面出现斑痕及裂缝，甚至呈海绵状逐步脱落；发生汽蚀时，还会发出噪声，进而使泵体振动；同时由于蒸气的生成使得液体的表观密度减小，导致泵的实际流量、出口压力和效率都下降，严重时甚至吸不上液体。

(2) 离心泵的汽蚀余量

离心泵的汽蚀余量 Δh（又称净正吸上高度，简写为 NSPH）是指为防止汽蚀现象的发生，规定的泵入口处液体的动压头与静压头之和 $\left(\dfrac{p_1}{\rho g}+\dfrac{u_1^2}{2g}\right)$ 大于被输送液体在操作温度下的饱和蒸气压头 $\dfrac{p_v}{\rho g}$ 的数值。

如图 1-28 所示，为了防止汽蚀，p_K 应高于操作温度下的饱和蒸气压。但 p_K 很难测出，而泵入口接管 1 处的压力 $p_1>p_K$，且易于测定。当泵内刚刚发生汽蚀时，p_K 等于被输送液体操作温度下的饱和蒸气压 p_v，相应的 p_1 为最小值 $p_{1,\min}$。可得临界汽蚀余量 Δh_c 为：

$$\Delta h_c=\frac{p_{1,\min}}{\rho g}+\frac{u_1^2}{2g}-\frac{p_v}{\rho g} \tag{1-54}$$

为确保泵的正常运转，通常规定允许汽蚀余量 $\Delta h_r=\Delta h_c+0.3$，其值可从泵的样本中查取。

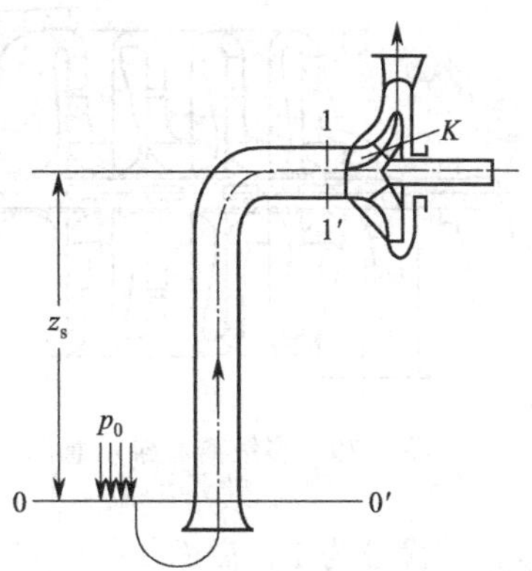

图 1-28 离心泵的安装高度

(3) 离心泵的安装高度

如图 1-28 所示，以贮槽液面为基准水平面，在截面 0—0′与 1—1′之间列伯努利方程，可得：

$$z_s=\frac{p_0}{\rho g}-\left(\frac{p_1}{\rho g}+\frac{u_1^2}{2g}\right)-\sum h_{f,0-1} \tag{1-55}$$

则离心泵的允许安装高度为：

$$z_{s,允许}=\frac{p_0}{\rho g}-\frac{p_v}{\rho g}-\Delta h_r-\sum h_{f,0-1} \tag{1-56}$$

而泵的实际安装高度通常应比允许安装高度再低 0.5～1m。

【例 1-14】 用离心泵从敞口贮槽抽送某有机液体。贮槽液面恒定，泵安装在贮槽液面以下 1.5m 处。吸入管路的压头损失为 1.5m。输送条件下有机液体的密度为 850kg/m³，饱和蒸气压为 72.12kPa，输送流量下泵的允许汽蚀余量为 4m。试问此泵能否正常操作？

解 判断泵能否正常操作，即核算泵的安装高度是否合适。

根据式(1-56)，此泵的允许安装高度为：

$$z_{s,允许}=\frac{p_0}{\rho g}-\frac{p_v}{\rho g}-\Delta h_r-\sum h_{f,0-1}$$

$$=\frac{1.013\times10^5-72.12\times10^3}{850\times9.81}-4-1.5$$

$$=-2\text{m}$$

泵的实际安装高度为液面以下1.5m处，比计算值大，可知泵的安装位置过高，此泵不能正常操作。若想使泵正常操作，可将其安装在液面以下2.5m处。

1.6.1.6 离心泵的类型与选用

(1) 离心泵的类型

离心泵的种类繁多，按输送液体的性质及使用条件的不同分类，化工生产中常用的离心泵有以下几类。

① 清水泵　适用于输送清水和物性与水相近、无腐蚀性且杂质较少的液体。其结构简单，操作容易。

单级单吸悬臂式水泵应用最为广泛，其代号为IS。该系列泵的流量范围为4.5～360m^3/h，扬程范围为8～98m。

以IS50-32-250为例说明型号中各项意义：IS——国际标准单级单吸清水离心泵；50——泵吸入口内径，mm；32——泵排出口内径，mm；250——泵叶轮直径，mm。

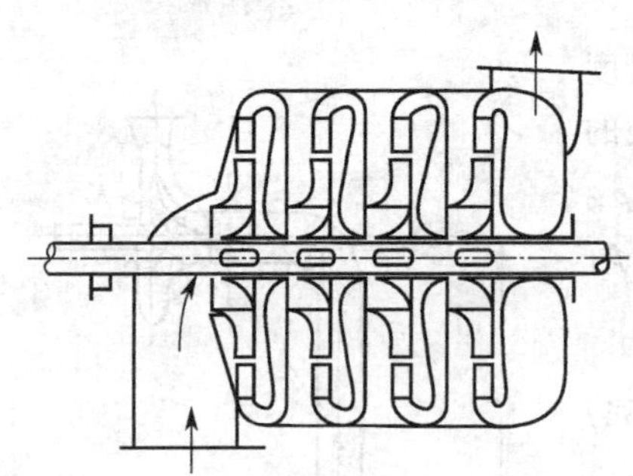

图1-29　多级离心泵示意图

若要求的压头较高，可采用多级离心泵，系列代号为D，其结构如图1-29所示，即在一根轴上串联多个叶轮。叶轮的级数通常为2～9级，最多可达12级。该系列泵的流量范围为10.8～850m^3/h，扬程范围为14～351m。

若要求的流量较大，可选用双吸泵，系列代号为sh。该系列泵的流量范围为120～12500m^3/h，扬程范围为9～140m。

② 耐腐蚀泵　用于输送具有腐蚀性的液体，泵内接触液体的部件需用耐腐蚀的材料制成，要求密封可靠，其代号为F，后面加一个字母表示使用材料的代号。该系列泵的流量范围为2～400m^3/h，扬程范围为15～105m。

以40FM1-26为例说明型号中各项意义：F——系列代号；40——泵吸入口内径，mm；M——与液体接触的材料代号（铬、镍、钼、钛合金）；1——轴封形式代号（1代表单端面密封）；26——泵的扬程，m。

③ 油泵　用来输送石油产品的泵，要求有良好的密封性，以免易燃、易爆油品的泄漏。当输送200℃以上的高温油品时，需具有冷却装置。油泵有单吸和双吸之分，系列代号分别为Y、YS。该系列泵的流量范围为6.25～500m^3/h，扬程范围为60～603m。近年来已推出新的型号。

以100Y-120×2为例说明型号中各项意义：Y——系列代号；100——泵吸入口内径，mm；120——泵的单级扬程，m；2——叶轮级数。

④ 杂质泵　用来输送含固体颗粒的液体、稠厚的浆液。其特点是叶轮流道宽，叶片数少，常采用开式或半开式叶轮。系列代号为P，分为PW——污水泵，PS——砂泵，PN——泥浆泵。

(2) 离心泵的选用

选择离心泵的基本原则就是要满足液体输送的工艺要求，步骤如下：

① 确定输送系统的流量与压头　流量一般是由生产任务规定，若流量在一定范围内变动，按最大流量选泵。根据输送系统管路的安排，用伯努利方程式计算管路所需的压头。

② 确定泵的类型与型号　根据所输送液体的性质和操作条件确定泵的类型。按照已确定的流量和压头从泵样本或者产品目录中选出合适的型号。如果没有合适的型号，则应选择流量和压头都稍大的型号；如果同时有几种型号可选，则应选择其中效率较高的泵。

③ 核算泵的轴功率　如果输送液体的黏度和密度与水相差很大，则应核算泵的轴功率。

(3) 离心泵的安装与使用

① 安装高度不能太高，应小于允许安装高度。

② 设法减少吸入管路的阻力，比如采取吸入管路短而直、吸入管路的直径稍大、吸入管路减少不必要的管件、调节阀装于出口管路等措施。

③ 离心泵启动前应灌泵。

④ 应在出口阀关闭的情况下启动泵；停泵前也要先关闭出口阀。

⑤ 泵运转过程中应定时检查、维修。

【例 1-15】 用离心泵将水送至 15m 高处的贮槽，最大流量为 $25m^3/h$，此流量下管路的压头损失为 9m，试选用合适的泵，并估算用阀门调节多消耗的轴功率。

解 (1) 由于本题要求输送水，故可选 IS 型离心水泵。

按最大流量计算管路所需的压头为：

$$H_e=\Delta z+\frac{\Delta p}{\rho g}+\sum h_f=15+9=24(\text{m})$$

根据流量 $Q=25m^3/h$ 及扬程 $H=24m$，查附录 23，可选型号为 IS65-50-160，其性能参数为：$Q=25m^3/h$，$H=32m$，$n=2900r/min$，$(NPSH)_r=2.0m$，$\eta=65\%$，$N=3.35kW$。

(2) 因所选泵的压头大于管路所需的压头，应采用阀门调节。

因此多消耗的轴功率为：

$$\Delta N=\frac{\rho V_s g\Delta H}{\eta}=\frac{1000\times25\times9.81\times(32-24)}{0.65\times3600}=0.84(\text{kW})$$

1.6.2 其他类型泵

1.6.2.1 往复泵

往复泵是容积式泵，它通过活塞的往复运动将能量传递给液体。如图 1-30 所示，往复泵的主要部件由泵缸、活塞、活塞杆、吸液阀和排液阀组成，吸入阀和排出阀均为单向阀。活塞杆与传动机构相连接，使活塞可以在缸内往复运动。当活塞自左向右移动时，泵缸的容积增大而形成低压，排出阀受排出管内液体的压力作用而关闭，吸入阀受贮槽液面与泵缸之间的压差作用而打开，使液体吸入泵缸。当活塞自右向左移动时，由于活塞的推压，缸内液体压力增大，吸入阀关闭，排出阀开启，使液体排出泵缸，完成一个工作循环。活塞在泵缸内两端间移动的距离称为行程。

活塞往复一次，吸液、排液各一次，交替进行，输送液体不连续，称为单动泵。为改善单动泵流量的不均匀性，可在活塞左右两侧都装有阀门，则可使吸液和排液连续进行，称为双动泵，结构如图 1-31 所示。

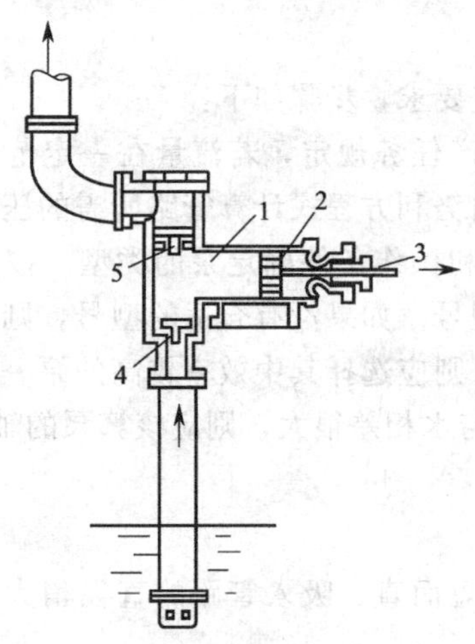

图 1-30 往复泵装置

1—泵缸；2—活塞；3—活塞杆；

4—吸入阀；5—排出阀

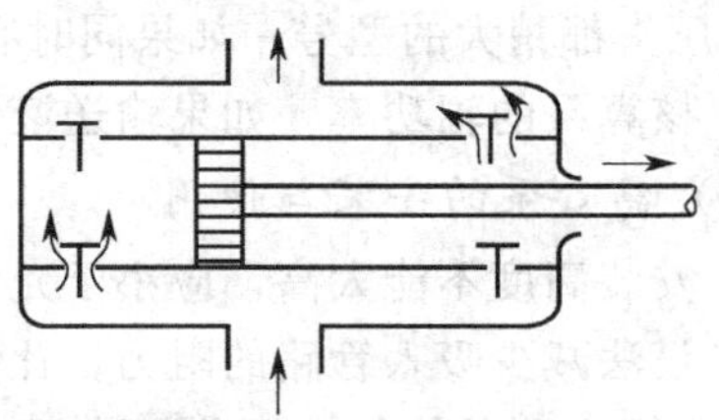

图 1-31 双动泵示意图

由往复泵的工作原理可知，往复泵内的低压是靠工作室的扩张形成的，所以在启动前不用灌泵，也能吸入液体，即具有自吸能力。但往复泵也是借助贮槽液面和泵缸内的压差吸入液体的，因此其安装高度也有一定的限制。

往复泵适用于输送小流量、高压头的液体，也可用于输送黏度较大的液体，效率一般在70%以上，最高可超过90%；但不宜用于输送腐蚀性液体和含有固体颗粒的悬浮液，因泵内阀门、活塞受到腐蚀或被颗粒磨损、卡住，都会导致严重的泄漏。

1.6.2.2 旋转泵

(1) 齿轮泵

齿轮泵的结构如图 1-32 所示。泵壳内有两个齿轮，主动轮用电动机带动旋转，从动轮被啮合着向相反方向旋转。吸入腔内两轮的齿相互拨开，于是形成低压而吸入液体。被吸入的液体随齿轮转动到达排出腔，排出腔内两齿相互合拢，于是形成高压而排出液体。

齿轮泵的压头较高而流量较小，可用于输送黏稠液体，但不能用于输送含有固体颗粒的悬浮液。

(2) 螺杆泵

螺杆泵主要由泵壳和一根或多根螺杆构成。如图 1-33 所示为双螺杆泵，它是利用互相啮合的螺杆来排送液体的，其工作原理与齿轮泵非常相似。螺杆泵压头高、效率高、噪音小，适用于在高压下输送黏稠性液体。

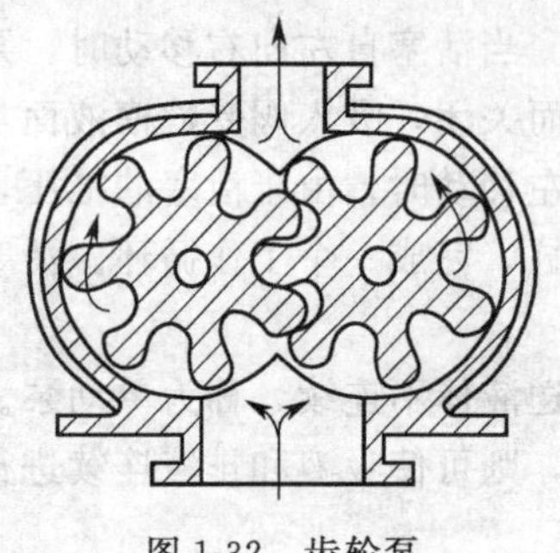

图 1-32 齿轮泵

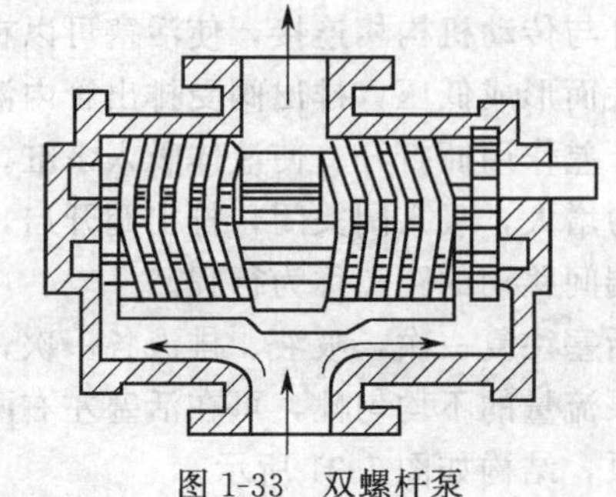

图 1-33 双螺杆泵

1.6.2.3　旋涡泵

旋涡泵是一种特殊类型的离心泵，主要由泵壳和叶轮构成，如图 1-34 所示。它的叶轮是一个圆盘，四周铣有凹槽构成叶片，呈辐射状排列。叶轮和泵壳之间有引液道。泵的吸入口与排出口之间由与叶轮缝隙极小的间壁隔开。叶轮在泵壳内转动时，泵内液体在随叶轮旋转的同时，又在引液道与各叶片之间反复迂回运动，因而被叶片拍击多次，获得较高能量。

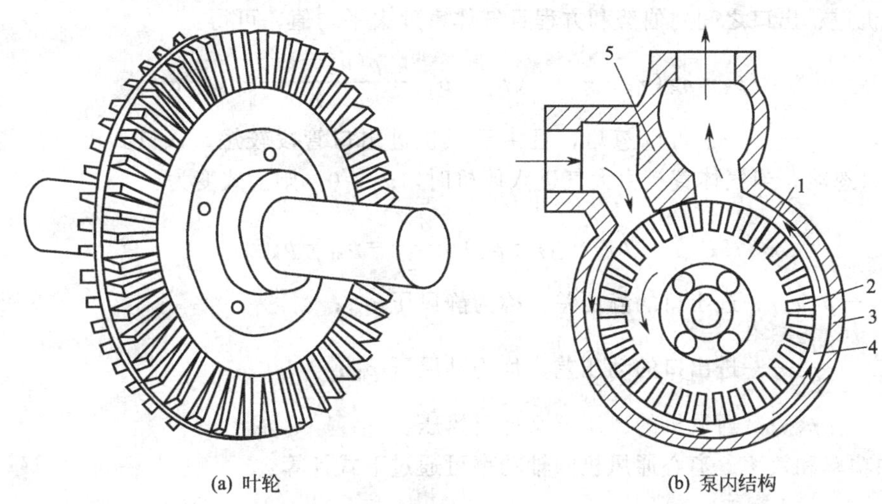

图 1-34　旋涡泵

1—叶轮；2—叶片；3—泵壳；4—引液道；5—间壁

旋涡泵适用于输送流量小、压头高且黏度不大的液体，不宜输送含有固体颗粒的液体。旋涡泵启动前也需灌泵，启动时应打开出口阀，改变流量应采用旁路调节。

1.6.3　离心式通风机

气体输送机械主要用于气体输送、产生高压气体及产生真空，其结构和工作原理与液体输送机械基本相同。但由于气体密度小，相应的体积流量很大，因此气体输送机械体积一般都较大；同时气体具有可压缩性，当气体压力变化时，其体积和温度也随之发生变化，这对气体输送机械的结构、形状有很大影响。

气体输送机械可以按工作原理分为离心式、旋转式、往复式等。也可按出口压力（终压）和压缩比进行分类，即：

① 通风机：终压（表压，下同）不大于 15kPa，压缩比为 1～1.15；

② 鼓风机：终压为 15～300kPa，压缩比小于 4；

③ 压缩机：终压在 300kPa 以上，压缩比大于 4；

④ 真空泵：终压为大气压，压缩比由真空度决定。

1.6.3.1　离心式通风机的工作原理与结构

离心式通风机的工作原理与离心泵大致相同，结构也大同小异。主要由蜗形机壳和叶轮构成。但壳内逐渐扩大的气体通道及出口截面有矩形和圆形两种。一般中低压风机多为矩形，高压风机多为圆形，如图 1-35 所示。为适应送风量大的要求，通风机的叶轮直径较大，叶片数目多且较短，其形状有平直、前弯及后弯三种。若要求通风量大，常采用前弯叶片；若要求效率高，常采用后弯叶片。

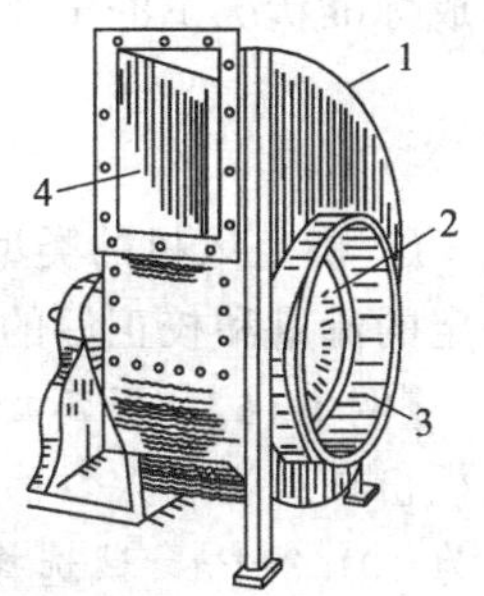

图 1-35　离心通风机简图

1—机壳；2—叶轮；3—吸入口；4—排出口

1.6.3.2 离心式通风机的性能参数与特性曲线

(1) 性能参数

① 流量（风量） 指单位时间内风机出口排出的气体体积，并按风机入口状态计，以 Q 表示，单位为 m^3/s 或 m^3/h。其大小与风机的结构、尺寸和转速等有关。

② 风压 指单位体积气体通过风机时获得的能量，以 p_t 表示，单位为 J/m^3（或 Pa）。在风机进、出口之间列伯努利方程且气体密度去平均值，可得：

$$p_t=\rho g(z_2-z_1)+(p_2-p_1)+\frac{\rho(u_2^2-u_1^2)}{2}+\rho\sum w_f$$

式中，$(z_2-z_1)\rho g$ 可以忽略，且由于风机进出口管段较短，入口到出口的能量损失 $\rho\sum w_f$ 也可忽略；当气体直接由大气进入风机时，$u_1=0$，则上式变为：

$$p_t=(p_2-p_1)+\frac{\rho u_2^2}{2}=p_{st}+p_k \tag{1-57}$$

式中 (p_2-p_1)——进出口的静压差，称为静风压 p_{st}；

$\frac{\rho u_2^2}{2}$——进出口的动压差，称为动风压 p_k；

p_t——通风机的风压，又称全风压。

③ 轴功率和效率 离心通风机的轴功率可通过下式计算：

$$N=\frac{Qp_t}{1000\eta} \tag{1-58}$$

式中 N——轴功率，kW；

η——全压效率。

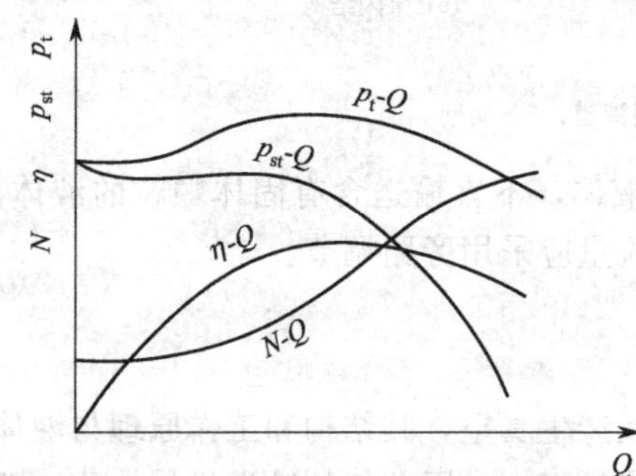

图 1-36 离心式通风机的特性曲线

(2) 特性曲线

离心式通风机在出厂前必须通过实验测定特性曲线。通常采用 101.3kPa、20℃ 的空气（$\rho_0=1.2kg/m^3$）作为介质进行测定。离心式通风机的特性曲线包括 p_t-Q、p_{st}-Q、η-Q、N-Q 四条曲线，如图 1-36 所示。

1.6.3.3 离心式通风机的选用

① 根据气体性质和风压范围，确定风机的类型。

② 确定风量和全风压。风量根据生产任务来定，按伯努利方程计算得到全风压，并换算成标准状况下的全风压 p_{t0}，即

$$p_{t0}=p_t\frac{\rho_0}{\rho}=\frac{1.2}{\rho}p_t \tag{1-59}$$

③ 确定风机的类型与型号。根据所输送气体的性质和风压范围确定泵的类型，按照已确定的流量和校正后的全风压从产品样本中选择合适的型号。

【例 1-16】 用离心式通风机向一设备输送 40℃ 的空气，所需风量为 $20000m^3/h$，已知风机出口到设备入口的压力损失为 0.42kPa，设备内的操作压力为 0.6kPa（表压），大气压力为 101.3kPa，试选择合适的风机。

解 在风机出口与设备入口之间列伯努利方程，得：

$$p_t=\rho g(z_2-z_1)+(p_2-p_1)+\frac{\rho(u_2^2-u_1^2)}{2}+\rho\sum w_f$$

其中，$\rho g(z_2-z_1)\approx 0$，$u_1=u_2\approx 0$，$\rho\sum W_f=0.42\text{kPa}$，则

$$p_t=(p_2-p_1)+\rho\sum W_f=0.6\times 10^3+0.42\times 10^3=1.02(\text{kPa})$$

操作条件下空气的密度为：

$$\rho=\frac{pM}{RT}=\frac{101.3\times 29}{8.314\times(273+40)}=1.13(\text{kg/m}^3)$$

将实际状态下的全风压换算成标准状况下的 p_{t0}，得：

$$p_{t0}=\frac{1.2}{\rho}p_t=\frac{1.2}{1.13}\times 1.02=1.08(\text{kPa})$$

根据流量 $Q=20000\text{m}^3/\text{h}$ 及全风压 $p_{t0}=1.08\text{kPa}$，查离心式通风机样本，可选型号为 4-72-118C 的离心式通风机。

除离心式通风机以外，典型的气体输送机械还有离心式鼓风机和压缩机、旋转式鼓风机和往复式压缩机等。

习　题

1. 试计算空气在 −20℃ 和 260mmHg 真空度的密度。

2. 在平均大气压力为 81.33kPa 的 A 地区的某真空设备上装有一个真空表，其读数为 20kPa。若改在平均大气压力为 101.33kPa 的 B 地区操作，真空表的读数为多少才能维持该设备的绝对压力与 A 地区操作时相同？

3. 如本题附图所示，流化床反应器上装有两个 U 形管压差计。读数分别为 $R_1=500\text{mm}$，$R_2=80\text{mm}$，指示液为水银。为防止水银蒸气向空间扩散，于右侧的 U 形管与大气连通的玻璃管内灌入一段水，其高度 $R_3=100\text{mm}$。试求 A、B 两点的表压力。

4. 如本题附图所示，水在管道内流动。为测量流体压力，在管道某截面处连接 U 形管压差计，指示液为水银，读数 $R=100\text{mm}$，$h=800\text{mm}$。为防止水银扩散至空气中，在水银液面上方充入少量水，其高度可忽略不计。已知当地大气压力为 101.3kPa，试求管路中心处流体的压力。

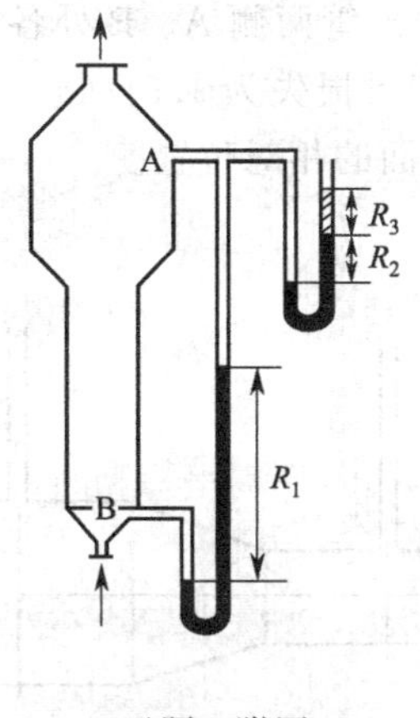

习题 3 附图

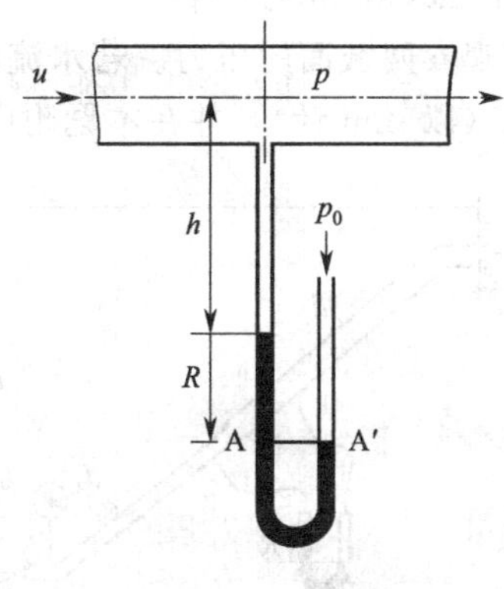

习题 4 附图

5. 如本题附图所示，用双流体 U 形管压差计测定两处空气的压差，读数为 320mm。由于两侧臂上的两个小室不够大，致使小室内两液面产生 4mm 的高度差。求两处压差为多少

帕。若计算时不考虑两小室内液面有高度差，会造成多大的误差？两指示液的密度分别为 $\rho_1=910\text{kg/m}^3$，$\rho_2=1000\text{kg/m}^3$。

6. 硫酸流经由大小管组成的串联管路，硫酸密度为 1830kg/m^3，流量为 150L/min，大小管的尺寸分别为 $\phi 76\text{mm}\times 4\text{mm}$ 和 $\phi 57\text{mm}\times 3.5\text{mm}$，试分别求硫酸在大小管中的质量流量、平均流速和质量流速，

7. 某低速送风管道，内径 $d=200\text{mm}$，风速为 $u=3\text{m/s}$，空气温度为 40℃。求：(1) 风道内气体的流动类型；(2) 该风道内空气保持层流的最大流速。

8. 一敞口高位槽向喷头供应液体，液体密度为 1050kg/m^3。为了达到所要求的喷洒条件，喷头入口处要维持 40kPa 的压力。液体在管路内的速度为 2.2m/s，从高位槽至喷头入口的管路阻力损失估计为 25J/kg。求高位槽内的液面至少要在喷头入口以上多少米？

9. 从容器 A 用泵将密度为 890kg/m^3 的液体送入塔 B，输送量为 15kg/s。容器内与塔内的表压如本题附图所示，流体流经管路的阻力损失为 122J/kg。求泵的有效功率。

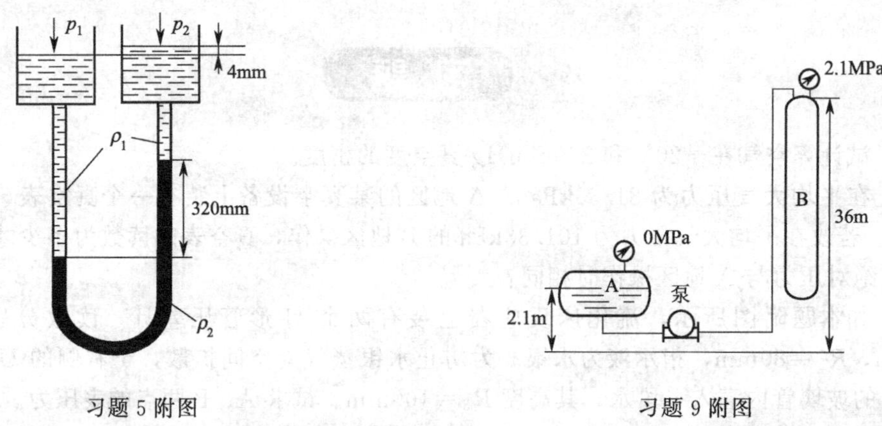

习题 5 附图　　习题 9 附图

10. 如本题附图所示，水由高位水箱经管路从喷嘴流出，已知 $d_1=125\text{mm}$，$d_2=100\text{mm}$，喷嘴出口 $d_3=75\text{mm}$，压差计读数 $R=80\text{mmHg}$，若阻力损失可忽略。求 H 和 p_A。

11. 20℃的水以 2.5m/s 的平均流速流经 $\phi 38\text{mm}\times 2.5\text{mm}$ 的水平管，此管以锥形管与另一 $\phi 53\text{mm}\times 3\text{mm}$ 的水平管相连。如本题附图所示，在锥形管两侧 A、B 处各插入一垂直玻璃管以观察两截面的压力。若水流经 A、B 两截面间的能量损失为 1.5J/kg，求两玻璃管的水面差（以 mm 计），并在本题附图中画出两玻璃管中水面的相对位置。

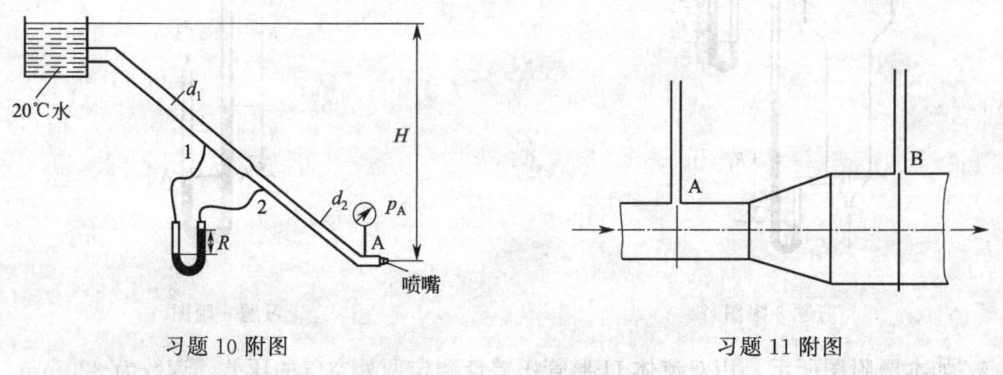

习题 10 附图　　习题 11 附图

12. 如本题附图所示，常温水由一敞开贮罐用泵送入塔内，水的流量为 $20\text{m}^3/\text{h}$，塔内

压力为 196kPa（表压）。泵的吸入管长度为 5m，管径为 ϕ108mm×4mm，泵出口到塔进口之间的管长为 20m，管径为 ϕ57mm×3.5mm，塔进口前的截止阀全开。试求此管路系统输送水所需的外加机械能，取 $\varepsilon/d=0.001$。

13. 把内径为 20mm、长度为 2m 的塑料管（光滑管），弯成倒 U 形，作为虹吸管使用。如本题附图所示，当管内充满液体，一端插入液槽内，另一端就会使槽中的液体自动流出。液体密度为 1000kg/m^3，黏度为 1mPa·s。槽内液面恒定。要想使输液量为 1.7m^3/h，虹吸管出口端距离槽内液面的距离 h 需要多少米？

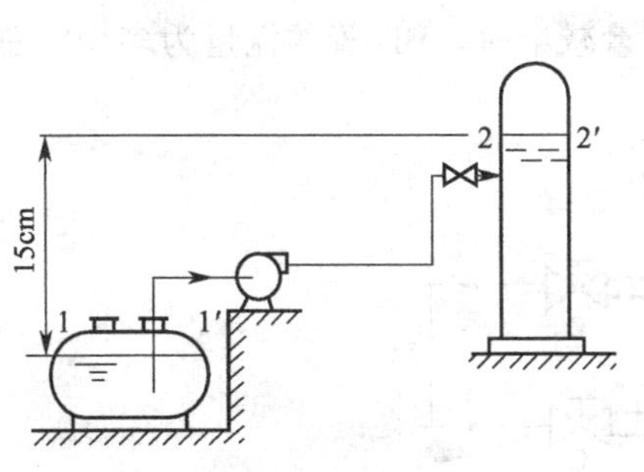

习题 12 附图

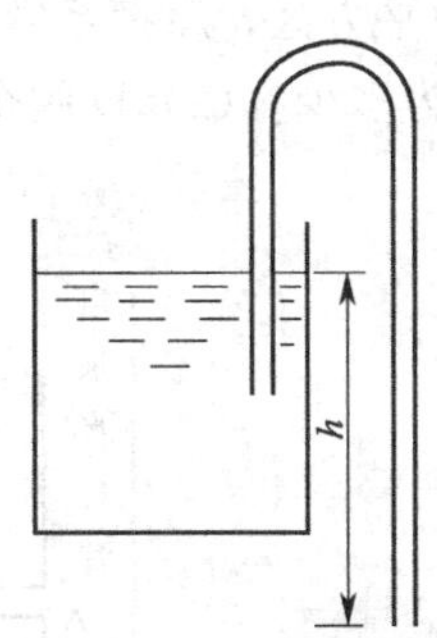

习题 13 附图

14. 常压下 35℃的空气以 12m/s 的流速流经 120m 长的水平管。管路截面为长方形，高 300mm，宽 200mm，试求空气流动的摩擦损失，设定 $\varepsilon/d_e=0.0005$。

15. 如本题附图所示，有黏度为 1.7mPa·s，密度为 765kg/m^3 的液体，从高位槽经直径为 ϕ114mm×4mm 的钢管流入表压为 0.16MPa 的密闭低位槽中。液体在钢管中的流速为 1m/s，钢管的相对粗糙度 $\varepsilon/d=0.002$，管路上的阀门当量长度 $l_e=50d$。两液槽的液面保持不变，试求两槽液面的垂直距离 H。

16. 有一高位水槽，其水面离地面的高度为 H。水槽下面接有 130 米长的普通壁厚水煤气钢管，管路中有 1 只全开的闸阀，4 只全开的截止阀，14 只标准 90°弯头。要求水流量为 10.5m^3/h，设水温 20℃，$\varepsilon=0.2$mm，问：H 至少需多少米？

17. 用内径为 300mm 的钢管输送 20℃的水。为了测量管内的流量，采用如本题附图所示的装置。用 2000mm 长的一段主管路上并联了一根总长为 10m（包括支管的直管长度、流量计及一切局部阻力的当量长度）、直径为 ϕ60mm×3.5mm 的钢管，由上装有转子流量计。由流量计读数知支管中水的流量为 2.72m^3/h。试求水在总管路中的流量。已知主管及支管的摩擦系数分别为 0.018 及 0.03，图中单位为 mm。

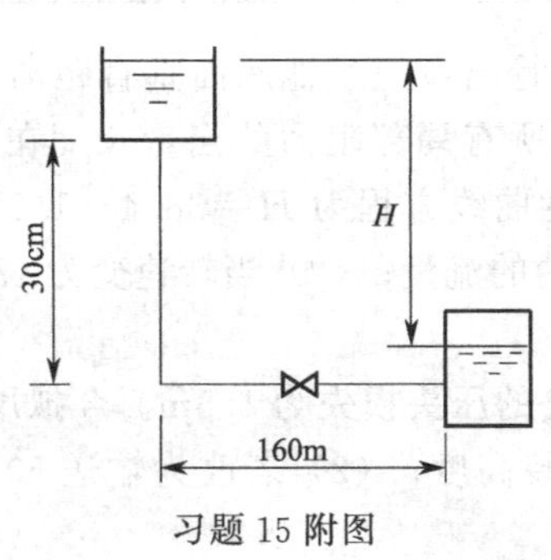

习题 15 附图

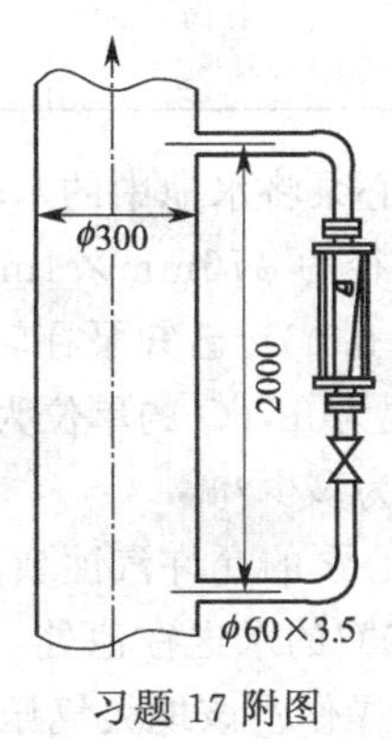

习题 17 附图

18. 常压、20℃的空气从A、B两管并联的管路流过，总流量是200kg/h。已知：$l_A=8m$，$d_A=50mm$，$l_B=12m$，$d_B=38mm$（上述l中包括了局部阻力，d指内径）。问B管的质量流量是多少？分支点与汇合点的局部阻力可忽略，ε皆为0.2mm。

19. 如本题附图所示，从自来水总管接一管段AB向实验楼供水，在B处分成两路各通向一楼和二楼。两支路各安装一球形阀，出口分别为C和D。已知管段AB、BC和BD的长度分别为100m、10m和20m（仅包括管件的当量长度），管内径皆为30mm。假定总管在A处的表压为0.343MPa，不考虑分支点B处的动能交换和能量损失，且可认为各管段内的流动均进入阻力平方区，摩擦系数皆为0.03，试求：(1) D阀关闭，C阀全开（$\xi=6.4$）时，BC管的流量为多少？(2) D阀全开，C阀关小至流量减半时，BD管的流量为多少？总管流量又为多少？

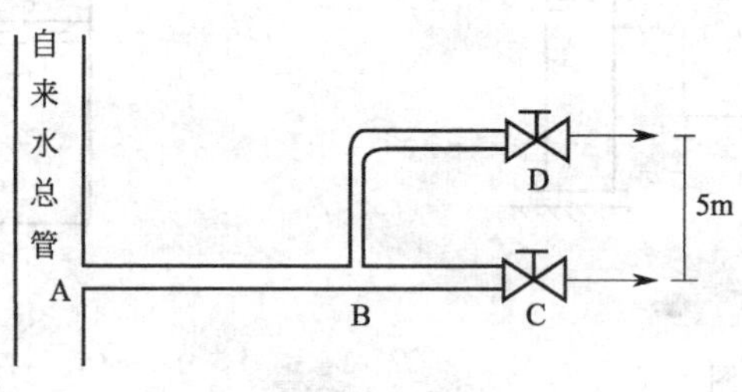

习题19附图

20. ϕ38mm×2.5mm的管路上装有标准孔板流量计，孔径为16.4mm，管中流动的为甲苯溶液。采用角接取压法用U形管压差计测量孔板两侧的压力差，以汞为指示液，测压连接管中充满甲苯。现测得U形管压差计读数为600mm，试计算管中甲苯的流量为多少(kg/h)。操作条件下甲苯的密度为868kg/m^3、黏度为0.6×10^{-3}Pa·s。

21. 有一转子流量计，转子的密度为2800kg/m^3，其刻度是按照20℃的水标定的。现用于密度为860kg/m^{3}的某液体，为使测量的范围扩大，特另制一个形状与原来相同，但密度为7900kg/m^{3}的转子使用。若操作时从刻度读得流量为4m^3/h，问实际流量是多少？

22. 将浓度为95%的硝酸自常压罐输送至常压设备中去，要求输送量为36m^3/h，液体的扬升高度为7m。输送管路由内径为80mm的钢化玻璃管构成，总长为160m（包括所有局部阻力的当量长度）。现采用某种型号的耐酸泵，其性能列于下表中。问：(1) 该泵是否合用？(2) 实际的输送量、压头、效率及功率消耗各为多少？已知：酸液在输送温度下黏度为1.15×10^{-3}Pa·s；密度为1545kg/m^3。摩擦系数可取为0.015。

Q/(L/s)	0	3	6	9	12	15
H/m	19.5	19	17.9	16.5	14.4	12
η/%	0	17	30	42	46	44

23. 用离心泵将水池中的水输送至敞口高位槽中。管出口距水池水面垂直距离为20m，输送管路的管径为ϕ76mm×4mm，管长1300m（包括所有局部阻力的当量长度在内），管路摩擦系数为0.03。已知泵在转速1480r/min时的特性曲线方程为$H=38.4-1.12\times10^{-2}Q^2$（$H$的单位为m，$Q$的单位为m^3/h）。试求(1) 管内的流量；(2) 当转速变为1700r/min时，管内流量为多少？

24. 某离心泵的允许汽蚀余量为3m。已知吸入管路的压头损失为1.5m。今拟用该泵从敞口水池将20℃的水送往他处，(1) 试求泵的允许安装高度；(2) 若改为输送50℃的水，此泵能否正常操作？该地大气压为98.1kPa。

25. 有下列输送任务，试分别提出合适的泵的类型。

(1) 往空气压缩机的气缸中注润滑油。

(2) 输送带有结晶的饱和盐溶液至过滤机。

(3) 将水从水池送到冷却塔顶（塔高 30m，水流量 $5000m^3/h$）。

(4) 将洗衣粉浆液送到喷雾干燥器的喷头中（喷头内压力 10MPa，流量 $5m^3/h$）。

26. 用离心通风机将 20℃、101.33kPa 的空气通过内径为 0.6m，管长 100m（包括所有局部阻力的当量长度在内）的水平管道送至某设备。设备内的表压为 1×10^4Pa，管壁的 e 为 0.3mm，空气输送流量为 $15000m^3/h$（按入口状态计）。工厂仓库中有一台风机，性能：转速 1450r/min，流量为 $16000m^3/h$，风压为 11000Pa。试问该风机是否合用？

本章主要符号说明

符号	意义	单位	符号	意义	单位
A	面积	m^2	Q	泵的流量或风机的风量	m^3/s
C_0	孔流系数		Q_e	单位质量流体获得的热量	J/kg
C_R	转子流量计的流量系数		R	通用气体常数	kJ/(kmol·K)
D	叶轮直径	m	Re	雷诺数	
d	管径	m	T	热力学温度	K
d_e	当量直径	m	U	单位质量流体的内能	J/kg
E	单位质量流体的总机械能	J/kg	u	流速	m/s
F	力	N	V	体积	m^3
G	质量流速	$kg/(m^2\cdot s)$	V_s	体积流量	m^3/s
H	泵的压头	m	v	流体的比容	m^3/kg
H_e	外加压头	m	W_e	单位质量流体获得的外功	J/kg
h_f	压头损失	m	W_f	单位质量流体的能量损失	J/kg
Δh	汽蚀余量	m	x_{wi}	液体混合物中 i 组分的质量分数	
l	长度	m	y_i	气体混合物中 i 组分的摩尔分数	
L_e	当量长度	m	Z_s	泵的安装高度	m
M	摩尔质量	kg/kmol	z/Z	高度	m
m	质量	kg	ρ	密度	kg/m^3
m_s	质量流量	kg/s	μ	黏度	Pa·s
N	功率	W	t	剪应力	N/m^2
N_e	有效功率	W	ν	运动黏度	m^2/s
n	转速	r/s	ε	绝对粗糙度	mm
p	压力	Pa	ζ	局部阻力系数	
Δp_f	压力损失	Pa	λ	摩擦系数	
p_t	风机的全风压	Pa	η	效率	

第2章 传 热

2.1 概述

物体内部或物体之间只要存在温度差，就会发生热量从高温区向低温区转移的现象，称为热量传递，简称传热。传热是自然界和工程技术领域中极为普遍的一种能量传递现象。化学工业与传热的关系尤为密切，几乎所有的化工生产过程均涉及热量传递。通常，化工厂中传热设备的投资约占总投资的40%。传热在化工生产中的应用主要有以下几个方面：

① 物料的加热、冷却或冷凝，使物料达到指定的温度和相态，以满足反应、加工和贮存等的要求。化工生产中的很多过程和单元操作，都需要进行加热和冷却。例如，化学反应通常要在一定的温度下进行，为了达到并保持一定的温度，就需要不断地向反应器输入或输出热量；又如在蒸发、蒸馏、干燥等单元操作中，也需要向这些设备输入或输出热量。

② 生产过程中热能的合理利用和废热的回收。在能源短缺的今天，热量的合理利用和废热的回收是降低生产成本的重要措施之一；同时，对环境保护（减少热污染）也有非常重要的意义。

③ 化工设备和管道的保温，减少热量（或冷量）的损失。化工生产中很多设备和管道在高温或低温下操作，这些设备和管道的外表面上都包有保温层，以减少它们和外界的传热。

化工生产对传热的要求主要有以下两种情况：一是强化传热过程，如各种换热设备中的传热，要求传热速率快，传热效果良好，以便减小传热设备体积，节省设备投资。二是削弱传热过程，如设备和管道的保温，以减少热损失，节省操作费用。

传热是化工生产中重要的单元操作之一，了解和掌握传热的基本规律具有很重要的意义。本章重点讨论传热的基本原理及其在化工生产中的应用。

2.1.1 传热的基本方式

根据传热机理的不同，热量传递可分为三种基本方式：热传导、对流和热辐射。工程上通常是两种或三种方式同时进行的复合传热过程。

2.1.1.1 热传导

当相互接触的两物体间或同一物体的内部存在温度差时，物体各部分之间不发生宏观的相对位移，仅借助分子、原子和自由电子等微观粒子的热运动，使热量从高温处到低温处传递的过程称为热传导，又称导热。

热传导在固体、液体和气体中均可进行，但其导热机理各不相同。气体中，热传导是分子做不规则热运动时相互碰撞的结果；导电固体的导热是通过自由电子的迁移实现的，非导电固体的导热则是通过晶格的振动来实现的；至于液体的导热机理，一种观点认为其类似于气体导热，另一种观点认为其类似于非导电固体导热。

2.1.1.2 对流

流体内部质点发生相对位移而引起的热量传递过程称为热对流（简称对流），对流只能发生在流体中。

根据引起流体质点发生相对位移的原因不同，可分为自然对流和强制对流。自然对流是指因流体中各处的温度不同引起密度的差别，使流体质点产生相对位移而发生的对流传热；强制对流是指流体质点在泵（风机）或搅拌等外力的强制作用下运动而发生的对流传热。流体在发生强制对流的同时，总会伴随着自然对流，但一般强制对流的强度比自然对流的强度大得多。

热对流总是伴随着热传导，将两者合并处理，一般也称为对流传热（又称给热）。化工生产中讨论的对流传热多指由流体流经固体表面时，流体与固体表面之间的热量传递过程。

2.1.1.3 热辐射

物体因热的原因发出辐射能的过程称为热辐射。它是一种通过电磁波传递能量的现象。任何物体只要在绝对零度以上，都能将热能以电磁波形式发射出去，而不需要任何介质，也就是说它可以在真空中传播。热辐射不仅是能量的转移，而且伴随着能量形式的转换。即物体放热时，热能变为辐射能，以电磁波的形式在空间传递，当遇到另一物体时，即被其部分或全部地吸收而转变为热能。辐射传热就是物体之间相互辐射和吸收能量的综合结果。只有在物体温度较高时，热辐射才能成为主要的传热方式。

实际上生产中的传热过程，通常不是以某一种传热方式单独存在的，而是以上两种或三种传热方式的组合。例如化工生产中普遍使用的间壁式换热器中的传热，主要是以热对流和热传导相结合的方式进行的。

2.1.2 载热体及其选择

在化工生产中，物料在换热器内被加热或冷却时，通常需要用另一种流体供给或取走热量，此种流体称为载热体，其中起加热作用的载热体称为加热剂（或加热介质）；起冷却（或冷凝）作用的载热体称为冷却剂（或冷却介质）。

工业中最常用的加热剂是饱和水蒸气（100～180℃），另外还有热水（40～100℃）、矿物油（180～250℃）、联苯混合物（255～380℃）、熔盐（142～530℃）及烟道气（500～1000℃）等；若所需的加热温度更高，需采用电加热。

工业生产中，使用最普遍的冷却剂是水（0～80℃）和空气（＞30℃）。若要冷却到0℃左右，通常采用冷冻盐水（－15～0℃）。为了得到更低的冷却温度，还可借助制冷技术，使用沸点更低的制冷剂，如液氨（－30～－15℃）等。

2.1.3 传热速率与热通量

传热速率 Q（又称热流量），是指单位时间内通过传热面传递的热量，其单位为W。

热通量 q（又称热流密度），是指单位时间内通过单位传热面积传递的热量，其单位为 W/m^2。

传热速率与热通量之间的关系为

$$q=\frac{Q}{A} \tag{2-1}$$

式中　A——总传热面积，m^2。

2.1.4 定态与非定态传热

传热系统中各点的温度仅随位置变化而不随时间变化的传热过程称为定态传热。定态传热的特点是传热速率、热通量等相关物理量为常量，不随时间而变。连续生产过程的传热多为定态传热。

传热系统中各点的温度不仅随位置变化，而且随时间而变的传热过程称为非定态传热。非定态传热过程中，传热速率、热通量等相关物理量随时间而变。间歇生产过程和连续生产过程的开停车阶段的传热为非定态传热。

化工生产中大多为定态传热过程，因此本章只讨论定态传热。

2.2 热传导

2.2.1 傅里叶定律

2.2.1.1 温度场和温度梯度

物体或系统的内部只要有温度差，就会发生热量传递。由热传导引起的传热速率取决于物体内部的温度分布情况。所以，首先应建立起有关温度分布的概念。

某一时刻，物体（或空间）各点的温度分布总和称为温度场，可用通式表示如下

$$t=f(x,y,z,\theta) \tag{2-2}$$

式中 t——某点的温度，℃或K；

x，y，z——某点的空间坐标；

θ——时间，s。

各点的温度随时间而改变的温度场称为非定态温度场；各点的温度均不随时间而改变的温度场称为定态温度场，其数学表达式应在式(2-2) 中去掉 θ。

在同一时刻，温度场中所有温度相同的点组成的面称为等温面。因为同一时刻，空间中任一点不可能同时有两个不同的温度，所以不同温度的等温面彼此不会相交。

等温面上温度处处相等，故沿等温面无热量传递，而穿过等温面的任何方向上都有温度的变化，则有热量的传递。温度随距离的变化率以沿等温面的法线方向为最大。两相邻等温面之间的温度差 Δt 与两面间的垂直距离 Δn 之比，在 Δn 趋于零时的极限值称为温度梯度。即

$$\lim_{\Delta n\to 0}\frac{\Delta t}{\Delta n}=\frac{\partial t}{\partial n} \tag{2-3}$$

式中 $\frac{\partial t}{\partial n}$——温度梯度，℃/m 或 K/m。

温度梯度为向量，其方向垂直于等温面，并以温度增加的方向为正（见图 2-1）。

2.2.1.2 傅里叶定律

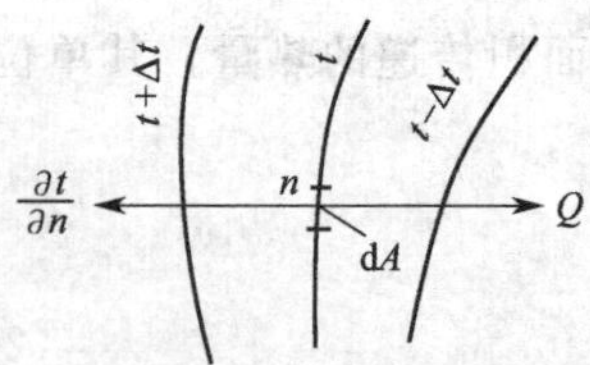

图 2-1 温度梯度与热流方向示意图

傅里叶定律是热传导的基本定律。实践证明，通过等温面的热传导速率（单位时间内传导的热量）与温度梯度及垂直于热流方向的导热面积成正比，即

$$dQ=-\lambda\cdot dA\,\frac{\partial t}{\partial n} \tag{2-4}$$

式中 Q——热传导速率，W 或 J/s；

A——导热面积，m^2；

λ——热导率，W/(m·℃) 或 W/(m·K)。

式中的负号表示热流方向与温度梯度的方向相反。

2.2.2 热导率

热导率又称导热系数，是表征物质导热性能的物性参数，λ 越大，导热性能越好。其定义式由傅里叶定律给出

$$\lambda = -\frac{dQ}{dA\,\frac{\partial t}{\partial n}} \tag{2-5}$$

热导率在数值上等于单位温度梯度下，单位时间内通过单位导热面积的热量。热导率的大小和物质的结构及组成、密度、温度和压力等因素有关。

各种物质的热导率数值差别很大，通常用实验方法测定。一般来说，金属的热导率最大，非金属固体次之，液体较小，气体最小。工程中常见物质的热导率可查手册获得。

(1) 固体

金属是良好的导热体。纯金属的热导率一般随温度升高而降低。金属热导率大多随纯度的增加而增大，合金的热导率一般比纯金属要低。非金属的建筑材料或绝热材料的热导率与其组成、结构的紧密程度及温度有关，通常其热导率随密度增加或温度升高而增大。

对大多数固体，其热导率在一定温度范围内与温度大致呈线性关系，即

$$\lambda = \lambda_0(1 + at) \tag{2-6}$$

式中 λ——固体在 t℃时的热导率，W/(m·℃) 或 W/(m·K)；

λ_0——固体在 0℃时的热导率，W/(m·℃) 或 W/(m·K)；

a——温度系数，对大多数金属材料为负值，对大多数非金属材料为正值，K^{-1}。

(2) 液体

液体分为金属液体和非金属液体，金属液体热导率较高，后者较低。在非金属液体中，水的热导率最大。除水和甘油以外，绝大多数液体的热导率随温度的升高而略有减小。一般来说，纯液体的热导率比其溶液的大。

(3) 气体

气体的热导率很小，不利于导热而利于保温。如软木、玻璃棉就是因为其空隙中有气体，其热导率低，适用于保温隔热。气体的热导率随温度升高而增大。在相当大的压强范围内，气体的热导率随压强的变化甚微，可以忽略不计。

应予指出，在热传导过程中，因物质各处温度不同，热导率也有差别。在工程计算中，应取其平均值。

2.2.3 平壁的定态热传导

2.2.3.1 单层平壁的定态热传导

如图 2-2 所示，假设平壁的长度和宽度与厚度相比都很大，则从壁的边缘处损失的热量可以忽略。平壁内的温度仅沿垂直于壁面的 x 方向变化，因此所有等温面是垂直于 x 轴的平面，且壁面两侧的温度 t_1、t_2 不随时间变化（且 $t_1 > t_2$）。故该平壁的热传导为定态的一维热传导，导热速率 Q 和

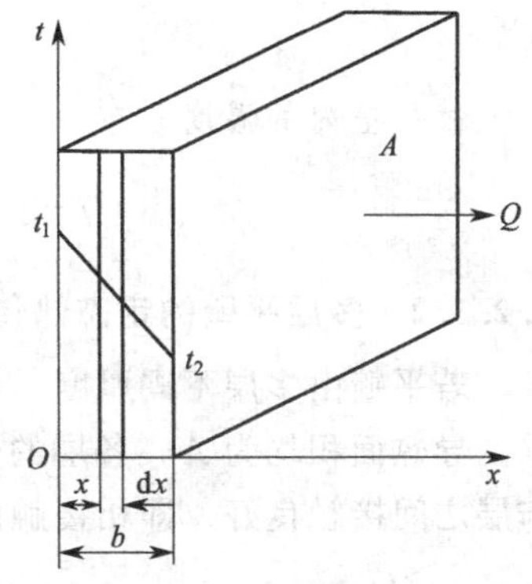

图 2-2 单层平壁定态热传导

传热面积 A 都为常量。傅里叶定律可简化为

$$Q=-\lambda A\ \frac{\mathrm{d}t}{\mathrm{d}x} \tag{2-7}$$

假定平壁材料均匀，热导率不随温度而变（或取平均热导率），边界条件为：$x=0$ 时，$t=t_1$；$x=b$ 时，$t=t_2$，积分式(2-7)，得

$$Q=\frac{\lambda}{b}A(t_1-t_2) \tag{2-8}$$

或

$$Q=\frac{t_1-t_2}{\frac{b}{\lambda A}}=\frac{\Delta t}{R}=\frac{\text{传热推动力}}{\text{热阻}} \tag{2-9}$$

式中 A——平壁的面积，m^2；

b——平壁的厚度，m；

t_1，t_2——平壁两侧的温度，℃；

Δt——温度差，传热推动力，℃；

$R=\frac{b}{\lambda A}$——导热热阻，℃/W。

由式(2-9) 可知。导热速率 Q 与传热推动力 Δt 成正比，与热阻 R 成反比。平壁越厚，传热面积和热导率越小，则热阻越大。

式(2-9) 也可写成

$$q=\frac{Q}{A}=\frac{\lambda}{b}(t_1-t_2) \tag{2-10}$$

应用热阻的概念，对传热过程的分析和计算是十分有用的。由于系统中任一段的热阻与该段的温度差成正比，利用这一关系可以计算界面温度或物体内温度分布；反之，可从温度分布情况判断各部分热阻的大小。

【例 2-1】 某平壁厚度为 500mm，内表面温度为 900℃，外表面温度为 300℃，试求该平壁的导热热通量和平壁内的温度分布。已知平壁的平均热导率 $\lambda=1.575\mathrm{W/(m\cdot ℃)}$。

解 由式(2-10) 可求得导热热通量为

$$q=\frac{Q}{A}=\frac{\lambda}{b}(t_1-t_2)=\frac{1.575}{0.5}(900-250)=2047.5(\mathrm{W/m^2})$$

设壁厚 x 处的温度为 t，则由式(2-10) 可得

$$q=\frac{\lambda}{x}(t_1-t)$$

故平壁内的温度分布为

$$t=t_1-\frac{qx}{\lambda}=900-\frac{2047.5}{1.575}x=900-1300x$$

2.2.3.2 多层平壁的定态热传导

若平壁由多层不同厚度、不同热导率的材料组成，以图 2-3 所示的三层平壁为例。设平壁的导热面积均为 A，各层的壁厚分别为 b_1、b_2 和 b_3，热导率分别为 λ_1、λ_2 和 λ_3。假设层与层之间接触良好，即相接触的两表面温度相同。各表面温度为 t_1、t_2、t_3 和 t_4，且 $t_1>t_2>t_3>t_4$。

在定态导热过程中，通过各层的导热速率必相等，即

$$Q=Q_1=Q_2=Q_3$$

或
$$Q=\frac{t_1-t_2}{\dfrac{b_1}{\lambda_1 A}}=\frac{t_2-t_3}{\dfrac{b_2}{\lambda_2 A}}=\frac{t_3-t_4}{\dfrac{b_3}{\lambda_3 A}} \tag{2-11}$$

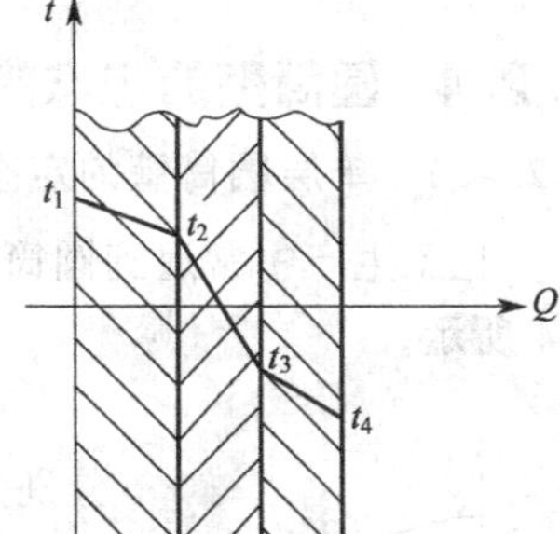

图 2-3　多层平壁的定态热传导

应用和比定律，可得

$$Q=\frac{\Delta t_1+\Delta t_2+\Delta t_3}{\dfrac{b_1}{\lambda_1 A}+\dfrac{b_2}{\lambda_2 A}+\dfrac{b_3}{\lambda_3 A}}=\frac{\sum \Delta t_i}{\sum\limits_{i=1}^{3}\dfrac{b_i}{\lambda_i A}}=\frac{t_1-t_4}{\sum\limits_{i=1}^{3}R_i} \tag{2-12}$$

则对 n 层平壁，热传导速率方程式为

$$Q=\frac{\sum \Delta t_i}{\sum\limits_{i=1}^{n}\dfrac{b_i}{\lambda_i A}}=\frac{t_1-t_{n+1}}{\sum\limits_{i=1}^{n}R_i}=\frac{\text{总推动力}}{\text{总热阻}} \tag{2-13}$$

由式(2-12) 可知，多层平壁热传导的总推动力为各层温度差之和，即总温度差，总热阻为各层热阻之和。

从式(2-11) 还可以推出

$$(t_1-t_2):(t_2-t_3):(t_3-t_4)=\frac{b_1}{\lambda_1 A}:\frac{b_2}{\lambda_2 A}:\frac{b_3}{\lambda_3 A}=R_1:R_2:R_3$$

上式说明，在多层平壁的定态导热过程中，各层温差 Δt_i 的大小与其热阻 R_i 成正比。

【例 2-2】 一燃烧炉的炉壁由三种材料构成：

耐火砖　$b_1=150\text{mm}$，$\lambda_1=1.05\text{W/(m·℃)}$

绝热砖　$b_2=290\text{mm}$，$\lambda_2=0.15\text{W/(m·℃)}$

普通砖　$b_3=230\text{mm}$，$\lambda_3=0.80\text{W/(m·℃)}$

已知炉内、外壁表面温度分别为 1000℃和 30℃，假设各层接触良好。试求：(1) 单位面积的热损失。(2) 各层接触面上的温度。

解　参看图 2-3，应用式(2-12)，可得

$$Q=\frac{t_1-t_4}{\dfrac{b_1}{\lambda_1 A}+\dfrac{b_2}{\lambda_2 A}+\dfrac{b_3}{\lambda_3 A}}=\frac{1000-30}{\dfrac{0.15}{1.05\times1}+\dfrac{0.29}{0.15\times1}+\dfrac{0.23}{0.80\times1}}=410.38(\text{W})$$

设 t_2 为耐火砖和绝热砖间界面温度，t_3 为绝热砖和普通砖间界面温度。

由式(2-11) 可知

$$\Delta t_1=QR_1=410.38\times0.143=58.68(℃)$$
$$\Delta t_2=QR_2=410.38\times1.933=793.39(℃)$$

∵
$$t_1=1000℃,t_4=30℃$$

∴
$$t_2=t_1-\Delta t_1=1000-58.68=941.32(℃)$$
$$t_3=t_2-\Delta t_2=941.32-793.39=147.93(℃)$$
$$\Delta t_3=t_3-t_4=147.93-30=117.93(℃)$$

各层的温度差和热阻的数值列表如下：

材　料	温度差/℃	热阻/(m²·℃/W)
耐火砖	58.68	0.1429
绝热砖	793.39	1.933
普通砖	117.93	0.2875

由表可见，各层的热阻愈大，温度差也愈大，即温度差与热阻成正比。

2.2.4 圆筒壁的定态热传导

2.2.4.1 单层圆筒壁的定态热传导

化工生产中常遇到圆筒壁（如圆筒形容器、设备和管道）。单层圆筒壁的热传导如图2-4所示。

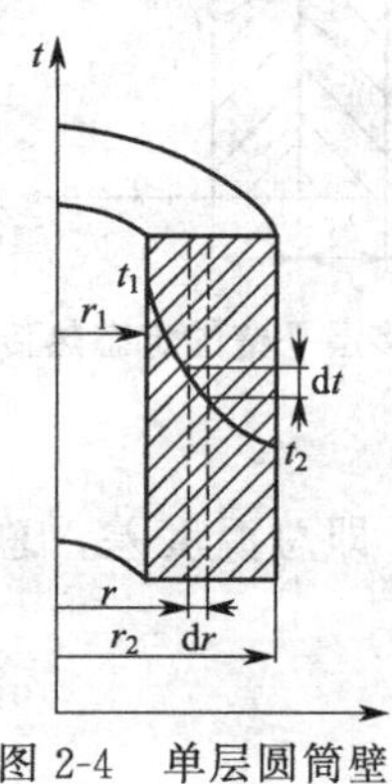

图 2-4 单层圆筒壁的定态热传导

设圆筒壁的内、外半径分别为 r_1 和 r_2，长度为 l。内、外壁温度分别为 t_1 和 t_2，且 $t_1>t_2$。若圆筒壁长度 l 远比半径 r 为大，沿轴向散热可以忽略，温度仅沿半径方向变化，则通过圆筒壁的热传导可视为一维定态热传导。它与平壁热传导的不同处在于圆筒壁的传热面积不是常量，随半径而变。若在圆筒半径 r 处沿半径方向取微分厚度 $\mathrm{d}r$ 的薄壁圆筒，其传热面积可视为常量，等于 $2\pi rl$；同时通过该薄层的温度变化为 $\mathrm{d}t$。通过该薄圆筒壁的导热率可以表示为

$$Q=-\lambda A\frac{\mathrm{d}t}{\mathrm{d}r}=-\lambda(2\pi rl)\frac{\mathrm{d}t}{\mathrm{d}r} \tag{2-14}$$

设热导率为常数，边界条件为：$r=r_1$ 时，$t=t_1$；$r=r_2$ 时，$t=t_2$，将上式分离变量，进行积分

$$\int_{r_1}^{r_2} Q\frac{\mathrm{d}r}{r}=-\int_{t_1}^{t_2}\lambda 2\pi l\,\mathrm{d}t$$

$$Q\ln\frac{r_2}{r_1}=2\pi\lambda l(t_1-t_2)$$

$$\therefore \quad Q=\frac{2\pi\lambda l(t_1-t_2)}{\ln\dfrac{r_2}{r_1}}=\frac{2\pi l(t_1-t_2)}{\dfrac{1}{\lambda}\ln\dfrac{r_2}{r_1}}=\frac{t_1-t_2}{\dfrac{\ln\frac{r_2}{r_1}}{2\pi\lambda l}}=\frac{\Delta t}{R} \tag{2-15}$$

式中 (t_1-t_2)——圆筒壁温度差，传热推动力，℃；

$R=\dfrac{\ln\frac{r_2}{r_1}}{2\pi\lambda l}$——热阻，℃/W。

式(2-15) 即为单层圆筒壁的热传导速率方程式。该式也可改写成平壁热传导速率方程式的形式。

$$Q=\frac{2\pi\lambda l(t_1-t_2)(r_2-r_1)}{(r_2-r_1)\ln\dfrac{r_2}{r_1}}=\frac{\lambda A_m(t_1-t_2)}{b}=\frac{t_1-t_2}{\dfrac{b}{\lambda A_m}} \tag{2-15a}$$

式中 b——圆筒壁厚度，$b=r_1-r_2$，m；

A_m——对数平均面积，$A_m=2\pi lr_m$，m^2；

r_m——对数平均半径，$r_m=\dfrac{r_2-r_1}{\ln\frac{r_2}{r_1}}$，m。

化工计算中，经常采用对数平均值。但当两个变量的比值等于2时，使用算术平均值代替对数平均值，计算误差仅为4%，这在工程计算中是可以允许的。因此当两个变量的比值≤2时，经常用算术平均值代替对数平均值，使计算较为简便。

2.2.4.2 多层圆筒壁的定态热传导

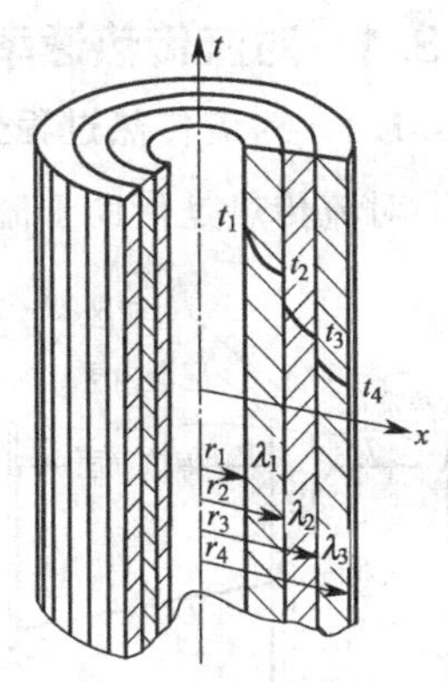

图 2-5 多层圆筒壁的定态热传导

对于各层间接触良好的多层圆筒壁，以图 2-5 所示的三层圆筒壁为例。各层的热导率分别为 λ_1、λ_2、λ_3，厚度分别为 b_1、b_2、b_3。根据串联传热的原则，得到三层圆筒壁的导热速率方程式为

$$Q=\frac{\Delta t_1+\Delta t_2+\Delta t_3}{R_1+R_2+R_3}=\frac{t_1-t_4}{\dfrac{b_1}{\lambda_1 A_{m1}}+\dfrac{b_2}{\lambda_2 A_{m2}}+\dfrac{b_3}{\lambda_3 A_{m3}}}=\frac{t_1-t_4}{\sum\limits_{i=1}^{3}\dfrac{b_i}{\lambda_i A_{mi}}} \tag{2-16}$$

对 n 层圆筒壁，热传导速率方程式为

$$Q=\frac{\sum \Delta t_i}{\sum\limits_{i=1}^{n}\dfrac{b_i}{\lambda_i A_{mi}}}=\frac{t_1-t_{n+1}}{\sum\limits_{i=1}^{n}\dfrac{\ln\dfrac{r_{i+1}}{r_i}}{2\pi l\lambda_i}}=\frac{2\pi l(t_1-t_{n+1})}{\sum\limits_{i=1}^{n}\dfrac{1}{\lambda_i}\ln\dfrac{r_{i+1}}{r_i}} \tag{2-16a}$$

多层圆筒壁导热的总推动力也为总温度差，总热阻也为各层热阻之和，但是计算时与多层平壁不同的是其各层热阻所用的传热面积不相等，所以应采用各层的平均面积 A_{mi}。

应予注意，由于各层圆筒壁的内外表面积均不相同，所以在定态传热时，通过各层的热传导速率 Q 虽然相同，但热通量 q 却不相同，其相互的关系为

$$Q=2\pi r_1 l q_1=2\pi r_2 l q_2=2\pi r_3 l q_3$$

或

$$r_1 q_1=r_2 q_2=r_3 q_3$$

式中 q_1，q_2，q_3——半径 r_1，r_2，r_3 处的热通量。

【例 2-3】 有一 ϕ60mm×3.5mm 的钢管，管壁的热导率为 45W/(m·℃)，管外包有两层保温材料，内层保温材料的厚度为 40mm，热导率为 0.07W/(m·℃)，外层保温材料的厚度为 20mm，热导率为 0.15W/(m·℃)，此时管内壁温度为 500℃，最外层表面的温度为 80℃，求每米管长的热损失及两保温层界面处的温度？

解 (1) 据题意知：$r_1=26.5$mm，$r_2=30$mm，$r_3=70$mm，$r_4=90$mm

参看图 2-4，应用式(2-16a)，可得

$$\frac{Q}{1}=\frac{2\pi(500-80)}{\dfrac{1}{45}\ln\dfrac{30}{26.5}+\dfrac{1}{0.07}\ln\dfrac{70}{30}+\dfrac{1}{0.15}\ln\dfrac{90}{70}}=191(\text{W/m})$$

(2) 两保温层界面处的温度为 t_3

∵ $$\frac{Q}{1}=\frac{2\pi(t_3-80)}{\dfrac{1}{0.15}\ln\dfrac{90}{70}}=191$$

∴ $$t_3=131℃$$

2.3 对流传热

对流传热是指流体流动过程中，由于质点发生相对位移而引起的热量传递现象。工业上遇到的对流传热常指间壁式换热器两侧流体与固体壁面之间的传热过程，即流体将热量传给固体壁面或由壁面将热量传给流体的过程（也称对流给热）。

2.3.1 对流传热速率方程

2.3.1.1 对流传热过程分析

对流传热是借助于流体质点的移动和混合完成的，因此它与流体的流动状况密切相关。

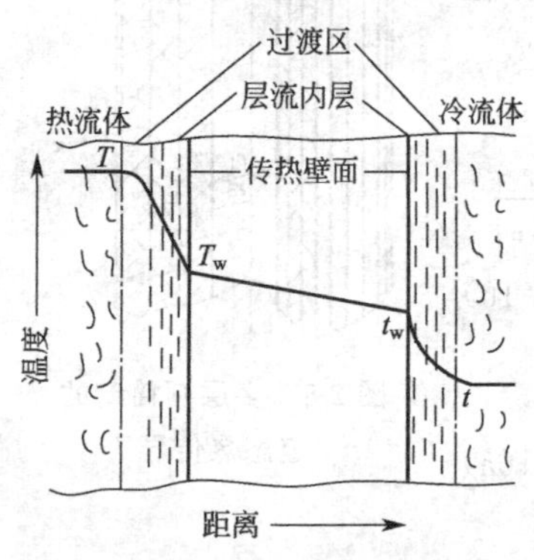

图 2-6 对流传热的温度分布情况

通常，间壁两侧的流体都做湍流流动，但在临近壁面处总有一薄层（滞流内层）存在，在此薄层内流体呈滞流流动。在滞流内层和湍流主体之间有过渡区。图 2-6 表示冷、热流体在壁面两侧的流动情况以及与流动方向垂直的某一截面上流体的温度分布情况。

由图可见，在湍流主体中，由于流体质点的剧烈运动，传热主要以对流方式进行。因此湍流主体中温度差（温度梯度）极小，各处的温度基本相同。在过渡区，热对流和热传导的作用大致相同，在该层内温度发生较缓慢的变化。在滞流内层中，在垂直于流动方向上的热量传递主要以热传导的方式进行。由于流体的热导率较低，该层热阻较大，从而温度梯度较大。

根据以上分析可知，流体与固体壁面之间的对流传热过程的热阻主要集中在滞流内层中。如果要强化传热，必须采取措施减薄滞流内层的厚度。

2.3.1.2 对流传热速率方程

对流传热大多是指流体与固体壁面之间的传热，其传热速率与流体性质及边界层的状况密切相关。工程上通常会假设流体与固体壁面之间的传热热阻全集中在靠近壁面处的一层厚度为 d_t 的有效膜中，在有效膜之外无热阻存在。流体在有效膜内为滞流流动，传热主要以热传导的方式进行。该膜既不是热边界层，也非流动边界层，而是一集中了全部传热温差并以导热方式传热的虚拟膜。据此假定，在虚拟膜内使用傅里叶定律，得到

$$Q=\frac{\lambda}{\delta_t}A\Delta t \tag{2-17}$$

由于影响对流传热的因素很多，有效膜厚度 d_t 难以测定，设 $\alpha=\frac{\lambda}{\delta_t}$，式(2-17) 可表示为

$$Q=\alpha A\Delta t \tag{2-18}$$

流体被加热时， $\Delta t=t_w-t$

流体被冷却时， $\Delta t=T-T_w$

式中 α——平均对流传热系数，W/(m^2·℃)；

Δt——对流传热的温度差，℃；

T_w——与热流体接触一侧的壁温，℃；

t_w——与冷流体接触一侧的壁温，℃；

T，t——热、冷流体的主体温度，℃；

A——对流传热面积，m^2。

式(2-18) 称为牛顿冷却定律。表示流体与固体壁面间的对流传热速率与流体与壁面间的温度差及垂直于热流方向的导热面积成正比。牛顿冷却定律将复杂的对流传热问题用简单的关系式表达出来，并未简化问题本身，只是将影响对流传热过程的众多因素归结到对流传

热系数 α 中，因此如何求得各种具体传热条件下的对流传热系数 α，就成为解决对流传热问题的关键。

2.3.2 对流传热系数

2.3.2.1 对流传热系数的主要影响因素

实验表明，影响对流传热系数 α 的主要因素有以下几个方面。

(1) 流体的种类和相变情况

液体、气体和蒸气的对流传热系数各不相同。流体有无相变，对传热的影响不同。一般情况下，流体有相变时的对流传热系数比无相变时要大。

(2) 流体对流的起因

引起流体对流的原因可分为强制对流和自然对流两大类。强制对流是流体在泵、风机输送或搅拌等外力作用下引起的流动。而由于流体内部存在温差，使各部分流体的密度不同而引起的流动称为自然对流。这两种对流传热遵循的规律是不相同的，通常强制对流比较强烈，其传热系数比较大。

(3) 流体的物理性质

对 α 值影响较大的流体物理性质有：密度 ρ，黏度 μ，热导率 λ，比热容 c_p。对同一种流体，这些物性随相态、温度及压力而变。

(4) 流体的流动型态

流体呈湍流流动时，质点充分混合，且随 Re 数的增大，滞流底层变薄，故 α 较大。而当流体呈滞流流动时，流体在热流方向上无混杂运动，故 α 较小。

(5) 传热面的形状、大小和位置

传热面的形状（如管、板、管束、翅片等）、位置（如垂直或水平放置、管束的排列方式等）以及大小（如管径、管长、平板的宽与长等）等因素都直接影响对流传热系数。对于一种类型的传热面，常选用对 α 有决定性影响的特性尺寸来表示其大小。

2.3.2.2 对流传热系数经验关联式的建立

由于对流传热系数 α 的影响因素很多，要建立一个通式来求得各种情况下的 α 是很困难的。通常采用量纲分析法将众多的影响因素组合成若干无量纲数群（准数），然后再通过实验确定这些准数间的关系，从而得到不同对流传热情况下计算 α 的经验关联式。

由前面的分析可知，流体无相变强制对流传热时，影响 α 的因素有流速 u，传热面的特性尺寸 l，流体的黏度 μ，密度 ρ，热导率 λ，比热容 c_p，即

$$\alpha=f(u,l,\mu,\rho,\lambda,c_p)$$

量纲分析之后，可得到如下的准数关联式为

$$Nu=f(Re,Pr) \tag{2-19}$$

同样，对于自然对流传热，可用单位体积流体的浮升力 $\rho g\beta\Delta t$（β 为流体的体积膨胀系数，$℃^{-1}$）代替流速 u，而其他影响因素与强制对流传热相同，即

$$\alpha=f(l,\mu,\rho,\lambda,c_p,\rho g\beta\Delta t)$$

量纲分析之后，得到的准数关联式为

$$Nu=\phi(Gr,Pr) \tag{2-20}$$

式(2-19) 与式(2-20) 中各准数的名称、符号及意义见表 2-1。

表 2-1 准数的符号及意义

准数名称	符号及表达式	意义
努塞尔(Nusselt)数	$Nu=\dfrac{\alpha l}{\lambda}$	包含对流传热系数的待定准数
雷诺(Reynolds)数	$Re=\dfrac{du\rho}{\mu}$	反映流体流动型态对对流传热的影响
普兰特(Prandtl)数	$Pr=\dfrac{c_p\mu}{\lambda}$	反映流体物性对对流传热的影响
格拉斯霍夫(Grashof)数	$Gr=\dfrac{\beta g\Delta t l^3\rho^2}{\mu^2}$	反映自然对流对对流传热的影响

式(2-19) 与式(2-20) 仅为各准数之间的原则关联式，各种不同情况下的具体函数关系需要由实验确定。在各种形式的关联式中，以幂函数形式最为常见，即

强制对流传热：
$$Nu=CRe^mPr^n \tag{2-21}$$
自然对流传热：
$$Nu=KPr^aGr^g \tag{2-22}$$

在实验数据关联及其应用时，应注意以下几点：

① 适用范围　关联式中准数的适用范围是根据实验数据确定的，使用时不能超出适用范围。

② 定性温度　指确定流体物性参数所依据的温度。不同的关联式确定定性温度的方法不尽相同，如有的用流体进、出口温度的算术平均值，有的用壁面温度或膜温。

③ 特性尺寸　通常选取对流体流动与传热有决定性影响的几何尺寸为特性尺寸。

2.3.3 流体无相变时的对流传热系数

2.3.3.1 流体在管内的强制对流传热

(1) 流体在圆形直管内的强制湍流

对于低黏度（小于 2 倍常温水的黏度）流体，α 的关联式为

$$Nu=0.023Re^{0.8}Pr^n$$

或

$$\alpha=0.023\frac{\lambda}{d_i}\left(\frac{d_iu\rho}{\mu}\right)^{0.8}\left(\frac{c_p\mu}{\lambda}\right)^n \tag{2-23}$$

应用范围：$Re>10000$，$0.7<Pr<120$，$\mu<2\times10^{-3}$ Pa·s，管长与管径比 $l/d_i>60$。

另外，式中定性温度取流体进、出口温度的算术平均值；特征尺寸为管内径 d_i。

当流体被加热时，$n=0.4$；流体被冷却时，$n=0.3$。这一差别主要是由温度对近壁滞流底层中流体黏度的影响引起的。当管内流体被加热时，靠近管壁处滞流底层的温度高于流体主体温度；而流体被冷却时，情况正好相反。当液体被加热时，其黏度随温度升高而降低，滞流底层减薄，使对流传热系数增大。反之，液体被冷却时，使 α 减小。大多数液体的 $Pr>1$，即 $Pr^{0.4}>Pr^{0.3}$，因此，液体被加热时，n 取 0.4，被冷却时，n 取 0.3。当气体被加热时，其黏度随温度升高而增大，滞流底层增厚，使对流传热系数减少。反之，气体被冷却时，其 α 增大。由于大多数气体的 $Pr<1$，即 $Pr^{0.4}<Pr^{0.3}$，故同液体一样，气体被加热时 n 取 0.4，冷却时 n 取 0.3。

对于高黏度流体，α 的关联式为

$$Nu=0.027Re^{0.8}Pr^{0.33}\left(\frac{\mu}{\mu_w}\right)^{0.14}$$

或

$$\alpha=0.027\frac{\lambda}{d_i}\left(\frac{d_iu\rho}{\mu}\right)^{0.8}\left(\frac{c_p\mu}{\lambda}\right)^{0.33}\left(\frac{\mu}{\mu_w}\right)^{0.14} \tag{2-24}$$

应用范围：$Re>10000$，$0.7<Pr<16700$，$l/d_i>60$。定性温度除 μ_w 取壁温外，其余均取流体进、出口温度的算术平均值。但在实际应用中，由于壁温难以测得，工程上常近似处理为：当液体被加热时，$\left(\dfrac{\mu}{\mu_w}\right)^{0.14}=1.05$，当液体被冷却时，$\left(\dfrac{\mu}{\mu_w}\right)^{0.14}=0.95$；对于气体，则不论加热与冷却，均取 $\left(\dfrac{\mu}{\mu_w}\right)^{0.14}=1.0$。

【例 2-4】 水在内径为 25mm、长为 4m 的钢管内流动，由 20 ℃ 加热至 80 ℃，流速为 1.0m/s，求管壁对水的对流传热系数。

解 定性温度：
$$t_m=\frac{t_1+t_2}{2}=\frac{20+80}{2}=50(℃)$$

查附录得 50℃ 时，水的物性数据如下

$\rho=988.1\text{kg/m}^3$，$c_p=4.174\text{kJ/(kg·℃)}$，$\mu=0.549\text{mPa·s}$，$\lambda=0.648\text{W/(m·℃)}$

则
$$Re=\frac{d_iu\rho}{\mu}=\frac{988.1\times1.0\times0.025}{0.549\times10^{-3}}=4.50\times10^4>10^4$$

$$0.7<Pr=\frac{c_p\mu}{\lambda}=\frac{4.174\times10^3\times0.549\times10^{-3}}{0.648}=3.54<160$$

$$\frac{l}{d_i}=\frac{4}{0.025}=160>60$$

可用式(2-23) 计算 α，本题中水被加热，$n=0.4$

则
$$\alpha=0.023\frac{\lambda}{d}Re^{0.8}Pr^{0.4}=0.023\times\frac{0.648}{0.025}\times(4.5\times10^4)^{0.8}\times3.54^{0.4}$$
$$=5218.36[\text{W/(m}^2\text{·℃)}]$$

(2) 流体在圆形直管内的过渡流

当 $Re=2300\sim10000$ 时，可先按湍流计算 α，然后将得到的结果乘以校正系数 f

$$f=1.0-\frac{6\times10^5}{Re^{1.8}} \tag{2-25}$$

(3) 流体在圆形直管内的强制滞流

流体在管内作强制滞流时，一般流速较低，应考虑自然对流的影响，情况比较复杂，因此关联式的误差比湍流的要大。

当管径较小，流体与壁面间温差不大时，一般 $Gr<25000$，自然对流的影响可忽略，则 α 的关联式为

$$Nu=1.86\left(RePr\frac{d_i}{l}\right)^{1/3}\left(\frac{\mu}{\mu_w}\right)^{0.14} \tag{2-26}$$

应用范围：$Re<2300$，$\left(RePr\dfrac{d_i}{l}\right)>10$，$l/d_i>60$，定性温度、特征尺寸取法与前相同。

当 $Gr>25000$ 时，自然对流的影响不能忽略时，可先按式(2-26) 计算 α，再乘以校正系数 f

$$f=0.8(1+0.015Gr^{1/3}) \tag{2-27}$$

在换热器设计中，应尽量避免在强制滞流条件下进行传热，因为此时对流传热系数小，从而使总传热系数也很小。

【例 2-5】 机油在内径为 10mm、长为 6m 的钢管内流动，由 90℃ 冷却至 70℃，流速为

0.3m/s，管内壁温度为 20℃，求管壁与机油之间的对流传热系数。

解　定性温度：$$t_m=\frac{t_1+t_2}{2}=\frac{70+90}{2}=80℃$$

查得 80℃时，机油的物性数据如下：

$\rho=857.5\text{kg/m}^3$，$c_p=2.194\text{kJ/(kg·℃)}$，$\mu=2.11\times10^{-2}\text{Pa·s}$，$\lambda=0.143\text{W/(m·℃)}$，$\beta=6.5\times10^4℃^{-1}$

则
$$Re=\frac{d_i u\rho}{\mu}=\frac{857.5\times0.3\times0.01}{2.11\times10^{-2}}=121.9<2300$$

$$Pr=\frac{c_p\mu}{\lambda}=\frac{2.194\times10^3\times2.11\times10^{-2}}{0.143}=323.73$$

$$Re\cdot Pr\frac{d_i}{l}=121.9\times323.73\times\frac{0.01}{6}=65.77>10$$

$$\frac{l}{d_i}=\frac{6}{0.01}=600>60$$

$$Gr=\frac{\beta g\Delta t d_i^3\rho^2}{\mu^2}=\frac{6.5\times10^4\times9.81\times(80-20)\times0.01^3\times857.5^2}{(2.11\times10^{-2})^2}=632<2.5\times10^4$$

可忽略自然对流的影响，用式(2-26) 计算 α

$$\alpha=1.86\frac{\lambda}{d_i}\left(Re\cdot Pr\frac{d_i}{l}\right)^{\frac{1}{3}}\left(\frac{\mu}{\mu_w}\right)^{0.14}=1.86\times\frac{0.143}{0.01}\times65.77^{\frac{1}{3}}\times\left(\frac{2.11\times10^{-2}}{3.67\times10^{-1}}\right)^{0.14}$$
$$=71.9[\text{W/(m}^2\text{·℃)}]$$

(4) 流体在弯管内的对流传热系数

当 $l/d<60$ 时则为短管，由于管入口扰动增大，α 较大，应先按上述关联式计算 α，再乘上校正系数 f。

$$f=1+\left(\frac{d_i}{l}\right)^{0.7}\tag{2-28}$$

(5) 流体在弯管内的对流传热系数

流体在弯管内流动时，由于受离心力的作用，加剧了湍动程度，使 α 增大。因此先按直管计算 α，然后乘以校正系数 f。

$$f=1+1.77\frac{d_i}{R}\tag{2-29}$$

式中　d_i——管内径，m；

R——弯管的曲率半径，m。

(6) 流体在非圆形直管内的强制对流

此时，仍可采用圆形管内相应的公式计算，但特征尺寸需采用当量直径。当量直径 d_e 可用下式计算：

$$d_e=\frac{4\times\text{流动截面积}}{\text{润湿周边}}\tag{2-30}$$

用当量直径计算非圆形管内的 α 只是近似计算，对常用的非圆形管道，最好采用特定的关联式。例如，对于套管环隙中水和空气之间的传热，α 的经验关联式为：

$$\alpha=0.02\frac{\lambda}{d_e}Re^{0.8}Pr^{\frac{1}{3}}\left(\frac{d_1}{d_2}\right)^{0.53}\tag{2-31}$$

式中，d_1、d_2分别为套管外管内径与内管外径；适用范围为 $d_1/d_2=1.65\sim17$，$Re=$

$1.2\times10^4\sim2.2\times10^5$。

2.3.3.2　流体在管外的强制对流传热

由于工业中所用的换热器多为流体垂直流过管束，由于管间的相互影响，其流动的特性及传热过程均较单管复杂得多。故在此仅介绍此种情况下的对流传热系数的计算。

(1) 流体垂直流过管束

管束的排列有直列和错列两种情况，如图 2-7 所示。流体垂直流过管束时，对第一列管，直列和错列的对流传热系数相同；但从第二列管开始，由于流体在错列的管束间通过时受到阻拦，使湍动增强。故错列时的对流传热系数比直列时要大一些；从第三列管以后，对流传热系数基本恒定。从图中还可以看出，错列传热效果比直列好。

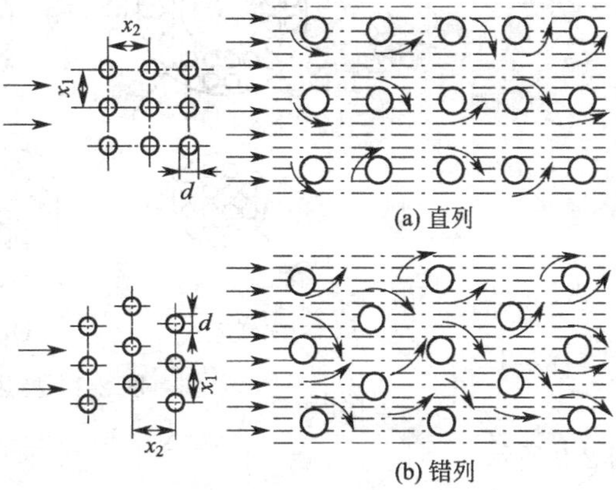

(a) 直列

(b) 错列

图 2-7　换热管的排列

流体在管束外垂直流过时的对流传热系数用下式计算

$$Nu=C\varepsilon Re^{n}Pr^{0.4} \qquad (2\text{-}32)$$

式中的 C、ε、n 均由实验测定，其值见表 2-2。

表 2-2　流体垂直流过管束时的 C、ε 和 n 值

列　数	直列		错列		C
	n	ε	n	ε	
1	0.6	0.171	0.6	0.171	$x_1/d=1.2\sim3$ 时，$C=1+0.1x_1/d$；$x_1/d>3$ 时，$C=1.3$
2	0.65	0.157	0.6	0.228	
3	0.65	0.157	0.6	0.290	
4	0.65	0.157	0.6	0.290	

式(2-32) 的适用范围为：$Re=5000\sim70000$，$x_1/d=1.2\sim5$，$x_2/d=1.2\sim5$。流速 u 取每列管子最窄流道处的流速，特性尺寸取管子外径 d_o，定性温度取流体进、出口温度的算术平均值。

由于各列的 α 不同，应按下式求管束的平均对流传热系数：

$$\alpha_m=\frac{\alpha_1A_1+\alpha_2A_2+\alpha_3A_3+\cdots}{A_1+A_2+A_3+\cdots}=\frac{\sum\alpha_iA_i}{\sum A_i} \qquad (2\text{-}33)$$

式中　α_i——各列的对流传热系数，$W/(m^2\cdot℃)$。

(2) 流体在换热器的管间强制对流传热

常见的列管式换热器主要由壳体和置于其中的管束构成。由于壳体是圆筒，故各排的管子数目不同，而且壳程大多都加折流挡板，使流体的流动方向和流速不断改变，在 $Re>100$ 时，即可达到湍流。此时管外对流传热系数的计算，要根据具体结构选择适宜的关联式。

折流挡板的形式较多，如图 2-8 所示。其中以圆缺形（弓形）挡板最为常见。当换热器壳程中装有割去 25%（面积）的圆缺形折流挡板时，α 可用凯恩法（Kern）计算，即

$$Nu=0.36Re^{0.55}Pr^{\frac{1}{3}}\left(\frac{\mu}{\mu_w}\right)^{0.14} \qquad (2\text{-}34)$$

适用范围为 $Re=2\times10^3\sim10^6$；定性温度除 μ_w 取壁温外，其余均取流体进、出口温度的算术平均值；特征尺寸为当量直径 d_e，d_e 要根据管子的排列情况计算。换热管的排列如

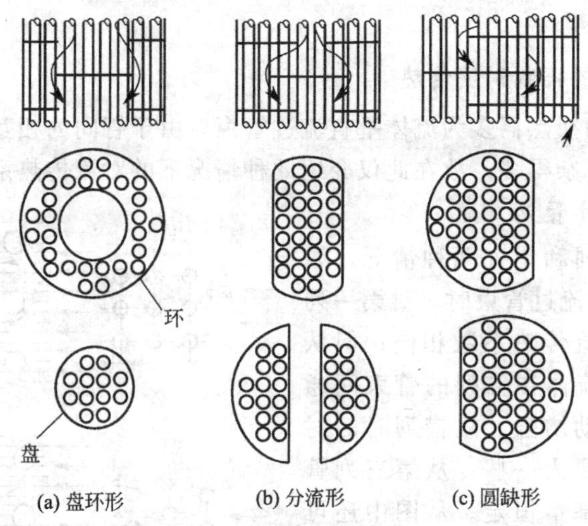

(a) 盘环形　(b) 分流形　(c) 圆缺形

图 2-8　换热器的折流挡板

图 2-9 所示。

若管子为正方形排列，则
$$d_e=\frac{4\left(t^2-\frac{\pi}{4}d_o^2\right)}{\pi d_o} \tag{2-35}$$

若管子为正三角形排列，则
$$d_e=\frac{4\left(\frac{\sqrt{3}}{2}t^2-\frac{\pi}{4}d_o^2\right)}{\pi d_o} \tag{2-35a}$$

式中　d_o——管外径，m；

t——相邻两管的中心距，m。

式中的流速 u 根据流体流过的最大截面积 S 计算

$$S=hD\left(1-\frac{d_o}{t}\right)$$

式中　h——相邻两挡板间的距离，m；

D——壳体的内径，m。

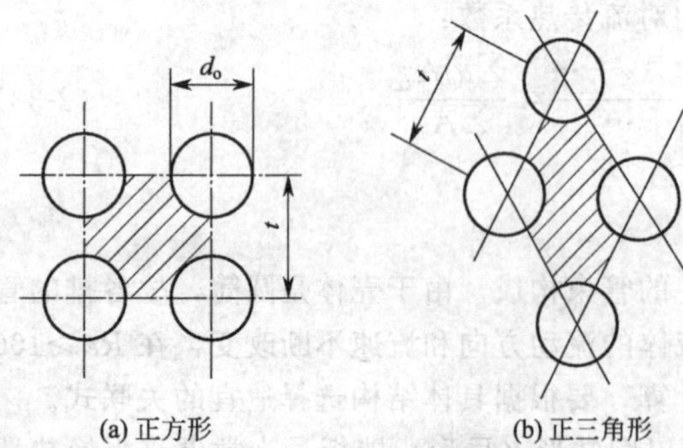

(a) 正方形　(b) 正三角形

图 2-9　换热管的排列

如果列管换热器的管间没有折流挡板，管外的流体将平行于管束流动，此时的 α 可用管内强制对流时的关联式计算，但需将管内径改为管间当量直径。

2.3.3.3　大空间的自然对流传热

大空间自然对流传热是指传热壁面放置在大空间内，由于壁面温度与周围流体的温度不同而引起的自然对流传热，并且周围没有阻碍自然对流的物体存在，如管道或换热设备的表面与周围大气间的传热。此时的对流传热系数仅与反映自然对流状况的 Gr 和反映流体物性的 Pr 有关，其关联式为

$$Nu=C(Gr\cdot Pr)^n$$

或
$$\alpha=C\,\frac{\lambda}{l}\left(\frac{c_p\mu}{\lambda}\times\frac{\beta g\Delta t l^3\rho^2}{\mu^2}\right)^n \tag{2-36}$$

式中的定性温度取壁温与流体平均温度的平均值，Δt 为壁温与流体平均温度之间的差值。特性尺寸与通过实验测得的 C、n 的具体数值见表 2-3。

表 2-3 式(2-36) 中的特性尺寸与 C、n

加热表面形状	$Gr \cdot Pr$	C	n	特性尺寸 l
水平圆管	$10^4 \sim 10^9$	0.53	1/4	外径 d_o
	$10^9 \sim 10^{12}$	0.13	1/3	
垂直管或板	$10^4 \sim 10^9$	0.59	1/4	高度 H
	$10^9 \sim 10^{12}$	0.10	1/3	

【例 2-6】 一水平放置的蒸汽管道，外径为 100mm、长为 3m，管外壁温度为 120℃，周围空气温度为 20℃，试计算该管单位时间内散失的热量。

解 定性温度：
$$t_m=\frac{t_1+t_2}{2}=\frac{120+20}{2}=70(℃)$$

查得 70℃时，空气的物性数据如下

$$\rho=1.029\text{kg/m}^3,\mu=2.06\times10^{-5}\text{Pa}\cdot\text{s},\lambda=2.966\times10^{-2}\text{W/(m}\cdot℃),Pr=0.694$$

$$\beta=\frac{1}{273+70}=2.92\times10^{-3}(\text{K}^{-1})$$

$$Gr=\frac{\beta g\Delta t d_o^3\rho^2}{\mu^2}=\frac{2.92\times10^{-3}\times9.81\times(120-20)\times0.1^3\times1.029^2}{(2.06\times10^{-5})^2}=7.15\times10^6$$

$$Gr\cdot Pr=7.15\times10^6\times0.694=4.96\times10^6$$

查表 2-3，得 $C=0.53$，$n=1/4$

可用式(2-36) 计算 α

$$\alpha=C\frac{\lambda}{d_o}(Gr\cdot Pr)^n=0.53\times\frac{2.966\times10^{-2}}{0.1}\times(7.15\times10^6\times0.694)^{\frac{1}{4}}=7.42[\text{W/(m}^2\cdot℃)]$$

则该管单位时间内散失的热量为

$$Q=\alpha A\Delta t=7.42\times\pi\times0.1\times3\times(120-20)=698.96(\text{W})$$

2.3.4 流体有相变时的对流传热系数

2.3.4.1 蒸气冷凝时的对流传热

当饱和蒸气与低于其饱和温度的壁面相接触时，蒸气将放出潜热并在壁面上冷凝成液体。蒸气冷凝有膜状冷凝和滴状冷凝两种方式。若冷凝液能润湿壁面，形成一层完整的液膜向下流动，则称为膜状冷凝；若冷凝液不能润湿壁面，仅在其上凝结成液滴并沿壁面落下，则称为滴状冷凝，如图 2-10 所示。

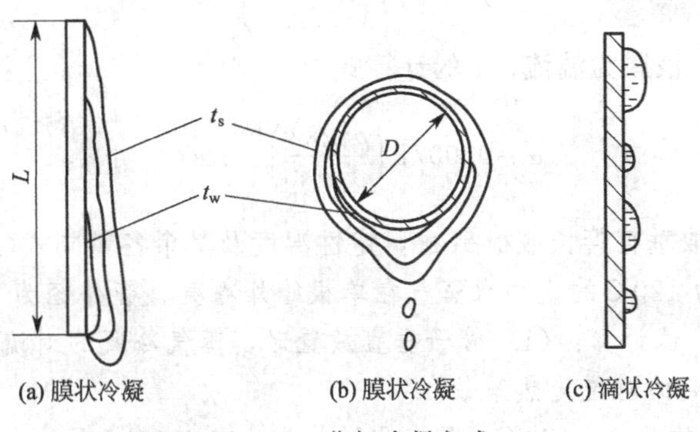

图 2-10 蒸气冷凝方式

由于膜状冷凝时，壁面上始终覆盖着一层液膜，成为壁面和冷凝蒸气间的主要传热阻力，而滴状冷凝时没有液膜阻碍传热，因此其对流传热系数比膜状冷凝的对流传热系数大几倍到几十倍。但生产中滴状冷凝不稳定，因此工业冷凝器的设计皆按膜状冷凝来处理。下面仅介绍纯净的饱和蒸气膜状冷凝时对流传热系数的计算。

(1) 蒸气在水平管外膜状冷凝时的对流传热系数

此时，可用关联式：
$$\alpha=0.725\left(\frac{r\rho^2 g\lambda^3}{n^{2/3}\mu d_o\Delta t}\right)^{1/4} \tag{2-37}$$

式中 n——水平管束在垂直列上的管子数；

r——饱和温度 t_s 下的汽化潜热，J/kg；

ρ——冷凝液的密度，kg/m³；

λ——冷凝液的热导率，W/(m·℃)；

μ——冷凝液的黏度，Pa·s。

Δt 为饱和温度 t_s 与壁温 t_w 之间的差值，定性温度取膜温，即：$t=\frac{t_s+t_w}{2}$。

(2) 蒸气在垂直管外（或板上）膜状冷凝时的对流传热系数

如图 2-11 所示，当蒸气在垂直管外（或板上）冷凝时，冷凝液以滞流状态沿壁面自顶端向下流动，液膜厚度逐渐增加，对流传热系数减小；若壁面高度足够高且冷凝液量较大时，则壁面下液膜会发展为湍流流动，此时对流传热系数反而增大。滞流和湍流的判断仍然依靠雷诺准数。此时 Re 的表达式为

$$Re=\frac{\rho d_e u}{\mu}$$

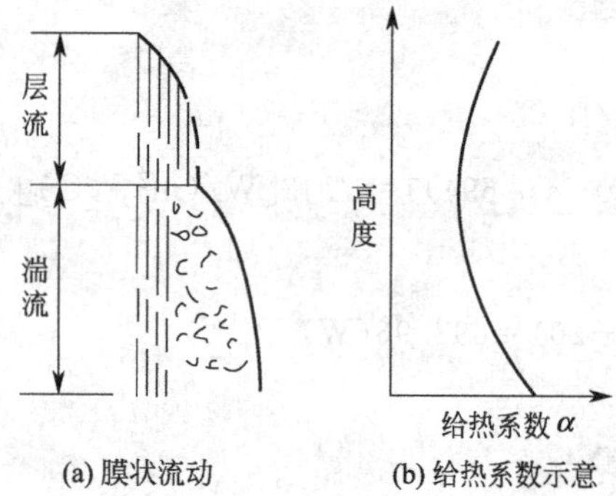

图 2-11 蒸气在垂直管外（或板上）膜状冷凝

将 $d_e=\frac{4A}{b}$，$\rho u=\frac{m_s}{A}$ 代入上式，得

$$Re=\frac{\frac{4A}{b}\frac{m_s}{A}}{\mu}=\frac{4M}{\mu} \tag{2-38}$$

式中 A——冷凝液的流通截面积，m²；

b——冷凝液的润湿周边长度，m；

m_s——冷凝液的质量流量，kg/s；

M——冷凝负荷，单位时间、单位润湿周边长度上流过的冷凝液量，kg/(s·m)。

当 $Re<1800$ 时，液膜为滞流，α 的计算式为

$$\alpha=1.13\left(\frac{r\rho^2 g\lambda^3}{\mu l\Delta t}\right)^{1/4} \tag{2-39}$$

当 $Re>1800$ 时，液膜为湍流，α 的计算式为

$$\alpha=0.0077\left(\frac{\rho^2 g\lambda^3}{\mu^2}\right)^{1/3} Re^{0.4} \tag{2-40}$$

式中特征尺寸 l 取垂直管长或板高 H，定性温度及其余各量同式(2-37)。

【例 2-7】 温度为 120℃的饱和水蒸气在单根管外冷凝。管外径为 100mm、长为 1.5m，管外壁温度为 100℃，试计算：(1) 管子垂直放置时，蒸气冷凝的对流传热系数；(2) 管子水平放置时，蒸气冷凝的对流传热系数。

解 饱和水蒸气的 $t_s=120$℃，其汽化潜热为 $r=2205$kJ/kg

冷凝液膜的平均温度：　$t_m=\frac{t_s+t_w}{2}=\frac{120+100}{2}=110(℃)$

查得110℃时，水的物性数据如下

$\rho=951kg/m^3,\mu=25.9\times10^{-5}Pa\cdot s,\lambda=68.5\times10^{-2}W/(m\cdot ℃),\Delta t=t_s-t_w=20℃$

(1) 管子垂直放置，特性尺寸为管长 $l=1.5m$。

假设液膜内流体做滞流流动，则可用式(2-39) 计算 α

$$\alpha=1.13\left(\frac{r\rho^2 g\lambda^3}{\mu l\Delta t}\right)^{1/4}=1.13\times\left(\frac{2205\times10^3\times951^2\times9.81\times0.685^3}{25.9\times10^{-5}\times1.5\times20}\right)=4446.67W/(m^2\cdot ℃)$$

校验 Re

∵　水蒸气冷凝放出的热流量：$Q=m_s r$

水蒸气冷凝对壁面的对流传热速率：$Q=\alpha A\Delta t$

∴

$$Re=\frac{\left(\frac{4A}{b}\right)\left(\frac{m_s}{A}\right)}{\mu}=\frac{4Q}{\pi d_o r\mu}=\frac{4\alpha A\Delta t}{\pi d_o r\mu}=\frac{4\times4446.67\pi\times0.1\times1.5\times(120-100)}{\pi\times0.1\times2205\times10^3\times25.9\times10^{-5}}=934<1800$$

所以假设为滞流流动是正确的。

(2) 管子水平放置，特性尺寸为管外径 $d_o=1.5m$。

设此时的对流传热系数为 α'，则式(2-37) 与式(2-39) 相比，得

$$\frac{\alpha'}{\alpha}=\frac{0.725}{1.13}\left(\frac{l}{d_o}\right)^{1/4}=\frac{0.725}{1.13}\left(\frac{1.5}{0.1}\right)^{1/4}=1.26\quad(n=1)$$

管子水平放置时的冷凝传热系数为：$\alpha'=5602.80W/(m^2\cdot ℃)$

(3) 冷凝传热的影响因素

单组分饱和蒸气冷凝时，热阻主要集中在冷凝液膜内，液膜的厚度及流动状况是影响冷凝传热的关键。因此影响液膜状况的所有因素都将影响到冷凝传热。

① 流体物性的影响　由膜状冷凝时 α 的经验关联式可知，液体的密度、黏度、热导率及汽化热都会影响 α 值。

② 液膜两侧温度差 Δt 的影响　当液膜呈滞流流动时，若 Δt 增大，则蒸气冷凝速率加大，液膜增厚，冷凝传热系数 α 减小。

③ 蒸气中不凝气体的影响　前面的讨论都是针对纯蒸气的。在实际的工业冷凝器中，由于蒸气中常含有微量的空气及其他不凝性气体，则在冷凝液膜表面形成一层气膜，其热导率很小，这相当于额外附加了一层热阻，使蒸气冷凝的对流传热系数大大下降。实验证明，当蒸气中空气含量达1%时，蒸气冷凝的 α 下降60%左右。因此，在冷凝器的设计及操作时，应考虑排放不凝气体。

④ 蒸气流速与流向的影响　前面讨论的 α 的计算中忽略了蒸气流速的影响，只适用于蒸气静止或流速较低的情况。当蒸气的流速较高（对于水蒸气，流速 $u>10m/s$）时，要考虑蒸气与液膜之间的摩擦力。若蒸气与液膜同向流动，摩擦力会加速液膜流动，使液膜变薄，α 减小；若两者逆向流动时，摩擦力会阻碍液膜流动，使液膜变厚，α 增大。但如果蒸气的流速很大，液膜会被吹离壁面，则 α 急剧增加。

⑤ 蒸气过热的影响　过热蒸气与比其饱和温度低的壁面接触时，传热由冷却和冷凝两个过程组成。一般可按饱和蒸气冷凝来处理，所以前面的公式仍适用。但此时冷凝潜热一项应将过热显热考虑进来，即：$r'=c_p(t_v-t_s)+r$，式中的 c_p 及 t_v 为过热蒸气的比热容和温

度。实验证明，二者相差不大，工业生产中可近似用饱和蒸气计算。

⑥ 冷凝壁面的形状及布置方式的影响　蒸气冷凝过程的主要热阻集中于冷凝液膜，如何减薄液膜厚度降低热阻是强化该过程的关键。对于水平放置的管束，冷凝液从上部各排管子流向下部各排管子，液膜变厚，使 α 减小。因此，应设法减少垂直方向上的管排数目，或将管束由直列改为错列安排，以提高对流传热系数。对垂直壁面（板或管），可在壁面上开纵向沟槽，以减薄壁面上的液膜厚度，提高冷凝传热系数。

2.3.4.2 液体沸腾时的对流传热

容器内液体被加热汽化并产生气泡的过程称为沸腾。工业上液体沸腾可分为两种情况：一种是将加热壁面浸没在液体中，液体在壁面处受热沸腾的现象，称为大容器沸腾，此时液体的运动只是由自然对流和气泡扰动引起；另一种是流体在管内流动过程中，在管内壁发生的沸腾，称为管内沸腾，此时液体流速对沸腾过程有影响，而且在加热面上产生的气泡不能自由上浮，被迫随流体一起流动，出现了复杂的气-液两相的流动状态，其传热机理比大容器沸腾更为复杂。本节仅讨论大容器沸腾。

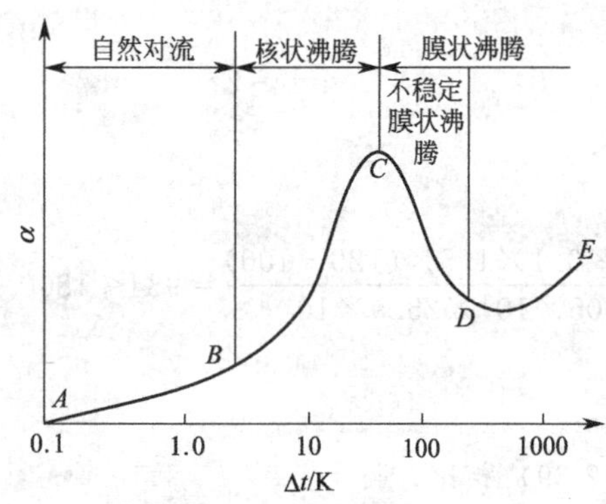

图 2-12　常压水沸腾时 α 与 Δt 的关系

（1）液体沸腾曲线

实验表明，大容器内液体沸腾时，对流传热系数 α 的大小取决于加热壁面温度与液体饱和温度之差 $\Delta t=t_w-t_s$。如图 2-12 所示，以常压水在大容器内的沸腾为例，说明 Δt 对 α 的影响。

① *AB* 段　Δt 很小（$\Delta t \leqslant 5K$）时，仅有少量气泡产生，而且这些气泡不能脱离壁面，加热面与液体之间的传热依靠自然对流。此阶段的 α 较小，随 Δt 的增大略有增大，此阶段称为自然对流区。

② *BC* 段　随着 Δt 的逐渐升高（$25K > \Delta t > 5K$），气化核心数增大，气泡的生成、长大及浮升速率都加快，使液体受到剧烈的扰动，对流传热系数 α 急剧增加，此阶段称为核状沸腾区。

③ *CD* 段　随着 Δt 的进一步升高（$\Delta t > 25K$），气泡产生的速度进一步加快，以至于气泡产生的速度大于脱离壁面的速度，使气泡相连形成气膜，将部分加热面覆盖，气膜的附加热阻使 α 急剧减小，此阶段称为不稳定膜状沸腾。

达到 *D* 点时，加热面全部被气膜覆盖，开始形成稳定气膜。此后由于壁温 t_w 升高，热辐射的影响增大，使 α 增大，如 *DE* 段所示，此阶段为稳定膜状沸腾。习惯上也将 *CDE* 段称为膜状沸腾。

由核状沸腾向膜状沸腾过渡的转折点 *C* 称为临界点。临界点对应的温度差、传热系数和热通量分别被称为临界温度差 Δt_c、临界沸腾传热系数 α_c 和临界热通量 q_c。因为核状沸腾的 α 比膜状沸腾的要大，工业生产中一般控制在核状沸腾下操作。如果超过临界热通量，α 会急剧下降，使加热面温度过高，有可能将设备烧毁。因此确定不同液体在临界点处的参数具有实际意义。

其他液体的沸腾曲线与水类似，仅临界点的数值不同。

（2）沸腾传热的影响因素

① 流体物性的影响　液体的密度 ρ、黏度 μ、热导率 λ 和表面张力 σ 等都对沸腾传热有

重要影响。一般来说，α 随 λ、ρ 的增加而增大，随 μ 和 σ 的增加而减小。

② 温度差 Δt 的影响　由前面的讨论可知，温差 Δt 是影响沸腾传热的重要因素，在核状沸腾阶段 α 与 Δt 的关系可用下式表示

$$\alpha = k\Delta t^{n} \tag{2-41}$$

式中，k 与 n 的值随液体种类和沸腾条件而异，由实验确定。

③ 操作压力的影响　提高操作压力 p 相当于提高液体的饱和温度，使液体的表面张力和黏度均减小，有利于气泡的生成和脱离壁面，强化了沸腾传热。在相同的温度差 Δt 下，α 随操作压力的升高而增大。

④ 加热面状况的影响　新的、洁净的加热面，α 大；当壁面被油脂玷污后，会使 α 下降。加热面越粗糙，汽化核心越多，越有利于传热。此外，加热面的布置情况，对沸腾传热也有明显的影响。

由于沸腾传热过程的复杂性，α 的计算仍主要借助于经验公式（可通过查阅传热手册或专著获得），但选用时要注意公式的应用条件和适用范围。

2.4 传热过程的计算

在化工生产中，最常见的是冷热两种流体间的热交换，但不允许它们混合，为此需要采用间壁式换热器，如图 2-13 所示为结构简单的一种间壁式换热器——套管换热器。此时，冷、热流体分别在间壁两侧流动，冷流体走管内吸收热量，温度沿壁面由 t_1 逐渐升到 t_2，热流体走套管环隙放出热量，温度沿壁面由 T_1 逐渐降到 T_2。

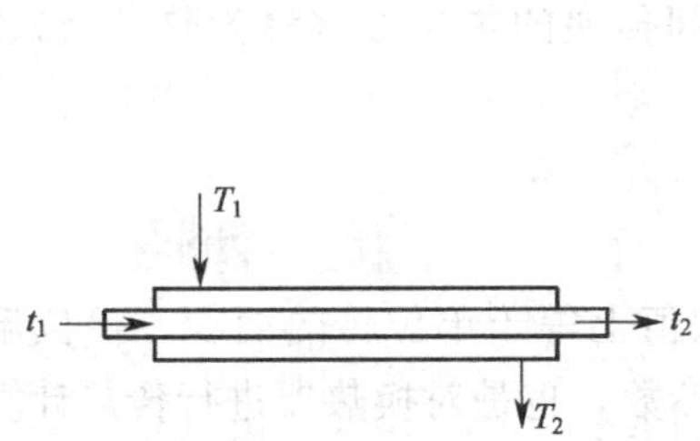

图 2-13　套管换热器示意图

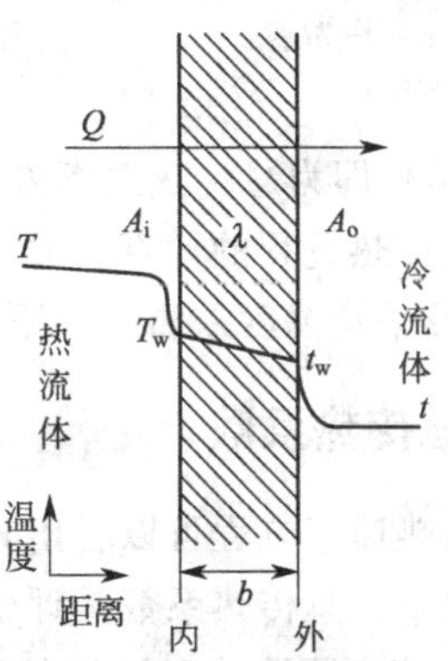

图 2-14　间壁两侧流体传热过程

由图 2-14 可知，间壁两侧流体的热交换过程包括三个串联的传热过程：热流体通过对流传热将热量传给内管外壁；热量以热传导方式从固体壁的热侧传到冷侧；热量通过对流传热从壁面传给冷流体。原则上讲，使用热传导速率方程和对流传热速率方程即可进行传热计算，但必须知道壁温，而壁温通常未知。为避开壁温，便于计算，需建立以间壁两侧冷、热流体温度差为传热推动力的总传热速率方程。

2.4.1 总传热速率方程

由以上分析可知，间壁两侧流体的热交换过程是“对流-传导-对流”串联的过程。流体在换热器中沿管长方向的温度分布如图 2-14 所示，现截取一段微元来进行研究，其传热面

积为 dA，其传热速率方程可分别表示如下（假设冷流体走管内侧）。

管内冷流体与内壁面间的对流传热方程：　$dQ_1=\alpha_i dA_i(t_w-t)$

管壁热传导：　$dQ_2=\dfrac{\lambda}{b}dA_m(T_w-t_w)$

外壁面与管外热流体间的对流传热方程：　$dQ_3=\alpha_o dA_o(T-T_w)$

对于稳定传热

$$\because \quad dQ=dQ_1=dQ_2=dQ_3$$

$$\therefore \quad dQ=\frac{T-T_w}{\dfrac{1}{\alpha_o dA_o}}=\frac{T_w-t_w}{\dfrac{b}{\lambda dA_m}}=\frac{t_w-t}{\dfrac{1}{\alpha_i dA_i}}=\frac{T-t}{\dfrac{1}{\alpha_o dA_o}+\dfrac{b}{\lambda dA_m}+\dfrac{1}{\alpha_i dA_i}}$$

若令

$$\frac{1}{K dA}=\frac{1}{\alpha_o dA_o}+\frac{b}{\lambda dA_m}+\frac{1}{\alpha_i dA_i} \tag{2-42}$$

则

$$dQ=K dA(T-t) \tag{2-43}$$

式中　K——总传热系数，W/(m^2·℃)；

T——换热器任一微元截面上热流体的主体温度，℃；

t——换热器任一微元截面上冷流体的主体温度，℃。

式(2-43) 称为总传热速率微分方程，是换热器计算的基本关系式。若对整个换热器进行计算，需要对式(2-43) 积分：

$$Q=\int_0^Q dQ=\int_0^A K(T-t)dA$$

将 K 取为整个换热器的平均值，$(T-t)$ 也取为整个换热器上的平均温度差 Δt_m，则上式的积分结果为：

$$Q=KA\Delta t_m \tag{2-44}$$

式(2-44) 即为总传热速率方程。式中 K 为平均总传热系数；Δt_m 为平均温度差。

工程上传热过程的计算，通常需要计算出两流体间传递的热量 Q（称为热负荷）、总传热系数 K 及平均温度差 Δt_m，下面分别进行介绍。

2.4.2 总传热系数

由总传热速率方程可以看出，总传热系数 K 在数值上等于单位传热面积、单位温度差下的传热速率。总传热系数是评价换热器性能的重要参数，也是对换热器进行传热计算的依据。K 的数值主要取决于流体的物性、传热过程的操作条件及换热器的类型等因素。可以通过计算、实验测定或查阅相关手册获得。

2.4.2.1 总传热系数的计算

(1) 总传热系数 K 的计算式

当冷、热流体通过圆筒壁传热时，其两侧的传热面积不相等，此时选择的传热面积不同，总传热系数的数值也不同。

由式(2-42) 可知，若选择传热管的外表面积 A_o为基准，其对应的总传热系数为 K_o

$$\frac{1}{K_o}=\frac{1}{\alpha_o}+\frac{b}{\lambda}\times\frac{dA_o}{dA_m}+\frac{1}{\alpha_i}\times\frac{dA_o}{dA_i}$$

$$\because \quad \frac{dA_o}{dA_m}=\frac{d_o}{d_m},\ \frac{dA_o}{dA_i}=\frac{d_o}{d_i}$$

∴ $$K_o=\frac{1}{\frac{1}{\alpha_o}+\frac{b}{\lambda}\times\frac{d_o}{d_m}+\frac{1}{\alpha_i}\times\frac{d_o}{d_i}} \tag{2-45}$$

同理，若选择传热管的内表面积 A_i 为基准，其对应的总传热系数为 K_i

$$K_i=\frac{1}{\frac{1}{\alpha_i}+\frac{b}{\lambda}\times\frac{d_i}{d_m}+\frac{1}{\alpha_o}\times\frac{d_i}{d_o}} \tag{2-46}$$

若以传热管的平均面积 A_m 为基准，其对应的总传热系数为 K_m

$$K_m=\frac{1}{\frac{1}{\alpha_i}\times\frac{d_m}{d_i}+\frac{b}{\lambda}+\frac{1}{\alpha_o}\times\frac{d_m}{d_o}} \tag{2-47}$$

式(2-45)、式(2-46) 及式(2-47) 即为 K 的计算公式。工程上的传热计算中，如无特殊说明，K 都是基于外表面积的总传热系数。

总传热系数也可以表示成热阻的形式，由式(2-45)，得

$$\frac{1}{K_o}=\frac{1}{\alpha_o}+\frac{b}{\lambda}\times\frac{d_o}{d_m}+\frac{1}{\alpha_i}\times\frac{d_o}{d_i} \tag{2-48}$$

上式表明，间壁两侧流体间传热的总热阻等于两侧流体的对流传热热阻及管壁导热热阻之和。

当传热面为平面或薄管壁 $\left(\frac{d_o}{d_i}<2\right)$ 时，式(2-48) 中的 d_i、d_o 和 d_m 相等或近似相等，则有

$$\frac{1}{K}=\frac{1}{\alpha_i}+\frac{b}{\lambda}+\frac{1}{\alpha_o} \tag{2-48a}$$

(2) 污垢热阻的影响

换热器使用一段时间后，传热速率会下降，这是由于传热表面有污垢积存，对传热形成了附加热阻，称为污垢热阻。由于垢层热导率小，热阻大，因此在计算 K 值时不可忽略。由于垢层的厚度及其热导率难以确定，通常选用一些经验值，将其考虑在 K 的计算中，即：

$$K_o=\frac{1}{\frac{1}{\alpha_o}+R_{so}+\frac{b}{\lambda}\times\frac{d_o}{d_m}+\frac{1}{\alpha_i}\times\frac{d_o}{d_i}+R_{si}\times\frac{d_o}{d_i}} \tag{2-49}$$

式中 R_{so}，R_{si}——传热面外、内侧的污垢热阻，$m^2 \cdot ℃/W$。

某些常见流体的污垢热阻的经验值可查附录8。为消除污垢热阻的影响，应定期清洗换热器。

(3) 提高总传热系数的途径

由式(2-49) 可知，K 值的大小取决于两流体的对流传热系数、污垢热阻和管壁热阻等。管壁热阻一般很小，若忽略不计，则式(2-49) 可简化为：

$$\frac{1}{K_o}=\frac{1}{\alpha_o}+R_{so}+\frac{1}{\alpha_i}\times\frac{d_o}{d_i}+R_{si}\times\frac{d_o}{d_i} \tag{2-50}$$

由上式可知，欲提高总传热系数，就要设法减小热阻。但不同传热过程中，各分热阻所占比重不同，要有效地增大 K 值，应设法减小对其起决定作用的热阻。如果污垢热阻较大时，应主要考虑如何防止、延缓垢层的形成或如何及时方便地清除垢层；另外，总热阻是由热阻大的那一侧流体的对流传热控制的，即当两侧流体的对流传热系数相差较大时，提高

K 值的关键在于提高对流传热系数较小一侧的 α 值；若两侧流体的 α 相差不大时，必须同时提高两侧 α 的值，才能提高 K 值。

【例 2-8】 一列管式换热器，由 ϕ25mm×2.5mm 的钢管组成。冷却水在管内流动，热空气在管外流动。若已知管内水侧的 α_i 为 2500W/(m² · ℃)，管外空气侧的 α_o 为 50W/(m² · ℃)，试求：(1) 总传热系数；(2) 若管外空气的 α_o 增大一倍，总传热系数增大的百分率；(3) 若管内水的 α_i 增大一倍，总传热系数增大的百分率。

解　查附录 5 和附录 8，取钢的热导率 $\lambda=45$W/(m · ℃)，管外空气侧的污垢热阻 $R_{so}=0.5\times10^{-3}$ (m² · ℃) /W，管内水侧的污垢热阻：$R_{si}=0.21\times10^{-3}$(m² · ℃)/W。

(1) 以管子外表面积为基准，可用式(2-49) 计算 K

$$K_o=\frac{1}{\dfrac{1}{\alpha_o}+R_{so}+\dfrac{b}{\lambda}\times\dfrac{d_o}{d_m}+\dfrac{1}{\alpha_i}\times\dfrac{d_o}{d_i}+R_{si}\times\dfrac{d_o}{d_i}}$$

$$=\frac{1}{\dfrac{1}{50}+0.5\times10^{-3}+\dfrac{0.0025}{45}\times\dfrac{0.025}{0.0225}+\dfrac{1}{2500}\times\dfrac{0.025}{0.02}+0.21\times10^{-3}\times\dfrac{0.025}{0.02}}$$

$$=46.89\ [\mathrm{W/(m^2\cdot ℃)}]$$

(2) 若管外空气的 α_o 增大一倍，则

$$K'_o=\frac{1}{\dfrac{1}{\alpha'_o}+R_{so}+\dfrac{b}{\lambda}\times\dfrac{d_o}{d_m}+\dfrac{1}{\alpha_i}\times\dfrac{d_o}{d_i}+R_{si}\times\dfrac{d_o}{d_i}}$$

$$=\frac{1}{\dfrac{1}{100}+0.5\times10^{-3}+\dfrac{0.0025}{45}\times\dfrac{0.025}{0.0225}+\dfrac{1}{2500}\times\dfrac{0.025}{0.02}+0.21\times10^{-3}\times\dfrac{0.025}{0.02}}$$

$$=88.31[\mathrm{W/(m^2\cdot ℃)}]$$

K 值增大的百分率为：$\dfrac{K'_o-K_o}{K_o}\times100\%=\dfrac{88.31-46.89}{46.89}\times100\%=88.33\%$

(3) 若管内水的 α_i 增大一倍，则

$$K''_o=\frac{1}{\dfrac{1}{\alpha_o}+R_{so}+\dfrac{b}{\lambda}\times\dfrac{d_o}{d_m}+\dfrac{1}{\alpha'_i}\times\dfrac{d_o}{d_i}+R_{si}\times\dfrac{d_o}{d_i}}$$

$$=\frac{1}{\dfrac{1}{50}+0.5\times10^{-3}+\dfrac{0.0025}{45}\times\dfrac{0.025}{0.0225}+\dfrac{1}{5000}\times\dfrac{0.025}{0.02}+0.21\times10^{-3}\times\dfrac{0.025}{0.02}}$$

$$=47.45[\mathrm{W/(m^2\cdot ℃)}]$$

K 值增大的百分率为：$\dfrac{K''_o-K_o}{K_o}\times100\%=\dfrac{47.45-46.89}{46.89}\times100\%=1.19\%$

计算结果表明，K 值总是接近热阻大的那一侧流体的 α 值。在本题条件下，提高对流传热系数较小的空气侧的 α 值，可以有效地提高 K 值。

2.4.2.2　总传热系数 K 的实验测定

对于已有的换热器，可以通过实验测得相关数据，如流体的流量和温度等，然后利用总传热速率方程计算 K 值，这样得到的 K 值最可靠。但只有在使用情况与测定条件一致时，选用实验得到的 K 值才较为准确。

实验测得的 K 值不仅可以为换热器的设计提供依据，还可以了解换热器的性能，用来寻求提高设备传热能力的途径。

2.4.2.3 总传热系数 K 的经验取值

在进行换热器的传热计算时，常需先估计 K 值，对于工业上常见的列管式换热器，K 值的大致范围见表 2-4。

表 2-4 列管换热器中 K 值的大致范围

冷流体	热流体	总传热系数 $K/[W/(m^2 \cdot ℃)]$
水	水	850～700
水	气体	17～280
水	有机溶剂	280～850
水	轻油	340～910
水	重油	60～280
有机溶剂	有机溶剂	115～340
水	水蒸气冷凝	1420～4250
气体	水蒸气冷凝	30～300
水	低沸点烃类冷凝	455～1140
水沸腾	水蒸气冷凝	2000～4250
轻油沸腾	水蒸气冷凝	455～1020

由表中数据可见，K 值的变化范围很大。应对不同类型流体间传热时的 K 值有一数量级的概念。设计时，可根据实际情况选取中间的某一数值。选较小的 K 值可增大传热面积，降低操作费用；选较大的 K 值可减小传热面积，降低设备费用。

2.4.3 热负荷的确定

固体壁面两侧冷、热流体进行热交换时，若换热器绝热良好，热损失可以忽略，则传热速率应等于换热器的热负荷，等于热流体单位时间内放出的热量等于单位时间内冷流体吸收的热量，即

$$Q=m_{s,h}(H_1-H_2)=m_{s,c}(h_2-h_1) \tag{2-51}$$

式中 Q——换热器的热负荷，W；

$m_{s,h}$，$m_{s,c}$——热、冷流体的质量流量，kg/s；

H_1，H_2——单位质量热流体进、出口的焓，J/kg；

h_1，h_2——单位质量冷流体进、出口的焓，J/kg。

若换热器中两流体均无相变化，且流体的比热容可视为不随温度变化（或取流体平均温度下的比热容）时，式(2-51) 可表示为

$$Q=m_{s,h}c_{p,h}(T_1-T_2)=m_{s,c}c_{p,c}(t_2-t_1) \tag{2-52}$$

式中 $c_{p,h}$，$c_{p,c}$——热、冷流体的平均定压比热容，J/(kg·℃)；

T_1，T_2——热流体进、出口的温度，℃；

t_1，t_2——冷流体进、出口的温度，℃。

若热流体有相变化，如饱和蒸汽冷凝，而冷流体无相变化，式(2-51) 可表示为

$$Q=m_{s,h}r=m_{s,c}c_{p,c}(t_2-t_1) \tag{2-53}$$

式中 r——饱和蒸汽的汽化潜热，kJ/kg。

若冷凝液出口温度 T_2低于饱和温度 T_s，则有

$$Q=m_{s,h}\left[r+c_{p,h}(T_s-T_2)\right]=m_{s,c}c_{p,c}(t_2-t_1) \tag{2-54}$$

热负荷是由生产工艺条件决定的，是对换热器换热能力的要求。而传热速率是换热器本身在一定操作条件下的换热能力，是换热器本身的特性，二者是不相同的。

2.4.4 平均温度差的计算

平均温度差 Δt_m 的计算与两流体的相互流动方向及流体的温度变化情况有关。按照冷、热流体在沿换热器传热面上各点温度的变化情况，可分为恒温差传热和变温差传热。

2.4.4.1 恒温差传热

间壁换热器两侧流体均发生相变，且两侧流体温度保持不变。例如蒸发器中，饱和蒸汽冷凝和液体沸腾之间的传热过程。此时，冷、热流体间的温度差不随换热器的位置而变化，处处相等，则

$$\Delta t_m=T-t \tag{2-55}$$

2.4.4.2 变温差传热

变温差传热是指传热温度差随换热器位置而变化的情况。此时平均温度差 Δt_m 与换热器内冷热流体的相互流动方向有关。

（1）*逆流和并流时的平均温度差*

如图 2-15 所示，在换热器中，两种流体若沿相反的方向流动，称为逆流；若沿相同的方向流动，称为并流。下面以逆流操作为例，推导 Δt_m 的计算式。

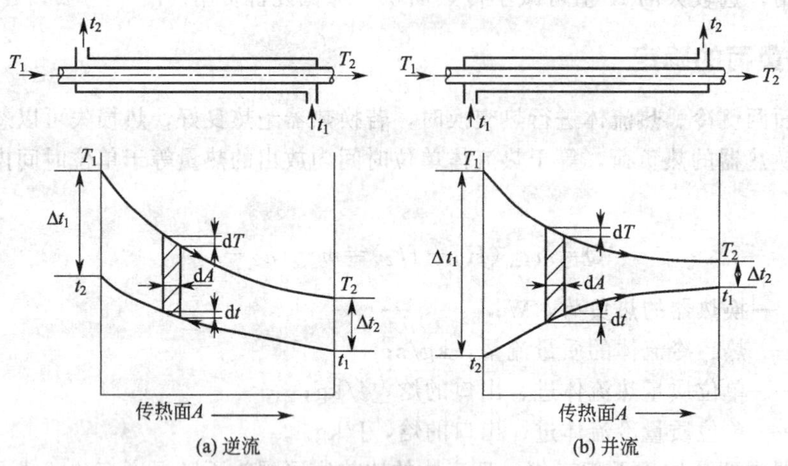

图 2-15　变温传热时温度差变化

假设：①传热为定态操作过程，两流体的质量流量 $m_{s,h}$、$m_{s,c}$ 为常数；②两流体的比热容 c_{p1}、c_{p2} 及总传热系数 K 沿传热面为定值；③忽略换热器的热损失。

现在换热器中取一微元段为研究对象，其传热面积为 dA，在 dA 内热流体因放热而温度下降 dT，冷流体因吸收热量而温度升高 dt，传热量为 dQ，则 dA 段内热量衡算的微分式为

$$dQ=m_{s,h}c_{p,h}dT=m_{s,c}c_{p,c}dt$$

根据假设条件，上式可写为

$$\frac{dQ}{dT}=m_{s,h}c_{p,h}=常数$$

$$\frac{dQ}{dt}=m_{s,c}c_{p,c}=常数$$

因此
$$\frac{d(T-t)}{dQ}=\frac{dT}{dQ}-\frac{dt}{dQ}=\frac{1}{m_{s,h}c_{p,h}}-\frac{1}{m_{s,c}c_{p,c}}=常数$$

由以上分析可知，T-Q 与 t-Q 分别为直线关系，而 Δt-Q 也呈直线关系。将上述直线定性绘于图 2-16 中，由图可以看出，Δt-Q 直线的斜率为

$$\frac{d(\Delta t)}{dQ}=\frac{\Delta t_1-\Delta t_2}{Q}$$

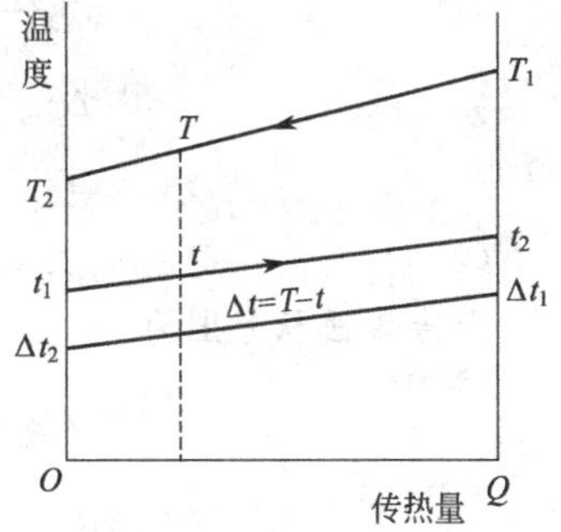

图 2-16 逆流时平均温度差的推导

将总传热速率微分方程 $dQ=K\Delta t dA$ 代入上式，得：

$$\frac{d(\Delta t)}{K\Delta t dA}=\frac{\Delta t_1-\Delta t_2}{Q}$$

分离变量，并积分得：

$$\frac{1}{K}\int_{\Delta t_2}^{\Delta t_1}\frac{d(\Delta t)}{\Delta t}=\frac{\Delta t_1-\Delta t_2}{Q}\int_0^A dA$$

$$\frac{1}{K}\ln\frac{\Delta t_2}{\Delta t_1}=\frac{\Delta t_1-\Delta t_2}{Q}A$$

则
$$Q=KA\frac{\Delta t_1-\Delta t_2}{\ln\dfrac{\Delta t_1}{\Delta t_2}}$$

与总传热速率方程 $Q=KA\Delta t_m$ 相比较，可得

$$\Delta t_m=\frac{\Delta t_1-\Delta t_2}{\ln\dfrac{\Delta t_1}{\Delta t_2}} \tag{2-56}$$

由此式可知，变温差传热时，平均温度差是换热器进出口处冷、热流体温度差的对数平均值，故式中 Δt_m 称为对数平均温度差。式(2-56) 同样适用于并流操作。为使计算简便，通常取换热器两端温度差大者为 Δt_1，小者为 Δt_2。在工程计算中，当 $\Delta t_1/\Delta t_2<2$ 时，可用算术平均值 $\Delta t_m=(\Delta t_1+\Delta t_2)/2$ 代替对数平均温度差，误差不超过 4%。

【例 2-9】 在一列管式换热器中用机油加热原油。机油在管内流动，进口温度为 250℃，出口温度为 180℃；原油在管外流动，进口温度为 120℃，出口温度为 160℃。试求：(1) 并流与逆流时的平均温度差；(2) 若原油流量为 0.5kg/s，比热容为 2kJ/(kg·℃)，总传热系数 K 为 100W/(m²·℃)，求并流与逆流时所需的传热面积。

解 (1)

逆流	并流
T_1(250℃)→ T_2(180℃) t_2(160℃)←t_1(120℃)	T_1(250℃)→T_2(180℃) t_1(120℃)←t_2(160℃)

逆流
$$\Delta t_1=T_1-t_2=250℃-160℃=90℃$$
$$\Delta t_2=T_2-t_1=180℃-120℃=60℃$$

$$\Delta t_{m,逆}=\frac{\Delta t_1-\Delta t_2}{\ln\frac{\Delta t_1}{\Delta t_2}}=\frac{90-60}{\ln\frac{90}{60}}=73.98(℃)$$

并流
$$\Delta t_1=T_1-t_1=250℃-120℃=130℃$$
$$\Delta t_2=T_2-t_2=180℃-160℃=20℃$$
$$\Delta t_{m,并}=\frac{\Delta t_1-\Delta t_2}{\ln\frac{\Delta t_1}{\Delta t_2}}=\frac{130-20}{\ln\frac{130}{20}}=58.77(℃)$$

(2)
$$Q=m_{s,c}c_{p,c}(t_2-t_1)=0.5\times2\times(160-120)=40(\text{kW})$$

则传热面积分别为

$$A_{逆}=\frac{Q}{K\Delta t_{m,逆}}=\frac{40\times10^3}{100\times73.98}=5.41(\text{m}^2)$$

$$A_{并}=\frac{Q}{K\Delta t_{m,并}}=\frac{40\times10^3}{100\times58.77}=6.81(\text{m}^2)$$

由【例 2-9】的计算结果可知，在两流体的进、出口温度相同的条件下，逆流的平均温度差比并流的大。在传热量及总传热系数相同时，若换热介质流量一定，则逆流所需传热面积比并流小，可以节省设备费用；若传热面积一定，则逆流操作可以减少换热介质的用量，可以降低操作费用。因此工业上多采用逆流操作。但当冷流体被加热不得超过某一温度，或热流体被冷却不得低于某一温度时，宜采用并流操作。

(2) 错流和折流时的平均温度差

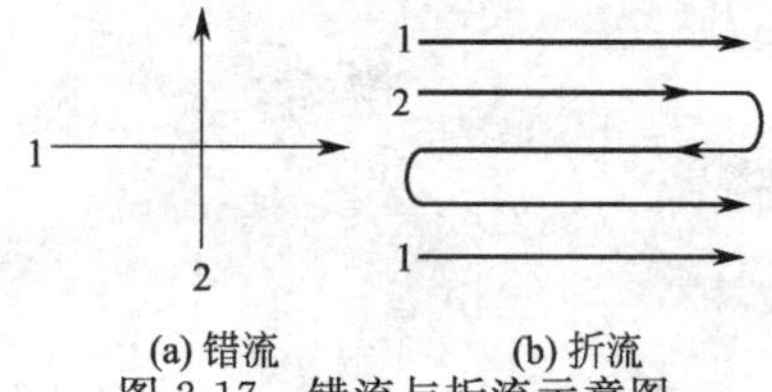

图 2-17 错流与折流示意图

在大多数的列管换热器中，两流体并非做简单的逆流或并流，而是做比较复杂的多程流动，即错流或折流。如图 2-17 所示，冷、热两种流体垂直交叉流动，称为错流；一种流体只沿一个方向流动，另一种流体反复改变流向，称为折流。

错流和折流时的平均温度差的计算，可先按逆流计算对数平均度温差 $\Delta t_{m,逆}$，再乘以温差校正系数 φ，即

$$\Delta t_m=\varphi\Delta t_{m逆} \tag{2-57}$$

温差校正系数 φ 是两个参量 P、R 的函数，即 $\varphi=f(P,R)$。

$$P=\frac{t_2-t_1}{T_1-t_1}=\frac{冷流体的温升}{两流体最初的温差}$$

$$R=\frac{T_1-T_2}{t_2-t_1}=\frac{热流体的温降}{冷流体的温升}$$

根据 P、R 的数值，由图 2-18 得。流体从换热器的一端流到另一端称为一个流程。管内的流程称为管程，一般为偶数；管外的流程称为壳程。图 2-18 为温差校正系数的算图，其中 (a)～(d) 分别适用于一～四壳程，(e) 适用于错流。

由于温差校正系数 $\varphi<1$，故折流和错流时的平均温度差比逆流时要低。在选择流向时应综合考虑，φ 值不宜过低，设计时一般应取 $\varphi>0.9$，至少不能小于 0.8，否则另选其他流动形式。

当换热器中一侧流体发生相变而温度保持不变时，不论何种流动形式，只要流体进、出口温度各自相同，则平均温度差均相等。

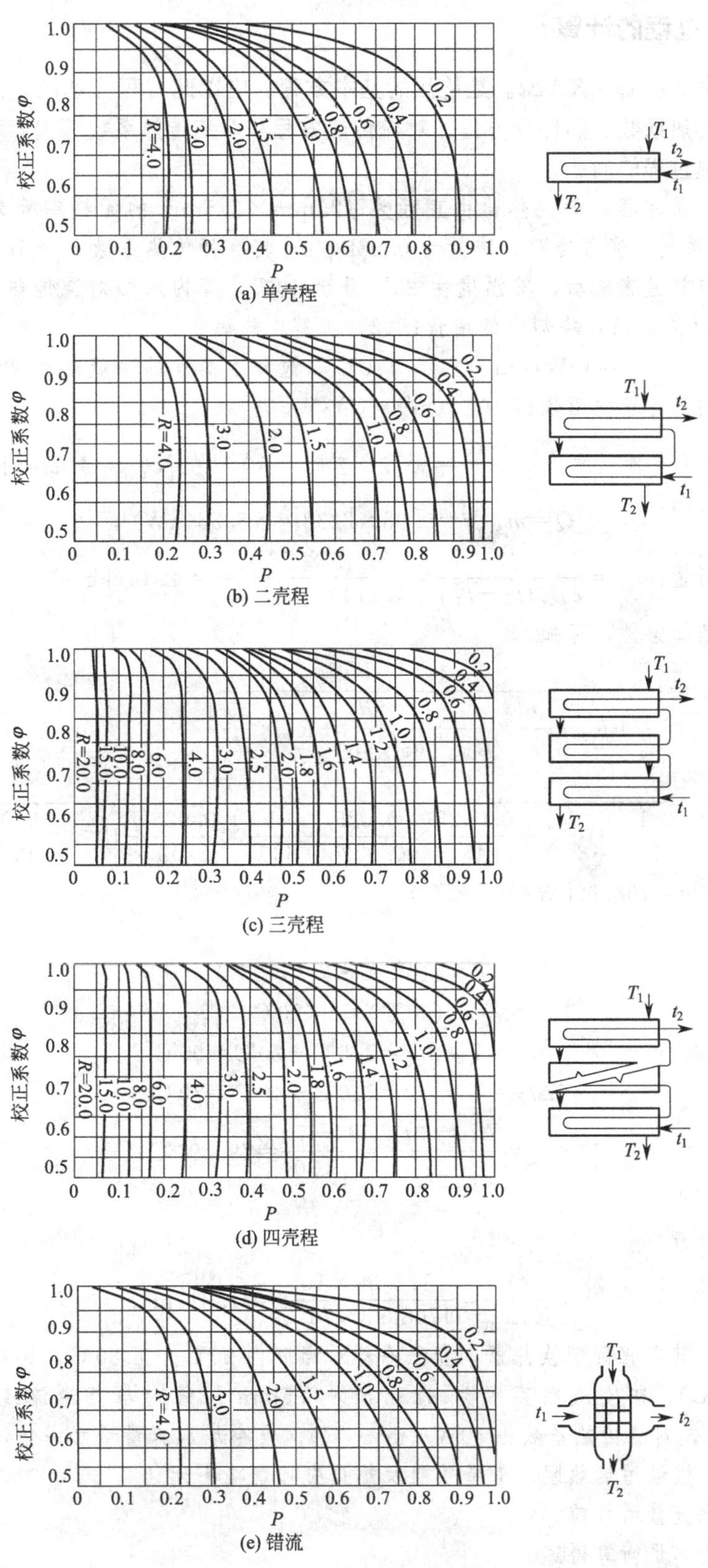
校正系数 φ
P
R=4.0
3.0
2.0
1.5
1.0
0.8
0.6
0.4
0.2
(a) 单壳程
(b) 二壳程
R=20.0
15.0
10.0
8.0
6.0
4.0
3.0
2.5
2.0
1.8
1.6
1.4
1.2
(c) 三壳程
(d) 四壳程
(e) 错流
T_1
T_2
t_1
t_2

图 2-18　温差校正系数

2.4.5 传热过程的计算

总传热速率方程 $Q=KA\Delta t_m$ 是传热的基本方程。应以此方程为基础，把热量衡算、平均温度差、总传热系数、热传导方程、对流传热方程和对流传热系数等内容联系起来，学会分析、解决传热过程的问题。

【例 2-10】 某单程列管换热器由直径为 ϕ25mm×2.5mm 的无缝钢管束组成。温度为110℃的饱和水蒸气在壳程冷凝，流量为 0.08kg/s，其冷凝传热系数 $\alpha_o=10^4$ W/(m²·℃)。冷却水在管内与其逆流流动，其温度由 20℃升至 40℃，管内水的对流传热系数为 6300W/(m²·℃)，试计算：(1) 冷却水的用量；(2) 所需传热面积。

已知钢的热导率 $\lambda=45$W/(m·℃)，110℃的饱和水蒸气的冷凝热为 2232kJ/kg，水蒸气冷凝侧和水侧的污垢热阻均为 10^{-4}(m²·℃)/W。

解 (1) 水的定性温度为 $\dfrac{20+40}{2}=30$℃，查附录 10，得：$c_{p,c}=4.174$kJ/(kg·℃)

热负荷：
$$Q=m_{s,h}r=0.08\times2232=178.56(\text{kW})$$

冷却水的用量：$m_{s,c}=\dfrac{Q}{c_{p,c}(t_2-t_1)}=\dfrac{178.56}{4.174\times(40-20)}=2.14(\text{kg/s})$

(2) 根据已知条件，可知

$$K=\frac{1}{\dfrac{1}{\alpha_o}+R_{so}+\dfrac{b}{\lambda}\times\dfrac{d_o}{d_m}+\dfrac{1}{\alpha_i}\times\dfrac{d_o}{d_i}+R_{si}\times\dfrac{d_o}{d_i}}$$

$$=\frac{1}{\dfrac{1}{10^4}+10^{-4}+\dfrac{0.0025}{45}\times\dfrac{0.025}{0.0225}+\dfrac{1}{6300}\times\dfrac{0.025}{0.02}+10^{-4}\times\dfrac{0.025}{0.02}}$$

$$=1708.99[\text{W/(m}^2\cdot℃)]$$

逆流

$$T_1(110℃)\rightarrow T_2(110℃)$$
$$t_2(40℃)\leftarrow t_1(20℃)$$
$$\Delta t_1=T_2-t_1=110℃-20℃=90℃$$
$$\Delta t_2=T_1-t_2=110℃-40℃=70℃$$
$$\Delta t_m=\frac{\Delta t_1-\Delta t_2}{\ln\dfrac{\Delta t_1}{\Delta t_2}}=\frac{90-70}{\ln\dfrac{90}{70}}=79.59(℃)$$

则传热面积为

$$A\ \frac{Q}{K\Delta t_m}=\frac{178.56\times10^3}{1708.99\times79.59}=1.31(\text{m}^2)$$

【例 2-11】 某单程列管换热器，壳程冷却水温度由 20℃升至 80℃，其对流传热系数为 1500W/(m²·℃)。热空气在直径为 ϕ25mm×2.5mm 的管内与其逆流流动，其温度由 120℃降至 80℃，对流传热系数为 50W/(m²·℃)。当冷却水流量增加一倍，试计算水和空气的出口温度。假设污垢热阻、管壁热阻及热损失可忽略不计。

解 冷却水流量增加前：

由换热器的热量衡算得

$$Q=m_{s,h}c_{p,h}(T_1-T_2)=m_{s,c}c_{p,c}(t_2-t_1)$$

$$\frac{m_{s,h}c_{p,h}}{m_{s,c}c_{p,c}}=\frac{(t_2-t_1)}{(T_1-T_2)}=\frac{80-20}{120-80}=1.5 \tag{a}$$

总传热系数为

$$K=\frac{1}{\dfrac{1}{\alpha_o}+\dfrac{1}{\alpha_i}\times\dfrac{d_o}{d_i}}=\frac{1}{\dfrac{1}{1500}+\dfrac{1}{50}\times\dfrac{0.025}{0.02}}=38.96\text{W/(m}^2\cdot℃)$$

平均温度差为

$$\Delta t_m=\frac{\Delta t_1-\Delta t_2}{\ln\dfrac{\Delta t_1}{\Delta t_2}}=\frac{(80-20)-(120-80)}{\ln\dfrac{60}{40}}=49.32℃$$

则传热面积为

$$A=\frac{Q}{K\Delta t_m}=\frac{m_{s,h}c_{p,h}(120-80)}{38.96\times49.32}=0.0208m_{s,h}c_{p,h} \tag{b}$$

冷却水流量增加一倍，设空气和水的出口温度分别为 T_2'、t_2'。

由换热器的热量衡算得：

$$Q=m_{s,h}c_{p,h}(T_1-T_2')=2m_{s,c}c_{p,c}(t_2'-t_1)$$

$$t_2'-t_1=\frac{m_{s,h}c_{p,h}}{2m_{s,c}c_{p,c}}(T_1-T_2')$$

将式(a) 带入上式，得：

$$t_2'-t_1=\frac{m_{s,h}c_{p,h}}{2m_{s,c}c_{p,c}}(T_1-T_2')=0.75(T_1-T_2') \tag{c}$$

总传热系数为 K'

$$K'=\frac{1}{\dfrac{1}{2^{0.8}\alpha_o}+\dfrac{1}{\alpha_i}\times\dfrac{d_o}{d_i}}=\frac{1}{\dfrac{1}{1.74\times1500}+\dfrac{1}{50}\times\dfrac{0.025}{0.02}}=39.40[\text{W/(m}^2\cdot℃)]$$

总传热速率方程为

$$Q=m_{s,h}c_{p,h}(T_1-T_2')=K'A\frac{(T_1-t_2')-(T_2'-t_1)}{\ln\dfrac{T_1-t_2'}{T_2'-t_1}}=39.40A\frac{(T_1-T_2')-(t_2'-t_1)}{\ln\dfrac{T_1-t_2'}{T_2'-t_1}}$$

将式(b)、式(c) 两式带入上式，得

$$m_{s,h}c_{p,h}(T_1-T_2')=39.40\times0.0208m_{s,h}c_{p,h}\frac{(T_1-T_2')-0.75(T_1-T_2')}{\ln\dfrac{T_1-t_2}{T_2'-t_1}}$$

化简上式，得

$$\ln\frac{T_1-t_2'}{T_2'-t_1}=0.20488$$

或

$$\frac{T_1-t_2'}{T_2'-t_1}=1.2274 \tag{d}$$

联立式(c)、式(d) 两式，解得：

$$T_2'=72.4℃,t_2'=55.7℃$$

2.4.6 壁温的计算

在计算热损失和某些对流传热系数以及选择换热器类型和管材时，都需要知道壁温。对

于定态的传热过程，有

$$Q=\frac{T-T_{w}}{\frac{1}{\alpha_1 A_1}}=\frac{T_{w}-t_{w}}{\frac{b}{\lambda A_{m}}}=\frac{t_{w}-t}{\frac{1}{\alpha_2 A_2}}$$

上式中的 T、T_w、t、t_w 分别为热、冷流体的温度及两侧的壁温，利用此式即可求得壁温。若壁两侧有污垢，还应考虑污垢热阻的影响。壁温总是接近于 α 较大一侧流体的温度。

2.5 辐射传热

2.5.1 基本概念

物体通过电磁波来传递能量的过程，称为辐射。物体可由不同原因发出辐射能，其中因热引起的电磁波辐射，即为热辐射。

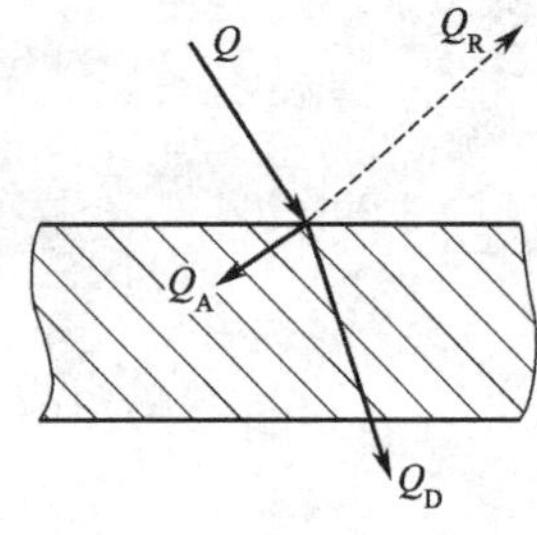

图 2-19 辐射能的反射、折射和透过

任何物体，只要其绝对温度大于零度，都会不停地以电磁波的形式向外辐射能量，同时，又不断吸收来自外界其他物体的辐射能。这种物体间相互辐射和吸收能量的传热方式称为辐射传热。

热辐射和光辐射的本质完全相同，两者的区别仅在于波长范围不同。它们都服从光的反射和折射定律，在均一介质中作直线传播，在真空和大多数气体中可以完全透过，但热射线不能透过工业上常见的大多数固体和液体。

如图 2-19 所示，假设外界投射到某物体表面上的总辐射能为 Q，其中一部分能量 Q_A 被吸收，一部分能量 Q_R 被物体反射，其余部分能量 Q_D 透过物体。根据能量守恒定律，得

$$Q=Q_A+Q_R+Q_D \tag{2-58}$$

即

$$\frac{Q_A}{Q}+\frac{Q_R}{Q}+\frac{Q_D}{Q}=1 \tag{2-58a}$$

令

$$A=\frac{Q_A}{Q},\ R=\frac{Q_R}{Q},\ D=\frac{Q_D}{Q}$$

则

$$A+R+D=1$$

式中，A、R、D 分别称为物体的吸收率、反射率、透过率。能全部吸收辐射能（即 $A=1$）的物体称为绝对黑体，简称黑体；能全部反射辐射能（即 $R=1$）的物体称为绝对白体或镜体；能透过全部辐射能（即 $D=1$）的物体称为透热体。

黑体、镜体和透热体都是理想化的物体，实际物体只能或多或少地接近这种理想物体。例如没有光泽的黑漆表面，其吸收率为 $A=0.96\sim0.98$，接近于黑体；表面磨光的铜，其反射率为 $R=0.97$，接近白体；单原子和由对称双原子构成的气体（如 He、O_2、N_2 和 H_2 等），可视为透热体。

吸收率、反射率和透过率的大小取决于物体的性质、温度、表面状况和辐射能的波长等。一般来说，表面粗糙的物体吸收率大；固体和液体是不透热体，即 $D=0$，$A+R=1$；而气体对热辐射几乎无反射能力，即 $R=0$，$A+D=1$。

一般的物体能部分吸收由 $0\sim\infty$ 所有波长范围的辐射能。凡能以相同的吸收率吸收所有波长辐射能的物体，称为灰体。灰体是不透热体，其吸收率不随波长变化。灰体也是理想物体，但大多数工程材料可近似视为灰体。

2.5.2 物体的辐射能力

物体在一定温度下，单位表面积、单位时间内所发射的全部波长（0～∞）的总能量，称为该物体在该温度下的辐射能力，用 E 表示，单位 W/m^2。

2.5.2.1 黑体的辐射能力

理论研究证明，黑体的辐射能力与其表面绝对温度的四次方成正比，即

$$E_b=\sigma_0 T^4 \tag{2-59}$$

式中 E_b——黑体的辐射能力，W/m^2；

σ_0——黑体辐射常数，其值为 $5.67\times10^{-8}W/(m^2\cdot K^4)$；

T——黑体表面的热力学温度，K。

式(2-59) 被称为斯蒂芬-玻尔兹曼定律。它表明黑体的辐射能力与其表面的热力学温度的四次方成正比，也称为四次方定律。同时，此定律也表明辐射传热对温度异常敏感，低温时热辐射往往可以忽略，而高温时则成为主要的传热方式。

为了工程计算上的方便，通常将式(2-59) 表示为

$$E_b=C_0\left(\frac{T}{100}\right)^4 \tag{2-59a}$$

式中 C_0——黑体辐射系数，其值为 $5.67W/(m^2\cdot K^4)$。

2.5.2.2 灰体的辐射能力

通常在工程上可将实际物体视为灰体来计算其辐射能力 E，可表示为

$$E=C\left(\frac{T}{100}\right)^4 \tag{2-60}$$

式中 C——灰体辐射系数，$W/(m^2\cdot K^4)$。

在同一温度下，灰体的辐射能力恒小于黑体的辐射能力。同温度下灰体的辐射能力与黑体的辐射能力之比，称为物体的黑度，用 ε 表示，即

$$\varepsilon=\frac{E}{E_b} \tag{2-61}$$

由式(2-59a) 和式(2-61)，可知

$$E=\varepsilon C_0\left(\frac{T}{100}\right)^4 \tag{2-62}$$

只要已知物体的黑度，便可由上式求得该物体的辐射能力。

物体的黑度表示实际物体接近黑体的程度，其值在 0～1 范围内变化，大小与物体的种类、表面温度、表面状况（如表面粗糙度及氧化程度）有关，一般通过实验测定。常见工业材料的黑度值列于表 2-5。不同物体黑度值差异较大。物体黑度值越大，其辐射能力越强。

表 2-5 常见工业材料的黑度

材料	温度/℃	黑度 ε	材料	温度/℃	黑度 ε
红砖	20	0.93	铝(磨光的)	225～575	0.039～0.057
耐火砖	—	0.8～0.9	铜(氧化的)	200～600	0.57～0.87
钢板(氧化的)	200～600	0.8	铜(磨光的)	—	0.03
钢板(磨光的)	940～1100	0.55～0.61	铸铁(氧化的)	200～600	0.64～0.78
铝(氧化的)	200～600	0.11～0.19	铸铁(磨光的)	330～910	0.6～0.7

2.5.2.3 克希霍夫定律

克希霍夫定律表示物体的辐射能力 E 和吸收率 A 之间的关系，其表达式为

$$\frac{E_1}{A_1}=\frac{E_2}{A_2}=\cdots=\frac{E}{A}=E_b=f(T) \tag{2-63}$$

上式说明任何物体的辐射能力与其吸收率的比值恒为常数，且等于同温度下绝对黑体的辐射能力，其数值仅与物体的温度有关。实际物体的吸收率均小于1，因此在任一温度下，黑体的辐射能力最大，并且物体的吸收率越大，其辐射能力越强。

将式(2-61)与式(2-63)相比较，得

$$\frac{E}{E_b}=A=\varepsilon \tag{2-64}$$

此式说明，在同一温度下，物体的吸收率在数值上等于该物体的黑度。

2.5.3 两固体间的辐射传热

工业上常遇到的两固体间的辐射传热，一般可视为灰体间的辐射传热。

辐射传热的结果是热量从高温物体传向低温物体。两固体间的辐射传热与两固体的吸收率、反射率、形状、大小以及两固体间的距离和相对位置有关。两固体之间的辐射传热速率可用下式计算：

$$Q_{1-2}=C_{1-2}\varphi A\left[\left(\frac{T_1}{100}\right)^4-\left(\frac{T_2}{100}\right)^4\right] \tag{2-65}$$

式中 Q_{1-2}——高温物体1向低温物体2的辐射传热速率，W；

C_{1-2}——总辐射系数，$W/(m^2 \cdot K^4)$；

φ——几何因子或角系数；

A——辐射面积，m^2；

T_1，T_2——高温物体和低温物体表面的热力学温度，K。

式中，角系数φ表示一物体的热辐射总能量到达另一物体表面的分率，其值与物体形状、大小以及两物体间的距离及相互位置有关，一般利用模型通过实验测定。总辐射系数C_{1-2}的数值与物体黑度、形状、大小及两物体间的距离及相互位置有关系。几种简单情况下的φ值与C_{1-2}的计算式见表2-6；若$\varphi<1$，可查图2-20。

表2-6　φ值与C_{1-2}的计算式

序号	辐射情况	面积A	角系数φ	总辐射系数C_{1-2}
1	极大的两平行面	A_1或A_2	1	$\dfrac{C_0}{\dfrac{1}{\varepsilon_1}+\dfrac{1}{\varepsilon_2}-1}$
2	面积有限的两相等平行面	A_1	$<1^*$	$\varepsilon_1 \cdot \varepsilon_2 C_0$
3	很大的物体2包住物体1	A_1	1	$\varepsilon_1 C_0$
4	物体2恰好包住物体1 $A_2 \approx A_1$	A_1	1	$\dfrac{C_0}{\dfrac{1}{\varepsilon_1}+\dfrac{1}{\varepsilon_2}-1}$
5	在3、4两种情况之间	A_1	1	$\dfrac{C_0}{\dfrac{1}{\varepsilon_1}+\dfrac{A_1}{A_2}\left(\dfrac{1}{\varepsilon_2}-1\right)}$

【例2-12】 车间有一高和宽均为2m的铸铁炉门，其表面温度为600℃，室温为30℃，试求：(1)由于辐射引起的散热速率；(2)若在炉门前40mm处放置一块尺寸和炉门相同的铝板作为隔热板，则散热速率可降低多少？

解　查表2-5，得铸铁的黑度$\varepsilon_1=0.70$，铝的黑度$\varepsilon_3=0.15$。

(1) 放置铝板前：因为炉门被四壁包围，则

$$\varphi=1, A=A_1=2\times2=4\text{m}^2$$

$$C_{1\text{-}2}=\varepsilon_1 C_0=0.70\times5.67=3.97[\text{W}/(\text{m}^2\cdot\text{K}^4)]$$

$$Q_{1\text{-}2}=C_{1\text{-}2}\varphi A\left[\left(\frac{T_1}{100}\right)^4-\left(\frac{T_2}{100}\right)^4\right]$$

$$=3.97\times1\times4\times\left[\left(\frac{600+273}{100}\right)^4-\left(\frac{30+273}{100}\right)^4\right]$$

$$=9.09\times10^4(\text{W})$$

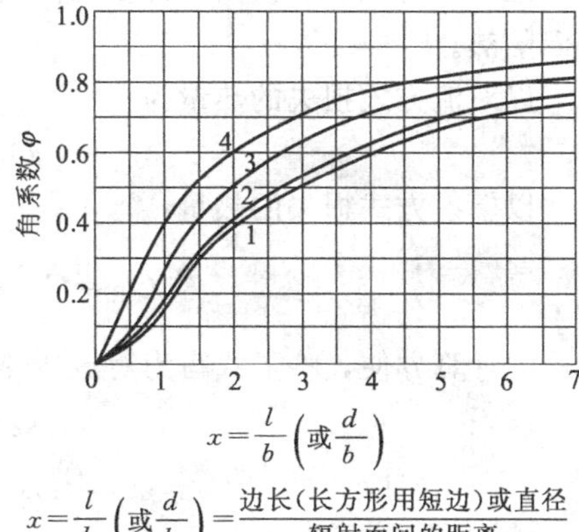

$x=\frac{l}{b}\left(或\frac{d}{b}\right)=\frac{边长(长方形用短边)或直径}{辐射面间的距离}$

图 2-20　平面平面间辐射传热的角系数
1—圆盘形；2—正方形；3—长方式（边长之比为 2∶1）；4—长方形（狭长）

(2) 放置铝板后：以下标 1、2、3 分别表示炉门、房间和铝板。当传热达到定态时，炉门对铝板的辐射传热速率等于铝板对房间的辐射传热速率，此即为炉门辐射引起的散热速率。

因为炉门与铝板之间的距离很近，故可认为是两极大平行平面之间的辐射传热，则

$$\varphi=1, A=A_3=A_1=2\times2=4\text{m}^2$$

$$C_{1\text{-}3}=\frac{C_0}{\frac{1}{\varepsilon_1}+\frac{1}{\varepsilon_3}-1}=\frac{5.67}{\frac{1}{0.7}+\frac{1}{0.15}-1}=0.8[\text{W}/(\text{m}^2\cdot\text{K}^4)]$$

炉门对铝板的辐射传热速率为

$$Q_{1\text{-}3}=C_{1\text{-}3}\varphi A\left[\left(\frac{T_1}{100}\right)^4-\left(\frac{T_3}{100}\right)^4\right]=0.8\times1\times4\times\left[\left(\frac{600+273}{100}\right)^4-\left(\frac{T_3}{100}\right)^4\right] \tag{a}$$

铝板对房间的辐射传热速率为：

$$Q_{3\text{-}2}=C_{3\text{-}2}\varphi A\left[\left(\frac{T_3}{100}\right)^4-\left(\frac{T_2}{100}\right)^4\right]$$

式中，$\varphi=1$，$A=A_3=4\text{m}^2$

$$C_{3\text{-}2}=\varepsilon_3 C_0=0.15\times5.67=0.85[\text{W}/(\text{m}^2\cdot\text{K}^4)]$$

$$Q_{3\text{-}2}=0.85\times1\times4\times\left[\left(\frac{T_3}{100}\right)^4-\left(\frac{30+273}{100}\right)^4\right] \tag{b}$$

$\because$ $$Q_{1\text{-}3}=Q_{3\text{-}2}$$

$\therefore$ $$T_3=723\text{K}$$

将 T_3 值代入式(b)，得

$$Q_{3\text{-}2}=0.85\times1\times4\times\left[\left(\frac{723}{100}\right)^4-\left(\frac{30+273}{100}\right)^4\right]=9.0\times10^3\text{W}$$

放置铝板后，因辐射引起的散热速率可降低

$$\frac{Q_{1\text{-}2}-Q_{3\text{-}2}}{Q_{1\text{-}2}}\times100\%=\frac{9.09\times10^4-9.0\times10^3}{9.09\times10^4}\times100\%=90.1\%$$

由以上计算结果可知，设置隔热挡板是减少辐射传热的有效方法，而且挡板材料的黑度越低，层数越多，热损失越少。

2.5.4　对流与辐射的联合传热

在化工生产中，许多设备或管道的外壁温度常高于周围环境的温度，因此热量将以对流和辐射两种方式自壁面散失于周围环境中。此时，设备或管道的热损失等于对流传热和辐射

传热之和。为减少热损失，许多高温设备与管道（如换热器、塔器及蒸汽管道等）必须进行保温隔热。

以对流方式损失的热量为：

$$Q_C=\alpha_C A_w(t_w-t)$$

以辐射方式损失的热量：

$$Q_R=C_{1-2}\varphi A_w\left[\left(\frac{T_w}{100}\right)^4-\left(\frac{T}{100}\right)^4\right]$$

为计算方便，将上式写为对流传热的形式：

$$Q_R=\alpha_R A_w(t_w-t)$$

其中

$$\alpha_R=\frac{C_{1\text{-}2}\varphi\left[\left(\frac{T_w}{100}\right)^4-\left(\frac{T}{100}\right)^4\right]}{t_w-t}$$

则设备或管道总的热损失：

$$Q=Q_C+Q_R=(\alpha_C+\alpha_R)A_w(t_w-t)=\alpha_T A_w(t_w-t) \tag{2-66}$$

式中 α_T——对流-辐射联合传热系数，W/(m² · K)；

α_C——空气的对流传热系数，W/(m² · K)；

α_R——辐射传热系数，W/(m² · K)；

T_w——设备或管道外壁的热力学温度，K；

t_w——设备或管道外壁温度，℃；

T——周围环境的热力学温度，K；

t——周围环境温度，℃；

A_w——设备或管道的外壁面积，m²。

式中，$\alpha_T=\alpha_C+\alpha_R$，可用下列公式近似计算。

空气自然对流时，外壁温度 $t_w<150$℃：

平壁保温层外的 $\alpha_T=9.8+0.07(t_w-t)$，管道及圆筒壁保温层外的 $\alpha_T=9.4+0.052(t_w-t)$。

空气沿粗糙壁面强制对流：

若空气速度 $u=5$m/s，$\alpha_T=6.2+4.2u$，若空气速度 $u>5$m/s，$\alpha_T=7.8u^{0.78}$。

2.6 换热器

换热器是化工、石油、动力及其他许多工业部门的通用设备，在生产中占有重要地位。由于生产中物料的性质、传热的要求等各不相同，故换热器的类型也多种多样。

2.6.1 换热器的类型

换热器的类型按用途可分为加热器、冷却器、冷凝器、蒸发器和再沸器等；根据传热特征可分为混合式、蓄热式、间壁式三大类。

(1) 混合式换热器

混合式换热器又称直接接触式换热器。其特点是冷、热流体通过直接混合交换热量。此类换热器传热效果好、结构简单、易于防腐，但仅适用于允许冷、热流体混合的场合。主要用于气体的冷却及蒸汽的冷凝。

（2）蓄热式换热器

蓄热式换热器如图 2-21 所示。它主要由热容量较大的蓄热室构成，室内填充耐火砖或金属带等填料。当冷、热流体交替通过同一蓄热室时，可通过填料将得自热流体的热量传递给冷流体，以达到交换热量的目的。在生产中通常采用两个并联的蓄热器交替使用。这类换热器主要用于高温气体余热的利用。其优点是结构简单、耐高温；缺点是设备体积庞大，不能完全避免两流体的混合。

（3）间壁式换热器

在化工工艺上，多数情况下不允许冷、热流体直接接触，故工业上应用最多的是间壁式换热器。其特点是冷、热流体被固体壁面隔开，互不接触，热量由热流体通过壁面传给冷流体。这类换热器形式多样，以下进行重点介绍。

2.6.2 间壁式换热器的类型

2.6.2.1 夹套式换热器

如图 2-22 所示，夹套式换热器是在容器外部安装夹套而成。夹套和器壁之间形成密闭空间，成为加热介质或冷却介质的通道，主要应用于反应器的加热和冷却。在用蒸汽加热时，蒸汽由上部接管进入夹套，冷凝水由下部接管流出；作为冷却器使用时，冷却介质由下部接管进入，由上部接管流出。

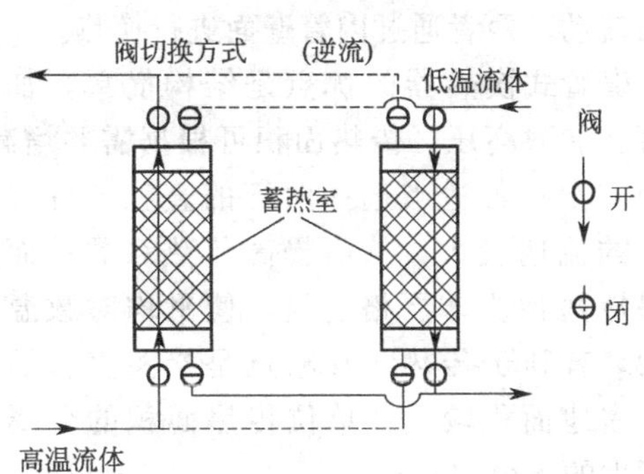

图 2-21 蓄热式换热器

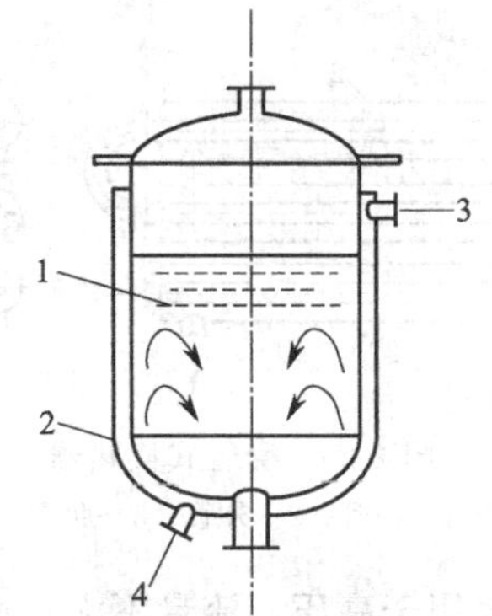

图 2-22 夹套式换热器

1—容器；2—夹套；3—蒸汽入口或冷却水出口；4—冷凝水出口或冷却水入口

这类换热器结构简单，但由于结构的限制，传热面积较小，且总传热系数也较小。为提高传热效果，可在器内安装搅拌器或蛇管。

2.6.2.2 蛇管式换热器

（1）沉浸式蛇管换热器

如图 2-23 所示，蛇管一般由金属管弯制成适应容器所需要的形状，沉浸在容器内的液体中，冷、热流体分别在管内外流动进行换热。这类换热器主要用于反应器或容器内的加热和冷却，其结构简单，便于防腐，能承受高压。但蛇管对流传热系数较小，故常在容器内安装搅拌器，以强化传热。

（2）喷淋式换热器

如图 2-24 所示，蛇管成排地固定于钢架上，被冷却的流体在管内流动，自最上管流入，由最下管流出。冷却水由管上方的喷淋装置中均匀淋下，沿管表面流下来，最后流入水槽排出。冷却水在各管表面流过时，与管内流体进行热量交换。这种换热器多用作冷却器，安装在室外空气流通处。其优点是结构简单，耐高压，便于检修、清洗，传热效果好；缺点是喷淋不易均匀。

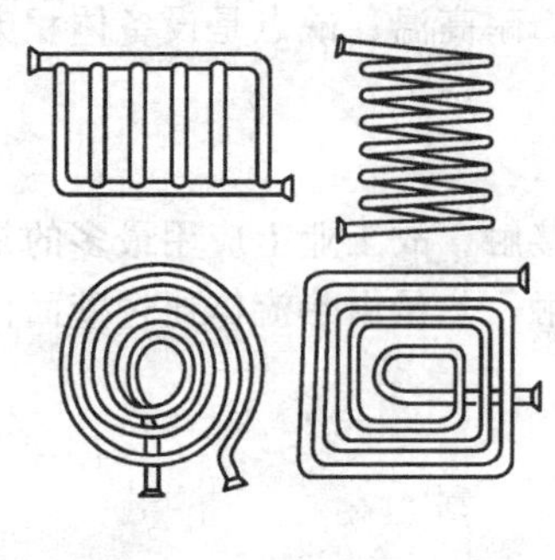

图 2-23　蛇管的形状

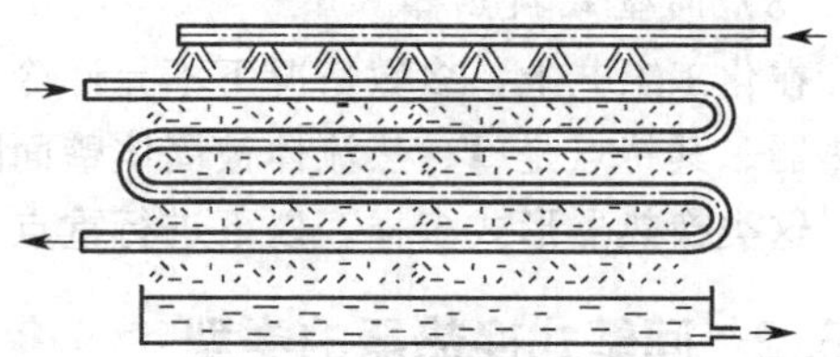

图 2-24　喷淋式换热器

2.6.2.3　套管式换热器

如图 2-25 所示，套管式换热器是由两种不同直径的直管组成的同心套管，每一段套管称为一程，每程的内管用 U 形肘管顺次连接，而外管则用接管互相连接。程数可根据传热要求增减。冷、热流体分别在内管和套管环隙内流动，两者通过内管壁面进行换热。

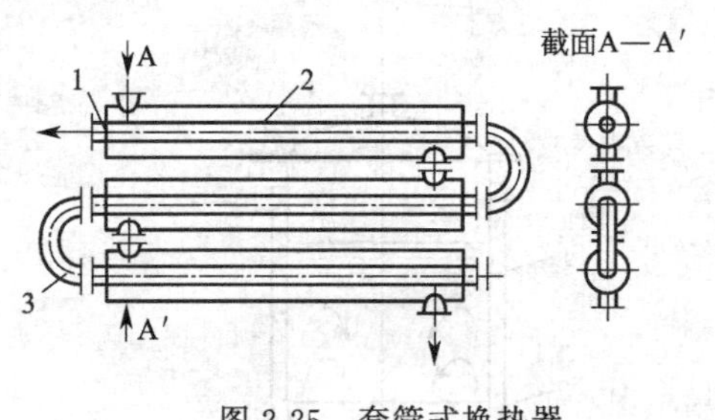

图 2-25　套管式换热器

1—内管；2—外管；3—肋管

套管式换热器的优点是结构简单，加工方便，能耐高压，传热面积可根据需要增减，应用方便；若适当选择两管的直径，可使两流体的流速较大，从而提高传热系数；而且能保持两种流体严格逆流，使平均对数温差最大，有利于传热。其缺点是接头多、易泄漏，占地面积较大，单位传热面积的金属消耗量大。适用于高压、流量不大、所需传热面积不大的场合。

2.6.2.4　列管式换热器

列管式换热器又称管壳式换热器，是目前化工生产中应用最广泛的换热设备。与前面提到的几种换热器相比，其主要优点是单位体积设备所提供的传热面积大，传热效果好，结构简单、坚固，操作弹性大，可用多种材料制造，适应性较强，在高压、高温和大型装置中普遍采用。

列管式换热器主要由壳体、管束、管板（花板）、封头（顶盖）、折流挡板等部件构成。管束安装在壳体内，两端固定在管板上，封头用法兰与壳体连接。进行换热时，管程流体由封头的进口接管进入，分配到平行管束，从另一端封头的出口管流出；壳程流体由壳体的接管进入，从管束的空隙流过，由壳体的另一接管流出。管束的壁面即为传热面。为提高管程流体流速和对流传热系数，可采用多管程。即在两端封头内安装隔板，将管子分成若干组，使流体依次通过每组管子，往返多次。常用 2、4、6 管程。同样，为提高壳程流体流速，可在壳体内安装与管束垂直的折流挡板，引导流体横向流过管束，提高湍动程度，增强传热效果。常用的折流挡板如图 2-26 所示，有圆缺形和圆盘形两种，前者更为常用。

列管式换热器在操作时，由于管内、外流体温度不同，壳体和管束的温度也不相同，因

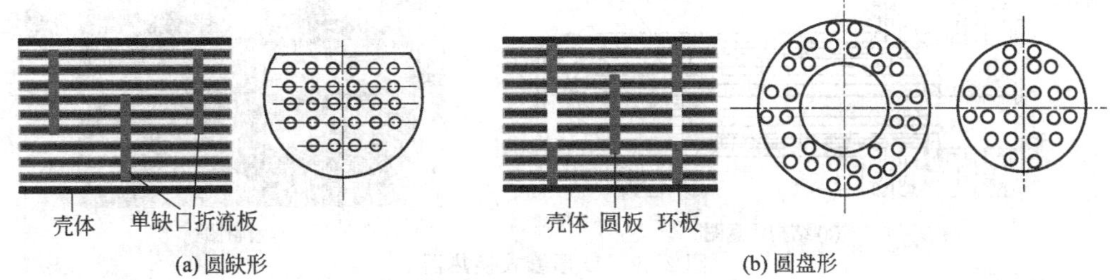

(a) 圆缺形　　(b) 圆盘形

图 2-26　折流挡板

此它们的热膨胀程度也有差别。如两者温差较大（50℃以上），会产生很大的热应力，使设备变形，管子弯曲或从管板上脱落，甚至毁坏换热器，所以，必须采取各种补偿措施，消除或减小热应力。根据热补偿方法的不同，列管式换热器主要有以下几种。

(1) 固定管板式换热器

如图 2-27 所示，固定管板式换热器的两端管板和壳体制成一体。具有结构简单、造价低、管程清洗方便的优点，但壳程清洗和检修困难，因此，要求壳程流体是清洁、不易结垢的介质。

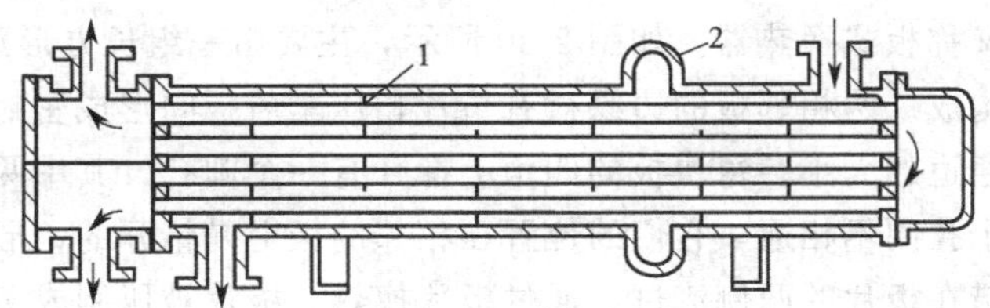

图 2-27　固定管板式换热器

1—挡板；2—补偿圈

固定管板式换热器适用于两流体温差不大的场合。当温差稍大（50℃≤Δt≤70℃）时，可在壳体上安装补偿圈（也称膨胀节），以消除热应力，但受膨胀节强度的限制，此时壳程压力不能太高。

(2) 浮头式换热器

如图 2-28 所示，两端的管板，有一端不与壳体相连，称为浮头，而另一端的管板和壳体用法兰连接，整个管束可以从壳体中抽出，便于清洗和检修。当管束受热时，管束连同浮头可在壳体内沿轴向自由伸缩，不产生热应力。因此浮头式换热器应用广泛，但其结构较为复杂，造价较高。

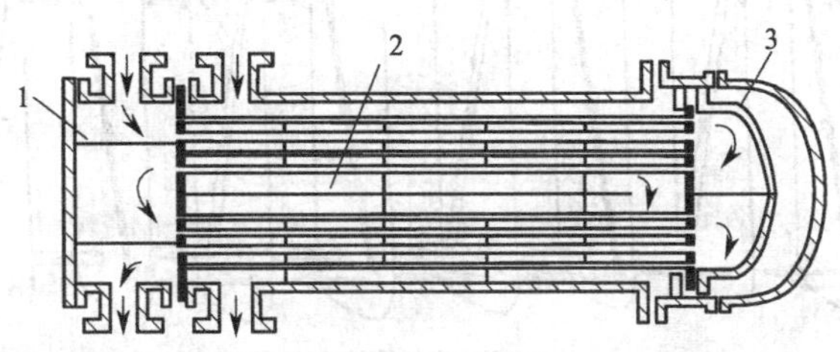

图 2-28　浮头式换热器

1—管程隔板；2—壳程隔板；3—浮头

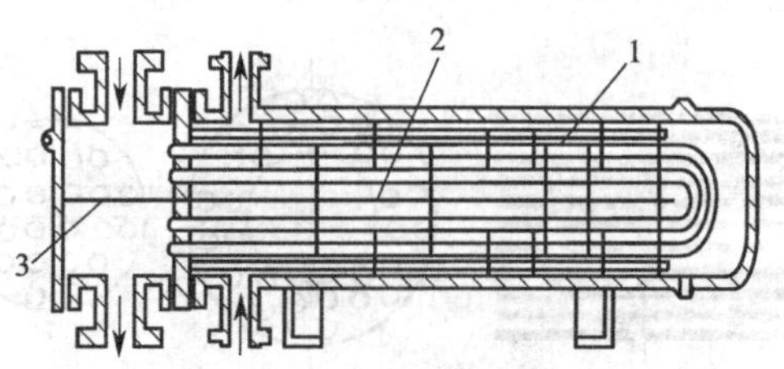

(a) 结构示意图

(b) 设备图

图 2-29 U形管式换热器

1—U形管；2—壳程隔板；3—管程隔板

(3) U形管式换热器

如图 2-29 所示，U形管式换热器每根管子都弯成U形，两端固定在同一管板上，并用隔板将封头隔成两室。因为每根管子可自由伸缩，当壳体和换热管有温差时，不会产生热应力。此类换热器结构简单、质量轻，缺点是管内不易清洗，并且因为管子要有一定的弯曲半径，其管板利用率较低。U形管式换热器适用于壳体和换热管温差比较大或壳程流体易结垢，管程流体洁净、不易结垢以及高温、高压、腐蚀性强的场合。

2.6.2.5 板式换热器

(1) 平板式换热器

平板式换热器又称板式换热器。如图 2-30 所示，主要由一组长方形薄金属板平行排列、夹紧组装于支架上构成。两相邻板的边缘衬有垫片，压紧后板间形成密封的流体通道，且可用垫片的厚度调节通道的大小。每块板的四角上都开有一个圆孔，其中两个孔与板面上的流体通道相通，另两个孔则不相通，它们的位置在相邻的板上是错开的，形成两流体通道。操作时，冷热流体交错在板片的两侧流过，通过板片换热。板片被压制成多种形状的波纹，可增加板片的刚性及传热面积，提高流体的湍动程度，利于传热。

(a) 设备图

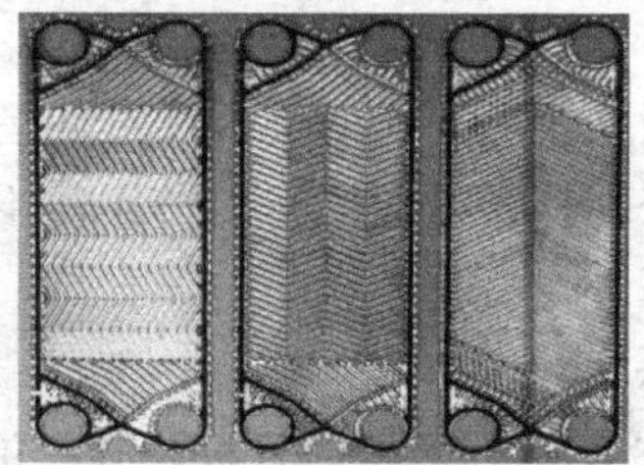
(b) 板式换热器的板片

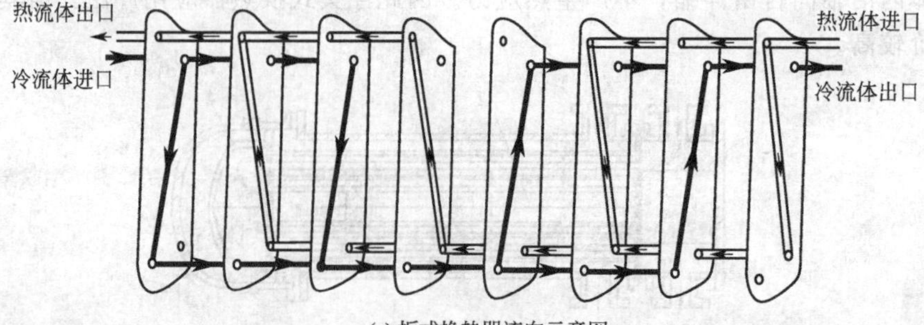

(c) 板式换热器流向示意图

图 2-30 板式换热器

板式换热器具有结构紧凑，传热系数高，操作灵活，检修、清洗方便等优点。主要缺点是处理量小，允许的操作压力较低，最高不超过2MPa；操作温度不能过高，对于合成橡胶垫圈不超过130℃，压缩石棉垫圈也应低于250℃。

（2）螺旋板式换热器

如图2-31所示，螺旋板式换热器由两张间距一定的平行薄钢板卷制而成，在螺旋的中心处设有隔板，将两个螺旋通道隔开，两板之间焊有定距柱以维持流道间距。在螺旋板的两侧及顶部、底部分别焊有盖板或封头以及两流体的出入接管。冷、热两流体分别进入两个流道中逆向流动，通过螺旋板进行换热。螺旋板式换热器的优点是结构紧凑，传热效率高，不易堵塞。缺点是操作压力及温度不宜太高，操作压力不能超过2MPa，操作温度一般低于350℃；同时整个换热器卷制而成，一旦损坏，维修困难。

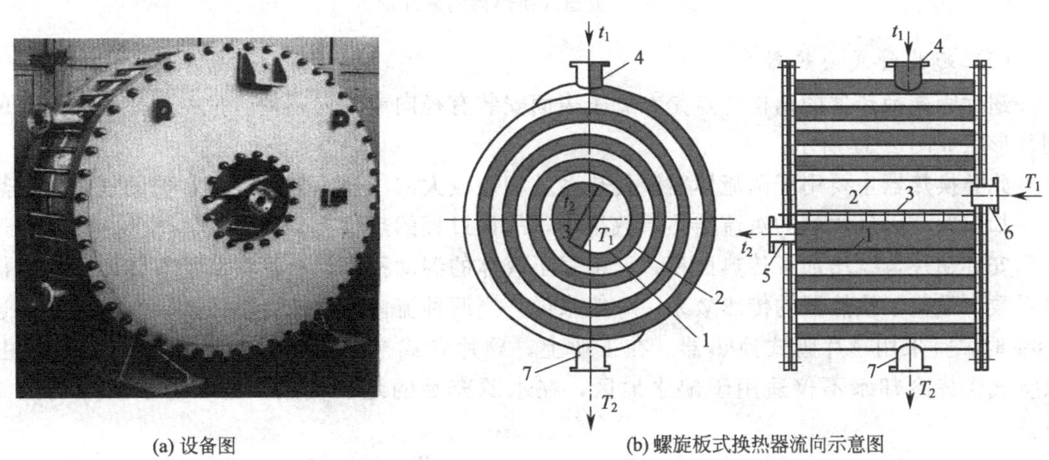

(a) 设备图
(b) 螺旋板式换热器流向示意图

图2-31 螺旋板式换热器

1，2—金属片；3—隔板；4，5—冷流体连接管；6，7—热流体连接管

2.6.2.6 翅片式换热器

（1）板翅式换热器

板翅式换热器的单元体分解图如图2-32(a) 所示，在两块平行薄金属板（平隔板）间，夹入波纹状或其他形状的翅片，两边以侧条密封，即组成为一个换热基本单元。各个基本单元又进行不同的叠放和适当的排列，并用钎焊固定，即可制成并流、逆流或错流的组装件，或称为板束，如图2-32(b) 所示。再将带有流体进出口的集流箱焊接到板束上，即成为板

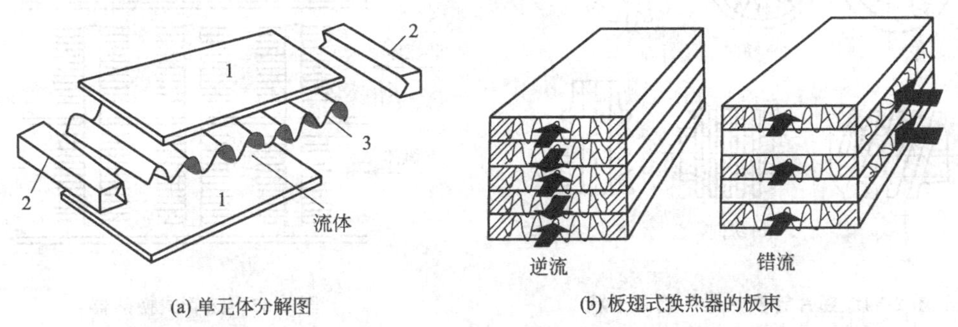

图2-32 板翅式换热器

1—平隔板；2—侧封条；3—翅片（二次表面）

翅式换热器。目前我国常用的翅片形式主要有光直翅形、锯齿形和多孔形翅片三种，如图2-33所示。板翅式换热器具有结构紧凑，轻巧牢固、传热效率高，适应性强等优点。缺点是制造工艺复杂，检修清洗困难。

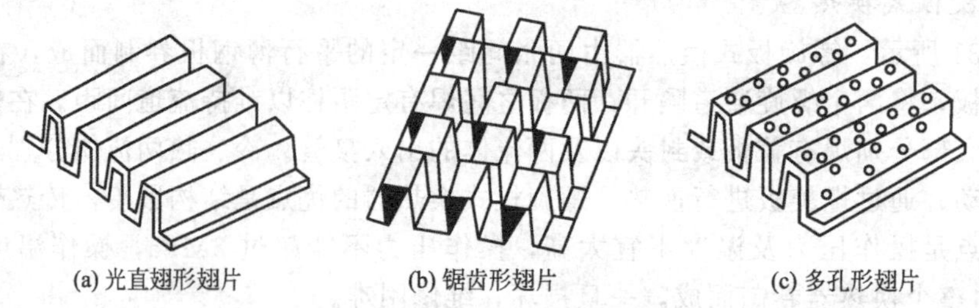

图 2-33 板翅式换热器的翅片形式

（2）翅片管式换热器

翅片管式换热器的结构特点是在管子表面安装有径向或轴向翅片。常见翅片管换热器的翅片形状如图2-34所示。

此类换热器主要用于两流体对流传热系数相差较大的场合，如工业上常见的气体的加热和冷却问题。因气体侧的对流传热系数很小，故该过程的热阻主要集中在气体侧。此时在气体侧安装翅片，既增加了传热面积，又增强了气体的湍动程度，从而提高了气体侧的对流传热系数，强化了换热器的传热效果。一般来说，当两种流体的对流传热系数之比达到或超过3∶1时，宜采用翅片管式换热器。在工业上，翅片管式换热器作为空气冷却器广泛使用。以空气代替冷却水不仅适用于缺水地区，在水源充足的地区使用，也取得了较好的经济效益。

2.6.2.7 热管式换热器

热管式换热器是一种新型高效换热器，由热管束构成，中间用隔板把冷、热流体隔开，如图2-35所示。

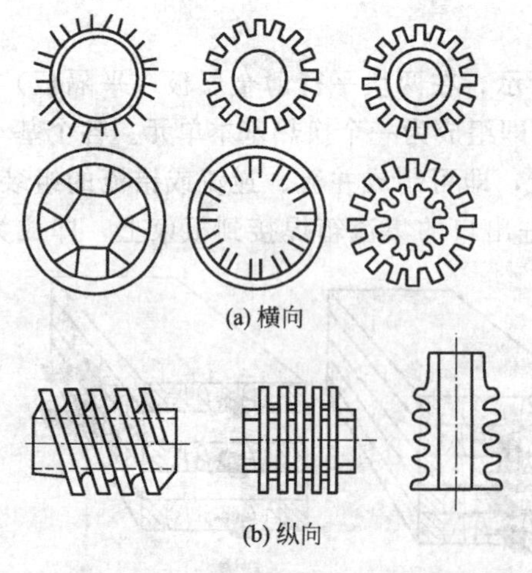

图 2-34 翅片管换热器的翅片形状

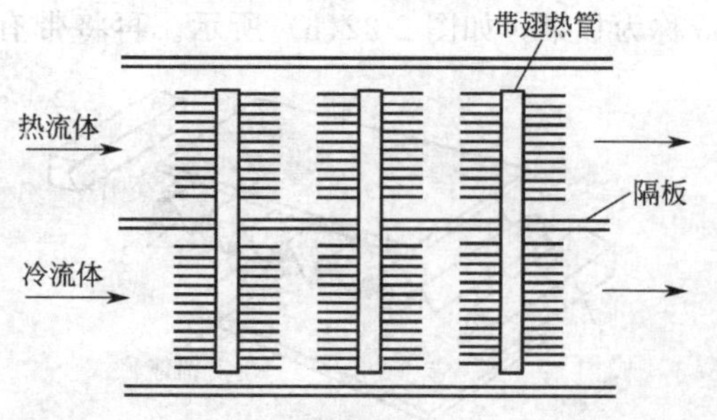

图 2-35 热管式换热器

热管是一种新型传热元件，它是在一根金属管内抽除不凝性气体，并充以定量的某种工作液体，然后封闭而成。如图2-36所示，当热管蒸发段受热时，工作液体吸热沸腾，产生的蒸气流至热管冷凝段，遇冷凝结放出潜热，冷凝液回到热端，再次沸腾汽化。如此反复循环进行，热量则不断地由热端传至冷端。冷凝液的回流可以通过毛细管作用、重力或离心力实现。

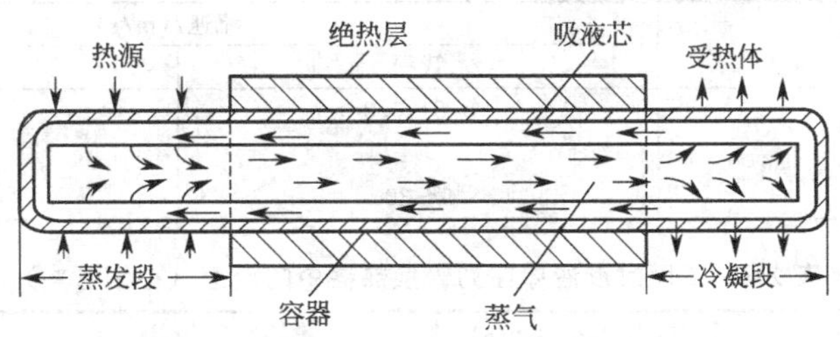

图 2-36 热管工作原理图

由于沸腾和冷凝的传热系数都很大，热管换热器的传热能力很强。此外，热管换热器还具有结构简单、应用范围广等优点，可用于气-气、气-液和液-液间的换热过程。目前广泛用于烟道气废热的回收利用，取得了很好的节能效果。

2.6.3 列管式换热器的设计和选型

列管式换热器设计和选型的核心是计算换热器的传热面积，进而确定换热器的其他尺寸或选择换热器的型号。

由总传热速率方程式可知，为计算所需传热面积，必须先确定总传热系数 K 和平均温度差 Δt_m。因为 K 和 Δt_m 与很多因素有关，所以换热器设计和选型需要考虑许多问题。

2.6.3.1 列管式换热器设计和选型中的相关问题

(1) 流体流动通道的选择

换热器中，流体走管程还是壳程的问题，受多方面因素的制约，可考虑以下几点作为选择的一般原则。

① 不洁净或易结垢的液体宜走管程，因管内清洗方便，但当管束可以拆出清洗时，也可走壳程。

② 腐蚀性流体宜走管程，以免管束和壳体同时受到腐蚀。

③ 压力高的流体宜走管程，以免壳体承受压力。

④ 有毒或易污染的流体宜走管程，以减少泄漏。

⑤ 需要提高流速以增大其对流传热系数的流体宜走管程，因为管程截面积一般比壳程截面积小，并且易于采用多管程增大流速。

⑥ 饱和蒸汽宜走壳程，便于及时排出冷凝液，并且饱和蒸汽比较清洁，一般不需清洗。

⑦ 被冷却的流体宜走壳程，便于散热。

⑧ 黏度大或流量小的流体宜走壳程，因有折流挡板的作用，在低 Re($Re>100$) 下即可达到湍流，以提高对流传热系数。

以上各项原则往往不能兼顾，应根据具体情况抓住主要方面，做出适当的决定。

(2) 流体流速的选择

提高流体在换热器中的流速，将增大对流传热系数，降低污垢热阻，使总传热系数增大，从而减小换热器的传热面积，但流速增大，又使流体流动阻力增大，增加动力消耗，因此充分利用工艺上允许的压力降来选择适宜的流速是十分重要的。同时，流速的选择还要考虑换热器结构上的要求。

在设计换热器时，常先选取经验流速，表 2-7 及表 2-8 列出了工业上常用的流速范围，以供参考。

表 2-7 列管换热器内常用的流速范围

流体种类	流速/(m/s)	
	管程	壳程
一般液体	0.5～3.0	0.2～1.5
宜结垢液体	>1	>0.5
气体	5～30	3～15

表 2-8 不同黏度液体在列管换热器中的流速（在钢管中）

液体黏度/mPa·s	最大流速/(m/s)	液体黏度/mPa·s	最大流速/(m/s)
>1500	0.6	100～35	1.5
1500～500	0.75	35～1	1.8
500～100	1.1	<1	2.4

(3) 换热管的规格及排列方式

我国目前使用的列管式换热器系列标准中仅有 ϕ19mm×2mm 和 ϕ25mm×2.5mm 两种规格的管子。对于洁净流体，管子直径可取小些，这样单位体积设备的传热面积就能大些。对于易结垢、黏度较大的流体，可采用较大的管径，以便清洗或避免堵塞。

管长的选择以清洗方便及合理使用管材为原则。我国生产的标准钢管长度为 6m，故系列标准中管长有 1.5m、2m、3m 和 6m 四种，其中以 3m 和 6m 更为常见。此外管长 L 和壳径 D 的比例应适当，一般 L/D 为 4～6。

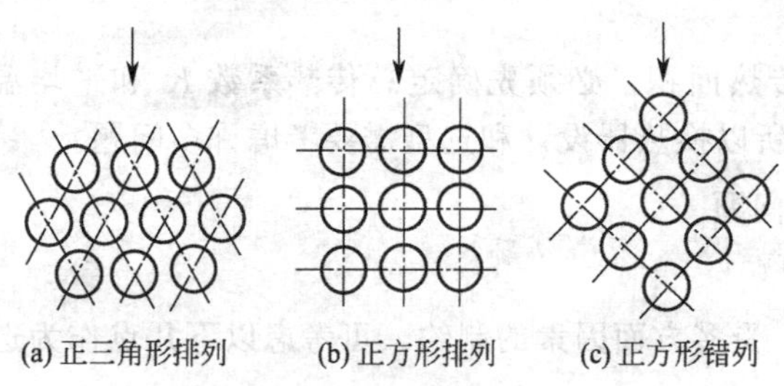

图 2-37 管子在管板上的排列

管子在管板上的排列方式常用的有正三角形、正方形直列和正方形错列，如图 2-37 所示。正三角形排列较紧凑，管板强度高，管外流体扰动较大，因而传热效果好，但管外清洗困难。正方形直列排列时，管外清洗方便，适用于壳程流体易结垢的情况，但其传热效果比正三角形排列差。正方形错列的情况则介于两者之间。

(4) 管程数与壳程数的确定

采用多管程可以提高管内流体的流速，增大管程的对流传热系数。但管程数过多，会导致管程流动阻力增大、平均温度差降低、管板上可利用的面积减小等问题，设计时应综合考虑。列管式换热器系列标准中管程数有 1、2、4、6 程四种。采用多管程，一般应使每程的管数相等。管程数 N_p 可用下式计算：

$$N_p = \frac{u}{u'} \tag{2-67}$$

式中 u——管程内流体的适宜流速，m/s；

u'——管程内流体的实际流速，m/s。

当温差校正系数 $\varphi<0.8$ 时，可采用多壳程。由于壳程隔板在安装和检修上的困难，一般采用几个换热器串联使用来代替多壳程。

(5) 折流挡板

安装折流挡板的目的是提高壳程对流传热系数。折流挡板的形式较多（见图 2-8），为取得良好的传热效果，挡板的形状和间距必须适当。

对常用的圆缺形挡板而言，弓形缺口的大小对壳程流体的流动有重要影响。通常切去的弓形高度为外壳内径的10%～40%，常用的有20%和25%两种。弓形缺口太大或太小都不利于传热。

挡板的间距对壳程流体的流动亦有重要的影响。间距太大，不能保证流体垂直流过管束，使管外对流传热系数下降；间距太小，不便于制造和检修，阻力损失亦大。一般取相邻两挡板间距为外壳内径的0.2～1.0倍。

(6) 外壳直径的确定

换热器壳体的内径应等于或稍大于管板的直径。在初步设计时，一般可参考系列标准或通过估算初选外壳直径，待全部设计完成后，再用作图法绘出管子的排列图。为使管子排列均匀，防止流体“短路”，可适当增减管子。初步设计中，估算壳体内径的公式为：

$$D=t(n_c-1)+2b' \tag{2-68}$$

式中 D——壳体内径，m；

t——管中心距，m；

b'——管束中心线上最外层管的中心至壳体内壁的距离，一般取 $b'=(1\sim1.5)d_o$，m；

n_c——位于管束中心线上的管数。

n_c 可由以下公式估算：

管子按正三角形排列 $$n_c=1.1\sqrt{n} \tag{2-69}$$

管子按正方形排列 $$n_c=1.19\sqrt{n} \tag{2-70}$$

式中 n——换热器的总管数。

按上述方法计算得到的外壳内径应按标准系列中的尺寸圆整，标准尺寸见表2-9。

表 2-9 壳体标准尺寸

壳体外径/mm	325	400	500	600	700	800	900	1000	1100	1200
最小壁厚/mm	8	10				12			14	

(7) 流体流经换热器阻力损失（压力降）的计算

列管式换热器中阻力损失的计算包括管程和壳程两个方面。

① 管程阻力损失 管程总阻力损失 Δp_t 应为各程直管阻力损失 Δp_i 与回弯及进出口等局部阻力损失 Δp_r 之和。因此，管程总阻力损失的计算公式为

$$\Delta p_t=(\Delta p_i+\Delta p_r)F_tN_sN_p \tag{2-71}$$

式中 F_t——管程结垢校正系数，对于 ϕ25mm×2.5mm 的管子，$F_t=1.4$，对于 ϕ19mm×2mm 的管子，$F_t=1.5$；

N_p——管程数；

N_s——壳程数。

其中，直管阻力损失 Δp_i 可用下式计算

$$\Delta p_i=\lambda\frac{l}{d}\frac{\rho u^2}{2} \tag{2-72}$$

式中 d，l——管子内径和每根管的长度，m。

回弯及进出口等处局部阻力损失 Δp_r 可用下式估算

$$\Delta p_r=\frac{3}{2}\rho u^2 \tag{2-73}$$

② 壳程阻力损失　计算壳程阻力损失 Δp_s 的公式很多，用不同公式计算的结果颇有出入，下面介绍常用的埃索法计算公式

$$\Delta p_s=(\Delta p_1+\Delta p_2)F_sN_s \tag{2-74}$$

式中　Δp_1——流体横向通过管束的阻力损失，Pa；

Δp_2——流体通过折流挡板缺口的阻力损失，Pa；

F_s——壳程结垢校正系数，对于液体，$F_s=1.15$，对于气体或蒸汽，$F_s=1.0$。

其中

$$\Delta p_1=Ff_on_c(N_B+1)\frac{\rho_ou_o^2}{2} \tag{2-75}$$

$$\Delta p_2=N_B\left(3.5-\frac{2h}{D}\right)\frac{\rho_ou_o^2}{2} \tag{2-76}$$

式中　F——管子排列方式校正系数，对于正三角形排列，$F=0.5$，正方形斜转 45°排列，$F=0.4$，正方形直列，$F=0.3$；

f_o——壳程流体的摩擦系数，当 $Re_o>500$ 时，$f_o=\frac{5.0}{Re_o^{0.228}}$，其中，$Re_o=\frac{\rho_ou_od_o}{\mu_o}$；

n_c——位于管束中心线上的管数，由式(2-69) 或式(2-70) 计算；

N_B——折流挡板数；

ρ_o——壳程流体的密度，kg/m^3；

u_o——按壳程最大流动截面积 A_o 计算的流速，m/s，其中，$A_o=h(D-n_cd_o)$；

d_o——管子外径，m；

μ_o——壳程流体的黏度，Pa·s；

h——折流挡板间距，m。

2.6.3.2　列管式换热器的选型和设计计算步骤

(1) *初选换热器的型号*

① 根据工艺任务，计算热负荷；

② 计算平均温度差，先按单壳程多管程计算，如果温度校正系数 $\varphi<0.8$，应增加壳程数；

③ 依据经验选取总传热系数，估算传热面积；

④ 根据两流体的温度差和设计要求，确定换热器的类型；

⑤ 确定流体在换热器中的流动途径；

⑥ 选定管程流体流速，由流速和流量估算单管程的管数，由管数和估算的传热面积估算管子长度，再由系列标准初选适当型号的换热器。

(2) *计算管、壳程阻力损失*

根据初选的换热器型号，计算管、壳程的阻力损失，检查计算结果是否合理或满足工艺要求。若不符合要求，需调整管程数和折流挡板间距，或选择另一型号的换热器，重新计算管、壳程阻力损失，直到满足要求为止。

(3) *核算总传热系数和传热面积*

分别计算管程和壳程的对流传热系数，确定污垢热阻，计算总传热系数和传热面积，并与选定的换热器传热面积相比，应有10%～25%的裕量。否则，需另选合适的换热器，重新进行核算，直至符合要求。

【例 2-13】　用柴油将原油从 70℃ 预热到 110℃，原油处理量为 45000kg/h，柴油从

180℃降至130℃。管程、壳程的阻力损失均不超过30kPa，忽略热损失。试选用适当型号的列管式换热器。

解 原油的定性温度为$\frac{70+110}{2}=90℃$，查附录3，得$\rho_c=815\text{kg/m}^3$，$c_{p,c}=2.2\text{kJ/(kg·℃)}$，$\lambda_c=0.128\text{W/(m·℃)}$，$\mu_c=6.65\text{mPa·s}$。

柴油的定性温度为$\frac{130+180}{2}=155℃$，查附录3，得：$\rho_h=715\text{kg/m}^3$，$c_{p,h}=2.48\text{kJ/(kg·℃)}$，$\lambda_h=0.133\text{W/(m·℃)}$，$\mu_h=0.64\text{mPa·s}$。

(1) 计算热负荷　按原油加热所需热量来计算

$$Q=m_{s,c}c_{p,c}(t_2-t_1)=\frac{45000}{3600}\times2.2\times10^3\times(110-70)=1.1\times10^6(\text{W})$$

柴油的流量可由热量衡算式求得，即

$$m_{s,h}=\frac{Q}{c_{p,h}(T_2-T_1)}=\frac{1.1\times10^6}{2.48\times10^3\times(180-130)}=8.87(\text{kg/s})$$

(2) 计算平均温度差，先按单壳程、多管程计算

逆流时的平均温度差为：

柴油　　$T_1(180℃)\rightarrow T_2(130℃)$

原油　　$t_2(110℃)\leftarrow t_1(70℃)$

$$\Delta t_1=T_1-t_2=180℃-110℃=70℃$$

$$\Delta t_2=T_2-t_1=130℃-70℃=60℃$$

$$\Delta t_{m,逆}=\frac{\Delta t_1-\Delta t_2}{\ln\frac{\Delta t_1}{\Delta t_2}}=\frac{70-60}{\ln\frac{70}{60}}=64.87℃$$

而

$$P=\frac{t_2-t_1}{T_1-t_1}=\frac{110-70}{180-70}=0.36$$

$$R=\frac{T_1-T_2}{t_2-t_1}=\frac{180-130}{110-70}=1.25$$

由P、R值，查图2-18，得：$\varphi=0.91$，符合要求，则

$$\Delta t_m=\varphi\Delta t_{m,逆}=0.91\times64.87=59(℃)$$

(3) 计算传热面积　查表2-4，取$K=250\text{W/(m·℃)}$，则所需传热面积为

$$A_估=\frac{Q}{K\Delta t_m}=\frac{1.1\times10^6}{250\times59}=74.58(\text{m}^2)$$

(4) 初选换热器型号　由于两流体间温差>50℃，故选用浮头式列管换热器；为充分利用柴油的热量，且原油黏度较大，故选择柴油走管程，原油走壳程。

查表2-8，因为柴油的黏度小于1mPa·s，所以管内柴油的流速可取为$u_i=1.0\text{m/s}$；选$\phi25\text{mm}\times2.5\text{mm}$的换热管，其内径为0.02m，则单程管子数$n'$为

$$n'=\frac{m_{s,h}}{\rho_h\times u_i\times\frac{\pi}{4}d_i^2}=\frac{8.87}{715\times1.0\times\frac{\pi}{4}\times0.02^2}=40(根)$$

由$A_估=n'\pi d_o l=74.58\text{m}^2$，得单程管长

$$l=\frac{A_估}{n'\pi d_o}=\frac{74.58}{40\times3.14\times0.025}=23.75(\text{m})$$

若选用6m长的管子，4管程，则查附录25中浮头式换热器的系列标准，初选换热器型号为F_B-600Ⅳ-2.5-90，其主要参数如下表所示：

项　目	数　据	项　目	数　据
壳径$D(DN)$	600mm	管子尺寸	ϕ25mm×2.5mm
管程数N_p	4	管长l	6m
管子总数	188	管子排列方式	正方形斜转45°
中心排管数	10	管心距	32mm
管程流通面积	0.0148m²	传热面积A	86.9m²

(5) 核算管、壳程阻力损失

① 管程总阻力损失

管内柴油的流速　$u_i=\dfrac{m_{s,h}}{\rho_h A_i}=\dfrac{8.87}{715\times 0.0148}=0.838(\text{m/s})$

$$Re_i=\frac{\rho_h u_i d}{\mu_h}=\frac{715\times 0.838\times 0.020}{0.64\times 10^{-3}}=18724$$

取管壁粗糙度为0.1mm，则相对粗糙度$\dfrac{\varepsilon}{d}=\dfrac{0.1}{20}=0.005$，查图1-8，得：$\lambda_i=0.031$

管程直管阻力损失　$\Delta p_i=\lambda_i\dfrac{l}{d_i}\dfrac{\rho u_i^2}{2}=0.031\times\dfrac{6}{0.02}\times\dfrac{715\times 0.838^2}{2}=2334.79(\text{Pa})$

管程局部阻力损失$\Delta p_r=\dfrac{3}{2}\rho u_i^2=\dfrac{3}{2}\times 715\times 0.838^2=753.16(\text{Pa})$

管程总阻力损失：

$$\begin{aligned}\Delta p_t&=(\Delta p_i+\Delta p_r)F_t N_s N_p\\&=(2334.79+753.16)\times 1.4\times 1\times 4\\&=17.29\text{kPa}<30\text{kPa}\end{aligned}$$

② 壳程总阻力损失　因为管子排列方式为正方形错列，所以$F=0.4$，中心排管数$n_c=1.19\sqrt{n}=1.19\sqrt{188}\approx 16$

取折流挡板间距$h=0.2$m，则

壳程流通面积　$A_o=h(D-n_c d_o)=0.2\times(0.6-16\times 0.025)=0.04(\text{m}^2)$

壳程原油的流速：$u_o=\dfrac{m_{s,c}}{\rho_c A_o}=\dfrac{45000}{3600\times 815\times 0.04}=0.383(\text{m/s})$

$$Re_o=\frac{\rho_c u_o d_o}{\mu_o}=\frac{815\times 0.383\times 0.025}{6.65\times 10^{-3}}=1173>500$$

壳程流体的摩擦系数　$f_o=\dfrac{5.0}{Re_o^{0.228}}=\dfrac{5.0}{1173^{0.228}}=0.998$

折流挡板数　$N_B=\dfrac{l}{h}-1=\dfrac{6}{0.2}-1=29$

流体横向通过管束的阻力损失：

$$\begin{aligned}\Delta p_1&=Ff_o n_c(N_B+1)\frac{\rho_o u_o^2}{2}\\&=0.4\times 0.998\times 16\times(29+1)\times\frac{815\times 0.383^2}{2}\\&=11454\text{Pa}\end{aligned}$$

流体通过折流挡板缺口的阻力损失：

$$\begin{aligned}\Delta p_2&=N_B\left(3.5-\frac{2h}{D}\right)\frac{\rho_o u_o^2}{2}\\&=29\times\left(3.5-\frac{2\times0.2}{0.6}\right)\frac{815\times0.383^2}{2}\\&=4912(\text{Pa})\end{aligned}$$

壳程总阻力损失：

$$\begin{aligned}\Delta p_s&=(\Delta p_1+\Delta p_2)F_sN_s\\&=(11454+4912)\times1.15\times1\\&=18.8\text{kPa}<30\text{kPa}\end{aligned}$$

计算结果表明，管程及壳程的阻力损失均符合要求。

(6) 核算总传热系数和传热面积

① 管程对流传热系数

$$Re_i=18724>10000$$

$$Pr_i=\frac{c_{p,h}\mu_h}{\lambda_h}=\frac{2.48\times10^3\times0.64\times10^{-3}}{0.133}=11.93$$

$$\begin{aligned}\alpha_i&=0.023\frac{\lambda_h}{d_i}Re_i^{0.8}Pr_i^{0.3}\\&=0.023\times\frac{0.133}{0.020}\times18724^{0.8}\times11.93^{0.3}\\&=842.29[\text{W/(m}^2\cdot℃)]\end{aligned}$$

② 壳程对流传热系数 壳程流体流过的最大截面积 A 为：

$$A_{max}=hD\left(1-\frac{d_0}{t}\right)=0.2\times0.6\times\left(1-\frac{25}{32}\right)=0.0263(\text{m}^2)$$

此处原油流速为 $u_o'=\dfrac{m_{s,c}}{\rho_c A_{max}}=\dfrac{45000}{3600\times815\times0.0263}=0.583(\text{m/s})$

管子排列方式为正方形错列，当量直径为

$$d_e=\frac{4\left(t^2-\frac{\pi}{4}d_o^2\right)}{\pi d_o}=\frac{4\times\left(0.032^2-\frac{\pi}{4}\times0.025^2\right)}{\pi\times0.025}=0.027(\text{m})$$

$$Re_o'=\frac{\rho_c u_o' d_e}{\mu_c}=\frac{815\times0.583\times0.027}{6.65\times10^{-3}}=1929$$

$$Pr_o=\frac{c_{p,c}\mu_c}{\lambda_c}=\frac{2.2\times10^3\times6.65\times10^{-3}}{0.128}=114.30$$

因为原油被加热，取 $\left(\dfrac{\mu}{\mu_w}\right)^{0.14}=1.05$，则

$$\begin{aligned}\alpha_o&=0.36\frac{\lambda_c}{d_e}Re_o'^{0.55}Pr_o^{\frac{1}{3}}\left(\frac{\mu}{\mu_w}\right)^{0.14}\\&=0.36\times\frac{0.128}{0.027}\times1929^{0.55}\times114.30^{\frac{1}{3}}\times1.05\\&=557.55[\text{W/(m}^2\cdot℃)]\end{aligned}$$

③ 总传热系数 查附录8，取污垢热阻 $R_{so}=R_{si}=3.5\times10^{-4}$ (m$^2\cdot$℃) /W，则

$$K_{计}=\frac{1}{\frac{1}{\alpha_o}+R_{so}+\frac{b}{\lambda}\times\frac{d_o}{d_m}+\frac{1}{\alpha_i}\times\frac{d_o}{d_i}+R_{si}\times\frac{d_o}{d_i}}$$

$$=\frac{1}{\frac{1}{557.55}+3.5\times10^{-4}+\frac{0.0025}{45}\times\frac{0.025}{0.0225}+\frac{1}{842.29}\times\frac{0.025}{0.02}+3.5\times10^{-4}\times\frac{0.025}{0.02}}$$

$$=242[\mathrm{W/(m^2\cdot ℃)}]$$

④ 计算所需传热面积

$$A_{计}=\frac{Q}{K_{计}\ \Delta t_m}=\frac{1.1\times10^6}{242\times59}=77.04(\mathrm{m^2})$$

$$\frac{A_{选}-A_{计}}{A_{计}}=\frac{86.9-77.04}{77.04}\times100\%=12.8\%$$

由以上计算结果可以看出，选择型号为 F_B-600Ⅳ-2.5-90 的换热器是合适的。

2.6.4 传热过程的强化

换热器传热过程的强化，就是采取措施提高传热速率，力求用较少的传热面积或较小体积的设备来完成同样的传热任务。由总传热速率方程 $Q=KA\Delta t_m$ 可以看出，增大总传热系数 K、传热面积 A 或平均温度差 Δt_m 均可提高传热速率 Q。

2.6.4.1 增大总传热系数 *K*

增大总传热系数是强化传热的有效途径。总传热系数的计算公式为：

$$K_o=\frac{1}{\frac{1}{\alpha_o}+R_{so}+\frac{b}{\lambda}\times\frac{d_o}{d_m}+\frac{1}{\alpha_i}\times\frac{d_o}{d_i}+R_{si}\times\frac{d_o}{d_i}} \tag{2-49}$$

由上式可知，欲提高总传热系数，就要设法减小热阻。但不同传热过程中，各部分热阻所占比重不同，要有效地增大 K 值，应设法减小对其起决定作用的热阻。一般来说，管壁热阻很小；不会成为主要热阻。污垢热阻是可变因素，在换热器使用初期，污垢热阻很小；但随着使用时间的加长，垢层逐渐增厚，可能成为主要热阻，此时应考虑清除垢层。同时，流体的对流传热热阻经常是传热过程的主要热阻，减小对流传热热阻的主要途径是减小层流底层的厚度，主要采用以下方法达到此目的。

① 提高流体的流速　通过在列管式换热器中增加管程数和壳程的挡板数，可分别提高管程流体和壳程流体的流速，加剧流体的湍动程度，减小传热边界层中层流底层的厚度，从而减小对流传热热阻。

② 增强流体的扰动　通过在列管式换热器中采用各种异形管或在管内加装麻花铁、螺旋圈或金属卷片等添加物，或改变传热面的性质、增加壁面的粗糙度，均可改变流体流动方向，增强流体的扰动，使层流底层减薄，从而减小对流传热热阻。

2.6.4.2 增大单位体积的传热面积 *A/V*

应从改进传热面的结构入手，提高单位体积的传热面积。工业上已成功使用了多种新型高效传热面，不仅充分扩展了传热面，还增加了流体的湍动程度，常见的有在管外加装翅片的翅片管，常用于对流传热系数 α 较小的流体侧的传热面。此外，还有波纹管、螺纹管等高效强化传热管。

2.6.4.3 增大传热平均温度差 Δt_m

平均温度差的大小主要取决于两流体的温度条件及其在换热器中的流动形式。一般来说，物料的温度是由生产工艺条件决定的，不能随意变动。而加热介质或冷却介质可根据Δt_m的需要进行选择。例如，采用饱和水蒸气作为加热介质，若提高蒸汽的压力，即可提高蒸汽的温度，从而提高平均温度差。但提高介质的温度必须考虑技术上的可行性和经济上的合理性。而当两侧流体为变温传热的情况下，在设备结构上应尽量保证逆流或接近逆流操作，以获得较大的平均温度差。

习题

1. 红砖平壁厚度为460mm，内侧温度为200℃，外侧温度为30℃，已知红砖的平均热导率为0.57W/(m·℃)。试求：(1) 该平壁的导热热通量；(2) 距离内侧300mm处的温度。

2. 一燃烧炉的炉壁由三种材料依次构成：

耐火砖：$b_1=200$mm，$\lambda_1=1.2$W/(m·℃)

绝热砖：$b_2=130$mm，$\lambda_2=0.15$W/(m·℃)

普通砖：$b_3=200$mm，$\lambda_3=0.85$W/(m·℃)

已知耐火砖内侧温度为900℃，耐火砖与绝热砖接触处温度为840℃，而绝热砖与普通砖接触处温度不超过260℃，试求：(1) 绝热层需几块绝热砖？(2) 此时普通砖外侧的温度为多少？(3) 各材料层的温差分布。

3. 有一ϕ60mm×3mm的钢管，外包一层厚度为40mm的软木后，又包一层100mm厚的保温灰，以作绝热层。软木和保温灰的热导率分别为0.04W/(m·℃)和0.07W/(m·℃)，已知钢管外壁面温度为－120℃，保温灰外表面的温度为10℃。求(1) 每米管长的冷量损失；(2) 若将两种保温材料互换，互换后保温灰外侧的温度仍为10℃，则此时每米管长的冷量损失为多少？

4. 水以1.2m/s的流速在直径为ϕ25mm×2.5mm、长为3m的钢管内流动，由20℃加热至40℃，求管壁与水之间的对流传热系数。

5. 空气以4m/s的流速在内径为68mm、长为5m的钢管内流动，由30℃加热至66℃，求(1) 空气与管壁之间的对流传热系数；(2) 若空气流速增加一倍，其他条件不变，空气与管壁之间的对流传热系数为多少？

6. 原油在内径为78mm、长为6m的钢管内流过并被加热，流速为0.6m/s，原油的平均温度为40℃，此时原油密度为800kg/m^3，比热容为2.0kJ/(kg·℃)，热导率为0.15W/(m·℃)，黏度为26cP，体积膨胀系数为0.0011℃$^{-1}$，管内壁温度为150℃，原油在此温度下的黏度为3cP，求原油在管内的对流传热系数。

7. 甲苯溶液在蛇管冷却器中由70℃冷却至30℃，蛇管由3根直径为ϕ45mm×2.5mm的钢管并联而成，弯曲半径为0.6m，甲苯的体积流量为3m^3/h，试求甲苯对蛇管的对流传热系数。

8. 常压下，温度为120℃的甲烷以10m/s的流速在列管换热器的壳程沿管长方向流动，出口温度为30℃，列管换热器的外壳内径为190mm，内有37根直径为ϕ19mm×2mm的钢管组成的管束，试求甲烷对钢管外表面的对流传热系数。

9. 温度为100℃的饱和水蒸气在外径为40mm、长为2m单根管外冷凝。管外壁温度为95℃，试求：(1) 管子垂直放置时，每小时的蒸汽冷凝量；(2) 管子水平放置时，每小时的蒸汽冷凝量。

10. 在列管换热器中用冷水冷却原油。水在 ϕ19mm×2mm 的管内流动，原油在管外流动。管内水侧对流传热系数为 3490W/(m²·℃)，管外油侧对流传热系数为 258W/(m²·℃)，水侧污垢热阻为 0.00026(m²·℃)/W，油侧污垢热阻为 0.00018(m²·℃)/W，求基于管外表面积的总传热系数及各部分热阻的分配。

11. 一换热器中，冷流体由 20℃ 升至 50℃，热流体由 100℃ 降至 60℃，分别计算并流和逆流操作时的平均温度差。

12. 在单壳程双管程的列管式换热器中，水在管程流动，由 20℃ 升至 50℃，油在壳程流动，由 120℃ 降至 60℃，试计算两种流体间的平均温度差。

13. 在列管换热器中用冷水将某有机溶剂由 80℃ 降至 40℃。有机溶剂流量为 3800kg/h，比热容为 2.45kJ/(kg·℃)，冷却水由 20℃ 升至 38℃，比热容为 4.17kJ/(kg·℃)，两流体呈逆流流动。(1) 求冷却水用量；(2) 若冷却水用量增加 50%，求冷却水出口温度。

14. 在换热器中用冷水将热油从 130℃ 冷却至 70℃，两流体呈逆流流动。在冬季冷却水进入换热器时的温度为 15℃，出换热器时的温度仍为 75℃。到了夏季，冷却水进口温度升至 30℃，出换热器时的温度仍为 75℃。已知油侧和水侧的对流传热系数分别为 1500W/(m²·℃) 及 3500W/(m²·℃)，热油流量及其进口温度不变，要保证热油出口温度不变，求冷却水流量应增加多少？(假设流体在换热器内呈湍流状态，忽略污垢热阻和管壁热阻)

15. 一套管式换热器，内管为 ϕ180mm×10mm 的钢管。苯在管内流动，流量为 3000kg/h，进、出口温度分别为 90℃和 40℃，比热容为 1.84kJ/(kg·℃)。水在环隙流动，进、出口温度分别为 15℃和 30℃，总传热系数为 1000W/(m²·℃)。分别计算并流和逆流操作时所需的管长。

16. 某单程列管换热器，内有 38 根直径为 ϕ25mm×2.5mm、长为 4.5m 的换热管，用来使 80℃ 的饱和苯蒸气冷凝、冷却至 50℃。饱和苯蒸气在壳程冷凝、冷却，流量为 4500kg/h，冷凝潜热为 395kJ/kg，苯冷凝、冷却时的对流传热系数分别为 1600W/(m²·℃) 及 850W/(m²·℃)。冷却水走管程与苯逆流流动，其温度由 10℃升至 32℃，管内水的对流传热系数为 2500W/(m²·℃)，已知水和苯（液体）的比热容分别为 4.18kJ/(kg·℃) 及 1.76kJ/(kg·℃)。忽略两侧的污垢热阻和管壁热阻。问此换热器是否合用？

17. 在列管换热器中用 300kPa 的饱和水蒸气将 20℃的水预热到 80℃。水在 ϕ25mm×2.5mm 的管内以 0.6m/s 的流速流过，水侧污垢热阻为 0.0006(m²·℃)/W，蒸汽侧冷凝的对流传热系数为 10000W/(m²·℃)，蒸汽侧污垢热阻和管壁热阻可忽略。(1) 求换热器总传热系数；(2) 换热器运行一年后，由于水侧污垢积累，出口水温只能升至 70℃，求此时的总传热系数及水侧的污垢热阻。(蒸气侧的对流传热系数可认为不变)

18. 用 108℃的饱和水蒸气将 20℃的常压空气预热到 85℃。空气在管内流过，流量为 8000kg/h，饱和水蒸气在壳程流过，冷凝传热系数为 10000W/(m²·℃)。今有一台单程列管式换热器，内有 300 根直径为 ϕ25mm×2.5mm、长为 2m 的钢管，忽略两侧的污垢热阻和管壁热阻，核算此换热器能否满足要求。

19. 两无限大平行平面进行辐射传热，两平面材料的黑度分别为 0.32 和 0.78。在两平面间放置一黑度为 0.04 的无限大抛光铝板以减少辐射传热量。若原两平面温度保持不变，试求插入铝板后，辐射传热量减少的百分数是多少？

20. 试计算在下列情况下，外径为 50mm、长为 10m 的氧化钢管，外壁温度为 250℃时的辐射热损失。(1) 在空间很大的车间内，四周是石灰粉刷的壁面，壁面温度为 27℃，黑度为0.91；(2) 截面为200mm×200mm的红砖砌成的通道内，通道壁温为20℃。

21. 水蒸气管道横穿室内，其保温层外径为70mm，外表面温度为55℃，黑度为0.9，室温为25℃，墙壁温度为20℃，试求每米管道的辐射热损失及对流热损失。

22. 在一列管式换热器中用某油品加热原油，油品走壳程。现有一单壳程、双管程列管式换热器，壳体内径为600mm，内有324根直径为ϕ19mm×2mm、长为3m的换热管，正方形排列，管心距为25.4mm；壳程装有缺口面积为25%的弓形挡板，挡板间距为230mm。试核算此换热器能否满足要求。操作条件及物性如下表所示。

流体名称	温度/℃		质量流量	比热容	密度	热导率	黏度
	入口	出口	/(kg/s)	/[kJ/(kg·℃)]	/(kg/m^3)	/[W/(m·℃)]	/Pa·s
原油	25	60	38	1.986	798	0.136	0.0029
油品	150	110	30	2.2	900	0.119	0.0052

23. 欲用水冷却某有机液体，试选用一适当型号的列管式换热器。操作条件及物性如下表所示。

流体名称	温度/℃		质量流量	比热容	密度	热导率	黏度
	入口	出口	/(kg/h)	/[kJ/(kg·℃)]	/(kg/m^3)	/[W/(m·℃)]	/Pa·s
有机液	65	50	40000	2.261	950	0.172	1×10^{-3}
水	25	t_2	20000	4.187	1000	0.621	7.42×10^{-4}

本章主要符号说明

符号	意义	单位	符号	意义	单位
A	传热面积	m^2	N	程数	
A	辐射吸收率		n	管子数	
a	温度系数	K^{-1}	p	压力	Pa
b	厚度	m	Q	传热速率(热流量)	W
b	润湿周边长度	m	Q	换热器的热负荷	W
C	辐射系数	W/(m^2·K^4)	q	热通量(热流密度)	W/m^2
c_p	定压比热容	kJ/(kg·K)	R	热阻	℃/W或m^3·℃/W
D	辐射透过率		R	辐射反射率	
D	换热器壳体内径	m	R	曲率半径	m
d	管径	m	R_s	污垢热阻	m^2·℃/W
E	辐射能力	W/m^2	r	半径	m
F/f	校正系数		r	汽化潜热	J/kg
g	重力加速度	m/s^2	S	截面积	m^2
G	质量流量	kg/s	T	热流体温度	℃或K
h	挡板间距	m	T	热力学温度	K
h	冷流体的焓	kJ/kg	t	冷流体温度	℃或K
H	热流体的焓	kJ/kg	Δt_m	平均温度差	℃或K
K	总传热系数	W/(m^2·K)	u	流速	m/s
l	特性尺寸		x,y,z	空间坐标	
l	长度	m	α	对流传热系数	W/(m^2·℃)
M	冷凝负荷	kg/(m·s)	β	体积膨胀系数	℃$^{-1}$或K^{-1}
m_s	流体的质量流量	kg/s	d	层流底层厚度	m

符号	意义	单位	符号	意义	单位
ε	黑度		ρ	密度	kg/m^3
θ	时间	s	σ_0	黑体辐射常数	$W/(m^2 \cdot K^4)$
λ	热导率	W/(m·℃)或W/(m·K)	φ	角系数	
μ	黏度	Pa·s	φ	温差校正系数	

第3章 吸收

3.1 概述

吸收是利用混合气体中各组分在某液体溶剂中溶解度的不同而实现组分分离的单元操作。吸收操作所用的溶剂称为吸收剂，用S表示；混合气体中，能显著溶解的组分称为溶质或吸收物质，用A表示；而几乎不溶的组分统称为惰性气体或载体，用B表示；吸收操作所得到的溶液称为吸收液，其成分为溶质A和溶剂S；排出的气体称为吸收尾气，其主要成分为惰性气体B，但仍含有少量未被吸收的溶质A。

吸收过程作为一种重要的分离手段，被广泛应用于化工、医药、冶金等生产过程，其应用目的有以下几种：

① 混合气的净化或精制　例如用碳酸钾水溶液去除合成氨工艺中的二氧化碳。

② 制备某种气体的溶液　例如用水吸收氯化氢制取盐酸。

③ 分离混合气体以获得一定的组分　例如用液态烃吸收石油裂解气中的乙烯和丙烯。

④ 工业废气的治理　例如除去工业尾气中的SO_2、H_2S、HF等有害气体成分，以保护大气环境。

3.1.1 吸收的分类

(1) 物理吸收与化学吸收

在吸收过程中，溶质与溶剂之间不发生显著的化学反应，主要利用溶解度的差异而实现分离的吸收操作称为物理吸收。例如用水吸收二氧化碳，用洗油吸收焦炉气中的苯等。如果在吸收过程中，溶质与溶剂发生显著的化学反应，则称为化学吸收。例如用硫酸吸收氨，碱液吸收二氧化碳等。

(2) 单组分吸收与多组分吸收

在吸收过程中，若混合气体中只有一个组分进入液相，其余组分不溶于吸收剂，则称之为单组分吸收；反之，若有两个或两个以上的组分进入液相，则称为多组分吸收。

(3) 等温吸收与非等温吸收

气体溶解于液体时，常由于溶解热或化学反应热而产生热效应，使液相的温度发生明显变化，这种吸收过程称为非等温吸收过程；若吸收过程的热效应很小，或溶质在气相中的含量低，吸收剂用量相对较大时，液相的温度变化不明显，则可称为等温吸收。

(4) 低浓度吸收与高浓度吸收

在吸收过程中，若溶质在气液两相中的摩尔分数均不超过0.1，则称为低浓度吸收；反之，若溶质在气液两相中的摩尔分数均大于0.1，则称为高浓度吸收。对于低浓度吸收，可认为气、液两相流经吸收塔的流率为常数，而此过程中产生的热效应很小，液相温度变化不明显，可视为等温吸收。

本章重点研究低浓度、单组分、等温的物理吸收过程。

3.1.2 吸收剂的选择

吸收是气体溶质在吸收剂中溶解的过程，因此，吸收剂性能的优劣往往是决定吸收效果的关键。选择吸收剂应注意以下几点。

① 溶解度　吸收剂对溶质应有较大的溶解度，可以提高吸收速率，减小设备尺寸，并减少吸收剂用量，从而大大降低输送和再生所消耗的能量。

② 选择性　吸收剂应对混合气体中的溶质有良好的吸收能力，而对其他组分不吸收或吸收甚微，从而实现混合气体的有效分离。

③ 挥发度　吸收剂应不易挥发，从而减少吸收剂的损失，并可避免在气体中引入新的杂质。

④ 黏度　吸收剂在操作温度下的黏度越低，其在塔内的流动阻力越小，且有助于传质速率的提高。

⑤ 其他　所选用的吸收剂黏度要低，要有较高的化学稳定性，应尽可能满足价廉、易得、易再生、无毒、不易燃易爆、腐蚀性小等要求。

3.1.3 吸收的流程

吸收通常在能够使气液两相密切接触的塔设备内进行。在工业生产中，为获得纯净的产品，并使吸收剂再生后循环使用，还需将溶质从吸收液中释放出来，这个过程称为解吸（脱吸）。一个完整的吸收流程包括吸收和解吸两个部分。

图 3-1 为洗油脱除煤气中粗苯的流程示意图。图中虚线左侧为吸收部分，含苯煤气进入吸收塔底部，塔内装有填料，煤气中的苯被塔顶喷淋而下的洗油吸收后，由塔顶送出，而溶解了大量苯系化合物的洗油（又称富油）由吸收塔底排出。为获取富油中的苯系化合物并回收洗油循环使用，将其送往虚线右侧的解吸部分。先将富油预热，然后送入解吸塔顶部喷淋而下，与塔底通入的过热蒸气逆流接触，则粗苯自富油中释放出来，并被水蒸气带出，经冷凝分层除

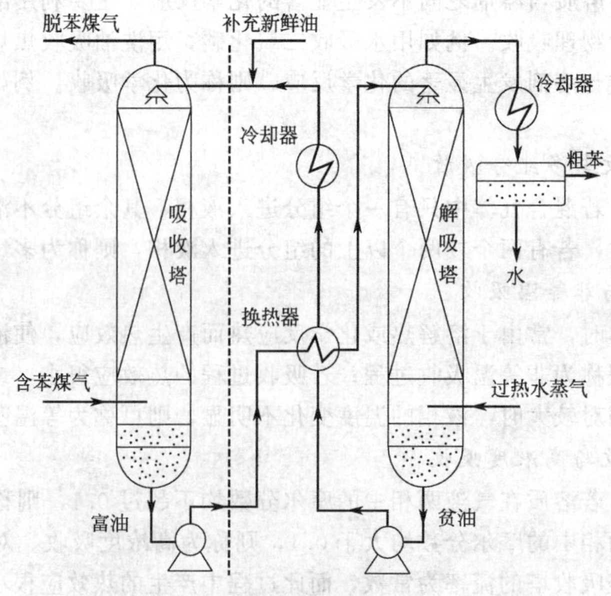

图 3-1　洗油脱除煤气中粗苯的流程示意图

水，即获得粗苯产品；脱除粗苯的洗油（又称贫油）经冷却后，再送回吸收塔循环使用。

3.2 吸收的气液相平衡

3.2.1 相组成的表示方法

3.2.1.1 质量分数与摩尔分数

质量分数是指混合物中某组分的质量占混合物总质量的分数。对于混合物中 A 组分，有

$$w_A=\frac{m_A}{m} \tag{3-1}$$

式中 w_A——组分 A 的质量分数；

m_A——混合物中组分 A 的质量，kg；

m——混合物总质量，kg。

若混合物中包含组分 A、B、C…N，则有

$$w_A+w_B+\cdots+w_N=1 \tag{3-2}$$

摩尔分数是指在混合物中某组分的物质的量占混合物总物质的量的分数。对于混合物中的 A 组分，有

气相：

$$y_A=\frac{n_A}{n} \tag{3-3}$$

液相：

$$x_A=\frac{n_A}{n} \tag{3-4}$$

式中 y_A，x_A——组分 A 在气相和液相中的摩尔分数；

n_A——液相或气相中组分 A 的物质的量，mol；

n——混合物总物质的量，mol。

若混合物中包含组分 A、B、C…N，则有

$$y_A+y_B+\cdots y_N=1 \tag{3-5}$$

$$x_A+x_B+\cdots x_N=1 \tag{3-6}$$

质量分数与摩尔分数的关系为

$$x_A=\frac{w_A/M_A}{w_A/M_A+w_B/M_B+\cdots+w_N/M_N} \tag{3-7}$$

式中 M_A，M_B——组分 A、B 的摩尔质量，kg/kmol。

3.2.1.2 质量比与摩尔比

质量比是指混合物中某组分 A 的质量与惰性组分 B（不参加传质的组分）的质量之比，其定义式为

$$\bar{a}_A=\frac{m_A}{m_B} \tag{3-8}$$

式中 $\bar{a}_A$——组分 A 的质量比。

摩尔比是指混合物中某组分 A 的物质的量与惰性组分 B（不参加传质的组分）的物质的量之比，其定义式为

气相：
$$Y_A=\frac{n_A}{n_B} \tag{3-9}$$

液相：
$$X_A=\frac{n_A}{n_B} \tag{3-10}$$

式中　Y_A，X_A——组分 A 在气相和液相中的摩尔比。

质量分数与质量比的关系为

$$w_A=\frac{\bar{a}_A}{1+\bar{a}_A} \tag{3-11}$$

或
$$\bar{a}_A=\frac{w_A}{1-w_A} \tag{3-12}$$

摩尔分数与摩尔比的关系为

$$x=\frac{X}{1+X},\ y=\frac{Y}{1+Y} \tag{3-13}$$

或
$$X=\frac{x}{1-x},\ Y=\frac{y}{1-y} \tag{3-14}$$

3.2.1.3　质量浓度与物质的量浓度

质量浓度是指单位体积混合物中某组分的质量。对于混合物中 A 组分，有

$$\rho_A=\frac{m_A}{V} \tag{3-15}$$

式中　ρ_A——组分 A 的质量浓度，kg/m^3；

V——混合物的体积，m^3。

物质的量浓度（简称浓度）是指单位体积混合物中某组分的物质的量，即

$$c_A=\frac{n_A}{V} \tag{3-16}$$

式中　c_A——组分 A 的物质的量浓度，$kmol/m^3$。

质量浓度与质量分数的关系为

$$\rho_A=w_A\rho \tag{3-17}$$

式中　ρ——混合物的密度，kg/m^3。

物质的量浓度与摩尔分数的关系为

$$c_A=x_Ac \tag{3-18}$$

式中　c——混合物的总物质的量浓度，$kmol/m^3$。

3.2.1.4　气体的总压与理想气体混合物中组分的分压

对于气体混合物，总浓度常用气体的总压 p 表示。在总压不太高时，混合气体可视为理想气体。若组分 A 的分压为 p_A，则有

$$p_A=py_A \tag{3-19}$$

摩尔比与分压之间的关系为

$$Y_A=\frac{p_A}{p-p_A} \tag{3-20}$$

物质的量浓度与分压之间的关系为

$$c_A=\frac{n_A}{V}=\frac{p_A}{RT} \tag{3-21}$$

【例 3-1】 在常压、298K 的吸收塔内，用水吸收混合气中的 SO_2。已知混合气体中含 SO_2 的体积分数为 20%，其余组分可看作惰性气体，出塔气体中含 SO_2 体积分数为 2%，试分别用摩尔分数、摩尔比和物质的量浓度表示出塔气体中 SO_2 的组成。

解 混合气可视为理想气体，以下标 2 表示出塔气体的状态。

$$y_2=0.02$$

$$Y_2=\frac{y_2}{1-y_2}=\frac{0.02}{1-0.02}\approx 0.02$$

$$\because \quad p_{A_2}=py_2=101.3\times 0.02=2.026(\text{kPa})$$

$$\therefore \quad c_{A2}=\frac{n_{A2}}{V}=\frac{p_{A2}}{RT}=\frac{2.026}{8.314\times 298}=8.018\times 10^{-4}(\text{kmol/m}^3)$$

3.2.2 亨利定律

3.2.2.1 气体在液体中的溶解度

在一定的温度和压力下，使一定量的吸收剂与混合气体接触，气相中的溶质便向液相溶剂中转移，直至液相中溶质组成达到饱和为止，此时气液两相达到平衡状态。此状态下气相中溶质的分压称为平衡分压，以 p_A^* 表示；液相中的溶质浓度称为平衡溶解度（简称溶解度），以 c_A^* 表示。

单组分物理吸收体系达到相平衡时，气体在液体中的溶解度 c_A^* 可表达为温度 T、总压 p、气相组成 p_A 的函数。通过实验得知，总压 p 不太高（一般不超过 5×10^5 Pa）时，对平衡的影响可以忽略。于是，在一定温度下，溶解度 c_A^* 只是气相组成 p_A 的函数，可写成 $c_A^*=f(p_A)$；同理，气液两相在一定温度下的平衡分压 p_A^* 也是液相组成 c_A 的函数，可写成 $p_A^*=f(c_A)$。上述两式即为吸收操作的气液两相平衡关系式。对于不同物系的具体函数形式，需通过实验确定。

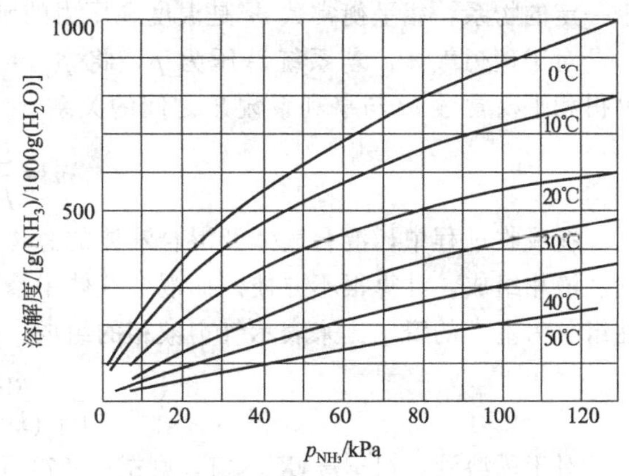

图 3-2 氨在水中的溶解度曲线

一定温度下，气液两相平衡时，溶质在气相中的分压与液相中浓度的关系曲线称为溶解度曲线。图 3-2 为不同温度下氨在水中的溶解度曲线。由图可知：对于同一种物质，在相同的气相分压下，溶解度随温度的升高而减小；在相同的温度下，溶解度随气相分压的升高而增大。因此，加压、降温可提高溶质的溶解度，有利于吸收操作；反之，减压、升温则有利于解吸操作。

3.2.2.2 亨利定律

当总压不太高时，在一定温度下，稀溶液上方气相中溶质的平衡分压与其在液相中的摩尔分数成正比，即

$$p_A^*=Ex_A \tag{3-22}$$

式中 p_A^*——溶质在气相中的平衡分压，kPa；

x_A——溶质在液相中的摩尔分数；

E——亨利系数，kPa。

式(3-22)称为亨利定律。式中的亨利系数 E 随物系变化，E 值愈小，表明同样气相分压下，溶质在液相中的摩尔分数愈大，即溶质的溶解度愈大，故易溶气体的 E 值小，难溶气体的 E 值大；对于一定的物系，亨利系数随温度变化，温度升高，E 值增大。某些气体在水中的亨利系数见附录 20。

由于气液两相组成可采用不同的表示方法，故亨利定律亦有不同的表达形式。

若溶质在气、液相中的组成分别以分压 p_A、物质的量浓度 c_A 表示，则亨利定律可写成

$$p_A^* = \frac{c_A}{H} \tag{3-23}$$

式中　H——溶解度系数，$kmol/(m^3 \cdot kPa)$。

H 也是物系与温度的函数。H 愈大，表明同样分压下，溶质在液相中的溶解度愈大；对于一定的溶质和溶剂，H 值随温度升高而减小。若液相的总物质的量浓度为 c，将 $c_A = x_A c$ 代入式(3-23)并与式(3-22)相比较，可得溶解度系数 H 与亨利系数 E 之间的关系

$$E = \frac{c}{H} \tag{3-24}$$

若溶质在气、液相中的组成分别以摩尔分率 y_A、x_A 表示，则亨利定律可写成

$$y_A^* = m x_A \tag{3-25}$$

式中　y_A^*——平衡时，溶质在气相中的摩尔分数；

m——相平衡常数。

m 值也可用来比较不同气体溶解度的大小，m 值越大，表明该气体的溶解度越小；对于一定的物系，相平衡常数 m 是温度和压力的函数，其值可由实验测得。

对于理想气体，若系统总压为 p，将 $p_A = p y_A$ 代入式(3-22)并与式(3-25)相比较，可得相平衡常数 m 与亨利系数 E 之间的关系

$$m = \frac{E}{p} \tag{3-26}$$

在吸收过程中，混合气体及混合液体的总物质的量是变化的，此时，若用摩尔分数表示气、液相组成，计算很不方便。而混合气体中惰性组分的物质的量是不变的，由此引入以惰性组分为基准的摩尔比来表示气、液相的组成。此时，亨利定律的表达式为：

$$Y_A^* = \frac{m X_A}{1 + (1-m) X_A} \tag{3-27}$$

对于稀溶液，$(1-m)X_A \ll 1$，则式(3-27)可简化为：

$$Y_A^* = m X_A \tag{3-28}$$

式(3-28)表明对于稀溶液，其平衡关系在 Y-X 图中可近似地表示成一条通过原点的直线，其斜率为 m。

亨利定律的各种表达式所描述的都是互成平衡的气液两相组成之间的关系。它们既可用来根据液相组成计算与之平衡的气相组成，也可用来根据气相组成计算与之平衡的液相组成。此时，亨利定律可写成

$$x_A^* = \frac{p_A}{E} \tag{3-22a}$$

$$c_A^* = H p_A \tag{3-23a}$$

$$x_A^* = \frac{y_A}{m} \tag{3-25a}$$

$$X_A^* = \frac{Y_A}{m} \tag{3-28a}$$

【例 3-2】 总压为101.325kPa、温度为20℃时，1000kg水中溶解15kg NH_3，此时溶液上方气相中NH_3的平衡分压为2.266kPa。试求此时的溶解度系数H、亨利系数E、相平衡常数m。

解 NH_3在气相和液相中的摩尔分数分别为

$$y_A^* = \frac{p_A^*}{p} = \frac{2.266}{101.325} = 0.0224$$

$$x_A = \frac{n_A}{n} = \frac{n_A}{n_A + n_B} = \frac{15/17}{15/17 + 1000/18} = 0.0156$$

$$m = \frac{y_A^*}{x_A} = \frac{0.0224}{0.0156} = 1.436$$

由式(3-22)，得

$$E = \frac{p_A^*}{x_A} = \frac{2.266}{0.0156} = 145.3(\text{kPa})$$

[或由式(3-26)，得 $E = mp = 101.325 \times 1.436 = 145.4(\text{kPa})$]

设溶剂水的密度为ρ_s，平均摩尔质量为M_s，则稀溶液的总浓度c可近似表示为

$$c \approx \frac{\rho_s}{M_s}$$

查附录10，得水的$\rho_s = 1000\text{kg/m}^3$，$M_s = 18\text{kg/kmol}$，则

$$H \approx \frac{\rho_s}{EM_s} = \frac{1000}{145.3 \times 18} = 0.382[\text{kmol}/(\text{m}^3 \cdot \text{kPa})]$$

3.2.3 相平衡关系在吸收过程中的应用

3.2.3.1 判断过程进行的方向

气液两相接触时，用气相或液相的实际组成与平衡时的组成相比较，即可判断出该过程是吸收还是解吸。假设溶质A在气相或液相的实际组成用y和x表示，与之平衡的液、气相组成分别为x^*和y^*，则当$y > y^*$或$x < x^*$时，溶质自气相转移至液相，发生吸收过程；反之，当$y < y^*$或$x > x^*$时，溶质自液相转移至气相，发生解吸过程。

3.2.3.2 确定过程的推动力

传质过程的推动力是指气相或液相的实际组成与平衡组成的偏离程度。实际组成与平衡组成的偏离程度越大，过程的推动力越大，其传质速率越大。如图3-3(b)所示，以气相组

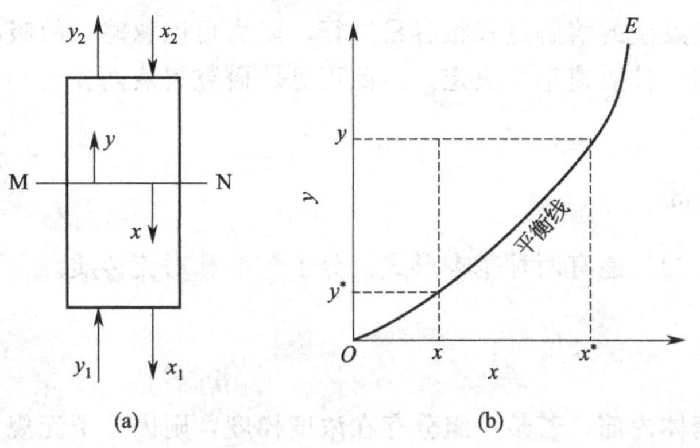

图3-3 吸收推动力示意图

成表示的推动力为 $\Delta y=y-y^*$，以液相组成表示的推动力为 $\Delta x=x^*-x$。

3.2.3.3 指明过程进行的极限

平衡状态是传质过程进行的极限。如图 3-3(a) 所示，在逆流吸收塔中，若混合气体进、出吸收塔的组成分别为 y_1 和 y_2，液相进、出吸收塔的组成分别为 x_2 和 x_1，则出塔气体的最低组成为 $y_{2,\min}=y_2^*=mx_2$；出塔吸收液的最高组成为 $x_{1,\max}=x_1^*=\dfrac{y_1}{m}$。

【例 3-3】 总压 202.6kPa，温度 30℃的条件下，含 SO_2 为 30%（体积分数）的气体与含 SO_2 为 0.01（摩尔分数）的水溶液相接触，问：(1) 会发生吸收还是解吸？(2) 以液相摩尔分数差及气相摩尔分数差表示的传质推动力是多少？(3) 可采取哪些措施改变其传质方向？

解　(1) 查附录 3，得温度为 30℃时，SO_2 在水中的亨利系数 $E=4850\text{kPa}$

$$m=\frac{E}{p}=\frac{4850}{202.6}=23.94$$

达到平衡时，$y^*=mx=23.94\times0.01=0.24<y=0.3$

故 SO_2 必然从气相转移到液相，进行吸收。

(2) 以气相摩尔分数差表示的传质推动力为

$$\Delta y=y-y^*=0.3-0.24=0.06$$

而达到平衡时，$x^*=\dfrac{y}{m}=\dfrac{0.3}{23.94}=0.0125$

则以液相摩尔分数表示的传质推动力为

$$\Delta x=x^*-x=0.0125-0.01=0.0025$$

(3) 若要改变其传质方向，可采取的措施：提高操作温度，以提高气相中溶质的平衡组成 y^*；或降低操作压力，以降低气相中溶质的实际组成 y。

3.3 吸收传质机理与吸收速率方程

吸收是溶质由气相向液相转移的相际传质过程，该过程包括以下三个步骤。

① 溶质由气相主体向相界面传递，即在单一相（气相）内传递物质；

② 溶质在气液相界面上的溶解，由气相转入液相；

③ 溶质自气液相界面向液相主体传递，即在单一相（液相）内传递物质。

通常，相界面上发生的溶解过程很容易进行，阻力可以忽略，故吸收过程总的速率由气相和液相两个单相内的传质速率所决定。由此可见，研究气液两相的相际传质过程，应从研究单相内传质出发。

3.3.1 单相内传质

溶质在单一相中的传递有两种基本形式：分子扩散和对流传质。

3.3.1.1 分子扩散

(1) 菲克定律

在静止或滞流流体内部，若某一组分存在浓度梯度，则因分子无规则的热运动使该组分由浓度较高处传递至浓度较低处，这种现象称为分子扩散。

如图3-4所示，用一块隔板将容器分为左右两室，两室中分别充入温度及压力相同，而浓度不同的A、B两种气体。设左室中组分A的浓度高于右室，而组分B的浓度低于右室。抽出隔板后，由于气体分子的无规则热运动，分子A会由高浓度的左室向低浓度的右室扩散，而气体B由高浓度的右室向低浓度的左室扩散，直到整个容器里A、B两组分浓度均匀为止，即两种物质各自沿其浓度降低的方向传递。而扩散进行的快慢用扩散通量来衡量，定义为单位时间内通过垂直于扩散方向的单位截面积扩散的物质的量，也称扩散速率，以符号J表示，单位为kmol/(m^2·s)。

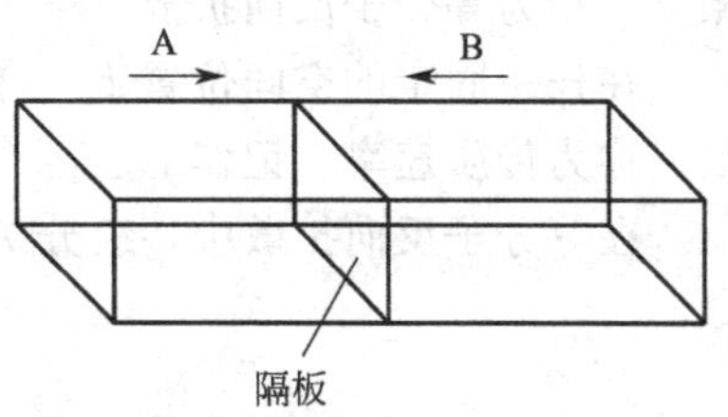

图3-4　分子扩散现象

分子扩散现象可以用菲克定律来描述，即一定总压、温度条件下，由两组分A和B组成的混合物，若组分A只沿z方向扩散，则任一点处组分A的扩散通量与该处A的浓度梯度成正比，即

$$J_A=-D_{AB}\frac{dc_A}{dz} \tag{3-29}$$

式中　J_A——组分A在扩散方方向z上的扩散通量，kmol/(m^2·s)；

$\frac{dc_A}{dz}$——组分A在扩散向z上的浓度梯度，kmol/m^4；

D_{AB}——组分A在组分B中的扩散系数，m^2/s。

式中负号表示扩散方向与浓度梯度方向相反，沿着组分A浓度降低的方向进行。

菲克定律对混合物中的B组分同样适用，即

$$J_B=-D_{BA}\frac{dc_B}{dz} \tag{3-30}$$

对于双组分混合物，若各处的总浓度都相等，即：$c=c_A+c_B=$常数，则

$$\frac{dc_A}{dz}=-\frac{dc_B}{dz}$$

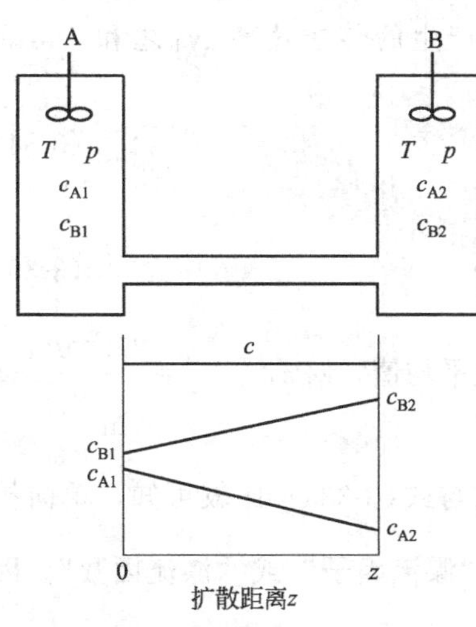

图3-5　等分子反向扩散

而且，对于双组分混合物，有

$$J_A=-J_B$$

所以

$$D_{AB}=D_{BA}=D \tag{3-31}$$

式(3-31)表明，在双组分混合物中，组分A在组分B中的扩散系数等于组分B在组分A中的扩散系数，可以用同一符号D表示。

(2) 一维稳态分子扩散

分子扩散有两种基本形式：等分子反向扩散和单向扩散。

① 等分子反向扩散　如图3-5所示，用一根粗细均匀的圆管将两个容积很大的容器连通，两容器内分别盛有浓度不同的A和B组成的混合气体，其中$c_{A1}>c_{A2}$，$c_{B2}>c_{B1}$。两容器内装有搅拌装置，保持各处浓度均匀，设各处的温度T及总压p均相同。显然，由于连通管两端的A、B组分存在浓度差，则组分A会通过接管向右扩散，同时组分B会通过接管向左扩散。对于连通管内的任一截面，两组分的扩散通量大小相等，方向

相反，称为等分子反向扩散。

在任一固定的空间位置上，单位时间内通过垂直于传递方向的单位面积传递的物质的量，称为传质速率，记作 N。

在等分子反向扩散中，组分 A 的传质速率等于其扩散速率，即

$$N_A = J_A = -D\frac{dc_A}{dz} \tag{3-32}$$

边界条件为：$z=0$ 时，$c_A=c_{A1}$；$z=z$ 时，$c_A=c_{A2}$，对式(3-32) 积分，得

$$\int_0^z N_A dz = \int_{c_{A1}}^{c_{A2}} -D dc_A$$

即

$$N_A = \frac{D}{z}(c_{A1}-c_{A2}) \tag{3-33}$$

当系统处于低压时，可按理想气体处理，式(3-33) 可表示为

$$N_A = \frac{D}{RTz}(p_{A1}-p_{A2}) \tag{3-33a}$$

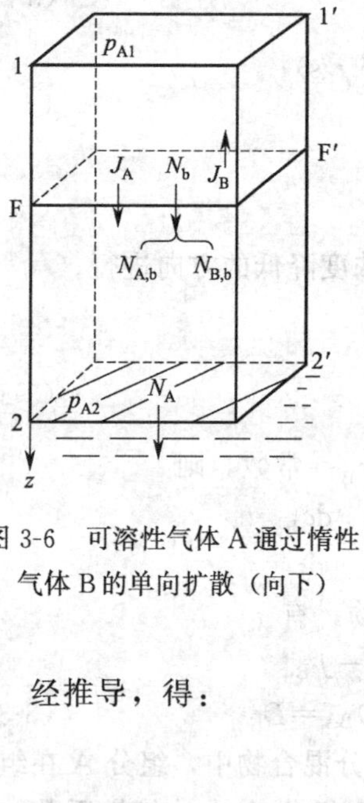

式(3-33) 和式(3-33a) 即为 A、B 两组分等分子反向扩散时的传质速率表达式。等分子反向扩散通常应用在理想精馏操作中。

② 一组分通过另一停滞组分的扩散（单向扩散） 单向扩散通常应用在吸收操作中。吸收过程可简化地认为只有溶质 A 不断由气相主体通过相界面进入液相，而惰性组分 B 不溶解且吸收剂 S 不汽化。

图 3-6 可溶性气体 A 通过惰性气体 B 的单向扩散（向下）

如图 3-6 所示，平面 2—2′为气液两相界面。当组分 A 向下通过界面进入液相后，在气相一侧留下的空位只能由其上方的混合气体来补充，从而产生了趋向于相界面的流动，称为总体流动。此时对于任一划定的截面 F—F′，组分 A 的传质速率为分子扩散速率和总体流动产生的传质速率 N_b 之和，可表示为

$$N_A = J_A + J_B + N_b \tag{3-34}$$

经推导，得：

$$N_A = \frac{Dp}{RTzp_{Bm}}(p_{A1}-p_{A2}) \tag{3-35}$$

式中 p_{Bm}——1、2 截面处组分 B 的分压 p_{B1} 和 p_{B2} 的对数平均值，kPa，$p_{Bm}=\dfrac{p_{B2}-p_{B1}}{\ln\dfrac{p_{B2}}{p_{B1}}}$。

式(3-35) 即为单向扩散时的传质速率表达式。将此式与式(3-33a) 比较可知，单向扩散时的传质速率比等分子反向扩散时多了一个$\dfrac{p}{p_{Bm}}$，称为“漂流因子”或“漂流因数”。因 $p>p_{Bm}$，故$\dfrac{p}{p_{Bm}}>1$，其值反映了总体流动对传质速率的影响。混合气体中溶质 A 的浓度愈大，$\dfrac{p}{p_{Bm}}$愈大，总体流动的影响就愈大；当混合气体中溶质 A 的浓度较低时，$\dfrac{p}{p_{Bm}}\approx 1$，则总体流动的影响可以忽略不计，单向扩散与等分子反向扩散无差别。

同理，液相中的单向扩散在总浓度 c 为常数时，组分 A 的传质速率为

$$N_A=\frac{Dc}{zc_{Sm}}(c_{A1}-c_{A2}) \tag{3-36}$$

式中 c_{Sm}——液相扩散 1、2 截面处溶剂 S 的对数平均浓度，kmol/m³，$c_{Sm}=\dfrac{c_{S2}-c_{S1}}{\ln\dfrac{c_{S2}}{c_{S1}}}$。

（3）分子扩散系数

由菲克定律可知，分子扩散系数 D 是指单位浓度梯度下的扩散通量，单位为 m^2/s。它是物质特性常数之一，反映了某组分在一定介质中的扩散能力，也是计算分子扩散通量的关键。扩散系数随物系种类、温度、浓度或总压的不同而变化。物质的扩散系数可由实验测得，也可由经验公式估算，常见物质的扩散系数可从有关的资料中查得。

通常气体中的扩散系数在压力不太高的条件下，与温度 T 的 1.5 次方成正比，与 p 成反比。一些物质在空气中的扩散系数列于表 3-1。从表中数据可以看出，常压下气体扩散系数的范围约为 $10^{-5}\sim10^{-4}\,m^2/s$。

表 3-1 某些物质在空气中的扩散系数（101.3kPa）

物质	温度/K	扩散系数/(cm²/s)	物质	温度/K	扩散系数/(cm²/s)
H_2	273	0.611	CO_2	273	0.138
He	317	0.756	CO_2	298	0.164
O_2	273	0.178	SO_2	293	0.122
Cl_2	273	0.124	甲醇	273	0.132
H_2O	273	0.220	乙醇	273	0.102
H_2O	298	0.256	正丁醇	273	0.0703
H_2O	332	0.305	苯	298	0.0962
NH_3	273	0.198	甲苯	298	0.0844

由于液体中的分子比气体中的分子密集得多，故组分在液体中的扩散系数比在气体中要小得多，其值一般在 $10^{-10}\sim10^{-9}\,m^2/s$ 范围内。此外，液体中组分的浓度对扩散系数有较显著的影响。表 3-2 列出了低浓度下，某些非电解质在水中的扩散系数。液体中的扩散系数通常与温度 T 成正比，与液体的黏度成反比。

表 3-2 低浓度时，某些非电解质在水中的扩散系数

物质	温度/K	扩散系数/(cm²/s)	物质	温度/K	扩散系数/(cm²/s)
H_2	293	5.0	甲醇	283	0.84
He	293	6.8	乙醇	283	0.84
CO	293	2.03	正丁醇	288	0.77
CO_2	298	1.92	乙酸	293	1.19
Cl_2	298	1.25	丙酮	293	1.16
O_2	298	2.1	苯	293	1.02
N_2	293	2.6	苯甲酸	298	1.00
NH_3	285	1.64	水	298	2.44

3.3.1.2 对流传质

对流传质是指流动流体与某一界面（例如吸收过程中的气液相界面）之间的传质，包括分子扩散和涡流扩散两种形式。

(1) 涡流扩散

传质过程中，流体通常处于湍流状态，质点做无规则运动，相互碰撞和混合，在有浓度差的情况下，组分会从高浓度向低浓度方向传递。这种凭借流体质点的湍动和旋涡来传递物质的现象，称为涡流扩散。

因湍流流动的质点运动状况复杂，所以涡流扩散速率很难从理论上确定，通常借用菲克定律的形式来表示，即

$$J_A=-D_e\frac{dc_A}{dz} \tag{3-37}$$

式中 J_A——涡流扩散速率，kmol/(m² · s)；

D_e——涡流扩散系数，m²/s。

应予指出，涡流扩散系数与分子扩散系数不同。D_e 不是物性常数，其值与流体流动状态及所处的位置有关，很难通过实验准确测定。

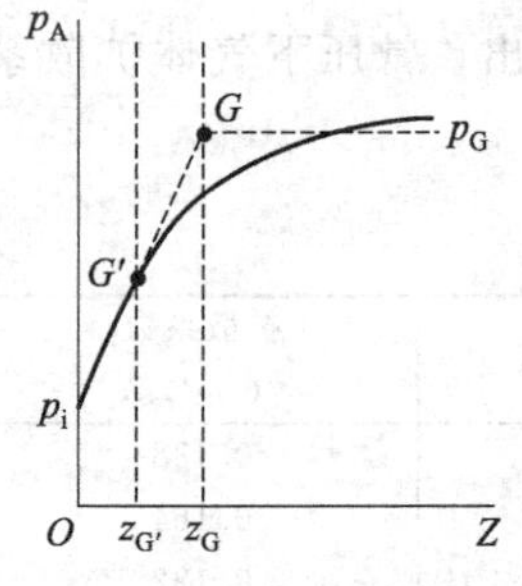

图 3-7 对流传质浓度分布

(2) 对流传质

流动流体与气液相界面之间的对流传质是分子扩散和涡流扩散共同作用的结果。如图 3-7 所示，流体湍流流动时，靠近相界面处是厚度为 $z_{G'}$ 的滞流内层，以分子扩散方式传质，浓度分布为直线；与其相邻的为过渡层，传质方式包括分子扩散和涡流扩散，浓度分布为曲线；过渡层外侧为湍流区，主要靠涡流扩散进行传质，浓度变化很小，分布近乎水平直线。

由以上分析可知，对流传质过程很复杂，难以从理论上推导出对流传质速率方程。于是仿照处理对流传热的方法，用“有效膜模型”来描述对流传质过程。

如图 3-7 所示，将对流传质的阻力全部集中在靠近相界面处的一层厚度为 z_G 的虚拟有效膜层内，流体在有效膜内为滞流流动，膜层内的传质形式仅为分子扩散。

应用此模型，可分别得到气相和液相的对流传质速率方程。

① 对于气相，将分子扩散距离 z_G 代入式(3-35)，并分别用溶质在气相主体中的分压 p_G 和界面处的分压 p_i 代替式中的 p_{A1} 和 p_{A2}，得到下式

$$N_A=\frac{Dp}{RTz_Gp_{Bm}}(p_G-p_i)$$

令

$$k_G=\frac{Dp}{RTz_Gp_{Bm}} \tag{3-38}$$

则

$$N_A=k_G(p_G-p_i) \tag{3-39}$$

式(3-39) 称为气相对流传质速率方程。其中 k_G 是以气相分压差为推动力的气相对流传质系数，单位为 kmol/(m² · s · kPa)。k_G 受到物性参数、操作条件和流动状态等多项因素的影响，其确定方法与对流传热系数的确定方法类似，可参考相关资料。

因混合物中组分的浓度有多种表示方法，所以相应的传质速率方程也有多种表示形式。气相传质速率方程还有以下几种形式

$$N_A=k_y(y-y_i) \tag{3-40}$$

$$N_A=k_Y(Y-Y_i) \tag{3-41}$$

式中 k_y——以气相摩尔分数差为推动力的气相传质系数，单位为 kmol/(m² · s)；

k_Y——以气相摩尔比差为推动力的气相传质系数，单位为 kmol/(m² · s)；

y，Y——溶质在气相主体中的摩尔分数和摩尔比；

y_i，Y_i——溶质在相界面处的摩尔分数和摩尔比。

各气相传质系数之间的关系可通过相组成表示法间的关系推导得到，即

$$k_y = pk_G \tag{3-42}$$

低浓度气体吸收时，

$$k_Y = pk_G \tag{3-43}$$

② 对于液相，可仿照处理气相对流传质的方法，

令

$$k_L = \frac{Dc}{z_L c_{Sm}} \tag{3-44}$$

式中　k_L——以液相物质的量浓度差表示推动力的液相传质系数，m/s；

z_L——液相虚拟有效膜厚，m；

c——液相主体的总物质的量浓度，kmol/m³；

c_{Sm}——溶剂 S 在液相主体与相界面处浓度的对数平均值，kmol/m³。

则溶质 A 的液相对流传质速率方程可表示为

$$N_A = k_L(c_i - c_L) \tag{3-45}$$

式中　c_L——溶质在液相主体中的物质的量浓度，kmol/m³；

c_i——溶质在相界面处的物质的量浓度，kmol/m³。

同样，液相传质速率方程还可写成以下几种形式

$$N_A = k_x(x_i - x) \tag{3-46}$$

$$N_A = k_X(X_i - X) \tag{3-47}$$

式中　k_x——以液相摩尔分数差表示推动力的液相传质系数，kmol/(m² · s)；

k_X——以液相摩尔比差表示推动力的液相传质系数，kmol/(m² · s)；

x，X——溶质在液相主体中的摩尔分数及摩尔比；

x_i，X_i——溶质在相界面处的摩尔分数及摩尔比。

各液相传质系数之间的关系为

$$k_x = ck_L \tag{3-48}$$

吸收后得到稀溶液时：

$$k_X = ck_L \tag{3-49}$$

3.3.2　双膜模型吸收过程的总传质速率方程

3.3.2.1　双膜模型

吸收操作是气液两相间的相际对流传质过程，其传质机理是非常复杂的。为使问题简化，通常会对传质过程作一些假定，建立传质模型，以便有效地确定吸收过程的传质速率。多年来，研究者们提出了多种传质模型，其中双膜模型得到了广泛的认可。

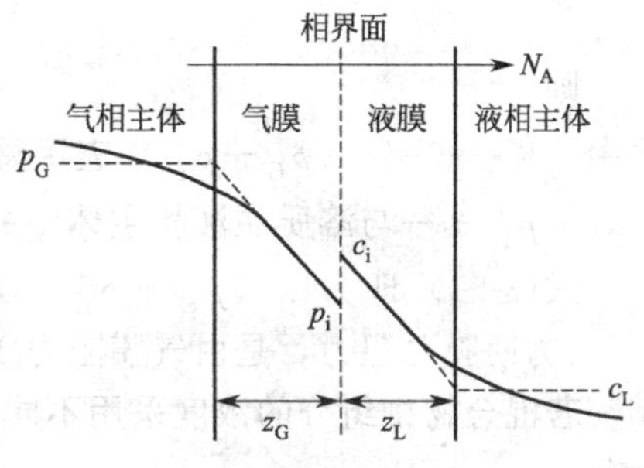

图 3-8　双膜模型示意图

双膜模型是由惠特曼（Whitman）于 1923 年提出的最早的一种传质模型，如图 3-8 所示，其基本要点如下：

① 相互接触的气液两相间存在一个稳定的相界面，界面两侧分别存在着稳定的气膜和液膜。膜内流体流动状态为滞流，溶质以分子扩散方式通过气膜和液膜。

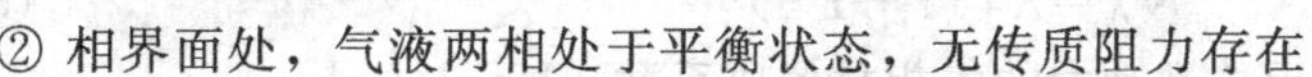

② 相界面处，气液两相处于平衡状态，无传质阻力存在。

③ 在气膜、液膜以外的气液两相主体中，由于流体的强烈湍动，各处浓度均匀一致，无传质阻力存在。

双膜模型把复杂的相际传质过程简化为溶质通过两个串联的有效膜层的分子扩散过程，认为在相界面处及两相主体中均无传质阻力存在，则整个相际传质过程的阻力全部集中在两个滞流膜层内，因此双膜模型又称为双阻力模型。

双膜模型用来描述具有固定相界面的系统及流速不高的两流体间的传质过程时，与实际情况大体符合，按此模型确定的传质速率关系，至今仍是传质设备设计的主要依据。但该模型对传质机理的假定过于简单，因此对许多传质设备，特别是不存在固定相界面的传质设备，双膜模型并不能反映出传质的真实情况。

3.3.2.2 吸收过程的总传质速率方程

若将单相传质速率方程应用于吸收计算，会遇到难以确定界面状态参数 p_{Ai}、c_{Ai}、y_i、x_i的问题。为避开这一难题，可以根据双膜模型，建立以任一相的实际组成与其平衡组成的差值为吸收过程总推动力的总传质速率方程。

(1) 气相总传质速率方程

若吸收系统服从亨利定律或平衡关系在吸收过程所涉及的组成范围内为直线，则

$$p_L^* = \frac{c_L}{H}$$

对于如图 3-8 所示的双膜模型，相界面上两相互成平衡，则

$$p_i = \frac{c_i}{H}$$

将以上两式代入式(3-45)，并整理得

$$\frac{N_A}{Hk_L} = p_i - p_L^*$$

由式(3-39)，可得

$$\frac{N_A}{k_G} = p_G - p_i$$

将以上两式相加，可得

$$N_A = \frac{p_G - p_L^*}{1/k_G + 1/Hk_L}$$

令
$$\frac{1}{K_G} = \frac{1}{Hk_L} + \frac{1}{k_G} \tag{3-50}$$

则
$$N_A = K_G(p_G - p_L^*) \tag{3-51}$$

式中 K_G——以 $(p_G - p_L^*)$ 表示总推动力的气相总传质系数，kmol/(m² · s · kPa)；

p_L^*——与溶质在液相主体中的物质的量浓度 c_L 达到平衡时的气相分压，kPa。

式(3-51) 即为以 $(p_G - p_L^*)$ 为总推动力的总传质速率方程式。总传质系数的倒数 $1/K_G$为两膜总阻力，是由气膜阻力 $1/k_G$和液膜阻力 $1/Hk_L$两部分加和构成的。

若混合物中组分的浓度采用不同的表示方法，可推导出以下几种形式的气相总传质速率方程

$$N_A = K_y(y - y^*) \tag{3-52}$$

$$N_A = K_Y(Y - Y^*) \tag{3-53}$$

式中 K_y——以 $(y - y^*)$ 表示总推动力的气相总传质系数，kmol/(m² · s)；

K_Y——以（$Y-Y^*$）表示总推动力的气相总传质系数，kmol/(m^2·s)；

y^*——与溶质在液相主体中的摩尔分数 x 达到平衡时的气相摩尔分数；

Y^*——与溶质在液相主体中的组成 X 达到平衡时的气相组成。

在推导式(3-52) 及式(3-53) 的过程中，可以得到

$$\frac{1}{K_y}=\frac{m}{k_x}+\frac{1}{k_y} \tag{3-54}$$

$$\frac{1}{K_Y}=\frac{m}{k_X}+\frac{1}{k_Y} \tag{3-55}$$

设操作总压为 p，将式(3-42) 及式(3-48) 代入式(3-54)，并利用相平衡关系，得

$$\frac{1}{K_y}=\frac{1}{p}\left(\frac{1}{Hk_L}+\frac{1}{k_G}\right)$$

将上式与式(3-50) 相比较，可得

$$K_y=pK_G \tag{3-56}$$

低浸度气体吸收时

$$K_Y\approx K_y=pK_G \tag{3-57}$$

(2) 液相总传质速率方程

采用同样的方法，可导出液相总传质速率方程

$$N_A=K_L(c_G^*-c_L) \tag{3-58}$$

$$N_A=K_x(x^*-x) \tag{3-59}$$

$$N_A=K_X(X^*-X) \tag{3-60}$$

式中 K_L——以（$c_G^*-c_L$）表示总推动力的液相总传质系数，m/s；

K_x——以（x^*-x）表示总推动力的液相总传质系数，kmol/(m^2·s)；

K_X——以（X^*-X）表示总推动力的液相总传质系数，kmol/(m^2·s)；

c_G^*——与溶质在气相主体中的分压 p_G 达到平衡时的液相浓度，kmol/m^3；

x^*——与溶质在气相主体中的摩尔分数 y 达到平衡时的液相中的摩尔分数；

X^*——与溶质在气相主体中的组成 Y 达到平衡时的液相组成。

其中各传质系数之间的关系为

$$\frac{1}{K_L}=\frac{1}{k_L}+\frac{H}{k_G} \tag{3-61}$$

$$\frac{1}{K_x}=\frac{1}{k_x}+\frac{1}{mk_y} \tag{3-62}$$

$$\frac{1}{K_X}=\frac{1}{k_X}+\frac{1}{mk_Y} \tag{3-63}$$

$$K_x=cK_L \tag{3-64}$$

低浓度气体吸收时

$$K_X\approx K_x=cK_L \tag{3-65}$$

(3) 气膜控制与液膜控制

由上述公式可看出，传质速率等于传质系数乘以传质推动力，总传质阻力等于气、液两相传质阻力之和。

对于 H 值很大的易溶气体，当 k_G 与 k_L 数量级相当时，有 $\frac{1}{Hk_L}\ll\frac{1}{k_G}$，则式(3-50) 可以简化为 $\frac{1}{K_G}\approx\frac{1}{k_G}$，此时传质阻力主要存在于气膜中，液膜阻力可忽略，表明此吸收过程的速

率由气相阻力控制，称为“气膜控制”。用水吸收氨气、氯化氢等过程，都可视为气膜控制的吸收过程。对于此类吸收过程，要想提高传质速率，应通过增大气体流速或增加气相湍流程度等方法来降低气相传质阻力。

对于难溶气体，H 值很小，在 k_G 与 k_L 数量级相同或接近的情况下，式(3-61) 可以简化为 $\frac{1}{K_L} \approx \frac{1}{k_L}$，此时传质阻力绝大部分存在于液膜中，气膜阻力可以忽略，表明此吸收过程的速率由液相阻力控制，称为“液膜控制”。用水吸收氧气、二氧化碳等过程，都可视为液膜控制的吸收过程。对于此类吸收过程，可通过提高液体流速或增加液相湍流程度来降低液相传质阻力，以提高传质速率，

对于具有中等溶解度的气体吸收过程，气膜和液膜共同控制着整个吸收过程，气膜阻力和液膜阻力均不可忽略，该过程称为双膜控制，用水吸收二氧化硫等过程就属于双膜控制。

【例 3-4】 在总压为 100kPa、温度为 30℃时，用清水吸收混合气体中的氨，气相传质系数 $k_G = 4.16 \times 10^{-6}$ kmol/(m^2·s·kPa)，液相传质系数 $k_L = 1.83 \times 10^{-4}$ m/s，假设此操作条件下的平衡关系服从亨利定律，测得液相溶质摩尔分数为 0.05 时，其气相平衡分压为 6.7kPa。求当塔内某截面上气、液组成分别为 $y = 0.05$，$x = 0.01$ 时，(1) 以 $(p_G - p_L^*)$、$(c_G^* - c_L)$ 表示的传质总推动力及相应的传质速率、总传质系数；(2) 分析该过程的控制因素。

解 (1) 根据亨利定律 $E = \frac{p_A^*}{x} = \frac{6.7}{0.05} = 134(\text{kPa})$

相平衡常数 $m = \frac{E}{p} = \frac{134}{100} = 1.34$

溶解度常数 $H = \frac{\rho_s}{EM_s} = \frac{1000}{134 \times 18} = 0.4146$

所以 $p_G - p_L^* = 100 \times 0.05 - 134 \times 0.01 = 3.66\ (\text{kPa})$

因为 $$\frac{1}{K_G} = \frac{1}{Hk_L} + \frac{1}{k_G} = \frac{1}{0.4146 \times 1.83 \times 10^{-4}} + \frac{1}{4.16 \times 10^{-6}}$$
$$= 253564.75[(\text{m}^2 \cdot \text{s} \cdot \text{kPa})/\text{kmol}]$$

所以 $K_G = 3.94 \times 10^{-6}\ \text{kmol}/(\text{m}^2 \cdot \text{s} \cdot \text{kPa})$

得 $N_A = K_G(p_G - p_L^*) = 3.94 \times 10^{-6} \times 3.66 = 1.44 \times 10^{-5}[\text{kmol}/(\text{m}^2 \cdot \text{s})]$

溶质在液相中的浓度 $c_L = \frac{0.01}{0.99 \times 18/1000} = 0.56(\text{kmol/m}^3)$

所以 $c_G^* - c_L = 0.4146 \times 100 \times 0.05 - 0.56 = 1.513(\text{kmol/m}^3)$

因为 $K_L = \frac{K_G}{H} = \frac{3.94 \times 10^{-6}}{0.4146} = 9.5 \times 10^{-6}(\text{m/s})$

所以 $N_A = K_L(c_G^* - c_L) = 9.5 \times 10^{-6} \times 1.513 = 1.438 \times 10^{-5}[\text{kmol}/(\text{m}^2 \cdot \text{s})]$

(2) 与 $(p_G - p_L^*)$ 表示传质总推动力相应的总传质阻力为 253565(m^2·s·kPa)/kmol；其中气相阻力为 $\frac{1}{k_G} = 240385$(m^2·s·kPa)/kmol；液相阻力为 $\frac{1}{Hk_L} = 13180$(m^2·s·kPa)/kmol；气相阻力占总阻力的百分数为 $\frac{240385}{253565} \times 100\% = 94.8\%$；故该传质过程为气膜控制过程。

3.4 吸收塔的计算

吸收过程既可采用气液两相在塔内逐级接触的板式塔，也可采用气液两相在塔内连续接触的填料塔。塔内气液两相的接触方式，既可以是逆流也可以是并流，吸收多采用逆流操作。

吸收塔的工艺计算主要包括：确定吸收剂的用量；计算塔的主要工艺尺寸，包括塔的有效高度和塔径。计算的基本依据是物料衡算、气液相平衡关系及吸收速率方程。

在吸收过程中，若溶质在气液两相中的摩尔分数均不超过 0.1，则称为低浓度吸收。对于低浓度吸收，可认为气、液两相流经吸收塔的流率为常数，并且此过程可视为等温吸收。

本节就以填料塔逆流吸收为例，介绍低浓度吸收过程的工艺计算问题。

3.4.1 物料衡算与操作线方程

3.4.1.1 物料衡算

图 3-9 所示为处于稳态操作下的逆流吸收塔。假设溶剂不挥发，惰性气体不溶于溶剂。以单位时间为基准，在全塔范围内对溶质 A 作物料衡算，得

$$VY_1+LX_2=VY_2+LX_1$$

或

$$V(Y_1-Y_2)=L(X_1-X_2) \tag{3-66}$$

式中 V——单位时间通过任一塔截面的惰性气体的量，kmol/s；

L——单位时间通过任一塔截面的纯溶剂的量，kmol/s；

X_1，X_2——出塔、入塔液体中溶质的摩尔比；

Y_1，Y_2——入塔、出塔气体中溶质的摩尔比。

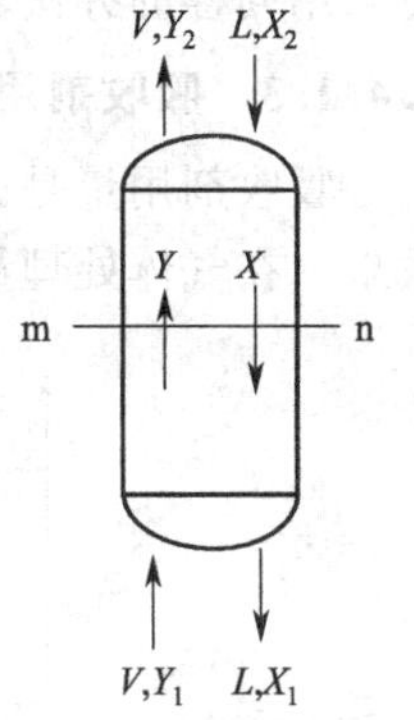

图 3-9 逆流吸收塔的物料衡算示意图

工业生产中，进塔混合气体的流量与组成是由吸收任务规定的，而吸收剂的初始组成和流量根据生产工艺要求确定。

通常，溶质回收率 η 定义为

$$\eta=\frac{Y_1-Y_2}{Y_1} \tag{3-67}$$

则气体出塔时的组成 Y_2 为

$$Y_2=Y_1(1-\eta) \tag{3-68}$$

由此，V、Y_1、L、X_2 及 Y_2 均为已知，再通过全塔物料衡算式(3-66) 便可求得塔底排出的吸收液组成 X_1。

3.4.1.2 吸收塔的操作线方程

在如图 3-9 所示的逆流吸收塔内任取截面 m—n，此塔截面上液、气相中溶质的摩尔比分别用 X、Y 表示。在 m—n 截面与塔顶之间对溶质 A 作物料衡算，得

$$VY+LX_2=VY_2+LX$$

或

$$Y=\frac{L}{V}X+\left(Y_2-\frac{L}{V}X_2\right) \tag{3-69}$$

同理，若在塔底与 m—n 截面间对溶质 A 作物料衡算，可得

$$VY_1+LX=VY+LX_1$$

或

$$Y=\frac{L}{V}X+\left(Y_1-\frac{L}{V}X_1\right) \tag{3-70}$$

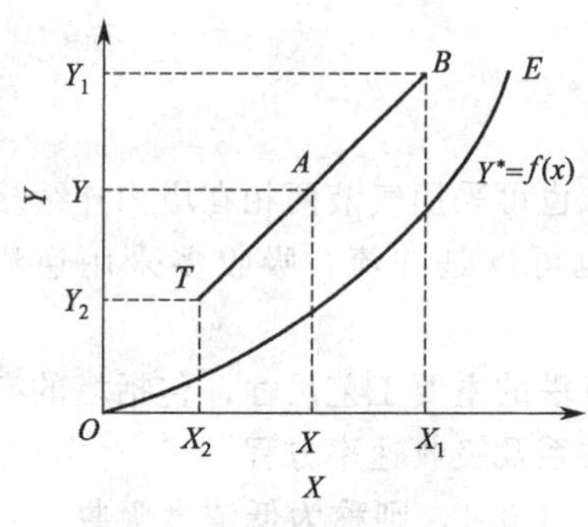

图 3-10　逆流吸收塔的操作线

式(3-69)与式(3-70)称为逆流吸收塔的操作线方程。

由操作线方程可以看出，塔内任一截面上互相接触的气液两相组成 Y 与 X 之间成线性关系，直线的斜率为 L/V，通常被称为吸收操作的液气比。该直线应通过塔底端点 $B(X_1,Y_1)$ 及塔顶端点 $T(X_2,Y_2)$。如图 3-10 中的标绘的直线 BT 即为逆流吸收塔的操作线，直线上任一点 A 的坐标 (X,Y) 代表塔内相应截面上的液、气组成 X、Y。

图 3-10 中的曲线 OE 为相平衡曲线 $Y^*=f(X)$。在吸收过程中，因为在塔内任一截面上，总有 $Y>Y^*$ 或 $X^*>X$，故吸收操作线 BT 总是位于平衡线 OE 的上方。操作线与平衡线之间的垂直距离 $(Y-Y^*)$ 或水平距离 (X^*-X) 为此截面处的吸收推动力，操作线离平衡线愈远，则吸收推动力愈大。如果操作线位于相平衡曲线的下方，则进行解吸过程。

应予指出，以上的讨论都是针对逆流吸收而言。对于气、液并流吸收过程，操作线方程可采用同样的办法求得。

3.4.1.3　吸收剂用量的确定

吸收剂用量是影响吸收操作的关键因素之一，它直接影响吸收塔尺寸、操作费用和吸收效果。在气体处理量 V 一定的情况下，确定吸收剂的用量也就是确定液气比 L/V。

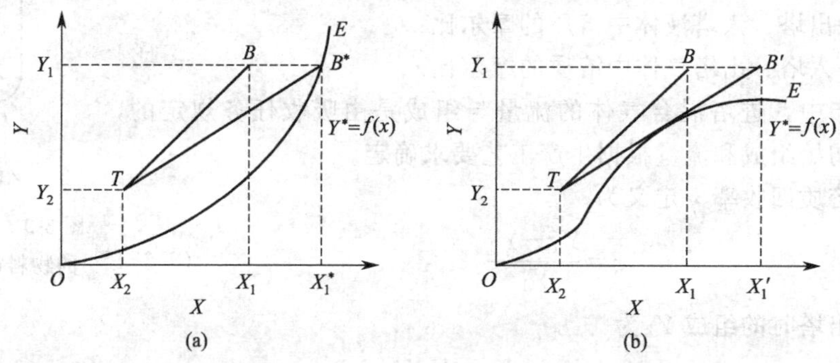

图 3-11　吸收塔的最小液气比

如图 3-11(a) 所示，在 V、Y_1、Y_2 及 X_2 已知的情况下，操作线端点 T 是固定的，而另一端点 B 则可在 $Y=Y_1$ 的水平线上移动。

当吸收剂用量 L 减少时，操作线斜率会变小，点 B 便沿水平线 $Y=Y_1$ 向右移动，则吸收液的出塔浓度增大，操作线靠近平衡线，吸收推动力相应减小。当吸收剂用量减少到操作线与平衡线相交于点 B^* 时，$X_1=X_1^*$，即塔底流出液的组成与刚进塔的混合气体的组成达到平衡。这是理论上吸收液所能达到的最高组成，但此时吸收过程的推动力已变为零。若仍想达到一定的吸收程度 Y_2，需要无限高的吸收塔，这在工程上是不可能实现的，只能用来表示一种极限的情况。此时操作线 TB^* 的斜率称为最小液气比，以 $(L/V)_{min}$ 表示，相应的吸收剂用量即为最小吸收剂用量，以 L_{min} 表示。

反之，若增大吸收剂用量，点 B 便沿水平线 $Y=Y_1$ 向左移动，操作线远离平衡线，吸收过程的推动力增大，达到一定吸收程度所需的塔高降低，设备投资降低，但 L 增大到一定程度之后，塔高降低的幅度便不明显，而溶剂的消耗、输送及回收等操作费用剧增。因此吸收剂用量的确定，应从设备费用与操作费用两方面综合考虑，选择适宜的液气比，使两种费用之和最小。根据生产实践经验，通常吸收剂的适宜用量取为最小用量的1.1～2.0倍，即

$$\frac{L}{V}=(1.1\sim2.0)\left(\frac{L}{V}\right)_{\min} \tag{3-71}$$

或

$$L=(1.1\sim2.0)L_{\min} \tag{3-71a}$$

最小液气比可用图解法求得。当平衡曲线符合图3-11(a)所示的情况时

$$\left(\frac{L}{V}\right)_{\min}=\frac{Y_1-Y_2}{X_1^*-X_2} \tag{3-72}$$

若平衡关系符合亨利定律，即 $X^*=Y/m$，则可直接用下式计算最小液气比，即

$$\left(\frac{L}{V}\right)_{\min}=\frac{Y_1-Y_2}{\frac{Y_1}{m}-X_2} \tag{3-73}$$

如果平衡曲线符合如图3-11(b)所示的形状，则应过点 T 作平衡曲线的切线，切线与水平线 $Y=Y_1$ 交于点 B'，读出点 B' 的横坐标 X_1' 的数值，用 X_1' 代替式(3-72)中的 X_1^*，便可求出最小液气比，即

$$\left(\frac{L}{V}\right)_{\min}=\frac{Y_1-Y_2}{X_1'-X_2} \tag{3-74}$$

【例3-5】 用浓度为0.0005（摩尔比）的氨水溶液吸收混合气体中的氨气。混合气体的流量为44kmol/h，其中氨气的体积分数为9%，其余组分可看作惰性气体。要求氨气的回收率为90%。若吸收剂用量为理论最小用量的1.2倍，试求吸收剂用量及塔底吸收液的组成 X_1。已知相平衡关系 $Y^*=0.75X$。

解 进塔气体的组成为 $Y_1=\frac{y_1}{1-y_1}=\frac{0.09}{1-0.09}=0.099$

出塔气体的组成为 $Y_2=Y_1(1-\eta)=0.099\times(1-0.9)=0.0099$

与气相进口组成 Y_1 相平衡的液相组成

$$X_1^*=\frac{0.0099}{0.75}=0.132$$

所以

$$\left(\frac{L}{V}\right)_{\min}=\frac{Y_1-Y_2}{X_1^*-X_2}=\frac{0.099-0.0099}{0.132-0.0005}=0.678$$

混合气中惰性气体的流量 $V=44\times(1-0.09)=40(\text{kmol/h})$

所以

$$L_{\min}=V\left(\frac{L}{V}\right)_{\min}=40\times0.678=27.12(\text{kmol/h})$$

忽略吸收剂中所含的微量氨，实际吸收剂用量为

$$L=1.2L_{\min}=1.2\times27.12=32.54(\text{kmol/h})$$

由全塔物料衡算可求得塔底吸收液的组成 X_1 为

$$X_1=X_2+V(Y_1-Y_2)/L=0.0005+\frac{40\times(0.099-0.0099)}{32.54}=0.1101$$

3.4.2 填料层高度的计算

填料吸收塔的高度主要取决于填料层的高度。填料层高度的计算通常采用传质单元数

法，又称为传质速率模型法。该法依据传质速率、物料衡算和相平衡关系来进行计算。

3.4.2.1 基本计算式

在一连续逆流操作的填料吸收塔中，随着吸收的进行，气液两相组成沿填料层高度不断变化，所以不同截面上的吸收推动力各不相同，导致塔内各截面上的吸收速率也不相同。因此，吸收速率方程式都只适用于塔内任一截面，而不能直接应用于全塔。为解决填料层高度的计算问题，需要对微元填料层进行物料衡算。

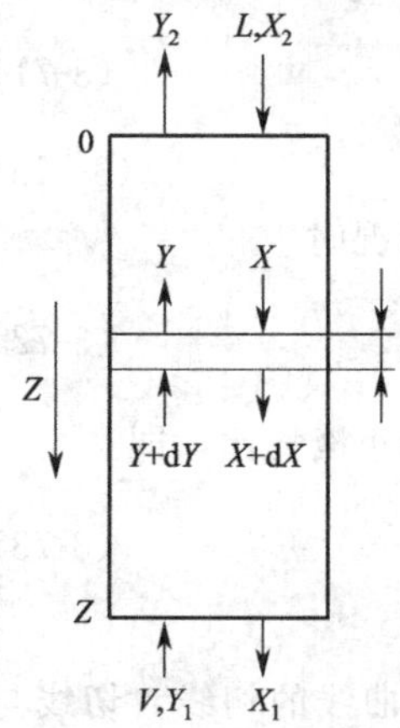

图 3-12 填料层高度计算

如图 3-12 所示，在吸收塔内任意位置上选取高度为 dZ 的微元填料层，其传质面积 $dA=a\Omega dZ$，其中 a 为单位体积填料所具有的相际传质面积，单位为 m^2/m^3；Ω 为填料塔的塔截面积，单位为 m^2。稳态吸收时，对组分 A 作物料衡算可知，气相中溶质减少的量等于液相中溶质增加的量，即

$$dG_A=VdY=LdX \tag{3-75}$$

式中 dG_A——微元填料层内单位时间由气相传给液相的溶质的量，kmol/s。

根据吸收速率定义，有

$$dG_A=N_A dA=N_A a\Omega dZ \tag{3-76}$$

式中 N_A——微元填料层内溶质的传质速率，$kmol/(m^2 \cdot s)$。

将吸收速率方程 $N_A=K_Y(Y-Y^*)=K_X(X^*-X)$ 代入上式，得

$$dG_A=K_Y(Y-Y^*)a\Omega dZ$$

及

$$dG_A=K_X(X^*-X)a\Omega dZ$$

再将式(3-75) 代入以上两式，可得

$$VdY=K_Y(Y-Y^*)a\Omega dZ$$

及

$$LdX=K_X(X^*-X)a\Omega dZ$$

整理，可得

$$dZ=\frac{V}{K_Y a\Omega}\times\frac{dY}{Y-Y^*} \tag{3-77}$$

及

$$dZ=\frac{L}{K_X a\Omega}\times\frac{dX}{X^*-X} \tag{3-78}$$

在稳态操作条件下，L、V、a 以及 Ω 皆不随时间而变化，也不随截面位置而改变，对于低浓度吸收过程，K_Y 及 K_X 也可视为常数。于是，对式(3-77) 和式(3-78) 在全塔范围内积分，得

$$Z=\frac{V}{K_Y a\Omega}\int_{Y_1}^{Y_2}\frac{dY}{Y-Y^*} \tag{3-79}$$

及

$$Z=\frac{L}{K_X a\Omega}\int_{X_1}^{X_2}\frac{dX}{X^*-X} \tag{3-80}$$

式(3-79) 与式(3-80) 即为填料层高度的基本计算公式。式中的 a 是指那些被流动的液体膜层所覆盖，并能提供气液接触的有效比表面积。因此，a 值不仅与填料的形状、尺寸及填充状况有关，还受到流体物性及流动状况的影响。a 值很难直接测得，通常将其与传质系数的乘积视为一个完整的物理量来看待，称为体积传质系数，如 $K_Y a$ 及 $K_X a$ 分别称为气相总体积传质系数及液相总体积传质系数，其单位均为 $kmol/(m^3 \cdot s)$。体积传质系数的物理

意义：在单位推动力下，单位体积填料层内单位时间吸收的溶质的量。在低浓度吸收时，体积传质系数在全塔范围内为常数，可取平均值。

3.4.2.2　传质单元高度与传质单元数

令

$$H_{OG}=\frac{V}{K_Y a\Omega} \tag{3-81}$$

$$N_{OG}=\int_{Y_2}^{Y_1}\frac{dY}{Y-Y^*} \tag{3-82}$$

则式(3-79) 可改写为

$$Z=H_{OG}N_{OG} \tag{3-83}$$

因为 H_{OG}具有高度的单位，故称为气相总传质单元高度，其物理意义为：完成一个传质单元分离效果所需的填料层高度。气体流经该段填料层前后的组成变化恰好等于该段填料层内以气相组成差表示的总推动力的平均值。H_{OG}与物系性质、操作条件、及传质设备结构参数有关，其数值反映了吸收设备传质效能的高低。H_{OG}愈小，吸收设备传质效能愈高，完成一定分离任务所需的填料层高度愈小。

N_{OG}为无量纲的数，称为气相总传质单元数，其物理意义为：所需填料层总高度 Z 相当于气相总传质单元高度 H_{OG}的倍数。它反映吸收过程进行的难易程度。若吸收要求越高，吸收的推动力越小，则意味着吸收过程进行的难度越大，此时所需的传质单元数也就越大。

同理，式(3-80) 可改写为：

$$Z=H_{OL}N_{OL} \tag{3-84}$$

式中，$H_{OL}=\frac{L}{K_X a\Omega}$称为液相总传质单元高度，m；$N_{OL}=\int_{X_2}^{X_1}\frac{dX}{X^*-X}$称为液相总传质单元数，无量纲。

若式(3-76) 中的 N_A用气、液相传质速率方程计算时，则可得出

$$Z=H_G N_G \tag{3-85}$$

及

$$Z=H_L N_L \tag{3-86}$$

式中，$H_G=\frac{V}{k_Y a\Omega}$与 $H_L=\frac{L}{k_X a\Omega}$分别为气相传质单元高度及液相传质单元高度，m；$N_G=\int_{Y_2}^{Y_1}\frac{dY}{Y-Y_i}$与 $N_L=\int_{X_2}^{X_1}\frac{dX}{X_i-X}$分别为气相传质单元数及液相传质单元数，无量纲。

由此，可写出填料层高度的计算通式为

填料层高度＝传质单元高度×传质单元数

当气液平衡线斜率为 m 时，可导出各传质单元高度之间的关系为

$$H_{OG}=H_G+\frac{mV}{L}H_L \tag{3-87}$$

$$H_{OL}=H_L+\frac{L}{mV}H_G \tag{3-88}$$

$$H_{OG}=\frac{mV}{L}H_{OL} \tag{3-89}$$

3.4.2.3　传质单元数的求法

计算填料层高度的关键是计算传质单元数。根据物系平衡关系的不同，计算传质单元数的方法主要有以下几种。

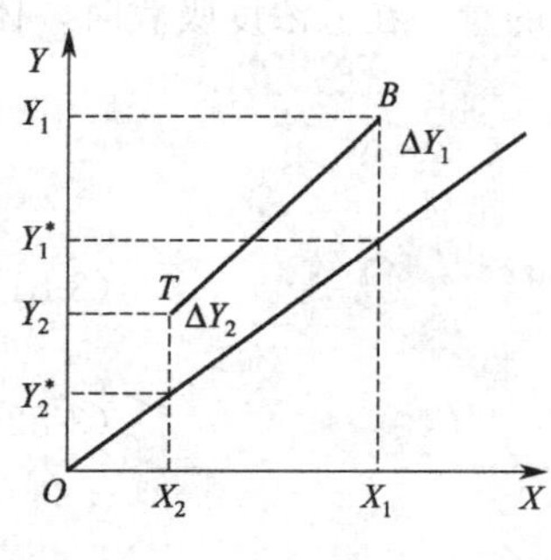

图 3-13　对数平均推动力法求 N_{OG}

(1) 对数平均推动力法

如图 3-13 所示，当操作线和气液平衡线均为直线时，则两线间的垂直距离，即塔内任一截面上气相总传质推动力 $\Delta Y=Y-Y^*$ 一定与 Y 成线性关系。可写成

$$\frac{d(\Delta Y)}{dY}=\frac{\Delta Y_1-\Delta Y_2}{Y_1-Y_2}=\text{常数}$$

将上式代入式(3-82) 中，得

$$N_{OG}=\int_{Y_2}^{Y_1}\frac{dY}{Y-Y^*}=\frac{Y_1-Y_2}{\Delta Y_1-\Delta Y_2}\ln\frac{\Delta Y_1}{\Delta Y_2}$$

令

$$\Delta Y_m=\frac{\Delta Y_1-\Delta Y_2}{\ln\dfrac{\Delta Y_1}{\Delta Y_2}}=\frac{(Y_1-Y_1^*)-(Y_2-Y_2^*)}{\ln\dfrac{Y_1-Y_1^*}{Y_2-Y_2^*}} \tag{3-90}$$

则有

$$N_{OG}=\frac{Y_1-Y_2}{\Delta Y_m} \tag{3-91}$$

式中　ΔY_m——塔顶与塔底两截面上吸收推动力的对数平均值，称为对数平均推动力；

Y_1^*——与塔底液相组成 X_1 相平衡的气相组成；

Y_2^*——与塔顶液相组成 X_2 相平衡的气相组成。

同理，可导出液相总传质单元数 N_{OL} 的计算式为

$$N_{OL}=\frac{X_1-X_2}{\Delta X_m} \tag{3-92}$$

式中

$$\Delta X_m=\frac{\Delta X_1-\Delta X_2}{\ln\dfrac{\Delta X_1}{\Delta X_2}}=\frac{(X_1^*-X_1)-(X_2^*-X_2)}{\ln\dfrac{X_1^*-X_1}{X_2^*-X_2}} \tag{3-93}$$

当 $\frac{1}{2}<\frac{\Delta Y_1}{\Delta Y_2}<2$ 或 $\frac{1}{2}<\frac{\Delta X_1}{\Delta X_2}<2$ 时，对数平均推动力可用算术平均推动力来代替，使计算得以简化。

(2) 脱吸因数法

若在吸收过程所涉及的组成范围内平衡关系为直线，可表示为 $Y^*=mX+b$，则式(3-82) 可写成

$$N_{OG}=\int_{Y_2}^{Y_1}\frac{dY}{Y-Y^*}=\int_{Y_2}^{Y_1}\frac{dY}{Y-(mX+b)}$$

由操作线方程，可得 $X=X_2+\frac{V}{L}(Y-Y_2)$，代入上式，可得

$$N_{OG}=\int_{Y_2}^{Y_1}\frac{dY}{Y-m\left[\dfrac{V}{L}(Y-Y_2)+X_2\right]-b}=\int_{Y_2}^{Y_1}\frac{dY}{\left(1-\dfrac{mV}{L}\right)Y+\left[\dfrac{mV}{L}Y_2-(mX_2+b)\right]}$$

令

$$S=\frac{mV}{L} \tag{3-94}$$

积分上式并化简，得

$$N_{OG}=\frac{1}{1-S}\ln\left[(1-S)\frac{Y_1-Y_2^*}{Y_2-Y_2^*}+S\right] \tag{3-95}$$

式中，S 称为脱吸因数，是平衡线斜率与操作线斜率的比值，无量纲，其值大小反映了

吸收过程推动力的大小。当溶质的吸收率和气、液相进出口浓度一定时，S 值越大，则吸收过程的推动力越小，N_{OG}增大；反之，若 S 减小，则 N_{OG}必减小。通常 S 取 0.7～0.8m 是经济合适的。

由式(3-95) 可以看出，N_{OG}的大小取决于 S 和$\frac{Y_1-Y_2^*}{Y_2-Y_2^*}$两个因素。为便于计算，以 S 为参数，在半对数坐标系中按式(3-95) 标绘出 N_{OG}-$\frac{Y_1-Y_2^*}{Y_2-Y_2^*}$的函数关系，得到如图 3-14 所示的一组曲线。若已知 V、L、Y_1、Y_2、X_2及平衡线斜率 m，便可利用此图方便地查得 N_{OG}的值；或由已知的 V、L、Y_1、X_2、N_{OG}及斜率 m 求出 Y_2。

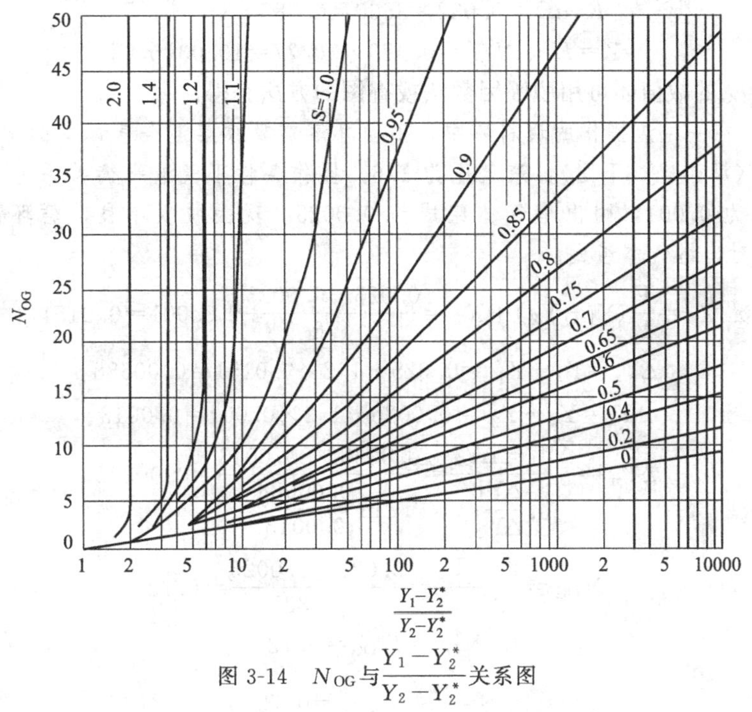

图 3-14 N_{OG}与$\frac{Y_1-Y_2^*}{Y_2-Y_2^*}$关系图

同理，可导出液相总传质单元数 N_{OL}的计算式为

$$N_{OL}=\frac{1}{1-A}\ln\left[(1-A)\frac{Y_1-Y_2^*}{Y_1-Y_1^*}+A\right] \tag{3-96}$$

式中 $A=\frac{L}{mV}$，为脱吸因数 S 的倒数，它是操作线斜率与平衡线斜率的比值，称为吸收因数，无量纲。

【例 3-6】 在直径为 1m 的常压逆流吸收塔中，用清水吸收混合气体中的溶质组分 A。混合气体的流量为 45kmol/h，进塔气体组成为 0.03（摩尔比，下同），吸收率为 99%，出塔液相组成为 0.013。已知气相总体积传质系数为 0.032kmol/(m³·s)，操作压力为 101.3kPa，温度为 27℃，操作条件下的平衡关系为 $Y=2X$。试求所需填料层高度。

解 气相进塔组成 $Y_1=0.03$，液相进塔组成 $X_2=0$，液相出塔组成 $X_1=0.013$，

气相出塔组成 $Y_2=Y_1(1-\eta)=0.03\times(1-0.99)=0.0003$

$\Delta Y_1=Y_1-Y_1^*=0.03-2\times0.013=0.004$

$$\Delta Y_2=Y_2-Y_2^*=0.0003$$

$$\Delta Y_m=\frac{\Delta Y_1-\Delta Y_2}{\ln\frac{\Delta Y_1}{\Delta Y_2}}=\frac{0.004-0.0003}{\ln\frac{0.004}{0.0003}}=0.00143$$

$$N_{OG}=\frac{Y_1-Y_2}{\Delta Y_m}=\frac{0.03-0.0003}{0.00143}=20.77$$

混合气中惰性气体的流量

$$V=45\times\left(1-\frac{0.03}{1+0.03}\right)=43.69(\text{kmol/h})$$

$$H_{OG}=\frac{V}{K_Ya\Omega}=\frac{43.69}{0.032\times3600\times0.785\times1^2}=0.483(\text{m})$$

$$Z=H_{OG}N_{OG}=0.483\times20.77=10.03(\text{m})$$

例题中 N_{OG} 的数值还可用脱吸因数法或查图的方法获得。

【例 3-7】 在一逆流操作的填料塔中，用循环溶剂吸收某混合气体中的溶质。气体入塔组成为 0.025（摩尔比，下同），液气比为 1.6，操作条件下气液平衡关系为 $Y=1.2X$。若循环溶剂组成为 0.001，则出塔气体组成为 0.0025。现因脱吸不良，循环溶剂组成变为 0.01，试求此时出塔气体组成。

解　原工况 $X_1=\frac{V}{L}(Y_1-Y_2)+X_2=\frac{0.025-0.0025}{1.6}+0.001=0.0151$

$$\Delta Y_1=Y_1-Y_1^*=0.025-1.2\times0.0151=0.00688$$

$$\Delta Y_2=Y_2-Y_2^*=0.0025-1.2\times0.001=0.0013$$

$$\Delta Y_m=\frac{\Delta Y_1-\Delta Y_2}{\ln\frac{\Delta Y_1}{\Delta Y_2}}=\frac{0.00688-0.0013}{\ln\frac{0.00688}{0.0013}}=0.00335$$

$$N_{OG}=\frac{Y_1-Y_2}{\Delta Y_m}=\frac{0.025-0.0025}{0.00335}=6.72$$

新工况

$$N'_{OG}=N_{OG}=6.72$$

$$S=\frac{mV}{L}=\frac{1.2}{1.6}=0.75$$

将 $N'_{OG}=6.72$，$S=0.75$，$X'_2=0.01$ 代入下式

$$N'_{OG}=\frac{1}{1-S}\ln\left[(1-S)\frac{Y_1-mX'_2}{Y'_2-mX'_2}+S\right]$$

解得

$$Y'_2=0.0127$$

分析：本题的关键是理解两种工况下 H_{OG} 不变，填料层高度不变，故两种工况下的 N_{OG} 不变。

(3) 图解积分法或数值积分法

当平衡线为曲线时，传质单元数可用图解积分法或数值积分法求取。其步骤如下。

① 如图 3-15(a) 所示，由平衡线和操作线求出若干个点 $(Y, Y-Y^*)$；

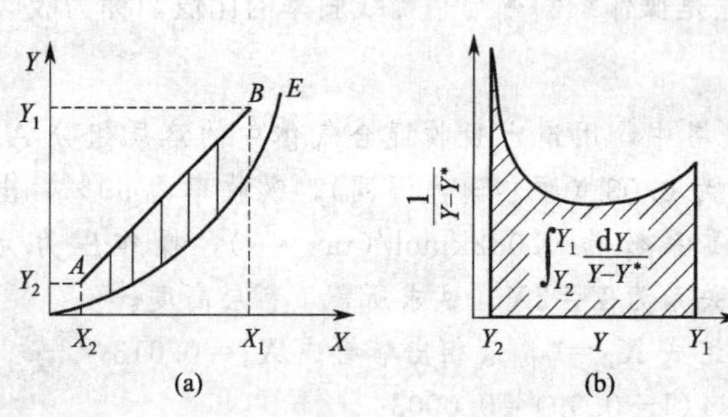

图 3-15　图解积分法求传质单元数

② 在 Y_2 到 Y_1 范围内作 Y-$1/(Y-Y^*)$ 曲线，如图 3-15(b) 所示；

③ 在 Y_2 与 Y_1 之间，Y-$1/(Y-Y^*)$ 曲线和横坐标所包围的面积即为传质单元数，如图 3-15(b) 所示的阴影部分面积。

④ 也可采用辛普森（Simpson）数值积分等方法求传质单元数。

3.4.3　塔径的计算

吸收塔塔径的计算可以仿照圆形管路直径的计算公式，即

$$D=\sqrt{\frac{4V_S}{\pi u}} \tag{3-97}$$

式中　D——吸收塔的塔径，m；

V_S——混合气体通过塔的实际体积流量，m^3/s；

u——空塔气速，m/s。

在吸收过程中，由于溶质不断进入液相，故实际混合气体量由塔底至塔顶逐渐减小。一般以塔底的入塔气量为计算塔径的依据。

计算塔径的关键在于确定适宜的空塔气速 u。通常先确定液泛气速，然后再考虑一个小于 1 的安全系数，计算出空塔气速。确定液泛气速的过程将在后面的有关章节讨论。

3.4.4　解吸

一个完整的吸收过程通常由吸收和解吸联合操作过程组成。使吸收液中的溶质释放出来的操作，称为解吸。其目的是为了回收有价值的组分或使溶剂再生后循环使用。解吸是吸收的逆过程，因此其推动力为 $X-X^*$ 或 Y^*-Y，降低溶质在液相中的平衡组成 X^* 或降低气相中溶质的实际浓度 Y 均有利于解吸过程的进行。工业上常用的解吸方法有以下几种。

① 气提解吸　其过程为吸收液从解吸塔顶喷淋而下，与来自塔底的载气（惰性气体或溶剂蒸气）逆流接触，溶质从液相向气相转移，从塔顶得到释放出来的气相溶质与惰性气体（或蒸气）的混合物，塔底得到较为纯净的溶剂。

② 提馏解吸　当溶质为可凝性蒸气，且溶质冷凝后与水不互溶时，则可在塔底直接通入水蒸气进行解吸操作，水蒸气既是惰性气体，又是加热介质。在塔顶设冷凝器，将塔顶得到的混合气体冷凝并分离出水层，即可得到纯净的溶质组分。

③ 减压解吸　对于在加压情况下得到的吸收液，采用一次或几次减压的方法，使溶质从吸收液中自动释放出来。

需要说明的是，工业上很少单独使用一种方法解吸，通常是结合工艺条件和物系特点，联合使用上述解吸方法。

用于吸收的设备同样适用于解吸操作，适用于吸收的理论和计算方法也适用于解吸过程。只是解吸过程的操作线位于平衡线的下方，解吸过程的推动力与吸收过程的推动力互为相反数。

(1) 解吸用气量的确定

一般解吸实际用气量为最小用气量的 1.1～2.0 倍，最小用气量 V_{min} 由操作线的最大斜率确定，如图 3-16 所示。

$$\left(\frac{V}{L}\right)_{min}=\frac{X_2-X_1}{Y_2^*-Y_1} \tag{3-98}$$

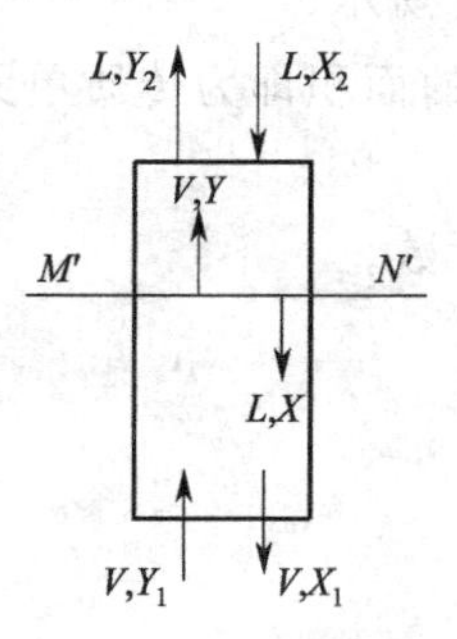

(a) 逆流解吸塔示意图

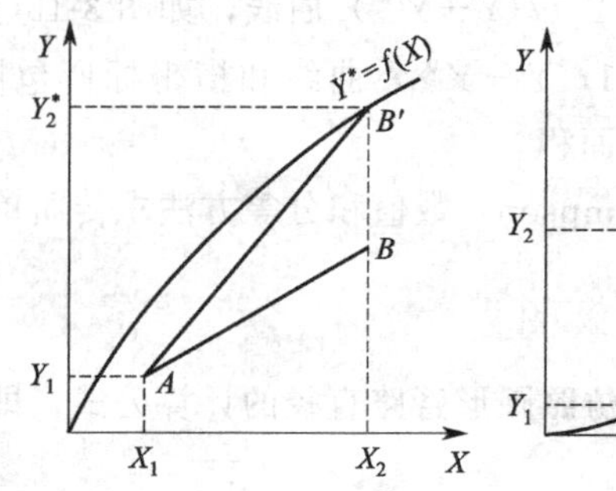

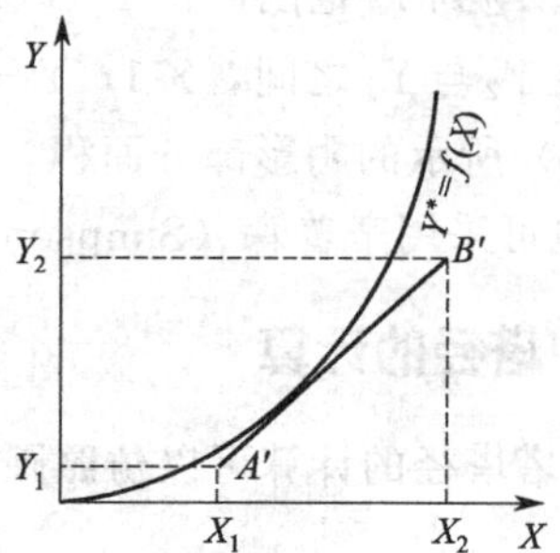

(b) 解吸操作线及最小气液比示意图

图 3-16 解吸用气量的确定示意图

(2) 传质单元数法计算解吸填料层高度

当解吸的平衡线和操作线为直线时，可得

$$Z = N_{OL} H_{OL}$$

$$H_{OL} = \frac{L}{K_X a \Omega}$$

$$N_{OL} = \int_{X_1}^{X_2} \frac{dX}{X - X^*}$$

其中，传质单元数 N_{OL} 可采用平均推动力法计算

$$N_{OL} = \frac{X_2 - X_1}{\Delta X_m}$$

式中

$$\Delta X_m = \frac{\Delta X_2 - \Delta X_1}{\ln \dfrac{\Delta X_2}{\Delta X_1}}$$

$$\Delta X_1 = X_1 - X_1^*, \quad \Delta X_2 = X_2 - X_2^*$$

传质单元数也可用吸收因数法计算

$$N_{OL} = \frac{1}{1-A} \ln \left[(1-A) \frac{X_2 - X_1^*}{X_1 - X_1^*} + A \right] \tag{3-99}$$

式中，$A = \dfrac{L}{mV}$ 为吸收因数。

3.5 填料塔

填料塔为连续接触式的气、液传质设备，其结构如图 3-17 所示。

填料塔为一直立式圆筒，塔内有一定高度的填料以乱堆或整砌的方式放置在筒底部的支承板上，填料的上方装有填料压板，以防填料被上升气流吹动。液体从塔顶经液体分布器喷淋到填料顶部，并沿填料表面呈膜状流下。气体从塔底送入，经气体分布装置（小直径塔一般不设气体分布装置）分布后，在填料中与液体逆流接触进行传质，两相组成沿塔高连续变化。填料层的润湿表面就成为气液两相接触的传质表面。当液体沿填料层向下流动时，有逐渐倾向塔壁下流的趋势，这种现象称为壁流。壁流会造成气液两相在填料层中分布不均，从而影响传质效果。因此，当填料层较高时，需分成若干段，段间设置液体再分布器。

填料塔结构简单，生产能力大，分离效率高，压降低，操作弹性大，易用耐腐蚀材料制造，适用于处理有腐蚀性的物料或要求压降较小的真空蒸馏系统。不足之处是填料造价高；当液体负荷较小时，不能有效地润湿填料表面，使传质效率降低；不适于处理有悬浮物或容易聚合的物料，也不适用于侧线进料和出料的操作。

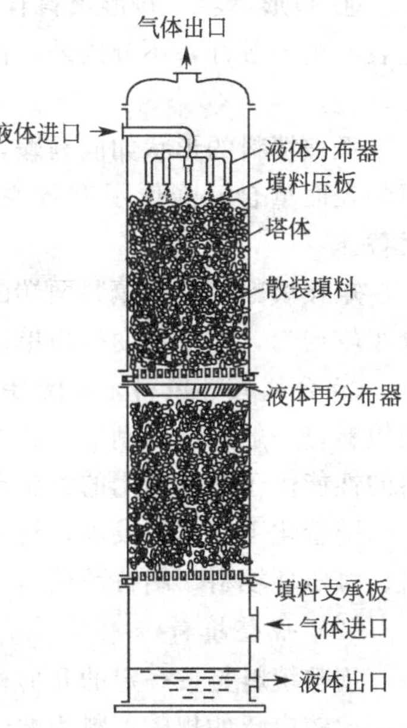

图 3-17 填料塔的结构

3.5.1 填料的主要类型及性能

3.5.1.1 填料的类型

填料是填料塔的主要构件，一般要求其能提供较大的气液接触面积，传质效率高，流体通量大且阻力小等。目前各种类型、各种规格的填料有几百种之多，一般可分为散装填料和规整填料两大类。

(1) 散装填料

散装填料是具有一定几何形状和尺寸的颗粒体，一般以随机的方式堆放在塔内，又称为乱堆填料或颗粒填料。工业上常用的几种散装填料如图 3-18 所示。

(a) 拉西环填料

(b) 鲍尔环填料

(c) 阶梯环填料

(d) 弧鞍填料

(e) 矩鞍填料

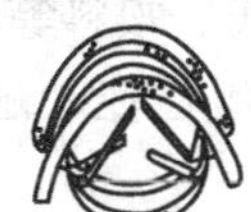

(f) 金属鞍环填料

(g) 波纹填料

图 3-18 几种典型的填料

① 拉西环 如图 3-18(a) 所示，拉西环为直径与高相等的圆环，常用直径为 25～75mm。拉西环是工业上最早使用的一种填料，其结构简单，但与其他填料相比，气体通过能力低，阻力大，且内表面不容易被润湿，气液接触面积小，传质效果差，目前工业上已较少使用。

② 鲍尔环 如图 3-18(b) 所示，鲍尔环是对拉西环的改进。在拉西环的侧壁上开出两排长方形的窗孔，被切开的环壁的一端仍与壁面相连，另一端呈舌状向环内弯曲，并在环中心相搭。由于环壁开孔，减小了气流阻力，鲍尔环的气体通过能力与传质效果比拉西环都有显著提高，在工业生产中应用较广。

③ 阶梯环 如图 3-18(c) 所示，阶梯环是对鲍尔环的改进。与鲍尔环相比，阶梯环高度减少了一半并将环的一端制成喇叭口。由于高径比减小，使得气体流过填料外壁的平均路径缩短，减少了气体通过填料层的阻力。而喇叭口增加了填料间的空隙，可以促进液膜的不断更新，有利于传质效率的提高。由于阶梯环填料具有气体通量大，流动阻力小，传质效率高等优点，已成为目前所使用的环形填料中性能最为良好的一种。

④ 鞍形填料　鞍形填料有弧鞍与矩鞍两种，如图 3-18(d)、(e) 所示。鞍形填料的特点是表面全部敞开，不分内外，液体在表面两侧均匀流动，表面利用率高，流动阻力小，但强度较差。

弧鞍填料的形状如同马鞍，由于其对称的开式弧状结构，在装填时易发生套叠，使部分填料表面重合，降低了有效空隙率，使传质效率降低，在工业生产中已逐渐被矩鞍填料代替。

矩鞍填料将弧鞍填料两端的弧形改为矩形，且两面大小不等，则堆积时不会套叠，液体分布较均匀，加工也变得简单。其综合性能优于拉西环而稍次于鲍尔环。

⑤ 金属鞍环填料　如图 3-18(f) 所示，金属鞍环填料是兼有环形和鞍形优点的一种新型填料，一般用金属制成。其特点是液体分布均匀，气体通量大，流动阻力小。金属鞍环填料的性能优于目前常用的鲍尔环和矩鞍填料，是目前散装填料中性能最好的填料之一。

随着化工技术的发展，近年来不断有新型填料开发出来，如多面球形填料、共轭环填料、海尔环填料、纳特环填料、脉冲填料等。

(2) 规整填料

规整填料是按一定的几何构形排列、整齐堆砌的填料，可在塔内逐层叠放。目前工业上应用比较广泛的规整填料为波纹填料。

如图 3-18(g) 所示，波纹填料是由许多波纹薄板组成的圆盘状填料，波纹与塔轴的倾角有 30°和 45°两种，组装时相邻两波纹板反向靠叠。各盘填料垂直装于塔内，相邻的两盘填料间交错 90°排列。波纹填料按结构可分为丝网波纹填料和板波纹填料两大类。波纹填料具有结构紧凑，阻力小，传质效率高，通量大，气液分布均匀等优点，广泛应用于工业生产中。波纹填料的缺点是不适于处理黏度大、易聚合或有悬浮物的物料，且装卸、清理比较困难，造价较高。

散装填料和规整填料均可选用陶瓷、金属、塑料等材料制成。

陶瓷填料价格便宜，具有良好的表面润湿性能、耐腐蚀性及耐热性，缺点是质脆、易碎，故仅用于高温和腐蚀性场合。

金属填料壁薄、强度高、流体通量大、阻力小，使用时主要考虑腐蚀问题。其中碳钢造价低，耐腐蚀性较差，在无腐蚀或低腐蚀性场合优先考虑使用；不锈钢填料耐腐蚀性强，但造价较高。

塑料填料的材质主要包括聚丙烯、聚乙烯及聚氯乙烯等。塑料填料质轻、价廉，具有良好的耐腐蚀性，耐冲击、不易碎，加工方便，在工业生产中的应用日益广泛。其缺点是表面润湿性能较差。

3.5.1.2　填料的性能

填料塔的生产能力和传质效率均与填料的特性密切相关。表示填料性能的参数，主要有以下几项。

① 比表面积　指单位体积填料层所具有的表面积，用 σ 表示，单位为 m^2/m^3。填料的比表面积愈大，所提供的气液传质面积愈大，对传质愈有利。

② 空隙率　指单位体积填料的空隙体积，用 ε 表示，单位为 m^3/m^3（无量纲）。填料的空隙率越大，则气体通过的阻力越小，通量越大。

③ 填料因子　将填料的 σ 与 ε 组合成 σ/ε^3 的形式，称为填料因子，单位为 m^{-1}。填料因子有干、湿之分，填料未被液体润湿时的 σ/ε^3 称为干填料因子，它反映填料的几何特性；填料被液体润湿后，填料表面覆盖了一层液膜，σ 和 ε 均发生变化，此时的 σ/ε^3 称为湿填料

因子，用 ϕ 表示，反映填料的流体力学性能，ϕ 值越小，流动阻力越小。

3.5.2　填料塔的流体力学性能

填料塔的流体力学性能是填料塔设计和操作时需要考虑的重要参数，主要包括填料层的持液量、填料层的压降、泛点气速、填料表面的润湿性能等。

3.5.2.1　填料层的持液量

填料层的持液量是指在一定操作条件下，单位体积填料层内所持有的液体体积，以 m^3 液体/m^3 填料表示。持液量可分为静持液量和动持液量两部分。静持液量是指当填料被充分润湿后，停止气液两相进料，并经排液至无液滴流出时存留于填料层中的液体量，其大小取决于填料的性能和液体的性质。动持液量是指填料塔停止气液两相进料后经足够长时间流出的液体量，即操作时填料层中流动的那部分液体。它不仅与填料的性能和液体的性质有关，还和液体的喷淋密度有关。

填料层持液量的大小对塔的流体力学性能和传质性能有很大的影响。持液量过大，气体流通面积减小，压降增大，使生产能力下降；持液量过小则使操作不稳定。一般认为持液量以能提供较大的气液传质面积且操作稳定为宜。

3.5.2.2　填料层的压降

气体通过填料层的压降是填料塔设计中的重要参数，其大小决定了塔的动力消耗。填料层压降与液体喷淋量及气速有关，在一定的气速下，液体喷淋量越大，压降越大；在一定的液体喷淋量下，气速越大，压降也越大。将不同液体喷淋量下的气体通过单位填料层的压降 $\Delta p/z$ 与空塔气速 u 的关系标绘在对数坐标纸上，可得到如图3-19所示的一组曲线。

图中直线0表示无液体喷淋（$L=0$）时干填料层的 $\Delta p/z$ 与 u 的关系，称为干填料压降线。曲线1、2、3表示不同液体喷淋量下，填料层的 $\Delta p/z$-u 关系，称为填料操作压降线。

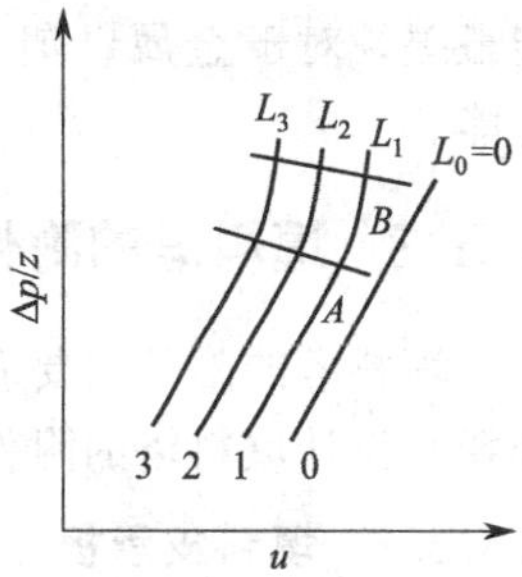

从图中可看出，在一定的喷淋量下，压降随空塔气速的变化曲线大致可分为三段。

当气速低于 A 点时，气体对液体流动的影响不大，填料层的持液量基本不变，该区域称为恒持液量区。此时 $\Delta p/z$-u 为一直线，位于干填料压降线的左侧，且基本上与干填料压降线平行。

图3-19　填料层的 $\Delta p/z$-u 关系

当气速超过 A 点时，气体对液体流动产生牵制作用，使填料层的持液量随气速的增加而增大，此现象称为拦液。开始发生拦液现象时的空塔气速称为载点气速，曲线上的转折点 A 即为载点。

若气速继续增大到达 B 点时，液体将不能顺利向下流动，填料层的持液量不断增多，以致几乎充满了填料层中的空隙。此时，气速稍有增加便会引起压降的急剧上升，此现象称为液泛。开始发生液泛现象时的气速称为液泛气速或泛点气速，以 u_F 表示，曲线上的点 B 即为泛点。从载点到泛点的区域称为载液区，泛点以上的区域称为液泛区。

3.5.2.3　泛点气速

泛点气速是填料塔设计和操作的关键流体力学参数。当空塔气速超过泛点气速时，会发生液泛现象，此时持液量的增多使气体呈气泡形式通过液层，气流出现脉动，液体被大量带出塔顶，塔的操作极不稳定，甚至被破坏。为避免液泛现象的发生，应控制正常的操作气速在泛点气速以下。根据生产实践经验，一般取正常操作气速为泛点气速的 0.6～0.8 倍。

影响泛点气速的因素很多，如填料性质、流体的物性及操作的液气比等，其数值可以采用关联图和经验关联式来求取。工程上广泛采用埃克特（Eckert）通用关联图来获得泛点气速。

3.5.2.4 填料表面的润湿性能

填料表面的润湿性能直接影响液体在填料表面的成膜情况，而填料塔中气液两相间的传质主要是在填料表面流动的液膜上进行的，因此，填料表面的润湿性能与传质效率密切相关。

为保证填料层能获得良好的润湿，应使塔内液体的喷淋密度大于最小喷淋密度。所谓液体喷淋密度是指单位时间内，单位塔截面积上喷淋的液体体积，单位为 $m^3/(m^2 \cdot h)$。最小喷淋密度通常采用下式计算，即

$$U_{min}=(L_W)_{min}\sigma \tag{3-100}$$

式中 U_{min}——最小喷淋密度，$m^3/(m^2 \cdot h)$；

$(L_W)_{min}$——最小润湿速率，$m^3/(m \cdot h)$；

σ——填料的比表面积，m^2/m^3。

最小润湿速率 $(L_W)_{min}$ 是指在塔的截面上，单位长度的填料周边的最小液体体积流量。其值可由经验公式计算，也可采用经验值。对于直径不超过 75mm 的散装填料，可取为 $0.08m^3/(m \cdot h)$；对于直径大于 75mm 的散装填料，可取为 $0.12m^3/(m \cdot h)$。

若实际操作时的喷淋密度过小，可采用增大回流比或液体再循环的方法加大液体流量，以保证填料表面的充分润湿；也可采用减小塔径或适当增加填料层高度的方法予以补偿。

填料表面润湿性能还与填料的材质有关，陶瓷填料的润湿性能最好，塑料填料的润湿性能最差。对于金属、塑料材质的填料，可采用一定的表面处理方法，改善其表面的润湿性能。

3.5.3 填料塔的附件

填料塔的附件主要有填料支承板、液体分布装置、液体再分布装置和除沫装置等。合理选择和设计填料塔的附件，对保证塔的正常操作及良好的传质性能非常重要。

3.5.3.1 填料支承板

填料支承板的作用是支承塔内的填料及其所持有的液体质量，同时要能保证气液两相顺利通过。故要求支承板要有足够的机械强度和较大的自由截面积，避免此处发生液泛。常用的填料支承板有栅板型、孔管型、驼峰型等，如图 3-20 所示。

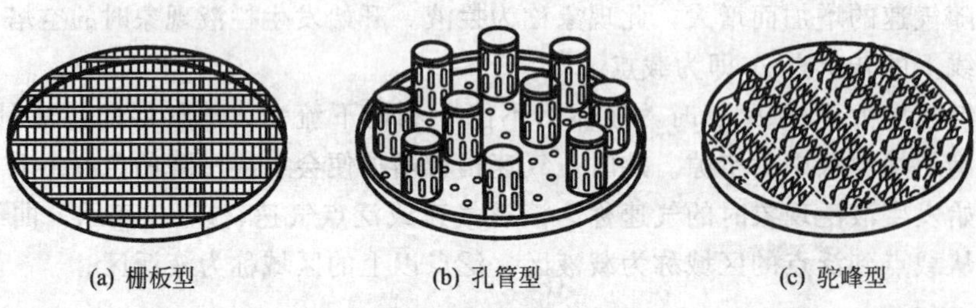

(a) 栅板型　　(b) 孔管型　　(c) 驼峰型

图 3-20 填料支承板

3.5.3.2 液体分布装置

液体分布装置的作用是使液体从塔顶均匀喷淋，以提高分离效率。常用的有莲蓬式、管

式、槽式等，如图 3-21 所示。

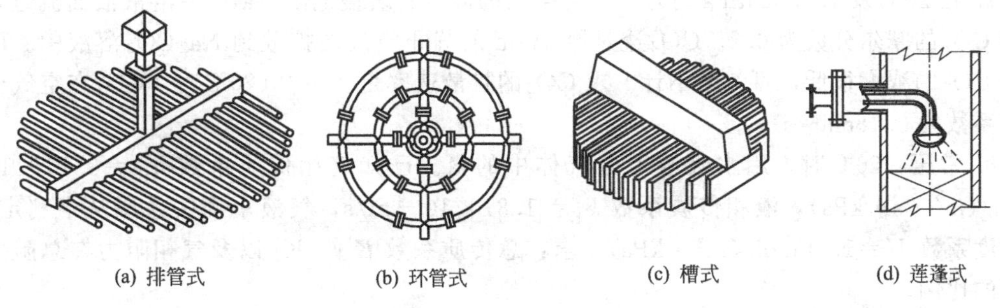

图 3-21 液体分布装置

3.5.3.3 液体再分布装置

液体沿填料层向下流动时，有偏向塔壁流动的现象，将导致填料层内气液分布不均，使传质效率下降。为避免此现象的发生，可在填料层内每隔一定高度设置液体再分布装置。高度的选择因填料种类而异。图 3-22 所示即为常用的截锥式液体再分布器。

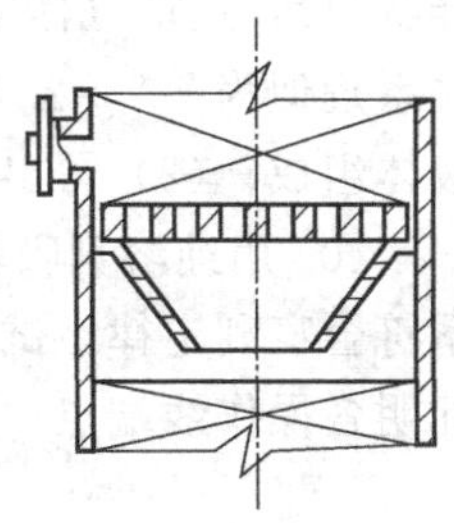

图 3-22 截锥式液体再分布器

3.5.3.4 除沫装置

除沫装置安装在液体分布装置的上方，用于除去出口气体中的液滴。工业上常用的有折流板除沫器、丝网除沫器及旋流板除沫器等。此外，填料层顶部常设置填料压板或挡网，以避免操作中因气速波动而使填料松动或损坏。

习 题

1. 常压、25℃时，1000kg 水中溶解 17kg 氨，试分别用摩尔分数、摩尔比和物质的量浓度表示氨的水溶液的组成。

2. 总压为 101.325kPa、温度为 20℃时，1000kg 水中溶解 15kg NH_3，此时溶液上方气相中 NH_3的平衡分压为 2.266kPa。试求此时的溶解度系数 H、亨利系数 E、相平衡常数 m。

3. 常压、25℃时，混合气体中溶质 A 的分压为 5.47kPa，此混合气体分别与三种溶液接触：(1) 溶质 A 浓度为 0.002mol/L 的水溶液；(2) 溶质 A 浓度为 0.001mol/L 的水溶液；(3) 溶质 A 浓度为 0.003mol/L 的水溶液。试求三种情况下溶质 A 的传质方向。已知体系的平衡关系符合亨利定律，亨利系数为 1.52×10^5 kPa。

4. 在 20℃时，氧溶于水的平衡关系为 $p^*=4.06\times10^6x$，试求：(1) 20℃时，与 101.325kPa 的大气充分接触的水中最大溶氧浓度为多少？(2) 若将 20℃的饱和含氧水加热到 95℃，则最大溶氧浓度又为多少？(均以摩尔分数表示)

5. 某逆流操作的吸收塔，常压下用清水吸收空气和硫化氢混合气中的硫化氢。已知塔底气相中含 1.5%（摩尔分数）的 H_2S，吸收液中含 H_2S 为 1.8×10^{-5}（摩尔分数）。试求塔底温度分别为 5℃及 30℃时的吸收过程推动力。

6. 在 25℃及常压状态下，一浅盘中盛有 5mm 深的水层，逐渐蒸发并扩散到大气中。假定扩散始终通过厚 3mm 的静止空气层，气层外水蒸气压可以忽略，扩散系数为

0.256cm²/s。求蒸干水层所需时间。

7. 在20℃及101.325kPa时，CO_2与空气的混合物缓慢地沿Na_2CO_3溶液液面流过，气体中CO_2的摩尔分数为0.2。CO_2透过厚1mm的静止空气层扩散到Na_2CO_3溶液中。已知水中CO_2的浓度很低，可忽略不计。求CO_2的扩散速率是多少？（20℃时，CO_2在空气中的扩散系数为0.18cm²/s）

8. 常压、20℃时，用水吸收混合气体中的氨。已知气相传质系数$k_G=3.15\times10^{-6}$ kmol/(m² · s · kPa)，液相传质系数$k_L=1.81\times10^{-4}$m/s，气液平衡关系服从亨利定律，溶解度系数$H=1.5$kmol/(m³ · kPa)。求：总传质系数K_G、K_L以及气相阻力在总阻力中所占的比例。

9. 在一逆流吸收塔中，用清水吸收混合气体中的SO_2，混合气体流量为5000m³/h（标准状况），进塔气体中含SO_2 8.0%（体积分数），SO_2的吸收率为0.95，操作条件下的平衡关系近似为$Y^*=2.7X$，操作液气比为最小液气比的1.5倍。试求：(1) 吸收剂用量和出塔液体组成；(2) 写出其操作线方程。

10. 用纯溶剂吸收某溶质组分可采用如本题附图所示的三种双塔流程，若气液相平衡关系符合亨利定律，试定性绘出与各流程相对应的操作线和平衡线，并用图中表示浓度的符号标明各操作线端点。

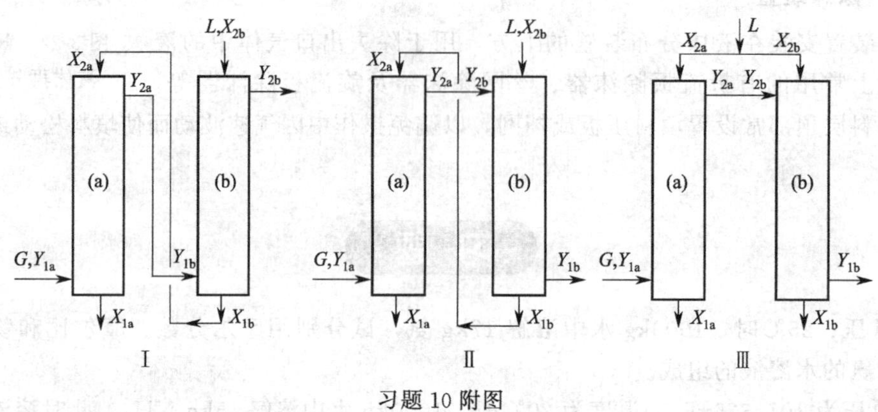

习题10附图

11. 以清水在填料塔内逆流吸收空气-氨混合气中的氨，进塔气中含氨4.0%（体积分数），要求回收率η为0.96，混合气体的流率为0.35kg/(m² · s)。操作液气比为最小液气比的1.6倍，平衡关系为$Y^*=0.92X$，气相总体积传质系数K_Ya为0.043kmol/(m³ · s)。试求：(1) 出塔吸收液组成；(2) 所需填料层高度。

12. 在直径为0.8m的填料塔中，以清水逆流吸收混合气体中的氨，进塔气中含氨1.5%（体积分数），要求回收率为0.96，混合气体的流率为0.026kmol/(m² · s)。操作液气比为0.92，平衡关系为$Y^*=0.8X$，气相总体积传质系数K_Ya为0.06kmol/(m³ · s)，填料层高度为6m。试求：(1) 尾气中氨的组成Y_2；(2) 欲将吸收率提高到99.5%，则用水量需增加多少（kmol/h）？

13. 一填料塔用清水逆流吸收混合气中的有害组分A。已知操作条件下气相总传质单元高度为1.5m，进塔混合气组成为0.04（摩尔分数，下同），出塔尾气组成为0.0053，出塔水溶液浓度为0.0128，操作条件下平衡关系为$Y^*=2.5X$。试求：(1) 操作液气比为最小液气比的多少倍？(2) 所需填料层高度。(3) 若气液流量和初始组成不变，要求尾气浓度降至0.0033，求此时填料层高度为多少米？

14. 某吸收塔填料层高度为4m，用清水吸收尾气中的有害组分A，已知平衡关系为$Y^*=1.5X$，塔顶出塔气体组成为$y_2=0.004$，塔底混合气进塔组成$y_1=0.02$，吸收液出塔组成$x_1=0.008$，求：(1) 气相总传质单元高度；(2) 由于法定排放浓度y_2必须小于0.002，所以拟将填料层加高，若液气流量不变，传质单元高度的变化亦可忽略不计，问填料层应加高多少？

15. 在直径为0.6m的填料塔中，用循环溶剂逆流吸收混合气体中的溶质。气体入塔组成为0.025（摩尔比，下同），液气比为1.6，操作条件下气液平衡关系为$Y^*=1.2X$。若循环溶剂组成为0.001，则出塔气体组成为0.0025，试求此时出塔液体组成。若气相体积传质系数$K_Ya=20\text{kmol}/(\text{m}^3\cdot\text{h})$，已知气体流量为2kmol/h，用平均推动力法求填料层高度。

16. 在一逆流吸收塔中，用某种液体溶剂吸收混合气体中的溶质A，已知A在气、液两相中的平衡关系为$Y^*=X$，气液的进塔浓度分别为$y_1=0.1$，$x_2=0.01$（均为摩尔分数）。试求：

(1) 当吸收率$\eta=0.8$时的最小液气比；

(2) 若将吸收率提高至0.85，可采用什么措施？提高至0.9又如何？

(3) 如果液体入口浓度x_2从0.01增加到0.15，此时将发生什么现象？

17. 20℃及101.3kPa下，在塔径为0.675m的填料塔内用清水逆流吸收空气-丙酮混合气中含量为6%（体积分数）的丙酮，混合气体流量为1400m³/h（标准状态）。清水用量为3000kg/h，丙酮回收率为98%。平衡关系为$Y^*=1.68X$。已知气相总体积传质系数$K_ya=0.046\text{kmol}/(\text{m}^3\cdot\text{s})$。试求：(1) 单元传质数$N_{OG}$；(2) 填料层高度。

18. 气体混合物中的溶质浓度$y_1=0.02$，要求回收率为90%，气、液平衡关系为$Y^*=X$，试求下列情况下的传质单元数N_{OG}。(1) 入塔溶液为纯溶剂，液气比$L/V=2.0$；(2) 入塔溶液为纯溶剂，液气比$L/V=1.25$；(3) 入塔溶液含溶质浓度为$x_2=0.0001$，液气比$L/V=1.25$。

19. 在填料层高度为10m的填料塔中用清水吸收某混合气体中的有害气体A。正常操作时的浓度如本题附图中(a)所示，此体系的气液相平衡关系为$Y^*=1.5X$。(1) 求此时的总传质单元高度H_{OG}为多少？(2) 若操作条件不变，为使A的排放浓度达到$y_2'=0.002$的标准，填料层高度应怎样变化？(3) 若采用图(b)所示流程，每塔气液比均同(1)，定量计算A的排放浓度y_2''，并判断能否达标。

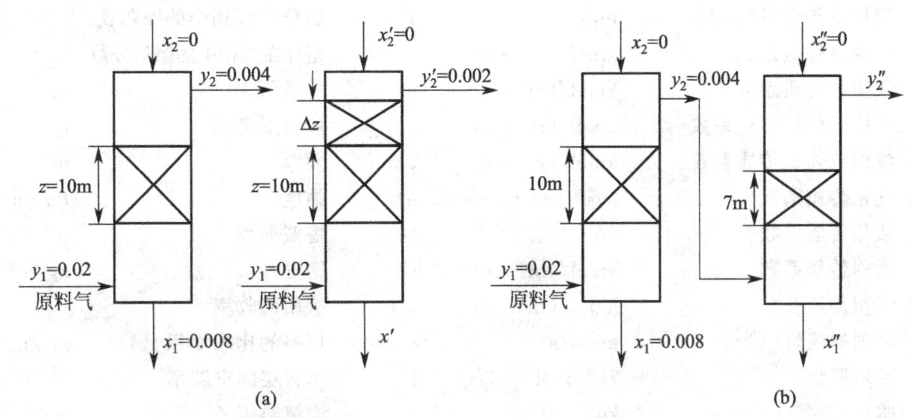

习题19附图

20. 一逆流填料塔用于吸收混合气体中的丙酮。吸收剂循环使用，入塔时含丙酮0.005

(摩尔分数，下同)。入塔气体中丙酮含量为0.08，操作时的气液比为0.6，并测得出塔气体中的丙酮的含量为0.0037。已知气液平衡关系$Y^*=0.45X$，且为气膜阻力控制过程，$K_ya \propto V^{0.7}$，试求。(1) 若液体量增加25%（气体量不变），丙酮的吸收率；(2) 若气体量增加25%（液体量不变），丙酮的吸收率；(3) 若要求吸收率为97%，则应采取什么措施，试作简要分析。

21. 用过热蒸气在一逆流填料塔中脱除吸收液中的溶质A。操作气液比$V/L=0.47$，平衡关系为$Y^*=3.2X$，吸收液的组成为0.1066（摩尔比，下同），要求再生液中溶质含量不超过0.0075，液相总传质单元高度为0.68m，求所需填料层高度。

本章主要符号说明

符号	意义	单位	符号	意义	单位
A	吸收因数		N	传质速率	$kmol/(m^2 \cdot s)$
a	单位体积填料层的传质面积	m^2/m^3	N_G	气相传质单元数	
$\bar{a}$	质量比		N_L	液相传质单元数	
c	总物质的量浓度	$kmol/m^3$	N_{OG}	气相总传质单元数	
c_A 等	组分A等的物质的量浓度	$kmol/m^3$	N_{OL}	液相总传质单元数	
D	扩散系数	m^2/s	n	物质的量	mol
E	亨利系数	kPa	p	总压力	kPa
G	质量浓度	kg/m^3	p_A 等	分压力	kPa
G_A	单位时间吸收溶质的量	kmol/s	S	脱吸因数	
H	溶解度系数	$kmol/(m^3 \cdot kPa)$	U	喷淋密度	$m^3/(m^2 \cdot h)$
H_G	气相传质单元高度	m	u	流速	m/s
H_L	液相传质单元高度	m	V	体积	m^3
H_{OG}	气相总传质单元高度	m	V	惰性气体的流量	kmol/s
H_{OL}	液相总传质单元高度	m	w	质量分数	
J	扩散通量	$kmol/(m^2 \cdot s)$	X	组分在液相中的摩尔比	
K_G	气相总传质系数	$kmol/(m^2 \cdot s \cdot kPa)$	x	组分在液相中的摩尔分数	
K_L	液相总传质系数	m/s	Y	组分在气相中的摩尔比	
K_x，K_X	液相总传质系数	$kmol/(m^2 \cdot s)$	y	组分在气相中的摩尔分数	
K_y，K_Y	气相总传质系数	$kmol/(m^2 \cdot s)$	z	扩散距离	m
K_Ya	气相总体积传质系数	$kmol/(m^3 \cdot s)$	z	填料层高度	m
K_Xa	液相总体积传质系数	$kmol/(m^3 \cdot s)$	z	膜厚	m
k_G	气相传质系数	$kmol/(m^2 \cdot s \cdot kPa)$	μ	黏度	$Pa \cdot s$
k_L	液相传质系数	m/s	Ω	塔截面积	m^2
k_x，k_X	液相传质系数	$kmol/(m^2 \cdot s)$	ρ	密度	kg/m^3
k_y，K_Y	气相传质系数	$kmol/(m^2 \cdot s)$	η	溶质回收率	
L	溶剂的流量	kmol/s	σ	填料的比表面积	m^2/m^3
M	摩尔质量	kg/kmol	ε	填料层的空隙率	
m	质量	kg	ϕ	湿填料因子	m^{-1}
m	相平衡常数				

第4章 蒸 馏

4.1 概述

蒸馏是利用液体混合物中各组分挥发性的差异而实现组分分离与提纯的单元操作。一般将挥发性大的组分称为易挥发组分或轻组分，用A表示；挥发性小的组分称为难挥发组分或重组分，用B表示。

蒸馏是分离均相液体混合物的典型单元操作，广泛应用于化工、石油、医药、食品、环保等领域。例如，石油炼制工业中可应用蒸馏的方法将原油裂解后的混合物分离成汽油、煤油、柴油和润滑油等不同沸程的产品；又如工业生产中常将空气加压和深冷后，采用蒸馏的方法进行分离，以获得纯度较高的氧气和氮气。

工业上，蒸馏操作可按以下几种方法分类。

① 按蒸馏操作方式分类　可分为简单蒸馏、平衡蒸馏、精馏和特殊蒸馏等。简单蒸馏和平衡蒸馏为单级蒸馏过程，常用于混合物中各组分的挥发度相差较大、对分离要求不高的场合；精馏为多级蒸馏过程，适用于难分离物系或对分离要求较高的场合；特殊蒸馏适用于某些普通精馏难以分离或无法分离的物系。工业生产中以精馏的应用最为广泛。

② 按蒸馏操作流程分类　可分为间歇蒸馏和连续蒸馏。间歇蒸馏为非稳态操作过程，具有操作灵活、适应性强等优点，主要应用于小规模、多品种或某些有特殊要求的场合；连续蒸馏为稳态操作过程，具有生产能力大、产品质量稳定、操作方便等优点，主要应用于大规模生产中。

③ 按操作压力分类　可分为加压、常压和减压蒸馏。若混合物在常压下为气态（如空气、石油气）或常压下泡点为室温，常采用加压蒸馏；若混合液在常压下的泡点为室温至150℃左右，一般采用常压蒸馏；对于常压下泡点较高或热敏性的混合物，宜采用减压蒸馏，以降低操作温度。

④ 按物系中组分的数目分类 可分为双组分蒸馏和多组分蒸馏。工业生产中绝大多数为多组分蒸馏。但两者在原理及计算方法等方面并无本质区别，双组分蒸馏是讨论多组分蒸馏的基础。

本章主要介绍常压下双组分连续蒸馏的原理及计算方法。

4.2 双组分溶液的气液相平衡

蒸馏是气液两相之间的传质过程，传质推动力的大小常用组分在两相中的组成偏离平衡的程度来衡量，而传质过程的极限是两相达到平衡状态。因此，气液平衡关系是分析蒸馏原理和解决蒸馏计算问题的基础。

气液相平衡关系是指溶液与其上方蒸气达到平衡时气液两相间各组分组成的关系。

4.2.1 双组分理想物系的气液相平衡

所谓理想物系是指气相和液相应同时符合以下条件。

(1) 气相为理想气体，遵循道尔顿分压定律，即总压等于各组分分压之和。物系总压不太高的气体可视为理想气体。

(2) 液相为理想溶液，遵循拉乌尔定律。根据溶液中同种分子间与异种分子间作用力的差异，可将溶液分为理想溶液和非理想溶液。严格地讲，理想溶液并不存在，但化学结构相似、性质相近的组分组成的溶液，如苯-甲苯、甲醇-乙醇、常压及150℃以下的轻烃混合物等都可视为理想溶液。

4.2.1.1 气液相平衡关系式

拉乌尔定律指出，在一定温度下，理想溶液上方气相中任一组分的平衡分压等于此纯组分在该温度下的饱和蒸气压与其在溶液中的摩尔分数的乘积。因此，对含有A、B组分的理想溶液，可以得出

$$p_A = p_A^\circ x_A \tag{4-1}$$

$$p_B = p_B^\circ x_B = p_B^\circ (1 - x_A) \tag{4-1a}$$

式中 p_A，p_B——溶液上方A、B组分的平衡分压，Pa；

p_A°，p_B°——同温度下，纯组分A、B的饱和蒸气压，Pa；

x_A，x_B——溶液中A、B组分的摩尔分数。

当溶液沸腾时，溶液上方的总压 p 等于各组分的分压之和，即

$$p = p_A + p_B = p_A^\circ x_A + p_B^\circ (1 - x_A) \tag{4-2}$$

整理上式，可得

$$x_A = \frac{p - p_B^\circ}{p_A^\circ - p_B^\circ} \tag{4-3}$$

式(4-3) 即为气液平衡时，液相组成与平衡温度间的关系，称为泡点方程。泡点是指一定压力下，液体混合物开始沸腾产生第一个气泡时的温度。

当物系总压不太高时，气相可视为理想气体，即

$$y_A = \frac{p_A}{p} \tag{4-4}$$

将式(4-1)、式(4-3) 代入式(4-4)，可得

$$y_A = \frac{p_A^\circ}{p} x_A = \frac{p_A^\circ}{p} \times \frac{p - p_B^\circ}{p_A^\circ - p_B^\circ} \tag{4-5}$$

式(4-5) 表示气液平衡时，气相组成与平衡温度间的关系，称为露点方程。露点是指一定压力下，混合蒸气开始冷凝出现第一滴液滴时的温度。

在总压一定的条件下，对双组分理想溶液，若已知某一温度下组分的饱和蒸气压数据，可利用泡点方程和露点方程求得平衡时的气、液相组成；若已知总压和其中一相组成，也可利用上述关系求得与之平衡的另一相组成和平衡温度，但一般需用试差法计算。

纯组分的饱和蒸气压 p° 可通过查有关手册获得，也可由安托因 (Antoine) 方程求得

$$\lg p^\circ = A - \frac{B}{t + C} \tag{4-6}$$

式中 t——平衡体系的温度；

A，B，C——安托因常数，可由相关手册查得。

4.2.1.2　气液平衡相图

相图可以直观清晰地表达气液相平衡关系，影响蒸馏的因素也可在相图上直接反映出来，应用于双组分蒸馏的分析和计算非常方便。常用的相图有恒压下的温度-组成图及气-液相组成图。

（1）温度-组成（t-x-y）图

在总压恒定的情况下，双组分溶液的平衡温度与气、液相组成之间的关系可表示为如图 4-1 所示的曲线，称为温度-组成（t-x-y）图。

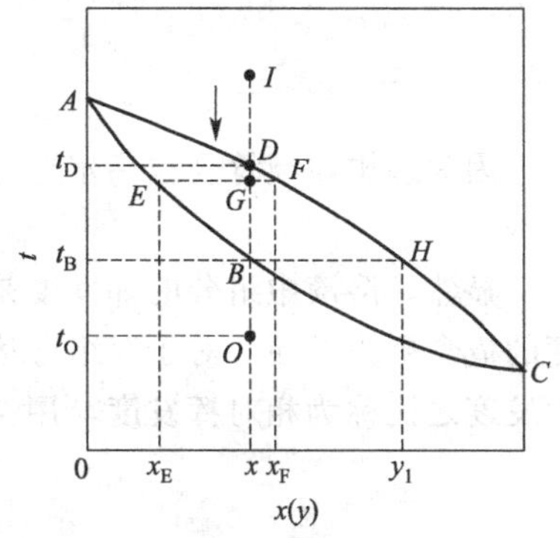

图 4-1　双组分溶液的 t-x-y 图

图中纵坐标为温度，横坐标为易挥发组分在液相（或气相）中的摩尔分数 x（或 y）。图中有两条曲线，上方曲线 ADC 为 t-y 线，表示混合液的平衡温度 t 与气相组成 y 之间的关系，称为饱和蒸气线或露点线；下方曲线 AEC 为 t-x 线，表示混合液的平衡温度 t 与液相组成 x 之间的关系，称为饱和液体线或泡点线。这两条曲线将 t-x-y 图划分成了三个区域：泡点线下方的区域代表未沸腾的液体，称为液相区；露点线上方的区域代表过热蒸气，称为过热蒸气区；两曲线包围的区域表示气液两相同时存在，称为气液共存区。点 A 和点 C 分别代表难挥发组分和易挥发组分的沸点。

在恒压下，组成为 x，温度为 t_O 的混合液（图中的点 O）升温到 B 点时，产生第一个气泡，其组成为 y_1，相应的温度 t_B 为泡点；继续升温至点 G 时，则此物系分为互成平衡的气液两相，气相组成为 y_F，液相组成为 x_E，两相的量可由杠杆规则确定；再继续升温至点 D 时，液体全部汽化，相应的温度 t_D 为露点；若再加热至点 I，则变为过热蒸气，此时的气相组成与原液体组成相同。若将此过热蒸气冷却，则为上述过程的逆过程。

由以上分析可知，只有在气液共存区内才能得到互成平衡的气液两相，且气相中易挥发组分的含量大于液相中易挥发组分的含量（即 $y>x$），才能达到一定程度的分离。

图 4-2　双组分溶液的 x-y 图

（2）气相-液相组成（y-x）图

在蒸馏计算中多采用 y-x 图，它表示一定外压下，气相组成 y 和与之平衡的液相组成 x 之间的关系，如图 4-2 所示。图中以 x 为横坐标，以 y 为纵坐标，曲线表示液相组成和与之平衡的气相组成之间的关系。曲线上任意点 D 表示组成为 x_1 的液相与组成为 y_1 的气相互成平衡，且表示点 D 有唯一确定的状态。图中对角线 $y=x$ 为参照线。对于大多数溶液，气液两相达到平衡时，y 总是大于 x，故平衡线位于对角线上方，两者位置的远近反映了两组分分离的难易程度。平衡线离对角线越远，表示该溶液越易分离。当平衡线趋近对角线或与对角线重合时，则不能采用普通蒸馏方法进行分离。

实验表明，总压变化不大时，外压对 y-x 平衡曲线的影响不明显，可以忽略。这也是 y-x 相图比 t-x-y 相图在应用上方便的地方。

4.2.1.3 挥发度与相对挥发度

蒸馏的基本依据是混合液中各组分挥发度的差异。纯组分的挥发度是指该液体在一定温度下的饱和蒸气压。但在溶液中某一组分的饱和蒸气压受其他组分的影响，其挥发度比纯态时要低。故在溶液中，各组分的挥发度 υ 可用它在气相中的分压和与之平衡的液相中的摩尔分数之比来表示。对由 A、B 组成的双组分溶液，有

$$\upsilon_A=\frac{p_A}{x_A} \tag{4-7}$$

$$\upsilon_B=\frac{p_B}{x_B} \tag{4-7a}$$

因为理想溶液符合拉乌尔定律，则有

$$\upsilon_A=p_A^\circ，\ \upsilon_B=p_B^\circ$$

显然，溶液中组分的挥发度是随温度而变化的，在蒸馏的分析和计算中，应用相对挥发度的概念更为方便。对于双组分溶液，习惯上将溶液中易挥发组分的挥发度和难挥发组分的挥发度之比称为相对挥发度，用符号 α 表示，即

$$\alpha=\frac{\upsilon_A}{\upsilon_B}=\frac{p_A/x_A}{p_B/x_B} \tag{4-8}$$

若气相遵循道尔顿分压定律，则上式可写为

$$\alpha=\frac{y_A/y_B}{x_A/x_B} \tag{4-9}$$

或

$$\frac{y_A}{y_B}=\alpha\frac{x_A}{x_B} \tag{4-9a}$$

由式(4-9) 可知，相对挥发度 α 是达到相平衡时，两组分在气相中的摩尔分数比与液相中的摩尔分数比的比值，可作为混合物采用蒸馏方法分离难易程度的标志。α 越大，混合液的分离越容易；若 $\alpha=1$，则气相组成和与之平衡的液相组成相等，则该混合液不能采用普通蒸馏方法分离。

对双组分物系，将 $y_B=1-y_A$、$x_B=1-x_A$ 代入式(4-9a)，并略去下标，整理得

$$y=\frac{\alpha x}{1+(\alpha-1)x} \tag{4-10}$$

式(4-10) 称为双组分物系的相平衡方程。若已知两组分的相对挥发度，则可由此式确定平衡时的气液组成。

对理想溶液，拉乌尔定律适用，则

$$\alpha=\frac{p_A^\circ}{p_B^\circ}=f(t) \tag{4-11}$$

由式(4-11) 可知，理想溶液的 α 是温度的函数。由于 p_A° 与 p_B° 随温度的变化趋势相近，故 α 随温度的变化不明显，在工程上一般取 α 的平均值进行计算。

【例 4-1】 试分别利用饱和蒸气压和相对挥发度计算苯-甲苯溶液在总压为 101.33kPa 下的气液平衡数据，并作出温度-组成图。苯 (A)-甲苯 (B) 的饱和蒸气压与温度的关系数据见表 4-1。

表 4-1 苯-甲苯的饱和蒸气压与温度的关系数据

t/℃	80.1	85	90	95	100	105	110.6
p_A°/kPa	101.33	116.9	135.5	155.7	179.2	204.2	240.0
p_B°/kPa	40.0	46.0	54.0	63.3	74.3	86.0	101.33

解　(1) 利用饱和蒸气压数据计算　由泡点方程和露点方程计算平衡时的气液相组成，以 $t=100℃$ 为例，计算过程如下：

$$x_A=\frac{p-p_B^\circ}{p_A^\circ-p_B^\circ}=\frac{101.33-74.3}{179.2-74.3}=0.258$$

$$y_A=\frac{p_A^\circ}{p}x_A=\frac{179.2}{101.33}\times 0.258=0.456$$

计算得到的各个平衡温度对应的 x、y 值列于表 4-2 中。

表 4-2　苯-甲苯在总压 101.33kPa 下的温度与组成关系

t/℃	80.1	85	90	95	100	105	110.6
x	1.000	0.780	0.581	0.412	0.258	0.130	0
y	1.000	0.900	0.777	0.633	0.456	0.262	0

(2) 利用相对挥发度计算　仍以 $t=100℃$ 为例，计算过程如下

$$\alpha=\frac{p_A^\circ}{p_B^\circ}=\frac{179.2}{74.3}=2.41$$

其他温度下的 α 值列于表 4-3。

在操作温度范围内 α 变化不大时，可取两组分沸点温度下 α 的算术平均值作为整个温度范围内的 α_m，即

$$\alpha_m=\frac{1}{2}(\alpha_1+\alpha_2)=\frac{2.53+2.37}{2}=2.45$$

将平均相对挥发度 α_m 代入式(4-10) 中，得

$$y=\frac{\alpha x}{1+(\alpha-1)x}=\frac{2.45\times 0.258}{1+1.45\times 0.258}=0.460$$

将表 4-2 中的 x 值依次代入式(4-10)，即可计算出气相组成 y，结果见表 4-3。

表 4-3　应用式(4-10) 计算出的气液平衡数据

t/℃	80.1	85	90	95	100	105	110.6
α	2.53	2.54	2.51	2.46	2.41	2.37	2.37
x	1.000	0.780	0.581	0.412	0.258	0.130	0
y	1.000	0.897	0.773	0.632	0.460	0.268	0

比较表 4-2 和表 4-3，可以看出所得 x-y 数据基本一致。

(3) 依据表 4-2 所列数据，以温度 t 为纵坐标，组成 x（或 y）为横坐标，标绘出如附图所示的温度-组成图。

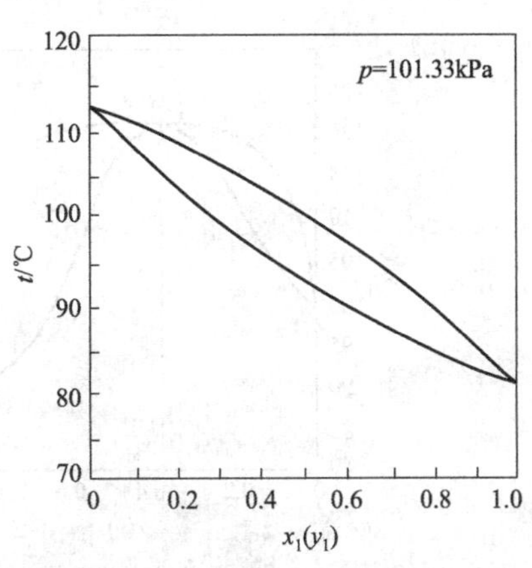

【例 4-1】附图　苯-甲苯混合液的 t-x-y 图

4.2.2 双组分非理想物系的气液相平衡

工业生产中遇到的溶液大多为非理想溶液，表现为溶液中各组分的平衡蒸气压偏离拉乌尔定律。此偏差可正可负，分别称为正偏差溶液或负偏差溶液，实际溶液以正偏差居多。发生偏差的原因在于溶液中同种分子间的作用力与异种分子间的作用力不同。

4.2.2.1 具有正偏差的溶液

若溶液中异种分子间的作用力 f_{AB}小于同种分子间的作用力 f_{AA}和 f_{BB}，则异种分子间的排斥倾向起主导作用，使溶液上方各组分的蒸气分压较拉乌尔定律预计的为高，这种溶液称为正偏差溶液，如乙醇-水、正丙醇-水等溶液。

在 t-x-y 图上，正偏差溶液的 t-x 与 t-y 曲线均比理想溶液的曲线低。当正偏差大到一定程度时，溶液会出现最高蒸气压和相应的最低恒沸点。以图 4-3 所示的乙醇-水溶液的气液平衡相图为例。在总压 101.3kPa，乙醇的摩尔分数 $x_M=0.894$ 时，出现最低恒沸点 78.15℃，此时的混合物称为恒沸物。恒沸物中各组分的相对挥发度 $\alpha=1$，相应的 $y=x$，显然不能采用普通蒸馏的方法进行分离，而只能采用恒沸蒸馏、萃取蒸馏等其他方法进行分离。这也是工业酒精中乙醇含量不会超过 0.894（摩尔分数）的原因。

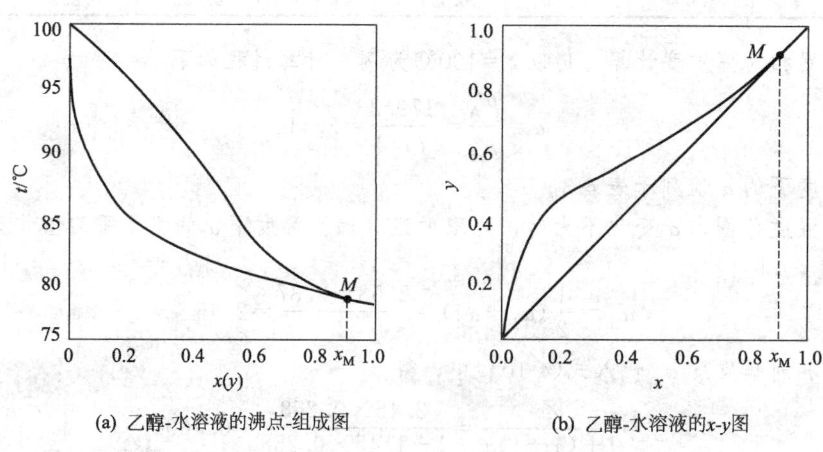

(a) 乙醇-水溶液的沸点-组成图　　(b) 乙醇-水溶液的x-y图

图 4-3　常压下乙醇-水溶液的气液平衡相图

4.2.2.2 具有负偏差的溶液

若溶液中异种分子间的吸引力 f_{AB}大于同种分子间的作用力 f_{AA}和 f_{BB}，则溶液上方各组分的蒸气分压较拉乌尔定律预计的为低，这种溶液称为负偏差溶液，如硝酸-水、氯仿-丙酮等溶液。

当负偏差大到一定程度时，溶液会出现最低蒸气压和相应的最高恒沸点。以图 4-4 所示

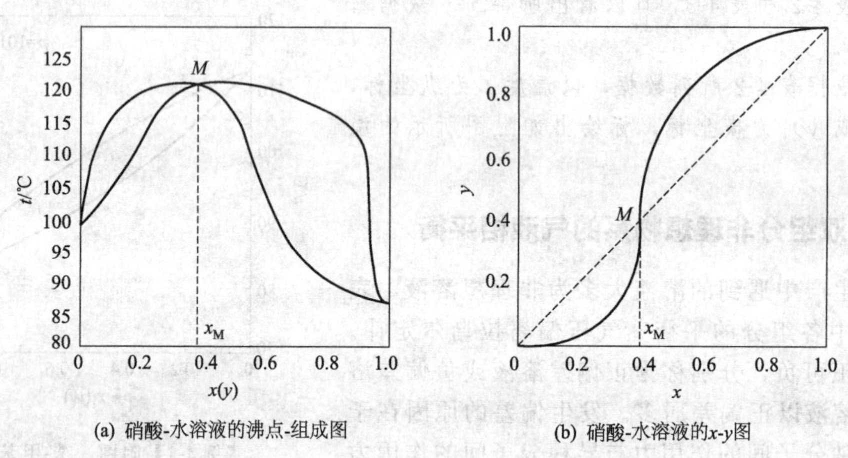

(a) 硝酸-水溶液的沸点-组成图　　(b) 硝酸-水溶液的x-y图

图 4-4　常压下硝酸-水溶液气液平衡相图

的硝酸-水溶液的气液平衡相图为例。在总压101.3kPa时，恒沸组成$x_M=0.383$，最高恒沸点121.9℃，此时恒沸物中各组分的相对挥发度$\alpha=1$。

需要指出的是，并非所有的非理想溶液都具有恒沸点，如甲醇-水、二硫化碳-四氯化碳等系统。只有偏差足够大的非理想溶液才有恒沸点。

4.3 蒸馏方式

4.3.1 简单蒸馏

简单蒸馏为间歇操作过程，装置如图4-5所示。将定量的原料液一次性加入蒸馏釜中，在恒定压力下加热至泡点使之部分汽化，产生的蒸气及时引入冷凝器中冷凝，冷凝液按不同的浓度分批收集在各个容器中。当蒸馏釜中液体达到规定浓度时，则停止加热，排出釜残液，重新加料，再进行上述操作。

在简单蒸馏过程中，随着蒸气的不断引出，釜内液体中易挥发性组分浓度不断下降，相应产生的蒸气组成也随之降低。所以简单蒸馏是一种非定态过程，一般用于混合物的初步分离，特别适用于挥发度相差较大且分离要求不高的场合。

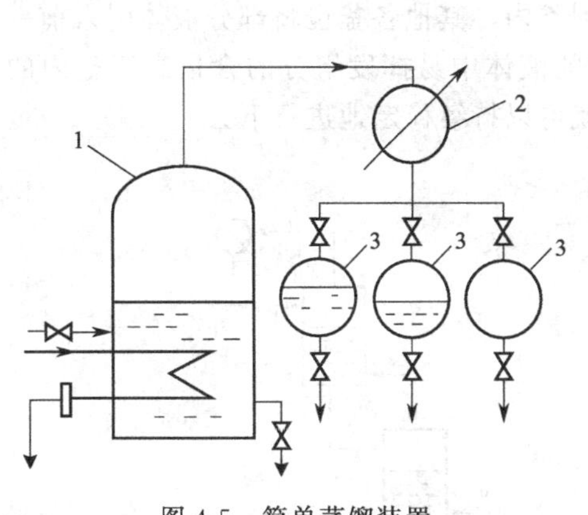

图4-5 简单蒸馏装置

1—蒸馏釜；2—冷凝器；3—产品收集器

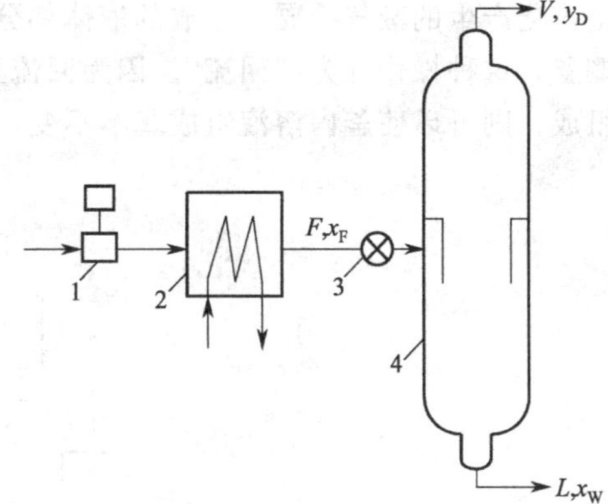

图4-6 平衡蒸馏装置

1—泵；2—加热器（或加热炉）；3—减压阀；4—分离器（闪蒸塔）

4.3.2 平衡蒸馏

平衡蒸馏又称为闪蒸，装置如图4-6所示。原料液由泵加压后，连续通过加热器升温，使液体温度高于分离器压力下的泡点。在流过节流阀后，因骤然降压成为过热液体，其高于泡点的显热使部分液体汽化，这个过程称为闪蒸。产生的气、液两相处于平衡状态，进入分离器分离，含易挥发组分较多的气相从分离器的顶部排出，含易挥发组分较少的液相从底部排出。平衡蒸馏为定态连续操作，适用于大批量、粗分离的场合。

4.3.3 精馏

简单蒸馏和平衡蒸馏都是单级分离过程，只对混合物进行一次部分汽化，因而只能实现混合液的部分分离，无法获得高纯度的产品。若要使混合液实现几乎完全的分离，获得高纯度的产品，必须采用多次部分汽化和部分冷凝的精馏过程。

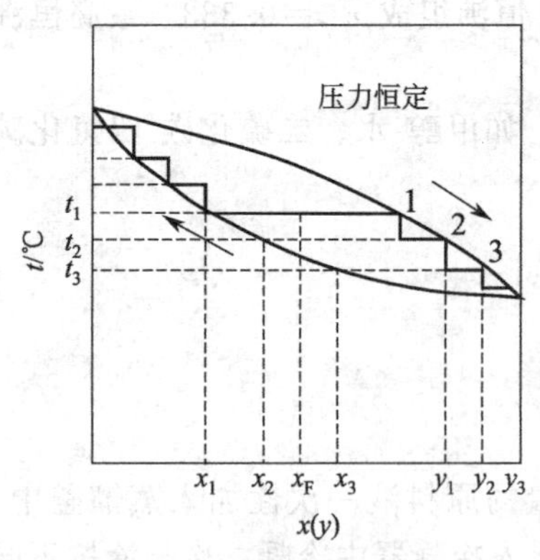

图 4-7　多次部分汽化和冷凝的 t-x-y 图

精馏原理可用如图 4-7 所示的 t-x-y 相图来说明。将组成为 x_F 的混合液升温至泡点以上使其部分汽化，生成平衡的气液两相，组成分别为 y_1 和 x_1，显然 $y_1>x_F>x_1$，两相的量由杠杆规则确定。将气液两相分开，对组成为 y_1 的气相继续进行部分冷凝，则可得到组成为 y_2 的气相和组成为 x_2 的液相；将组成为 y_2 的气相继续进行部分冷凝，则可得到组成为 y_3 的气相和组成为 x_3 的液相，且 $y_3>y_2>y_1$。可见，气体混合物经多次部分冷凝后，在气相中可获得高纯度的易挥发组分。同时，若将组成为 x_1 的液相多次部分汽化，在液相中也可得到高纯度的难挥发组分。

因此，通过对液相和气相分别进行多次部分汽化和部分冷凝的过程，原则上可实现混合物的高纯度分离。这一过程可采用如图 4-8(a) 所示的流程实现。但这一流程会产生大量中间馏分，使得产品收率很低，同时各釜中的液体量越来越少，液体中所含易挥发性组分越来越少，使溶液的沸点越来越高，以致操作不能持久地进行下去。为此，可采用图 4-8(b) 所示的流程。将最顶端蒸馏釜汽化产生的蒸气冷凝，生成的液体部分引回到釜内，其他各釜也将部分液体引入前一级蒸馏釜，这种操作称为“回流”。因为回流至各釜的液体中易挥发组分的含量高于釜内的溶液组成，则可以使釜内溶液组成基本不变，操作就可以持续稳定地进行下去。

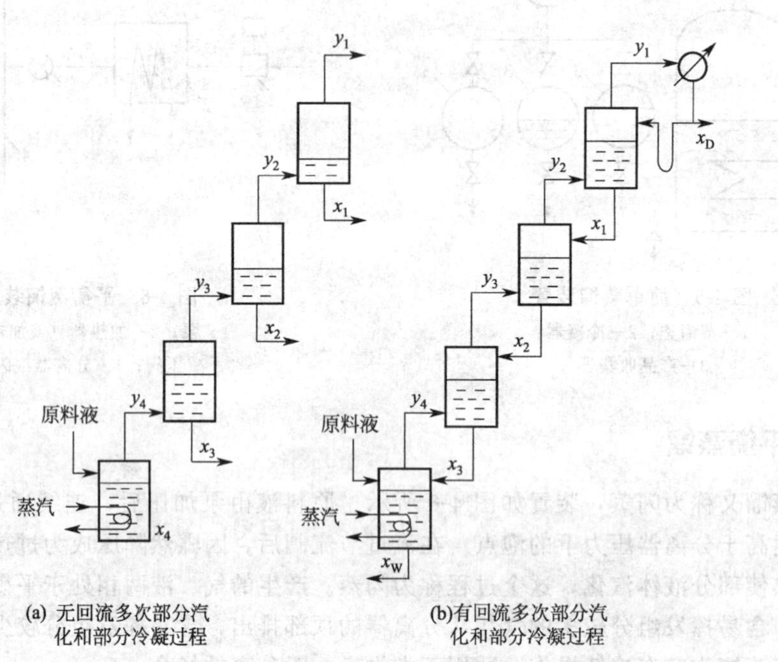

图 4-8　多次部分汽化和部分冷凝的精馏过程示意图

为了节省设备投资和占地面积，方便操作，工业上常采用含有多层塔板的精馏塔来完成上述流程。塔内每一层塔板即相当于一级蒸馏釜，气液两相在塔板上进行多次部分汽化和部分冷凝，同时进行气液两相传质，最终实现对溶液中各组分的高纯分离。

图 4-9 所示为连续操作的板式精馏塔流程示意图，主要包括精馏塔、再沸器、冷凝器、

冷却器、原料预热器等设备。原料液经预热后，自塔中部的适当位置连续加入塔内，塔顶冷凝器将上升蒸气冷凝成液体，一部分回流入塔，形成沿塔下降的液相回流，其余部分作为塔顶产品（馏出液）采出；塔底再沸器将下降液体加热，使之部分汽化返回塔内，形成沿塔上升的气相回流，其余部分作为塔底产品（釜残液）采出。在精馏塔的各层塔板上，气液两相密切接触，当存在着温度差和组成差时，气液两相间会发生传热、传质过程。蒸气放出热量，发生部分冷凝，使难挥发组分转入液相；同时，液体吸收热量，发生部分汽化，使易挥发组分转入气相。结果是气相中易挥发组分的含量增高，液相中难挥发组分的含量增高。只要有足够多的塔板数，即可在塔顶获得指定纯度的易挥发组分产品，在塔底获得指定纯度的难挥发组分产品。

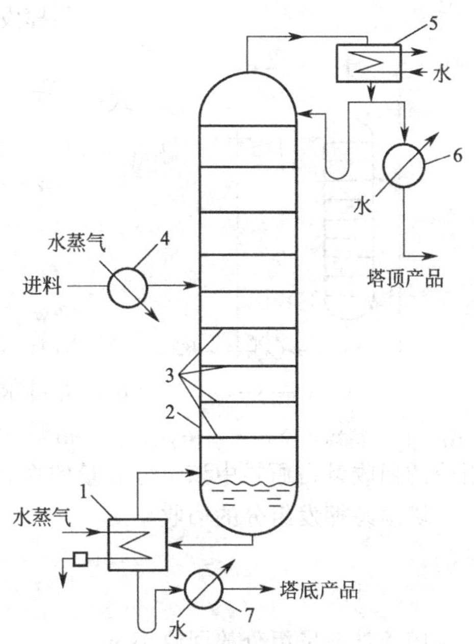

图 4-9　连续精馏装置的流程

1—再沸器；2—精馏塔；3—塔板；4—进料预热器；5—冷凝器；6—塔顶产品冷却器；7—塔底产品冷却器

塔板提供了气液两相接触的场所，若离开任意一层塔板的气液两相组成达到平衡，则将这种塔板称为理论塔板。但由于气液两相在塔板上接触时间有限，实际上离开塔板的气液两相难以达到平衡，因此理论塔板是不存在的，但可以作为衡量实际塔板分离效果的标准。

从以上分析可知，为实现混合液的高纯度分离，除了精馏塔具有足够多的塔板数以外，还必须从塔顶引入下降液流（液相回流）和从塔底产生上升蒸气流（气相回流），以建立气液两相传质体系。因此，塔顶液相回流和塔底上升蒸气流是保证精馏过程连续稳定进行的必要条件。

通常，将精馏塔中加入原料液的那层塔板称为加料板。加料板以上的部分称为精馏段，其作用是使上升蒸气中易挥发组分的浓度逐渐增大，从而在塔顶获得合格的易挥发组分产品；加料板以下的部分（包括加料板）称为提馏段，其作用是实现下降液体中难挥发组分的增浓，从而在塔底获得合格的难挥发组分产品。

4.4　双组分连续精馏塔的计算

本节将着重讨论双组分连续精馏塔的工艺计算。主要包括以下内容：确定产品的流量和组成；选择合适的操作条件，包括操作压强、进料热状况和回流比等；确定精馏塔所需的塔板数和适宜的加料位置；精馏装置的热量衡算。

4.4.1　全塔物料衡算

对精馏塔全塔进行物料衡算，可以求出原料液、馏出液及釜残液之间流量、组成之间的关系。图 4-10 所示为一连续精馏装置，以单位时间为基准，取图中虚线划定的范围进行物料衡算，得

总物料衡算

$$F=D+W \tag{4-12}$$

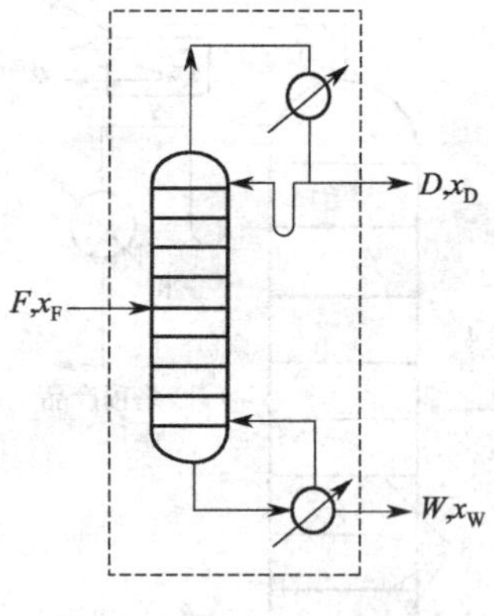

图 4-10 精馏塔全塔物料衡算

易挥发组分物料衡算

$$Fx_F = Dx_D + Wx_W \tag{4-13}$$

式中 F——原料液流量，kmol/h；

D——塔顶产品（馏出液）流量，kmol/h；

W——塔底产品（釜残液）流量，kmol/h；

x_F——原料液中易挥发组分的摩尔分数；

x_D——塔顶产品中易挥发组分的摩尔分数；

x_W——塔底产品中易挥发组分的摩尔分数。

通常由生产任务给出 F、x_F、x_D、x_W，则联立上述两式，即可求出塔顶、塔底产品流量 D 和 W。

精馏计算中，有时用回收率表示分离要求。回收率是指某组分的回收量占原料中该组分总量的百分数。

塔顶易挥发组分的回收率 η_D

$$\eta_D = \frac{Dx_D}{Fx_F} \times 100\% \tag{4-14}$$

塔釜难挥发组分的回收率 η_W

$$\eta_W = \frac{W(1-x_W)}{F(1-x_F)} \times 100\% \tag{4-15}$$

【例 4-2】 含苯 0.45（质量分数，下同）的苯-甲苯混合液在连续精馏塔中分离，进料量 5000kg/h，要求馏出液中苯的回收率为 98%，釜液中苯含量不高于 2%，试求馏出液与釜液的流量及组成。

解 苯的相对分子质量为 78.11，甲苯的相对分子质量为 92.14，则

进料组成 $$x_F = \frac{0.45/78.11}{0.45/78.11 + 0.55/92.14} = 0.491$$

釜液组成 $$x_W = \frac{0.02/78.11}{0.02/78.11 + 0.98/92.14} = 0.024$$

原料液流量 $$F = \frac{5000 \times 0.45}{78.11} + \frac{5000 \times 0.55}{92.14} = 58.65(\text{kmol/h})$$

由题意知 $$\eta_D = \frac{Dx_D}{Fx_F} = 0.98 \qquad ①$$

全塔物料衡算，得 $$F = D + W \qquad ②$$

$$Fx_F = Dx_D + Wx_W \qquad ③$$

将已知数据代入式①、式②、式③，并联立求解，得

$$D = 29.65\text{kmol/h},\ W = 29\text{kmol/h},\ x_D = 0.95$$

4.4.2 理论板与恒摩尔流假设

4.4.2.1 理论板

由于精馏过程既涉及传热又涉及传质过程，影响因素较多，为简化计算，常引入理论板概念。

理论板是指离开塔板的气液两相组成相互平衡且温度相等的理想化塔板。其前提条件是气液两相皆充分混合、组成均匀、塔板上不存在传热传质的阻力。实际上，由于塔板上气液

的接触面积和接触时间是有限的，因此塔板上气液两相一般都难以达到平衡，也就是说理论板并不存在，但它可以作为衡量实际塔板分离效果的标准。在工程设计中，可先求出理论塔板数，再根据塔板效率来确定实际塔板数。

4.4.2.2　恒摩尔流假设

恒摩尔流假设也是为了简化精馏计算引入的。塔内的恒摩尔流假设包括以下两方面。

(1) 恒摩尔气流

在塔内，精馏段或提馏段每层塔板上上升蒸气的摩尔流量各自相等，但两段上升蒸气的摩尔流量不一定相等，即

精馏段　　$V_1=V_2=\cdots=V=$常数

提馏段　　$V_1'=V_2'=\cdots=V'=$常数

(2) 恒摩尔液流

在塔内，精馏段或提馏段每层塔板下降液体的摩尔流量各自相等，但两段下降液体的摩尔流量不一定相等，即

精馏段　　$L_1=L_2=\cdots=L=$常数

提馏段　　$L_1'=L_2'=\cdots=L'=$常数

恒摩尔流假设的成立应满足以下条件：各组分的摩尔汽化潜热相等；气液两相接触时，因温度不同而交换的显热可忽略；塔设备保温良好，热损失可以忽略。上述条件在很多系统内能基本符合，可将这些系统在精馏塔内的气液两相视为恒摩尔流。

4.4.3　操作线方程

操作线方程就是表达精馏塔内由任一塔板下降的液体组成 x_n 和与其相邻的下一层塔板上升的蒸气组成 y_{n+1} 之间关系的方程。在连续精馏塔中，由于原料液不断从塔的中部加入，致使精馏段和提馏段具有不同的操作关系，应分别讨论。

4.4.3.1　精馏段操作线方程

精馏段的物流和组成情况如图 4-11 所示。以单位时间为基准，对虚线划定的范围（包括精馏段第 $n+1$ 层板以上的塔段及冷凝器）作物料衡算。

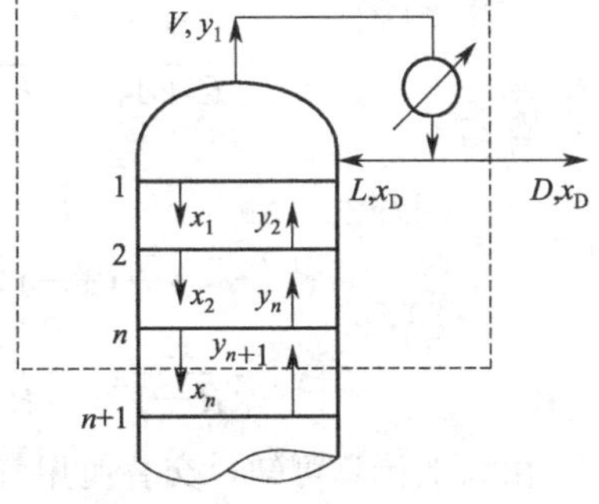

图 4-11　精馏段物料衡算

总物料衡算

$$V=L+D \tag{4-16}$$

易挥发组分的物料衡算

$$Vy_{n+1}=Lx_n+Dx_D \tag{4-17}$$

式中　V——精馏段每层塔板上升蒸气的摩尔流量，kmol/h；

L——精馏段每层塔板下降液体的摩尔流量，kmol/h；

y_{n+1}——精馏段第 $n+1$ 层板上升蒸气中易挥发组分的摩尔分数；

x_n——精馏段第 n 层板下降液体中易挥发组分的摩尔分数。

将式(4-17) 中各项同除以 V，得

$$y_{n+1}=\frac{L}{V}x_n+\frac{D}{V}x_D \tag{4-18}$$

将式(4-16) 代入式(4-18)，可得

$$y_{n+1}=\frac{L}{L+D}x_n+\frac{D}{L+D}x_D \tag{4-18a}$$

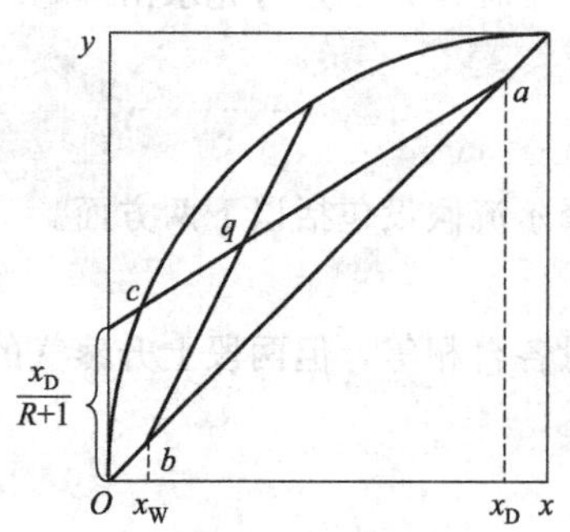

图 4-12 操作线的作法

令 $R=\frac{L}{D}$ 并代入式(4-18a)，得

$$y_{n+1}=\frac{R}{R+1}x_n+\frac{1}{R+1}x_D \tag{4-18b}$$

式中 R 称为回流比，是精馏操作时的重要参数之一，其值一般由设计者选定。

式(4-18)、式(4-18a) 和式(4-18b) 均为精馏段操作线方程。定态操作时，R 及 x_D 均为定值，则该方程为直线，其斜率为 $\frac{R}{R+1}$，截距为 $\frac{x_D}{R+1}$。该直线过对角线上的点 $a(x_D,x_D)$，再在 y 轴上找到点 $c\left(0,\frac{x_D}{R+1}\right)$，连接 ac，即为精馏段操作线方程，如图 4-12 所示。

【例 4-3】 苯-甲苯混合液在连续精馏塔中分离，塔顶冷凝器为全凝器（即蒸气在冷凝器中全部冷凝成饱和液体）。塔顶产品 $x_D=0.95$，回流比 $R=3.2$。物系的相对挥发度为 2.56，求从第三层理论板上升的蒸气组成。

解 由于塔顶采用全凝器，则

$$y_1=x_D=0.95$$

由式(4-10)，可得

$$x_1=\frac{y_1}{\alpha-(\alpha-1)y_1}=\frac{0.95}{2.56-(2.56-1)\times 0.95}=0.881$$

由式(4-18b)，可得

$$y_2=\frac{R}{R+1}x_1+\frac{1}{R+1}x_D=\frac{3.2}{4.2}\times 0.881+\frac{1}{4.2}\times 0.95=0.897$$

同理，可得

$$x_2=\frac{y_2}{\alpha-(\alpha-1)y_2}=\frac{0.897}{2.56-(2.56-1)\times 0.897}=0.773$$

$$y_3=\frac{R}{R+1}x_2+\frac{1}{R+1}x_D=\frac{3.2}{4.2}\times 0.773+\frac{1}{4.2}\times 0.95=0.815$$

由以上计算可知，交替使用气液相平衡关系与精馏段操作线方程，可以逐板计算出精馏段离开各层理论板的气液相组成。

4.4.3.2 提馏段操作线方程

以单位时间为基准，对图 4-13 虚线框范围（包括提馏段第 m 层板以下的塔段及再沸器）作物料衡算。

总物料衡算

$$L'=V'+W \tag{4-19}$$

易挥发组分的物料衡算

$$L'x_m=V'y_{m+1}+Wx_W \tag{4-20}$$

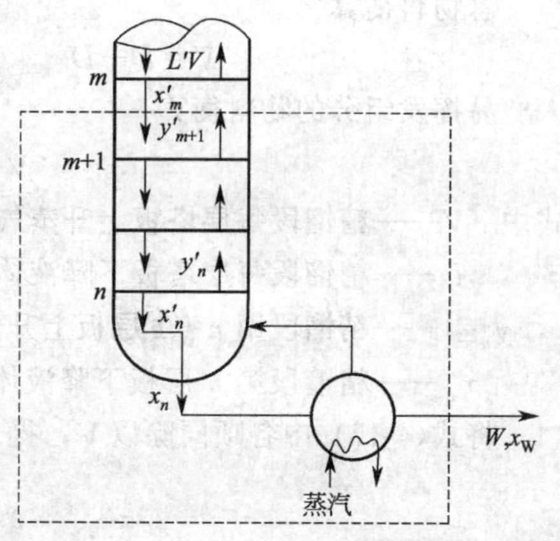

图 4-13 提馏段物料衡算

式中 L'——提馏段中每层塔板下降液体的流量，kmol/h；

V'——提馏段每层塔板上升蒸气的摩尔流量，kmol/h；

x_m——提馏段第 m 层板下降液体中易挥发组分的摩尔分数；

y_{m+1}——提馏段第 $m+1$ 层塔板上升蒸汽中易挥发组分的摩尔分数。

将式(4-20) 中各项同除以 V'，得

$$y_{m+1}=\frac{L'}{V'}x_m-\frac{W}{V'}x_W \tag{4-21}$$

将式(4-19) 整理后，代入式(4-21)，可得

$$y_{m+1}=\frac{L'}{L'-W}x_m-\frac{W}{L'-W}x_W \tag{4-21a}$$

式(4-21)、式(4-21a) 即为提馏段操作线方程。在定态连续操作过程中，W、x_W 为定值，故提馏段操作线方程亦为直线，其斜率为$\frac{L'}{V'}$，截距为$-\frac{Wx_W}{V'}$。此操作线可由点 $b(x_W,x_W)$ 及截距$-\frac{Wx_W}{V'}$确定，如图 4-12 所示的直线 bq。

4.4.4 进料热状况的影响与 q 线方程

组成一定的原料液入塔时的热状况会对精馏段与提馏段的蒸气和液体流量产生影响。

实际生产中，精馏塔的进料热状况有五种：①即温度低于泡点的冷液进料；②温度等于泡点的饱和液体进料；③温度介于泡点和露点之间的气液混合进料；④温度等于露点的饱和蒸气进料；⑤温度高于露点的过热蒸气进料。

4.4.4.1 进料热状况参数

以单位时间为基准，对加料板进行物料衡算和热量衡算，衡算范围如图 4-14 所示。

总物料衡算
$$F+L+V'=V+L' \tag{4-22}$$

热量衡算
$$FI_F+LI_L+V'I_{V'}=L'I_{L'}+VI_V \tag{4-23}$$

式中 I_F——原料液的焓，kJ/kmol；

I_V，$I_{V'}$——进料板上、下饱和蒸气的焓，kJ/kmol；

I_L，$I_{L'}$——进料板上、下饱和液体的焓，kJ/kmol。

由于精馏塔中液体和蒸气均呈饱和状态，加料板与相邻的上、下板的温度及气、液相组成均相差不大，则有 $I_V \approx I_{V'}$ 和 $I_L \approx I_{L'}$。代入式(4-23)，可得

$$FI_F+LI_L+V'I_V=L'I_L+VI_V$$

将式(4-22) 代入上式，并整理得

$$\frac{L'-L}{F}=\frac{I_V-I_F}{I_V-I_L} \tag{4-24}$$

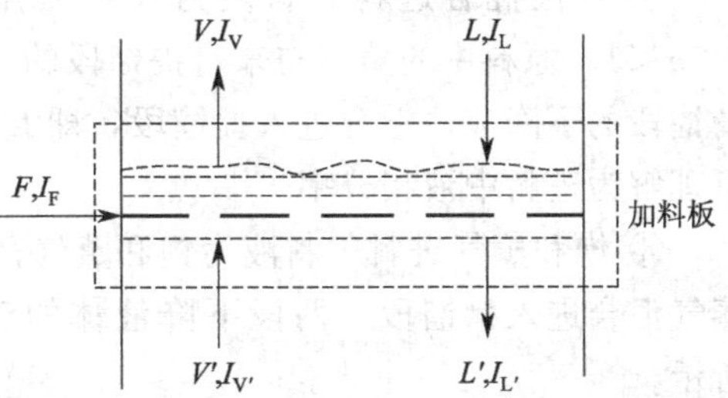

图 4-14 加料板的物料和热量衡量

令
$$q=\frac{I_V-I_F}{I_V-I_L}=\frac{\text{1kmol 原料变为饱和蒸气所需热量}}{\text{原料液的千摩尔汽化潜热}} \tag{4-25}$$

q 称为进料热状况参数，进料热状况不同，q 值亦不同。

根据式(4-24) 和式(4-25)，可得

$$L'=L+qF \tag{4-26}$$

将上式代入式(4-22)，可得

$$V'=V-(1-q)F$$

或
$$V=V'+(1-q)F \tag{4-27}$$

将式(4-26) 代入式(4-21a)，则提馏段操作线方程可改写为

$$y_{m+1}=\frac{L+qF}{L+qF-W}x_m-\frac{W}{L+qF-W}x_W \tag{4-28}$$

应用式(4-25) 由进料热状况计算出 q，再交替使用气液相平衡关系与提馏段操作线方程式(4-28)，从加料板开始，就可以逐板计算出提馏段离开各层理论板的气液相组成。

4.4.4.2 不同进料热状况下的 q 值

五种进料热状况对加料板上、下各股物流的影响如图 4-15 所示。

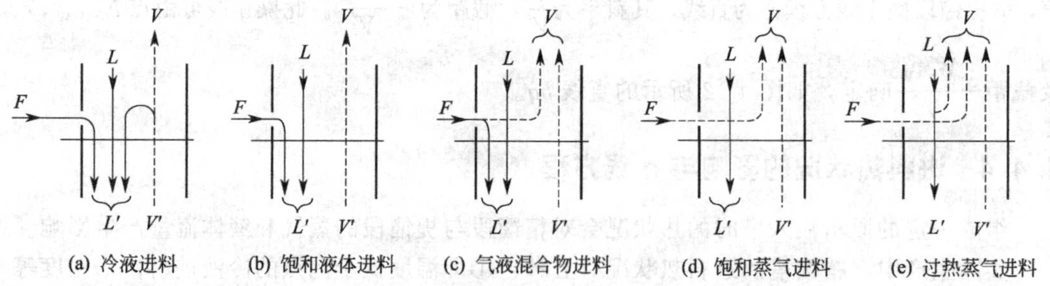

图 4-15 进料热状况对加料板上、下各股物流的影响

——► 液流；---► 气流

① 冷液进料 进料温度低于加料板上的泡点，故 $I_F<I_L$，则 $q>1$。说明原料液入塔与上升蒸气接触后，被加热至泡点温度，需要将提馏段上升的部分蒸气冷凝下来，则有 $L'>L+F$，$V<V'$，如图 4-15(a) 所示。

② 饱和液体进料 进料温度与加料板上的温度相同，故 $I_F=I_L$，$q=1$。全部料液与来自精馏段的下降液体汇合进入提馏段，两段上升蒸气的流量相等，即 $L'=L+F$，$V=V'$，如图 4-15(b) 所示。

③ 气液混合进料 料液为气液混合物，且两相处于平衡状态，故 $I_V>I_F>I_L$，则 $0<q<1$。原料中的蒸气与来自提馏段的上升蒸气汇合进入精馏段，原料中的液体则与来自精馏段的下降液体汇合进入提馏段，即 $L+F>L'>L$，$V>V'$，如图 4-15(c) 所示。此时 q 可理解为进料中液相分率。

④ 饱和蒸气进料 料液为饱和蒸气，故 $I_F=I_V$，$q=0$。原料蒸气与来自提馏段的上升蒸气汇合进入精馏段，两段下降液体的流量相等，即 $L'=L$，$V=V'+F$，如图 4-15(d) 所示。

⑤ 过热蒸气进料 进料温度高于加料板上的泡点，故 $I_F>I_V$，则 $q<0$。说明过热蒸气入塔与加料板上的液体接触后降温，放出的热量使精馏段的下降液体部分汽化产生蒸气，则有 $L'<L$，$V>V'+F$，如图 4-15(e) 所示。

4.4.4.3 q 线方程

q 线方程为精馏段操作线与提馏段操作线的交点的轨迹方程，可通过联立精馏段与提馏段的操作线方程求出。由于在交点处式(4-17) 和式(4-20) 中的变量相同，故可省略变量的

下标，即

$$Vy = Lx + Dx_D$$

$$V'y = L'x - Wx_W$$

两式相减，得　　　$(V'-V)y = (L'-L)x - (Wx_D + Dx_D)$

将式(4-26) 和式(4-27) 代入上式并整理，得

$$y = \frac{q}{q-1}x - \frac{x_F}{q-1} \tag{4-29}$$

式(4-29) 即为 q 线方程，又称为进料方程。当进料热状况一定时，q 为定值，则该方程为直线，其斜率为 $\frac{q}{q-1}$，在 x-y 图上过对角线上的点 $f(x_F, x_F)$。故 q 线完全由进料组成和进料热状况确定。五种不同的进料热状况对 q 线的影响如图 4-16 所示。

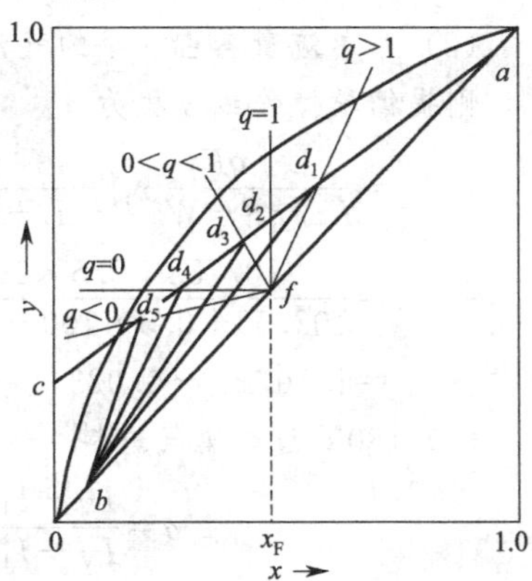

图 4-16　不同进料热状况对 q 线及操作线的影响

引入 q 线之后，可以简化提馏段操作线的绘制。过点 $f(x_F, x_F)$，以 $\frac{q}{q-1}$ 为斜率作 q 线，与精馏段操作线 ac 相交于点 d，连接点 d 和点 $b(x_W, x_W)$，即可得到提馏段操作线 bd。五种不同的进料热状况下提馏段操作线的位置如图 4-16 所示。

【例 4-4】 苯-甲苯混合液在常压连续精馏塔中分离，原料液的流量为 100kmol/h，组成为 0.44（苯的摩尔分数，下同），馏出液的组成为 0.97，釜残液的组成为 0.04，操作回流比为 2.5。试分别计算在下述进料热状况下的精馏段和提馏段操作线方程。(1) 20℃；(2) 气、液的摩尔流量各占一半；(3) 180℃。

已知操作条件下，物系的相对挥发度为 2.47，原料液的泡点为 94℃，露点为 100.5℃，原料液的平均比热容为 1.85kJ/(kg·℃)，其蒸气的平均比热容为 1.26kJ/(kg·℃)，原料液的汽化潜热为 354kJ/kg。

解　精馏段操作线方程不受进料热状况的影响，所以三种进料热状况下的精馏段操作线方程均相同，即

$$y_{n+1} = \frac{R}{R+1}x_n + \frac{1}{R+1}x_D = \frac{2.5}{2.5+1}x_n + \frac{0.97}{2.5+1} = 0.714x_n + 0.277$$

提馏段操作线方程受进料热状况的影响，需分别计算。

由全塔物料衡算，可得

$$D = F\frac{x_F - x_W}{x_D - x_W} = 100 \times \frac{0.44-0.04}{0.97-0.04} = 43.01(\text{kmol/h})$$

$$W = F - D = 100 - 43.01 = 56.99(\text{kmol/h})$$

精馏段回流液体量　$L = RD = 2.5 \times 43.01 = 107.53(\text{kmol/h})$

(1) 20℃过冷液体进料　根据式(4-25)，得

$$q = \frac{I_V - I_F}{I_V - I_L} = \frac{1.85 \times (94-20) + 354}{354} = 1.387$$

则提馏段操作线方程为

$$y_{m+1}=\frac{L+qF}{L+qF-W}x_m-\frac{W}{L+qF-W}x_W$$

$$=\frac{107.53+1.387\times 100}{107.53+1.387\times 100-56.99}x_m-\frac{56.99}{107.53+1.387\times 100-56.99}\times 0.04$$

$$=1.301x_m-0.012$$

(2) 摩尔流量各占一半的气液混合物进料，$q=0.5$

则提馏段操作线方程为

$$y_{m+1}=\frac{L+qF}{L+qF-W}x_m-\frac{W}{L+qF-W}x_W$$

$$=\frac{107.53+0.5\times 100}{107.53+0.5\times 100-56.99}x_m-\frac{56.99}{107.53+0.5\times 100-56.99}\times 0.04$$

$$=1.567x_m-0.023$$

(3) 180℃过热蒸气进料

$$q=\frac{I_V-I_F}{I_V-I_L}=\frac{-1.26\times(180-100.5)}{354}=-0.283$$

则提馏段操作线方程为

$$y_{m+1}=\frac{L+qF}{L+qF-W}x_m-\frac{W}{L+qF-W}x_W$$

$$=\frac{107.53-0.283\times 100}{107.53-0.283\times 100-56.99}x_m-\frac{56.99}{107.53-0.283\times 100-56.99}\times 0.04$$

$$=3.563x_m-0.103$$

4.4.5 理论塔板数的确定

理论塔板数的计算是精馏塔设计型计算的主要内容，可采用逐板计算法和图解法求得，这两种方法均以物系的相平衡关系和操作线方程为依据。

4.4.5.1 逐板计算法

如图 4-17 所示，假设塔顶采用全凝器，泡点回流（即冷凝液在泡点温度下部分回流至塔内），塔釜为间接蒸汽加热。

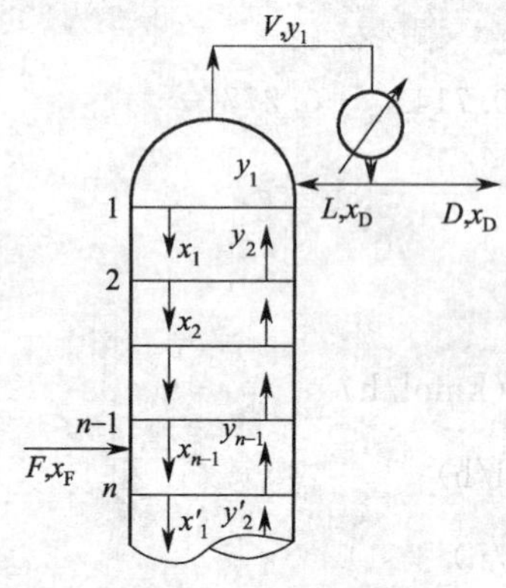

图 4-17 逐板计算法

塔顶采用全凝器，则 $y_1=x_D$；根据理论板的概念，从第一层塔板下降的液体组成 x_1 与从该板上升的蒸气组成 y_1 互成平衡，可利用相平衡方程求得 x_1，即 $x_1=\dfrac{y_1}{y_1+\alpha(1-y_1)}$；从第二层塔板上升的蒸气组成 y_2 与 x_1 符合精馏段操作线方程，可利用此关系式求得 y_2，即 $y_2=\dfrac{R}{R+1}x_1+\dfrac{1}{R+1}x_D$；再利用相平衡方程由 y_2 求得 x_2，利用精馏段操作线方程由 x_2 求得 y_3；如此交替使用相平衡关系与精馏段操作线方程进行逐板计算，直至计算出 $x_n=x_d$（x_d 是精馏段与提馏段操作线交点的液相组成）为止，则第 n 层理论塔板为理论加料板，精馏段所需理论塔板数为 $(n-1)$。在计算过程中，每应用一次平衡方程，就表示需要一层理论塔板。

从加料板开始，改用提馏段操作线方程和相平衡方程逐板计算，直至 $x_m=x_W$ 为止。

对于间接蒸汽加热，再沸器内视为气液两相平衡，相当于一层理论塔板，所以提馏段所需理论塔板数为（$m-1$）。

逐板计算法计算理论塔板数，结果准确，可同时求得各层塔板上的气液相组成，但计算过程繁琐，尤其是当理论塔板数较多时更为突出。若采用计算机计算，则快捷、准确。

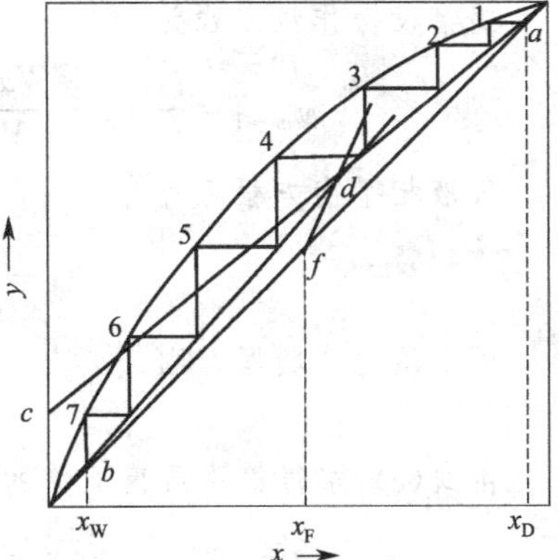

图 4-18　理论板数的图解法

4.4.5.2　图解法

图解法求理论塔板数与逐板计算法的原理相同，只是用图线代替方程，用简便的图解代替繁琐的计算，在精馏计算中应用广泛，其具体步骤如下（如图 4-18 所示）。

① 在 x-y 图中作出平衡曲线及对角线。

② 在对角线上定出点 a（x_D，x_D）、f（x_F，x_F）、b（x_W，x_W）。

③ 在 y 轴上找到点 c（0，$\frac{x_D}{R+1}$），连接点 a、c，即为精馏段操作线方程。

④ 由进料热状况求出 q 值，并通过点 f 作斜率为 $\frac{q}{q-1}$ 的直线，即为 q 线。

⑤ 找到 q 线与精馏段操作线的交点 d，连接 b、d 两点，即得提馏段操作线。

⑥ 从点 a 开始，在平衡线与精馏段操作线之间作梯级，当梯级跨过两操作线的交点 d 时，改在平衡线与提馏段操作线之间作梯级，直至梯级的水平线达到或跨过点 b 为止，所画梯级数即为理论塔板数。其中跨过点 d 的梯级为理论加料板，最后一个梯级为再沸器。在图 4-18 中，所需理论板数为 7（包括塔釜在内），精馏段与提馏段各为 3，第 4 板为加料板。

【例 4-5】 在一常压连续精馏塔内分离苯-甲苯混合物。塔顶为全凝器。已知进料流量为 80kmol/h，料液中苯含量为 0.40（摩尔分数，下同），塔顶产品含苯 0.90，要求苯回收率不低于 90%。塔顶为全凝器，回流比为 2。试分别求泡点进料和 20℃进料时所需的理论板数。已知操作条件下，物系的相对挥发度为 2.47，原料液的泡点为 95℃，平均比热容为 158.9kJ/（kmol·℃），平均汽化潜热为 3.26×10^4 kJ/kmol。

解　(1) 泡点进料

方法一：用逐板计算法求所需理论板数

塔顶产品流量
$$D=\frac{\eta F x_F}{x_D}=\frac{0.9\times80\times0.4}{0.9}=32(\text{kmol/h})$$

则
$$W=F-D=80-32=48(\text{kmol/h})$$

$$x_W=\frac{Fx_F-Dx_D}{W}=\frac{80\times0.4-32\times0.9}{48}=0.0667$$

精馏段操作线方程为

$$y_{n+1}=\frac{R}{R+1}x_n+\frac{1}{R+1}x_D=\frac{2}{2+1}x_n+\frac{0.9}{2+1}=0.667x_n+0.3 \tag{a}$$

因为泡点进料，$q=1$。

提馏段上升蒸气量

$$V'=V=(R+1)D=(2+1)\times32=96(\text{kmol/h})$$

提馏段下降液体量

$$L'=L+qF=RD+qF=2\times32+80=144(\text{kmol/h})$$

提馏段操作线方程为

$$y_{m+1}=\frac{L'}{V'}x_m-\frac{Wx_W}{V'}=\frac{144}{96}x_m-\frac{48\times0.0667}{96}=1.5x_m-0.033 \tag{b}$$

气液相平衡方程可写为

$$x=\frac{y}{\alpha-(\alpha-1)y}=\frac{y}{2.47-1.47y} \tag{c}$$

因塔顶为全凝器，则

$$y_1=x_D=0.9$$

由式(c) 求得第一层板下降的液体组成

$$x_1=\frac{y_1}{2.47-1.47y_1}=\frac{0.9}{2.47-1.47\times0.9}=0.785$$

利用式(a) 计算第二层板上升的蒸气组成为

$$y_2=0.667x_1+0.3=0.667\times0.785+0.3=0.824$$

如此交替使用式(a) 和式(c) 直到 $x_n=x_F$（泡点进料，$x_d=x_F$），然后改用提馏段操作线方程式(b) 和式(c) 交替计算，直到 $x_m=x_W$ 为止，计算结果见表 4-4。

表 4-4 【例 4-5】计算结果列表

板号	1	2	3	4	5	6	7	8	9	10
y	0.9	0.824	0.737	0.652	0.587	0.515	0.419	0.306	0.194	0.101
x	0.785	0.655	0.528	0.431	$0.365<x_F$	0.301	0.226	0.151	0.089	$0.044<x_W$

由计算结果可知，此精馏塔需理论塔板数为 9，其中精馏段 4 层，第 5 层板为理论加料板。

方法二：用图解法求所需理论板数

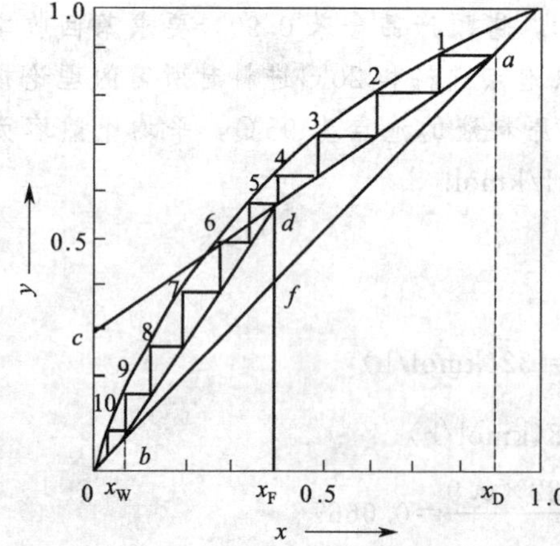

【例 4-5】附图 1　泡点进料时理论板数的图解

图解过程如【例 4-5】附图 1 所示。

① 在 x-y 图中作出苯-甲苯的平衡曲线及对角线；

② 在对角线上定出点 a（0.90，0.90）、f（0.40，0.40）、b（0.0667，0.0667）；

③ 先计算 $y_c=\frac{x_D}{R+1}=\frac{0.90}{2+1}=0.30$，再在 y 轴上找到点 c（0，0.30），连接点 a、c，即为精馏段操作线方程 ac；

④ 因为泡点进料，则 $q=1$，通过点 f 作垂线 fd，即为 q 线；

⑤ 找到 q 线与精馏段操作线的交点 d，连接 b、d 两点，即得提馏段操作线 bd；

⑥ 从点 a 开始，在平衡线与精馏段操作线 ac 之间作梯级，当梯级跨过两操作线的交点 d 时，改在平衡线与提馏段操作线 bd 之间作梯级，直至梯级的水平线达到或跨过点 b 为止，则此精馏塔需理论板数为 10，除去再沸器 1 层，塔内理论板数为 9，其中精馏段 4，提馏段 5，加料板为第 5 板，与逐板计算法结果一致。

(2) 20℃进料

此时，精馏段操作线方程不变，q 线不同。

20℃进料时，根据式(4-25)，得

$$q=\frac{I_{\mathrm{V}}-I_{\mathrm{F}}}{I_{\mathrm{V}}-I_{\mathrm{L}}}=\frac{158.9\times(95-20)+3.26\times10^{4}}{3.26\times10^{4}}=1.366$$

$$q\text{ 线斜率 }\frac{q}{q-1}=\frac{1.366}{1.366-1}=3.732$$

如【例 4-5】附图 2 所示，作出精馏段操作线、提馏段操作线。仍从点 a 开始，在平衡线与精馏段操作线之间作梯级，当梯级跨过两操作线的交点 d 时，改在平衡线与提馏段操作线之间作梯级，直至梯级的水平线达到或跨过点 b 为止，则此精馏塔需理论板数为 9 层，除去再沸器 1 层，塔内理论板数为 8 层，其中精馏段 3，提馏段 5，加料板为第 4 板。

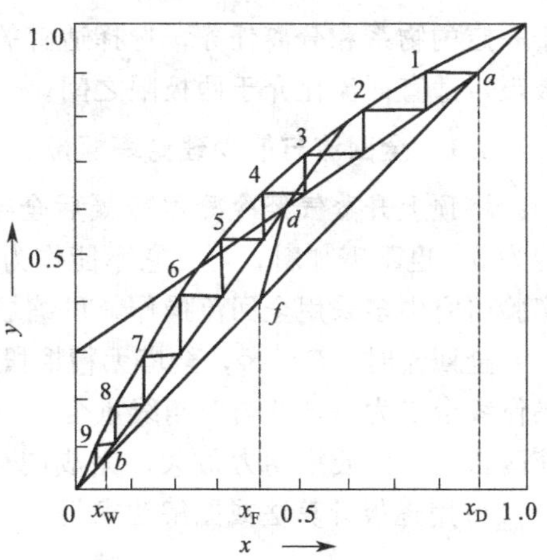

【例 4-5】附图 2　20℃进料时理论板数的图解

4.4.5.3　几种特殊情况下理论塔板数的计算

在工业生产中，有时为获得不同规格的精馏产品，可根据对产品的要求在塔身的不同位置开设侧线出料口，或者为了分离组分相同而含量不同的原料，在不同塔板位置上开设侧线进料口，构成多侧线塔。若精馏塔有 i 个侧线（包括进料口），则计算时可将全塔分为（$i+1$）段，通过对每段的物料衡算，分别得出相应的操作线方程，然后进行精馏计算，方法与常规精馏相同。图解法求其理论板数的原则与上述方法相同。

有的精馏塔在塔顶设置分凝器和全凝器，分凝器只将回流液冷凝下来，由分凝器出来的气相再由全凝器全部冷凝下来作为产品。显然，离开分凝器的气液组成达到平衡状态，即分凝器相当于一层理论板，求得精馏段理论板数应减去一层。采用分凝器操作时，不太方便调节回流比，所以目前生产中主要还是采用全凝器。

当对某易挥发性组分和水组成的混合物进行精馏分离时，由于釜液主要是水，可在塔底直接通入水蒸气加热，从而省去再沸器，其流程如图 4-19 所示。

直接蒸汽加热时理论板的求法原则上与间接蒸汽加热时的求法相同。精馏段操作线和 q 线都不变。由于塔底增加了一股蒸汽，提馏段操作线方程发生了变化。对如图 4-19 所示的虚线范围作物料衡算，且认为塔内恒摩尔流假设成立，则直接蒸汽流量 $V_0=V'$，$L'=W$，则可得到直接蒸汽加热的提馏段操作线方程为

$$y_{m+1}=\frac{W}{V_0}x_m-\frac{W}{V_0}x_{\mathrm{W}} \tag{4-30}$$

当式(4-30) 中的 $x_m=x_{\mathrm{W}}$ 时，$y_{m+1}=0$，即提馏段操作线在 x-y 图中应通过横轴上 $x=x_{\mathrm{W}}$ 的点。由于直接蒸汽稀释了釜液，对于相同的分离要求，直接蒸汽加热和间接蒸汽加热相比，所需理论板数稍有增加。

图 4-19　直接蒸汽加热精馏塔

4.4.6　回流比的影响及选择

回流是保证精馏塔连续操作的必要条件之一。回流比的大小直接影响精馏的操作费用和设备费用，也影响精馏塔的分离效果。对

于一定的物系和分离任务，选择适宜的回流比至关重要。回流比有全回流和最小回流比两个极限，适宜回流比介于两极限之间。

4.4.6.1 全回流与最少理论塔板数

塔顶上升蒸气经冷凝器冷凝后全部引回塔内称为全回流。此时，精馏塔产品量 D、W 均为 0，也不需加料，可见它不能作为生产中的正常操作。但在精馏塔的开工阶段、调试及实验研究中多采用全回流操作，可缩短稳定时间，便于控制和比较。

全回流时，$R=\infty$，全塔无精馏段与提馏段之分。在 x-y 图中，精馏段操作线与提馏段操作线合二为一，并与对角线重合，可写为 $y_{n+1}=x_n$。此时，操作线距离平衡线最远，气液两相间的传质推动力最大，完成同样的分离任务所需的理论塔板数最少，用 $N_{\min}$ 表示。$N_{\min}$ 可用逐板计算法或图解法求得，也可用芬斯克（Fenske）方程计算得到，即

$$N_{\min}+1=\frac{\lg\left[\left(\frac{x_A}{x_B}\right)_D\left(\frac{x_B}{x_A}\right)_W\right]}{\lg\alpha_m} \tag{4-31}$$

对双组分溶液，可略去式(4-31) 中的下标 A、B，得

$$N_{\min}+1=\frac{\lg\left(\frac{x_D}{1-x_D}\frac{1-x_W}{x_W}\right)}{\lg\alpha_m} \tag{4-31a}$$

式中 $N_{\min}$——全回流时所需的最少理论板数（不包括再沸器）；

α_m——全塔平均相对挥发度，可近似取塔底和塔顶的 α 的几何平均值，即 $\alpha_m=\sqrt{\alpha_{顶}\alpha_{底}}$。

若将式中的 x_W 换成进料组成 x_F，α_m 取为塔顶和进料处 α 的平均值，则该式也可用于计算精馏段的最少理论板数及加料板位置。

4.4.6.2 最小回流比

在精馏操作中，对一定的分离要求，若减小回流比，精馏段操作线的斜率将变小，两操作线向平衡线靠近，气液两相间的传质推动力减小，完成同样的分离任务所需的理论塔板数增多。当回流比减小到某一数值时，两操作线的交点 d 恰好落在平衡线上，如图 4-20 所示。此时，在平衡线与操作线之间无论绘多少梯级都不能跨过点 d，表示完成指定分离任务需要的理论塔板数为无穷多，相应的回流比称为最小回流比，用 $R_{\min}$ 表示。在最小回流比条件下操作时，在点 d 附近（进料板上下区域）各板上气液两相组成基本上无变化，即无增浓作用，故此区域称为恒浓区（或称挟紧区），d 点称为挟点。最小回流比是回流比的下限，实际回流比应大于最小回流比，否则无论用多少理论塔板都不能达到指定的分离要求。

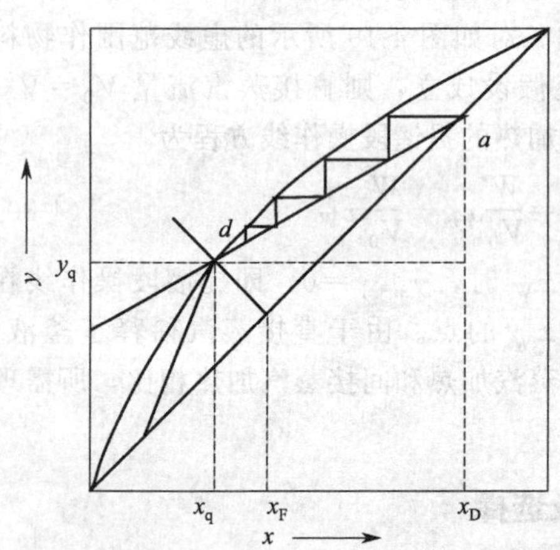

图 4-20 最小回流比的确定

最小回流比可用作图法或解析法求得。

(1) 作图法

对于理想体系对应的正常平衡曲线（无拐点），如图 4-20 所示，挟点 d 坐标为（x_q，y_q），此时精馏段操作线的斜率为

$$\frac{R_{\min}}{R_{\min}+1}=\frac{x_D-y_q}{x_D-x_q}$$

整理，得

$$R_{\min}=\frac{x_D-y_q}{y_q-x_q} \tag{4-32}$$

对于非理想物系对应的不正常平衡曲线（有拐点），平衡线有明显下凹部分。在操作线与 q 线的交点尚未落到平衡线上之前，精馏段操作线或提馏段操作线就有可能与平衡线在某点相切，如图 4-21(a)、(b) 所示。此时，图中的切点 g 即为挟点，其对应的回流比为最小回流比，其值可根据此时的精馏段操作线或提馏段操作线斜率求得。

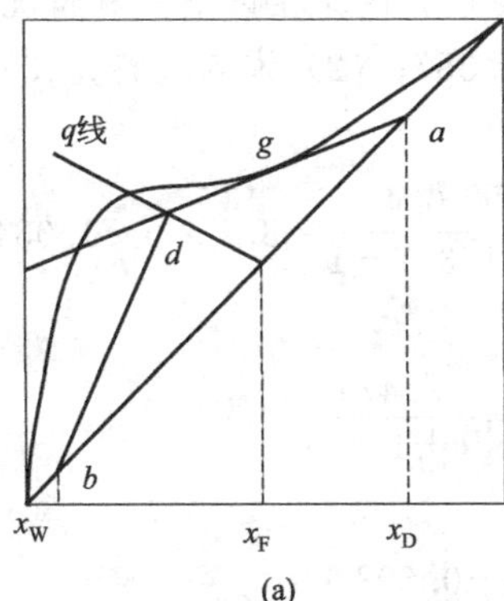

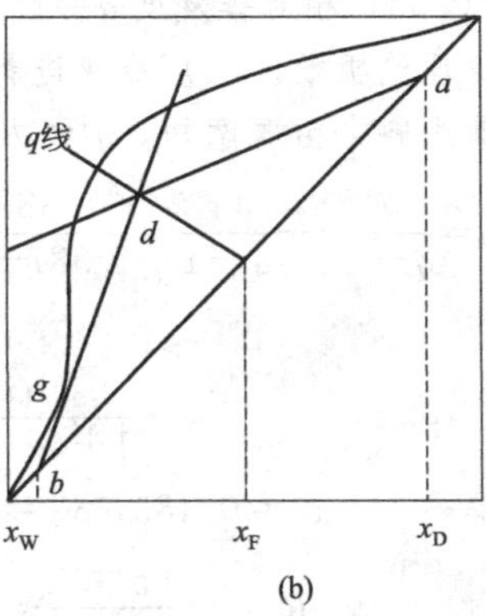

图 4-21 不正常平衡曲线最小回流比的确定

(2) 解析法

对相对挥发度可取为常数（或取平均值）的理想溶液，y_q 与 x_q 之间的关系符合气液相平衡方程，即

$$y_q=\frac{\alpha x_q}{1+(\alpha-1)x_q}$$

若已知进料热状态 q，则可由相平衡方程和 q 线方程联立求解，得到交点 d 的坐标 (x_q, y_q)，代入式(4-32)，便可求得最小回流比 $R_{\min}$。

对于饱和液体进料，$x_q=x_F$，则

$$R_{\min}=\frac{1}{\alpha-1}\left[\frac{x_D}{x_F}-\frac{\alpha(1-x_D)}{1-x_F}\right] \tag{4-33}$$

对于饱和蒸气进料，$y_q=x_F$，则

$$R_{\min}=\frac{1}{\alpha-1}\left(\frac{\alpha x_D}{y_F}-\frac{1-x_D}{1-x_F}\right)-1 \tag{4-34}$$

4.4.6.3 适宜回流比的选择

适宜回流比是指总费用（操作费用和设备费用之和）最低时的回流比，需要通过经济核算来确定。

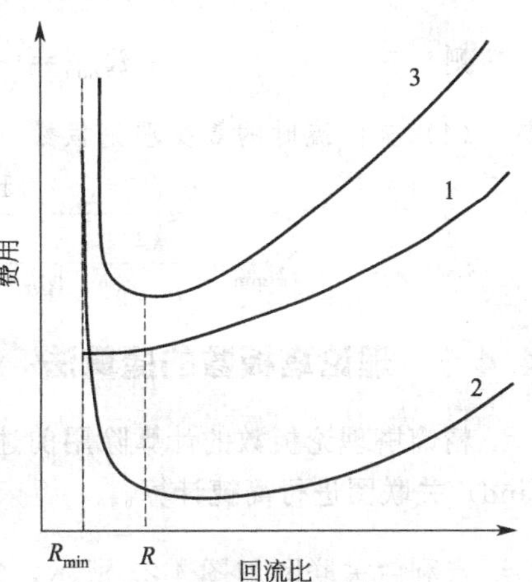

图 4-22 适宜回流比的确定

1—操作费；2—设备费；3—总费用

精馏的操作费用主要是指再沸器中加热剂用量、冷凝器中冷凝剂用量和动力消耗等。当 F、q、D 一定时，增大回流比，精馏的操作费用会随之增大，如图 4-22 中曲线 1 所示。

精馏的设备费用包括精馏塔、再沸器、冷凝器等设备的购置费用乘以折旧率，若设备类型及所用材料已经选定，则此项费用主要取决于设备的尺寸和塔板的数目。随着 R 从 R_{min} 起逐渐增大，精馏的设备费用先是从无穷大急剧减小，到达一最小值后又重新增大，如图 4-22 中曲线 2 所示。

总费用与回流比的关系如图 4-22 中曲线 3 所示，曲线 3 最低点所对应的回流比即为适宜回流比 R。根据经验，R 通常取为 R_{min} 的 1.1～2 倍，实际生产中还应视具体情况而定，如为了减少加热蒸汽消耗量，可采用较小的回流比，而对于难分离物系则选用较大的回流比。

【例 4-6】 在常压连续精馏塔中分离某理想混合液，已知 $x_F=0.4$（摩尔分数，下同），$x_D=0.97$，$x_W=0.03$，相对挥发度 $\alpha=2.47$。试分别计算在以下三种情况下的最小回流比和全回流下的最少理论板数。(1) 冷液进料 $q=1.387$；(2) 泡点进料；(3) 饱和蒸气进料。

解 (1) 冷液进料 由题意知，q 线方程为

$$y=\frac{q}{q-1}x-\frac{x_F}{q-1}=\frac{1.387}{1.387-1}x-\frac{0.4}{1.387-1}=3.584x-1.034$$

相平衡方程为

$$y=\frac{\alpha x}{1+(\alpha-1)x}=\frac{2.47x}{1+1.47x}$$

联立两式，解得 $x_q=0.483$，$y_q=0.698$

则
$$R_{min}=\frac{x_D-y_q}{y_q-x_q}=\frac{0.97-0.698}{0.698-0.483}=1.265$$

(2) 泡点进料，$q=1$，$x_q=x_F=0.4$，有

$$y_q=\frac{\alpha x_q}{1+(\alpha-1)x_q}=\frac{2.47\times 0.4}{1+1.47\times 0.4}=0.622$$

则
$$R_{min}=\frac{x_D-y_q}{y_q-x_q}=\frac{0.97-0.622}{0.622-0.4}=1.568$$

(3) 饱和蒸气进料，$q=0$，$y_q=x_F=0.4$，有

$$x_q=\frac{y_q}{\alpha-(\alpha-1)y_q}=\frac{0.4}{2.47-1.47\times 0.4}=0.213$$

则
$$R_{min}=\frac{x_D-y_q}{y_q-x_q}=\frac{0.97-0.4}{0.4-0.213}=3.048$$

(4) 全回流时的最少理论板数（不含再沸器）为

$$N_{min}=\frac{\lg\left(\frac{x_D}{1-x_D}\times\frac{1-x_W}{x_W}\right)}{\lg\alpha}-1=\frac{\lg\left(\frac{0.97}{0.03}\times\frac{0.98}{0.02}\right)}{\lg 2.47}-1=7.15$$

4.4.7 理论塔板数的捷算法

精馏塔理论板数的计算除用前述的逐板计算法和图解法之外，还可采用吉利兰（Gilliland）关联图进行简捷计算。

吉利兰关联图如图 4-23 所示，它以 $\frac{R-R_{min}}{R+1}$ 为横坐标，$\frac{N-N_{min}}{N+2}$ 为纵坐标，把理论板数 N（不包括再沸器）与回流比 R 关联起来。

应用吉利兰关联图计算理论板数的步骤如下。

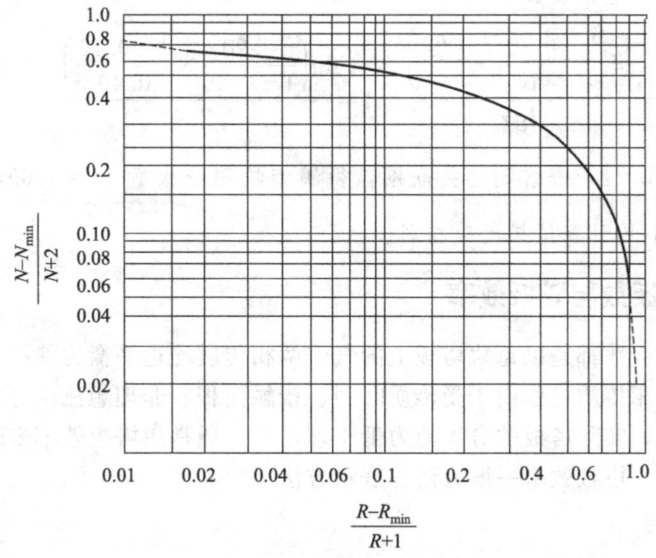

图 4-23　吉利兰关联图

① 利用解析法或图解法求出最小回流比 R_{min}，并选择操作回流比 R；

② 利用芬斯克方程求出最少理论板数 N_{min}；

③ 计算$\frac{R-R_{min}}{R+1}$，查吉利兰关联图或关联式得出$\frac{N-N_{min}}{N+2}$，进而求出理论板数 N（不包括再沸器）；

④ 求出精馏段的 $N_{min,1}$，确定加料板位置。

理论板数的捷算法虽然误差较大，但因简便，可快速地估算出理论塔板数，也可粗略地分析塔板数与回流比之间的关系，所以适用于精馏塔的初步设计计算。

【例 4-7】 用捷算法重新计算【例 4-5】泡点进料时的理论板数和加料板位置。

解　已知 $x_F=0.40$，$x_D=0.90$，$x_W=0.0667$，泡点进料 $q=1$，$R=2$，$\alpha=2.47$

(1) 因泡点进料 $q=1$，所以 $x_q=x_F=0.40$，有

$$y_q=\frac{\alpha x_q}{1+(\alpha-1)x_q}=\frac{2.47\times0.40}{1+1.47\times0.40}=0.622$$

则最小回流比为

$$R_{min}=\frac{x_D-y_q}{y_q-x_q}=\frac{0.90-0.622}{0.622-0.40}=1.252$$

利用芬斯克方程，可求出最少理论板数为

$$N_{min}=\frac{\lg\left(\frac{x_D}{1-x_D}\times\frac{1-x_W}{x_W}\right)}{\lg\alpha}-1=\frac{\lg\left(\frac{0.90}{1-0.90}\times\frac{1-0.0667}{0.0667}\right)}{\lg2.47}-1=4.35$$

因为 $$\frac{R-R_{min}}{R+1}=\frac{2-1.252}{2+1}=0.249$$

查吉利兰关联图，可得 $$\frac{N-N_{min}}{N+2}=0.42$$

求得全塔理论板数　$N\approx9$（不包括再沸器）

(2) 精馏段最少理论板数

$$N_{\min,1}=\frac{\lg\left(\frac{x_D}{1-x_D}\times\frac{1-x_F}{x_F}\right)}{\lg\alpha}-1=\frac{\lg\left(\frac{0.90}{1-0.90}\times\frac{1-0.40}{0.40}\right)}{\lg 2.47}-1=1.878$$

由 $\frac{N-N_{\min}}{N+2}=0.42$，查吉利兰关联图，得精馏段理论板数 $N=4.69$，则加料板为第 5 层板，与【例 4-5】的计算结果大致相同。

4.4.8 实际塔板数与塔板效率

前述求取理论板数都是以每块塔板上的气液两相传质均达平衡为前提的。但实际操作中的塔板上，气液两相传质过程由于受传质时间、接触面积、非理想流动等因素的影响，一般达不到相平衡状态，实际塔板的分离能力低于理论板。通常用塔板效率来表示实际塔板与理论塔板之间的差距。塔板效率一般有两种表示方法。

4.4.8.1 全塔效率

完成一定分离任务所需理论板数与实际板数之比称为全塔效率，又称总板效率。

$$E_0=\frac{N}{N_P}\times 100\% \tag{4-35}$$

式中 E_0——全塔效率；

N——理论板数（不包括再沸器）；

N_P——实际板数。

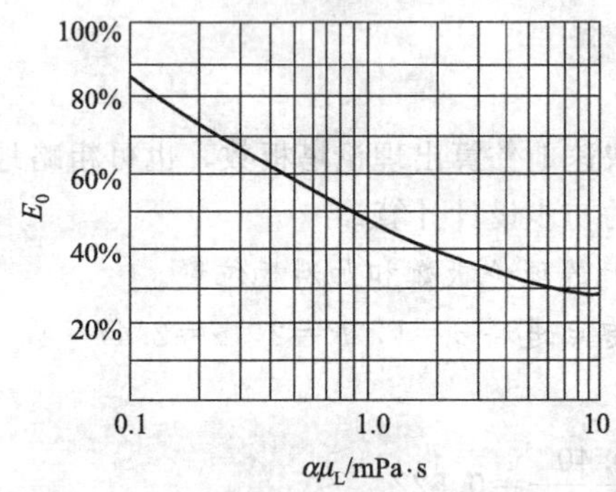

图 4-24 精馏塔全塔效率关联图

全塔效率反映塔内全部塔板的平均传质效率，其值恒小于1，若已知塔在一定操作条件下的全塔效率，便可由上式求得实际板数。

塔板效率与气液两相的物性、塔板结构、操作条件等因素有关。其中，最重要的影响因素是相对挥发度和液相黏度。目前，常用奥康内尔（O' connell）关联图来估算塔板效率。

图 4-24 为精馏塔全塔效率关联图，图中横坐标（对数坐标）为 $\alpha\mu_L$，其中 $\alpha=\sqrt{\alpha_{顶}\alpha_{底}}$；$\mu_L=\sum x_i\mu_i$，$x_i$ 为进料液中任一组分的摩尔分数；μ_i 为进料液中任一组分的黏度，单位为 mPa·s（以塔顶塔底的平均温度计）。

此关联图主要是根据泡罩塔板数据作出的，对于其他类型的塔，可参考表 4-5 所列的效率相对值加以校正。

表 4-5 全塔效率相对值

塔型	泡罩塔	筛板塔	浮阀塔
全塔效率相对值	1.0	1.1	1.1～1.2

4.4.8.2 单板效率

全塔效率是全塔的平均传质效率，并不能反映塔内各实际板上的传质情况。塔内每层板的传质效率用单板效率（又称默弗里板效率）表示。

气相（或液相）经过一层塔板前后的实际组成变化与经过该层塔板前后的理论组成变化

的比值称为单板效率，其值可通过实验测定。如图 4-25 所示，对第 n 块塔板，单板效率可以用气相组成表示，也可以用液相组成表示，即

$$E_{MV}=\frac{y_n-y_{n+1}}{y_n^*-y_{n+1}} \tag{4-36}$$

$$E_{ML}=\frac{x_{n-1}-x_n}{x_{n-1}-x_n^*} \tag{4-37}$$

式中 E_{MV}——气相单板效率；

E_{ML}——液相单板效率；

y_n，y_{n+1}——第 n 块板、第 $n+1$ 块板上升蒸气的组成；

y_n^*——与 x_n 呈平衡的气相组成；

x_{n-1}，x_n——第 $n-1$ 块板、第 n 块板下降液体的组成；

x_n^*——与 y_n 呈平衡的液体组成。

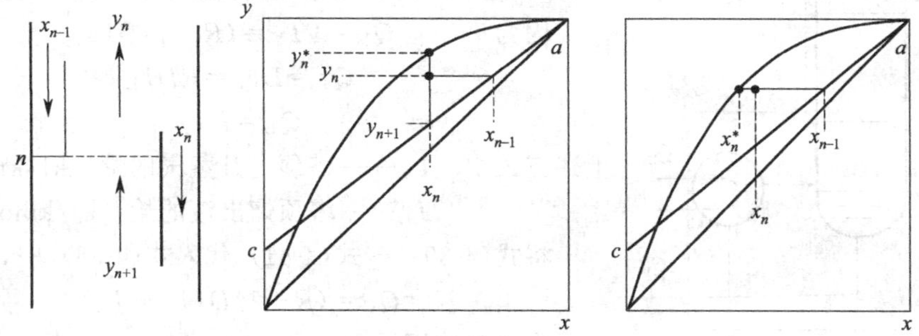

图 4-25 单板效率示意图

单板效率常用于塔板研究中，它与全塔效率来源于不同的概念。即使各层塔板的单板效率都相等，一般也不等于全塔效率。

【例 4-8】 若【例 4-5】采用筛板塔，塔顶、塔底平均温度下，苯和甲苯的黏度皆为 0.275mPa·s，试估计泡点进料时的实际板数和加料板位置。

解 平均塔温下的黏度 $\mu_L=0.275\text{mPa}\cdot\text{s}$，$\alpha=2.47$，则

$$\alpha\mu_L=2.47\times0.275=0.679(\text{mPa}\cdot\text{s})$$

查图 4-23，可得全塔效率约为 0.54；再查表 4-1，可得筛板塔效率的相对值为 1.1，则 $E_0\approx0.54\times1.1=0.59$。

【例 4-5】中已求得全塔理论塔板数 $N=9$，则实际塔板数为

$$N_P=\frac{N}{E_0}=\frac{9}{0.59}=15.3$$

取整数，全塔实际塔板数为 16 层。

精馏段理论塔板数 $N_1=4$，则实际塔板数为

$$N_{P1}=\frac{N_1}{E_0}=\frac{4}{0.59}=6.78$$

取整数，精馏段实际塔板数为 7 层，则实际加料板为第 8 层板。

在设计精馏塔时，通常会在精馏段、提馏段多加一层至几层塔板作为余量，以保证产品质量，便于操作和调节。

4.4.9 精馏装置的热量衡算

对精馏装置进行热量衡算，可以求得冷凝器和再沸器的热负荷，进而计算出冷却剂和加热剂的用量。

4.4.9.1 冷凝器的热量衡算

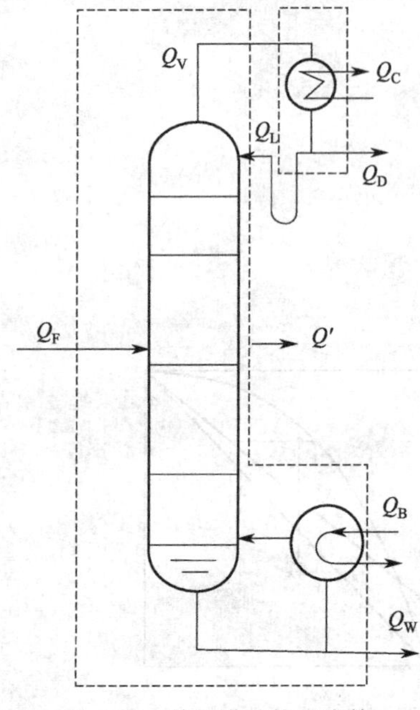

图 4-26 精馏塔的热量衡算

以单位时间为基准，以 0℃液体为热量计算基准，对图 4-26 所示的全凝器作热量衡算，忽略热损失。可得

$$Q_V=Q_C+Q_D+Q_L$$

则

$$Q_C=Q_V-Q_D-Q_L \tag{4-38}$$

式中 Q_V——塔顶蒸气带入的热量，kJ/h；

Q_L——回流液带出的热量，kJ/h；

Q_D——塔顶馏出液带出的热量，kJ/h；

Q_C——冷凝器带出的热量，kJ/h。

因为

$$Q_V=VI_V=(R+1)DI_V \tag{4-39}$$

$$Q_L=LI_L=RDI_L \tag{4-40}$$

$$Q_D=DI_L \tag{4-41}$$

上述三式中 I_V——塔顶上升蒸气的焓，kJ/kmol；

I_L——塔顶馏出液的焓，kJ/kmol。

将式(4-39) ～式(4-41) 代入式(4-38) 中，得

$$Q_C=(R+1)D(I_V-I_L) \tag{4-42}$$

冷却剂的用量为

$$m_{sC}=\frac{Q_C}{c_{pC}(t_2-t_1)} \tag{4-43}$$

式中 m_{sC}——冷却剂的用量，kg/h；

c_{pC}——冷却剂的平均比热容，kJ/(kg·℃)；

t_1，t_2——冷却剂的进、出口温度，℃。

4.4.9.2 再沸器的热量衡算

以单位时间为基准，以 0℃液体为热量计算基准，对图 4-26 所示的全塔作热量衡算，可得

$$Q_F+Q_L+Q_B=Q_V+Q_W+Q'$$

则

$$Q_B=Q_V+Q_W+Q'-Q_F-Q_L \tag{4-44}$$

式中 Q_F——原料液带入系统的热量，kJ/h；

Q_L——回流液带入系统的热量，kJ/h；

Q_B——加热蒸汽带入系统的热，kJ/h；

Q_V——塔顶蒸气带出系统的热量，kJ/h；

Q_W——塔底产品带出系统的热量，kJ/h；

Q'——精馏塔的热损失，kJ/h。

若用饱和蒸汽加热，且冷凝液在饱和温度下排出，则加热蒸汽用量为

$$m_{sB}=\frac{Q_B}{r} \tag{4-45}$$

式中　m_{sB}——加热蒸汽用量，kg/h；

r——加热蒸汽的汽化潜热，kJ/kg。

需要指出的是，在精馏操作中热能的消耗是相当大的，因此精馏生产中怎样提高其能量的有效利用率、降低能耗，是进行精馏装置设计时必须考虑的问题。

4.5　板式塔

板式塔为逐级接触式的气、液传质设备，其结构如图 4-27 所示。

塔体为圆筒形的壳体，塔内装有若干层按一定间距放置的水平塔板。各种塔板虽然结构不同，但板面上的总体布置大致相同，均在塔板上均匀地开孔，并可在其上安装气液接触构件（如浮阀、泡罩等）。在操作时，液体靠重力作用由上层塔板的降液管流到下一层塔板的一侧，横向通过塔板，越过另一侧溢流堰的上沿，从降液管流至再下一层塔板。如此逐板下流，并在各层塔板的板面上形成一定高度的液体层，最后从塔底排出。气体则在压差的推动下，自塔底向上依次通过板上的小孔与板上的液体层进行接触传质，最后从塔顶排出。可以看出气液两相在每层塔板上呈错流流动，但对整个塔而言，气液两相则呈逆流流动。

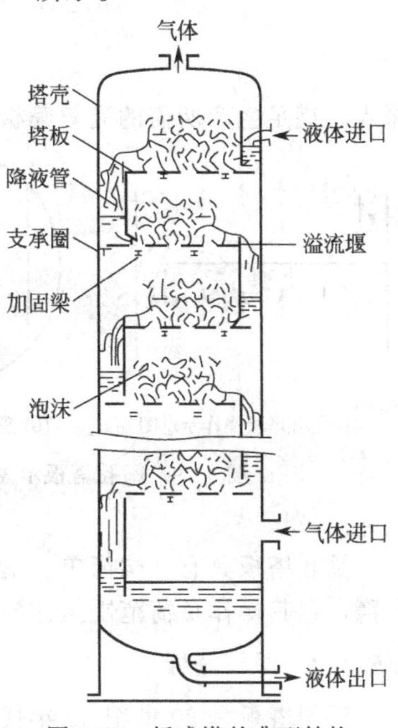

图 4-27　板式塔的典型结构

板式塔具有空塔气速高，生产能力大，操作稳定，塔板效率和操作弹性均较高，设备造价低，清洗检修方便等优点，在工业生产中特别是在传质分离操作中得到了广泛使用。

4.5.1　塔板类型

按照塔内气液两相的流动方式，可将塔板分为错流塔板和逆流塔板两类。工业应用以错流塔板为主，常见的主要有泡罩塔板、筛孔塔板和浮阀塔板等。

4.5.1.1　泡罩塔板

泡罩塔板是工业生产中应用最早的塔板。塔板上设有多个升气管，其上覆以钟形泡罩，如图 4-28 所示。泡罩的底缘开有齿缝，与板面保持一定距离，浸没在塔板上的液层内，升气管的上口高于齿缝。操作时，气体沿升气管上升进入罩内，折而向下流经罩与管之间的环隙，通过泡罩的齿缝被分散为小气泡后进入板上液体层，以增大气液两相接触面积。气体从板上液面穿出后，再进入上一层塔板进行传质。

泡罩塔板操作稳定，操作弹性大，不易堵塞，适于处理各种物料。但塔板结构复杂，造价高，阻力大，生产能力低，已逐渐被其他形式的塔板取代。除在特殊需要的场合以外，一般不采用。

4.5.1.2　筛孔塔板

筛孔塔板简称筛板，也是较早用于工业生产的塔板类型。由于其易漏液、操作弹性小、筛孔易堵塞等原因一直未能广泛应用。20 世纪 50 年代以来，随着人们对其性能研究的不断

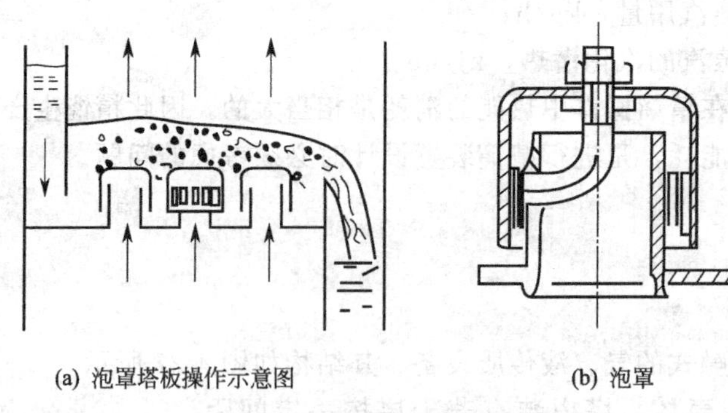

(a) 泡罩塔板操作示意图　　(b) 泡罩

图 4-28　泡罩塔板示意图

深入，满足生产所需的高效筛板已被设计出来，使得筛板塔的应用日趋广泛。

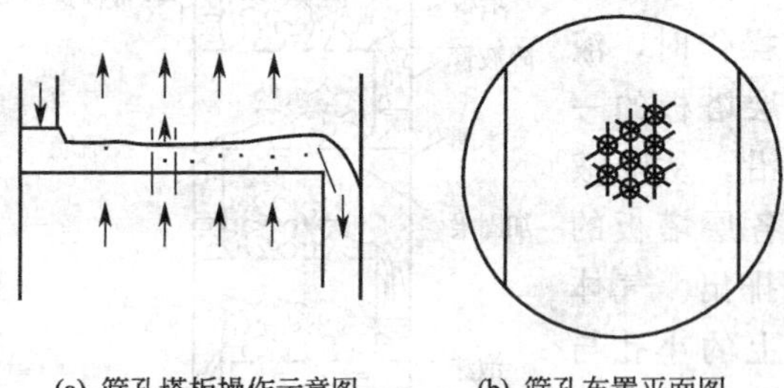

(a) 筛孔塔板操作示意图　　(b) 筛孔布置平面图

图 4-29　筛孔塔板示意图

筛孔塔板的结构如图 4-29 所示。塔板上均匀地开有许多小孔。根据孔径大小，可分为小孔径筛板（孔径为 3～8mm）和大孔径筛板（孔径为 10～25mm）两类。工业应用以小孔径筛板为主，大孔径筛板多用于有悬浮颗粒与脏污的场合。操作时，气体通过小孔上升，分散成细小的气泡或流股与板上液体层呈泡沫或喷射接触状态，进行气液两相传质。

筛孔塔板具有结构简单、造价低、生产能力大及塔板阻力小等优点，而且效率较高，操作稳定；其操作负荷范围虽比泡罩塔窄，但设计良好的塔，其操作弹性仍可达 2～3。

4.5.1.3　浮阀塔板

浮阀塔板是 20 世纪 60 年代发展起来的一种塔板类型。它综合了泡罩塔板和筛孔塔板的优点，现已成为应用最广泛的塔板类型之一。

浮阀塔板上均匀开有若干孔径较大的孔，孔上覆有可在一定范围内上下浮动的阀片，称为浮阀。操作时，气体经阀孔上升，穿过环形缝隙，以水平方向进入板上液体层形成泡沫，进行气液两相传质。

浮阀形式很多，图 4-30 所示为国内常用的 F1 型（国外称为 V1 型）浮阀。其阀片为圆形，下有三条带脚钩的腿，插入阀孔中。当上升气体达到一定气速时，阀片被顶起，但脚钩会限制阀片在板上升起的最大高度；阀片周边有三处略向下弯的定距片，使阀片静止时仍可与塔板间留有一定的缝隙，避免了阀片启、闭不稳定的脉动现象。

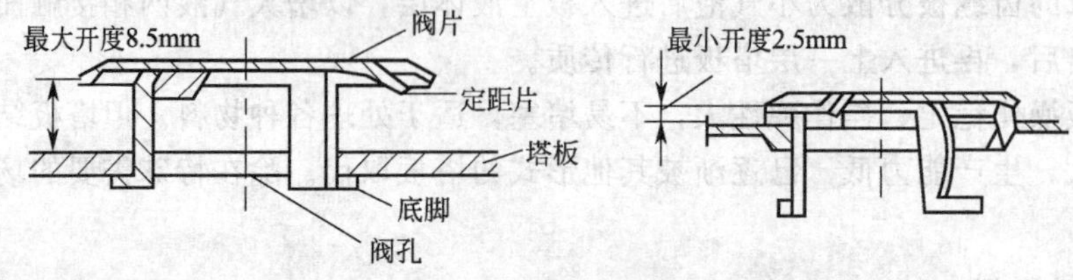

图 4-30　浮阀

浮阀塔板结构比泡罩塔板简单、造价低，具有操作弹性大、生产能力大及塔板效率高等优点，且压降较小。但浮阀塔板不宜用于易结垢、黏度大的物系。

4.5.1.4　喷射型塔板

前面三种形式的塔板，气体是以鼓泡或泡沫方式与液体接触，气相和液相的流动方向不完全一致。若操作气速过高，容易造成严重的雾沫夹带，限制其生产能力。20 世纪 60 年代开发的喷射型塔板可以克服这个弱点。

喷射型塔板的主要特点是将塔板开成定向孔道，使气体喷出的方向与液体流动的方向一致，可充分利用气体的动能促进两相间的接触，提高传质效果，显著减小塔板压降，且因为雾沫夹带量减小，可采用较大气速，提高了生产能力。舌形塔板与浮舌塔板是典型的喷射型塔板。

舌形塔板如图 4-31(a) 所示，是在平板上冲出许多舌形孔，舌片与塔板成一定角度，舌孔方向与板上液体流动方向相同。操作时气体从各舌孔高速喷出，推动液体前进，则板上液面落差较小，液层较薄，因此舌形塔板的生产能力大，塔板压降小，但舌形塔板对负荷波动的适应能力差，操作弹性小，塔板效率较低。

浮舌塔板是结合舌形塔板和浮阀塔板的优点发展起来的新型塔板。如图 4-31(b) 所示，它是将固定舌片改成浮动舌片而成，兼有浮动和喷射的特点，因此具有较大的操作弹性，压降较小，塔板效率也较高，介于浮阀塔板和固定舌形塔板之间。

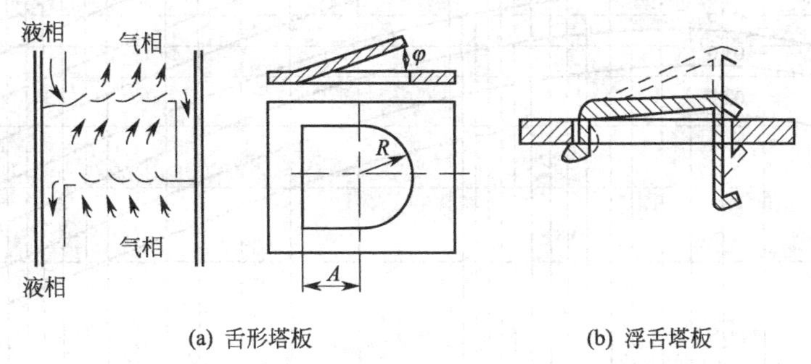

图 4-31　喷射型塔板

4.5.2　板式塔的工艺设计

4.5.2.1　塔径的计算

塔径的计算公式为

$$D=\sqrt{\frac{4V_s}{\pi u}} \tag{4-46}$$

式中　D——塔径，m；

V_s——塔内气体流量，m^3/s；

u——空塔气速，m/s。

由式(4-46) 可知，计算塔径的关键在于确定适宜的空塔气速 u。通常先确定最大允许气速，再乘以一个小于 1 的安全系数，计算出空塔气速，即

$$u=(0.6\sim0.8)u_{max} \tag{4-47}$$

式中　u_{max}——最大允许气速，m/s。

安全系数的选取与分离物系的发泡程度密切相关。对不易发泡的物系，可取较高的安全系数，反之，应选较低的安全系数。

最大允许气速的计算公式可依据悬浮液滴沉降原理导出，即

$$u_{\max}=C\sqrt{\frac{\rho_L-\rho_V}{\rho_V}} \tag{4-48}$$

式中　C——负荷系数，m/s；

ρ_V——气相密度，kg/m³；

ρ_L——液相密度，kg/m³。

负荷系数 C 与气液负荷、物性及塔板结构有关，一般由实验确定。也可通过查如图 4-32所示的史密斯关联图求取。

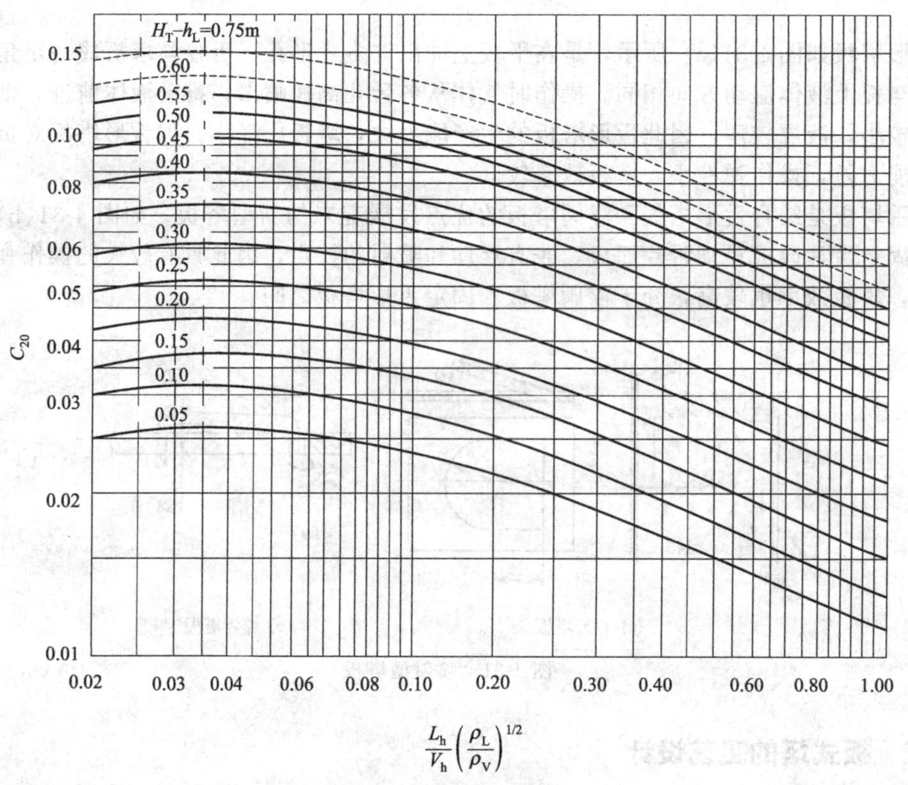

图 4-32　史密斯关联图

V_h、L_h—塔内气、液两相的体积流量，m³/h；

ρ_V、ρ_L—塔内气、液两相的密度，kg/m³；H_T—塔板间距，m；h_L—板上液层高度，m

设计时，板上液层高度 h_L 对常压塔一般取为 0.05～0.1m，对减压塔一般取为 0.025～0.03m。

图 4-32 是按液体表面张力为 20mN/m 的物系绘制的，当操作物系的液体表面张力为其他值时，须按下式进行校正，即

$$C=C_{20}\left(\frac{\sigma}{20}\right)^{0.2} \tag{4-49}$$

式中　C——操作物系的负荷系数，m/s；

C_{20}——物系液体表面张力为 20mN/m 的负荷系数，m/s；

σ——操作物系的液体表面张力，mN/m。

按式(4-46) 算出塔径后，需根据塔径标准系列进行圆整。常用的标准塔径（m）为：0.6、0.7、0.8、1.0、1.2、1.4、1.6、1.8、2.0、2.2、…、4.2 等。另外，此塔径只是初估值，还要根据流体力学原则进行验算。

由于精馏过程中，精馏段和提馏段的气、液相负荷及物性数据不同，故两段塔径应分别计算。若两者相差不大，取较大者作为塔径；若两者相差较大，应采用变径塔。

4.5.2.2　塔的有效高度计算

板式塔的有效高度是指安装塔板的塔高，计算公式为

$$Z=(N_P-1)H_T \tag{4-50}$$

式中　Z——塔的有效高度，m；

H_T——塔板间距，m。

塔板间距 H_T 是指相邻两层塔板之间的距离。其大小对塔的生产能力、操作弹性及塔板效率都有影响。设计时通常根据塔径的大小，按表 4-6 列出的 H_T 的经验数值选取。

表 4-6　塔板间距与塔径的关系

塔径/m	0.3～0.5	0.5～0.8	0.8～1.6	1.6～2.0	2.0～2.4	>2.4
塔板间距/mm	200～300	300～350	350～450	450～600	500～800	=800

塔板间距的数值应按系列标准选取，常用的塔板间距有：300mm、350mm、400mm、450mm、500mm、600mm、800mm。设计中需反复调整，才可选定适宜的塔板间距。另外，确定塔板间距时还要考虑物料的起泡性、制造和维修等问题，如在塔体的人孔处，应留有足够的工作空间，其值应大于 600mm。

4.5.2.3　塔板的设计

目前工业生产中多数使用溢流式塔板，现以溢流式塔板为例来介绍塔板设计的情况。

（1）溢流装置的设计

板式塔溢流装置的设置是为了维持塔板上一定高度的液体层。溢流装置包括溢流堰、降液管和受液盘等。

① 降液管的类型与溢流方式　降液管是液体从上一层塔板流向下一层塔板的通道。降液管有弓形和圆形两种。弓形降液管容积较大，并可充分利用塔板空间，应用较为广泛；圆形降液管一般只用于小直径塔。

降液管的布置规定了板上液体的溢流方式，一般有如图 4-33 所示的几种类型。

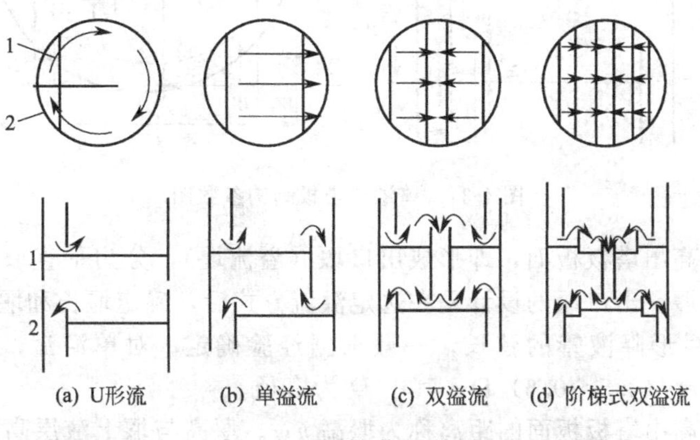

图 4-33　溢流装置类型

U形流也称回转流。其结构是将弓形降液管用挡板隔成两半，一半作受液盘，一半作降液管，降液和受液装置安排在同一侧。此种溢流方式液体流径长，可以提高板效率，板面利用率也高，但液面落差大，只适用于小直径及液体流量小的场合。

单溢流又称直径流。液体自受液盘横向流过塔板至溢流堰。此种溢流方式液体流径长，塔板效率较高，结构简单，广泛应用于直径在2.2m以下的塔中。

双溢流又称半径流。来自上一层塔板的液体分别从左、右两侧的降液管进入塔板，横过半块塔板进入中间的降液管；在下一层塔板上，液体则分别流向两侧的降液管。此种溢流方式可减小液面落差，但结构复杂，且板面利用率低，一般用于直径在2.0m以上的大塔中。

阶梯式双溢流的塔板做成阶梯式，目的是在不缩短液体流径的情况下减小液面落差。这种塔板结构最复杂，且只适用于直径很大、液体流量很大的特殊场合。

溢流方式的选择与塔径及液体流量等因素有关，设计时可参考表4-7进行初步选择。

表4-7 溢流方式与塔径及液体流量的关系

塔径 D/mm	液体流量/(m^3/h)			
	U形流	单溢流	双溢流	阶梯式双溢流
600	<5	5～25		
900	<7	7～50		
1000	<7	<45		
1400	<9	<70		
2000	<11	<90	90～160	
3000	<11	<110	110～200	200～300
4000	<11	<110	110～230	230～350
5000	<11	<110	110～250	250～400

② 溢流装置的设计计算　以弓形降液管为例，溢流装置的设计参数包括出口堰的堰长 l_W 和堰高 h_W、弓形降液管的宽度 W_d 和截面积 A_f、降液管底隙高度 h_0、进口堰高度 h_W' 及其与降液管间的水平距离 h_1、受液盘等，如图4-34所示。

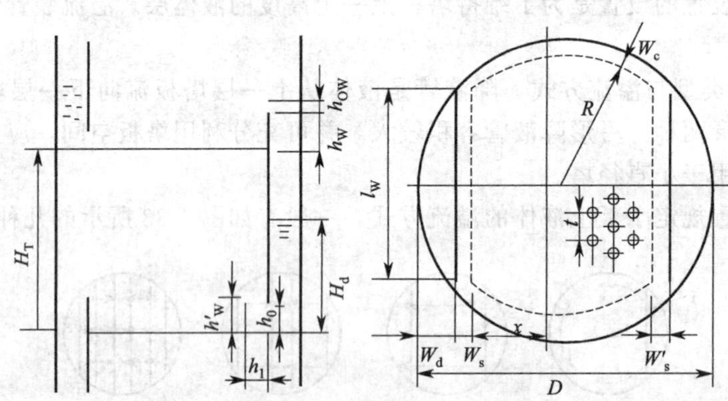

图4-34　单溢流塔板结构参数图

降液管的上端高出塔板板面，即形成出口堰（溢流堰），分为平直堰和齿形堰两种。设计中一般采用平直堰。出口堰的设计是在选定溢流方式后，确定堰长和堰高。

堰长 l_W 是指弓形降液管的弦长，一般根据经验确定。对单溢流，$l_W=(0.6\sim0.8)D$；对双溢流，$l_W=(0.5\sim0.6)D$。其中 D 为塔径。

降液管的上端高出塔板板面的距离称为堰高 h_W。堰高与堰上液层高度及板上清液层高度的关系为

$$h_L = h_W + h_{OW} \tag{4-51}$$

式中 h_L——板上液层高度，m；

h_{OW}——堰上液层高度，m。

由式(4-51)可计算堰高。一般板上清液层高度保持在50～100mm。而堰上液层高度对塔板的操作性能影响较大，设计时，一般取为6mm<h_{OW}<（60～70）mm。若小于下限值，须采用齿形堰，超过上限值，可改用双溢流塔板。

平直堰的堰上液层高度可用弗兰西斯（Francis）公式计算。即

$$h_{OW} = \frac{2.84}{1000} E \left(\frac{L_h}{l_W} \right)^{2/3} \tag{4-52}$$

式中 L_h——塔内液体流量，m^3/h；

E——液流收缩系数，可由图4-35查得。

一般取$E=1$时引起的误差不大，可满足工程设计要求。求出h_{OW}之后，即可按下式确定h_W的范围，即

$$0.1 - h_{OW} = h_W = 0.05 - h_{OW} \tag{4-53}$$

可以看出，堰高h_W一般在0.04～0.05m之间，减压塔可以适当降低。

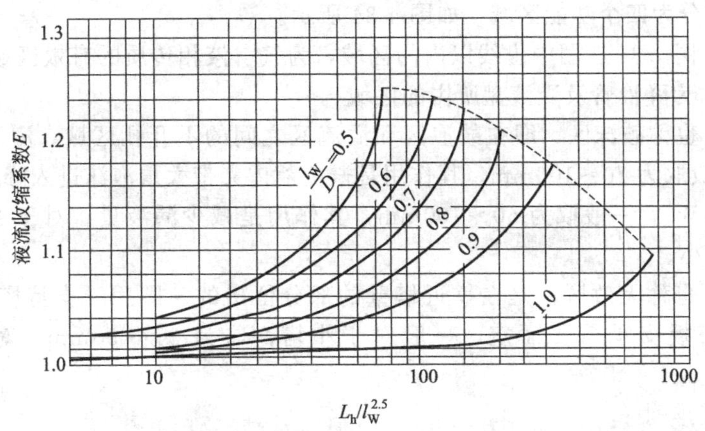

图4-35 液流收缩系数计算图

在确定塔径D、堰长l_W后，弓形降液管的宽度W_d和截面积A_f可由图4-36查得。确定降液管尺寸后，还应按下式检验液体在降液管内停留的时间θ是否大于3～5s，否则应调整降液管尺寸或板间距。

$$\theta = \frac{3600 A_f H_T}{L_h} \geqslant 3 \sim 5 \tag{4-54}$$

降液管底隙高度h_0是指降液管下端与下塔板间的距离。其值可按下式估算，即

$$h_0 = \frac{L_h}{3600 l_W u'_0} \tag{4-55}$$

式中 u'_0——液体通过底隙时的流速，一般根据经验在0.07～0.25m/s之间取值。

降液管底隙高度h_0应低于出口堰高h_W至少6mm，才能保证良好的液封，同时要求h_0一般不小于20～25mm。

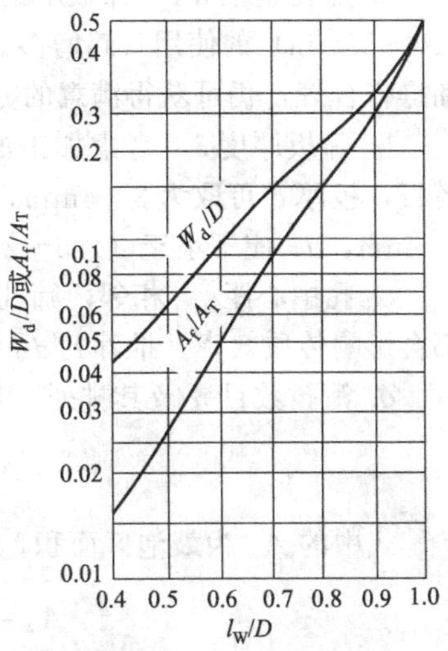

图4-36 弓形降液管的参数

否则易于堵塞，或因安装偏差而使液流不畅，造成液泛。

受液盘有平受液盘和凹形受液盘两种。

平受液盘一般需在塔板上设置进口堰，以保证降液管的液封，并使液体在板上分布均匀。进口堰高度用h_W'表示。当出口堰高h_W大于降液管底隙高度h_0（一般都是这种情况）时，取$h_W'=h_W$；个别情况下$h_W<h_0$，应取$h_W'>h_0$。同时进口堰与降液管间的水平距离h_1不应小于h_0，以保证液体由降液管流出时不会受到很大的阻力。

对于ϕ800mm以上的大塔，目前多采用凹形受液盘，不需设置进口堰，如图4-37所示。凹形受液盘的深度一般在50mm以上，一般不适于易聚合或有悬浮固体的情况。

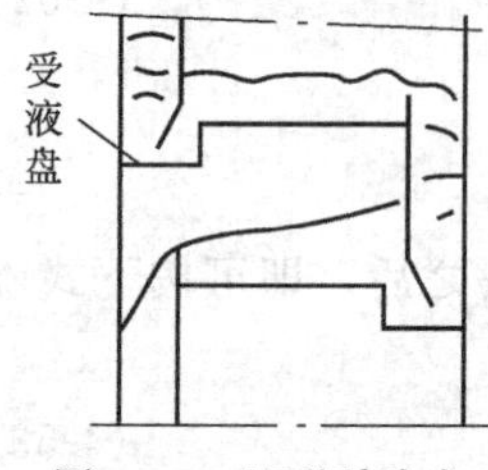

图4-37 凹形受液盘

(2) 塔板设计

塔板具有不同的类型，不同类型塔板的设计原则基本相同，但又有各自不同的特点，现以应用最为普遍的筛板塔为例进行讨论。

① 板面布置 塔板有整块式和分块式两种。塔径在800mm以下的小塔采用整块式塔板；塔径在900mm以上的大塔通常采用分块式塔板；塔径在800～900mm时，可根据制造和安装的具体情况，任意选用其中的一种。

塔板板面可分为四个功能区域，如图4-34所示。

a. 鼓泡区 图4-34右图中虚线以内的区域，为气、液相传质的有效区域，亦称开孔区。

b. 溢流区 为降液管及受液盘所占的区域。

c. 安定区 也称破沫区，即在鼓泡区和溢流区之间的不开孔区域。溢流堰前的安定区宽度为W_s，一般取为70～100mm，其作用是避免液体夹带大量泡沫进入降液管；进口堰后的安定区宽度为W_s'，一般取为50～100mm，其作用是减少漏液量。对于$D<1$m的小塔，安定区可适当减小。

d. 边缘区 也称无效区，是在靠近塔壁的部分留出的一圈用于支持塔板边梁的区域。其宽度W_C视塔板支承需要而定，一般对于小塔，取为30～50mm，对于大塔，取为50～70mm。

② 筛孔及其排列

a. 筛孔直径d_0 筛板塔的筛孔直径为3～8mm，常用4～5mm。近年来，大孔径筛板（10～25mm）的使用日趋增多。因为大孔径筛板制造简单、造价低且不易堵塞，只要设计和操作合理，仍可获得满意的分离效果。

b. 筛板厚度δ 考虑加工的可能性，筛板厚度应根据筛孔直径的大小确定。对于碳钢塔板，板厚δ可取为3～4mm，孔径d_0应不小于δ；对于不锈钢塔板，板厚δ可取为2～2.5mm，d_0应不小于$(1.5\sim2)\delta$。

c. 孔中心距t 相邻两筛孔中心之间的距离称为孔中心距，以t表示。t/d_0过大或过小都会影响传质效率，推荐t/d_0的适宜范围为3～4。

d. 筛孔数目n及其排列 当筛孔按正三角形排列时，筛孔数目n为

$$n=\frac{1.155A_a}{t^2} \tag{4-56}$$

式中的A_a为鼓泡区面积，对单溢流塔板，A_a的计算公式为

$$A_a=2\left(x\sqrt{R^2-x^2}+\frac{\pi R^2}{180}\arcsin^{-1}\frac{x}{R}\right) \tag{4-57}$$

式中，$R=\frac{D}{2}-W_c$，$x=\frac{D}{2}-(W_d+W_s)$，R与x的单位均为m。$\arcsin^{-1}\frac{x}{R}$是以角度表示

的反正弦函数。

e. 开孔率 ϕ 开孔率是指塔板上筛孔总面积 A_0 与鼓泡面积 A_a 的比值，即

$$\phi=\frac{A_0}{A_a} \tag{4-58}$$

当筛孔按正三角形排列时，可以导出

$$\phi=\frac{A_0}{A_a}=0.907\left(\frac{d_0}{t}\right)^2 \tag{4-59}$$

应当指出，按上述方法求出的 d_0 和 n，还需通过流体力学验算，若不合理需进行调整。

4.5.3 板式塔的流体力学性能

塔的操作能否正常进行，与塔内气液两相的流体力学性能有关。板式塔的流体力学性能包括塔板压降、液泛、雾沫夹带、漏液及液面落差等。下面以筛板塔为例进行说明。

气液两相在塔板上的接触状态是决定两相流体力学性能以及传质效果的主要因素。研究表明，塔板上的气液接触状态主要有三种：鼓泡接触、泡沫接触和喷射接触。工业生产中大多控制在泡沫接触或喷射接触状态，其特点是分别提供了不断更新的液膜表面和液滴表面，为气液两相接触传质提供了良好的流体力学条件。

4.5.3.1 塔板压降

气体通过塔板的压降是影响板式塔操作特性的重要因素。上升气体通过塔板的总压降包括三部分：克服塔板本身干板阻力所产生的压降，克服板上充气液层的静压强和液体表面张力所产生的压降。其中克服板上充气液层表面张力所产生的压降一般很小，可以忽略。进行塔板设计时，应在保证较高塔板效率的前提下，力求尽量减小压降，以减少能耗及改善塔的操作性能。

气体通过塔板的总压降可由下式估算，即

$$h_p=h_c+h_l \tag{4-60}$$

式中 h_p——与气体通过塔板的总压降相当的液柱高度，m 液柱；

h_c——与气体通过塔板的干板压降相当的液柱高度，m 液柱；

h_l——与气体通过板上液层的压降相当的液柱高度，m 液柱。

通常筛板的开孔率 $\phi\leqslant15\%$，则干板压降可按下式计算，即

$$h_c=0.051\left(\frac{u_0}{C_0}\right)^2\frac{\rho_V}{\rho_L} \tag{4-61}$$

式中 u_0——气体通过筛孔的速度，m/s。

C_0——流量系数，当 $d_0<10$mm 时，其值由图 4-38 查得，当 $d_0\geqslant10$mm 时，将由图查得的 C_0 乘以 1.15；

ρ_V，ρ_L——气体和液体的密度，kg/m³。

气体通过板上液层的压降可由下式估算，即

$$h_l=\beta(h_W+h_{OW}) \tag{4-62}$$

式中 β——充气系数，其值由图 4-39 查得，通常可取为 $\beta=0.5\sim0.6$。

图 4-39 中，气相动能因子 $F_0=u_a\sqrt{\rho_V}$，式中的 u_a 是按工作面积计算的气体流速，m/s；ρ_V 为气体的密度，kg/m³。

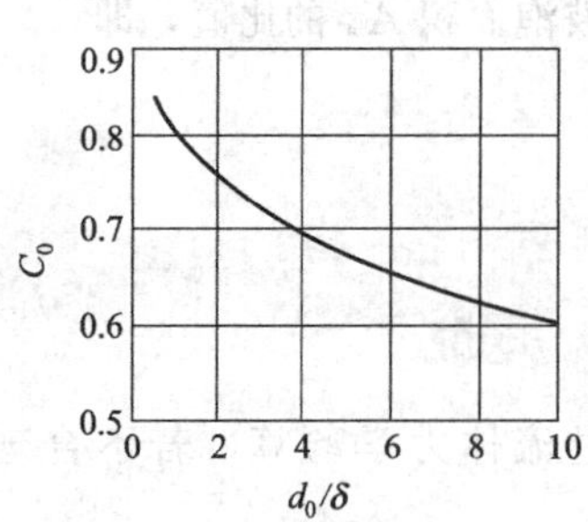

图 4-38 干筛孔的流量系数

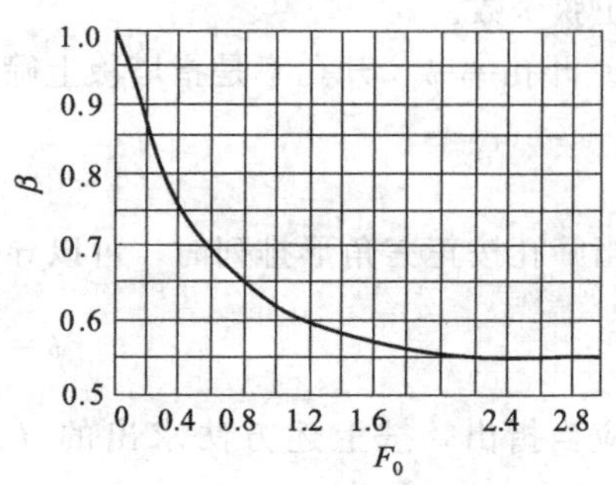

图 4-39 充气系数关联图

4.5.3.2 液面落差

当液体横向流过塔板时，为克服板面的摩擦阻力和板上构件（如泡罩、浮阀）的局部阻力，需要一定的液位差，即在塔板上形成液面落差，以 Δ 表示。液面落差与塔板结构、塔径和液体流量有关。对于筛板塔，在塔径不大（$D\leqslant1600$mm）的情况下，可忽略液面落差；当液体流量和塔径很大（$D\geqslant2000$mm）时，需考虑液面落差的影响。塔径较大的塔可采用双溢流或阶梯溢流等形式来减小液面落差。

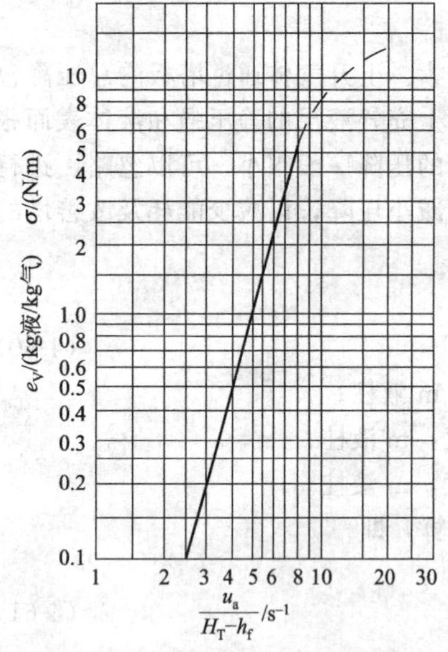

图 4-40 亨特液沫夹带关联图

4.5.3.3 液沫夹带

液沫夹带是指塔板上的液体被上升气流带入上一层塔板的现象。过量的液沫夹带会造成液相在塔板间的返混，导致塔板效率严重下降。工业生产中为保证塔板效率的基本稳定，通常将液沫夹带量限制在一定范围内，即规定液沫夹带量 $e_V=0.1$kg 液/kg 气。液沫夹带量可通过如图 4-40 所示的亨特关联图查得。图中直线部分可回归为下式

$$e_V=\frac{5.7\times10^{-6}}{\sigma}\left(\frac{u_a}{H_T-h_f}\right)^{3.2} \tag{4-63}$$

式中 σ——液体表面张力，N/m；

h_f——塔板上鼓泡层高度（一般取 $h_f=2.5h_L$），m。

4.5.3.4 液泛（淹塔）

精馏塔内的气体或液体流量增加到一定程度，使降液管中液体不能顺畅下流时，管内液体会不断积累、升高到越过溢流堰，并漫到上一层塔板，最后导致两层塔板之间被泡沫液体充满，这种现象称为液泛，亦称淹塔。发生液泛时，塔板压降增大，效率下降，全塔操作被破坏。根据形成液泛的原因不同，可分为降液管液泛和液沫夹带液泛。

为防止降液管液泛的发生，使液体从上层塔板稳定地流入下层塔板，降液管内必须维持一定的清液层高度 H_d，用来克服相邻两层塔板间的压降、板上液层的阻力和液体流过降液管的阻力。H_d 可用下式计算

$$H_d=h_p+h_L+h_d \tag{4-64}$$

式中 H_d——降液管内清液层高度，m；

h_L——板上液层高度，m。

h_d——与液体通过降液管的压降相当的液柱高度，m 液柱。

其中 h_d 主要由降液管底隙处的局部阻力造成。若塔板上不设进口堰，$h_d=0.153(u'_0)^2$；若塔板上设进口堰，$h_d=0.2(u'_0)^2$。

H_d 为降液管内清液层高度，为防止液泛，应使 H_d 服从以下关系

$$H_d \leqslant \varphi(H_T+h_W) \tag{4-65}$$

式中 φ——安全系数，对易发泡物系，取 $\varphi=0.3\sim0.4$；对不易发泡物系，取 $\varphi=0.6\sim0.7$。

4.5.3.5 漏液

当上升气体通过筛孔的流速较小，气体的动能不足以阻止液体经孔道流下时，便产生漏液现象。严重漏液会使板上不能积液，破坏塔的正常操作。经验表明，当漏液量小于塔内液体流量的 10%时，对塔板效率的影响不大。故将漏液量到达塔内液流量 10%时的气速称为漏液点气速，用 $u_{0,\min}$ 表示。漏液点气速是操作气速的下限。

设计时，$u_{0,\min}$ 可用下式计算

$$u_{0,\min}=4.4C_0\sqrt{(0.0056+0.13h_L-h_\sigma)\rho_L/\rho_V} \tag{4-66}$$

式中 h_σ——克服筛孔处表面张力所产生的压降，m 液柱；可用公式 $h_\sigma=\dfrac{4\times10^{-3}\sigma}{\rho_L g d_0}$ 计算。

气体通过筛孔的实际速度 u_0 与漏液点气速 $u_{0,\min}$ 之比称为稳定系数，即

$$K=\frac{u_0}{u_{0,\min}} \tag{4-67}$$

K 值应大于 1，适宜范围为 1.5～2，才能使塔的操作弹性比较大且无严重漏液现象。

4.5.4 塔板负荷性能图

对一定的分离物系和塔板结构，板式塔的操作状况和分离效果只与气、液相负荷有关。要维持塔的正常操作，必须将塔内的气、液相负荷限制在一定范围内。通常在直角坐标系中，以液相负荷 L_s 及气相负荷 V_s 为横、纵坐标，标绘各种极限条件下 L_s 与 V_s 的关系，得到如图 4-41 所示的塔板负荷性能图。

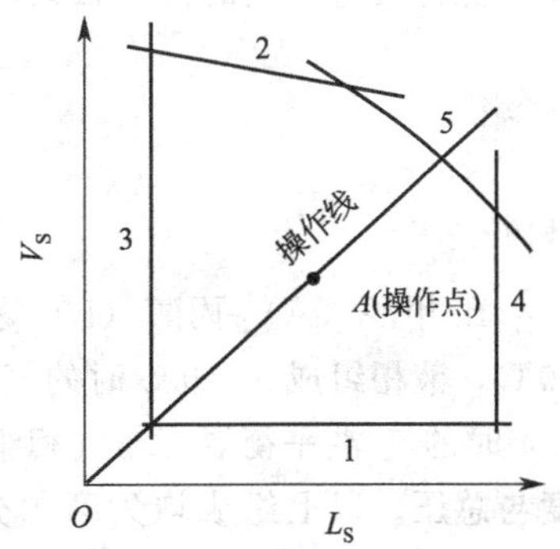

图 4-41 塔板的负荷性能图

图中线 1 为漏液线，又称气相负荷下限线。操作时气相负荷应在此线上方，否则会发生严重的漏液现象，塔板效率下降。找出 $u_{0,\min}$-V_s 及 h_L-L_s 的关系，然后将它们代入式(4-66)，整理得到 L_s-V_s 的关系，标绘在坐标系中，即得漏液线。

图中线 2 为液沫夹带上限线，又称气相负荷上限线。操作时气相负荷应在此线下方，否则塔内液沫夹带现象严重（e_V>0.1kg 液体/kg 气体），塔板效率急剧下降。取 e_V 的极限值为 0.1kg 液体/kg 气体，找出 u_a-V_s 及 h_f-L_s 的关系，然后将它们代入式(4-63)，整理得到 L_s-V_s 的关系，标绘在坐标系中，即得液沫夹带线。

图中线 3 为液相负荷下限线。操作时液相负荷应在此线右方，否则液体流量过低，板上

液流不能均匀分布，易发生干吹、偏流等现象。对平直堰，取堰上液层高度 $h_{OW}=0.006m$，对设计好的塔，堰长 l_W 为定值，$E=1$ 时，可由式(4-52) 算出液体流量下限值 L_s，标绘在坐标系中，得到一条垂直于横轴的直线，即为液相负荷下限线。

图中线 4 为液相负荷上限线。操作时液相负荷应在此线左方，否则液体流量过大，在降液管内停留时间过短，其中夹带的气泡来不及与液相分离便被带入下一层塔板，使塔板效率下降。液体在降液管内停留的时间 θ 应大于 3～5s，一般取 5s。可根据式(4-54) 算出液体流量上限值 L_s，标绘在坐标系中，得到一条垂直于横轴的直线，即为液相负荷上限线。

图中线 5 为液泛线。若操作时气液负荷超过此线，将发生液泛现象，使塔不能正常操作。为避免液泛，降液管液层高度 H_d 应服从式(4-65)：$H_d \leqslant \varphi(H_T+h_w)$。$H_d$ 可由式(4-64)计算，式中的 h_p、h_{OW}、h_d 均可用 V_s 及 L_s 表示；而对一定的物系和设计好的塔板，f、H_T、h_W为定值，将各关系式及定值代入式(4-65)，取等号，即可解得液泛时 L_s-V_s 的关系，标绘在坐标系中，即为液泛线。

塔板负荷性能图中各线所包围的区域为塔板适宜的气液相负荷范围。操作时的气相负荷 V_s 与液相负荷 L_s 在此图上的坐标点称为操作点。在连续精馏塔中，回流比为定值，则操作的气液比 V_s/L_s 也为定值。因此，每层塔板上的操作点沿通过原点、斜率为 V_s/L_s 的直线变化。该直线与负荷性能图上曲线的两个交点分别表示塔的上下操作极限，两极限的气体流量之比称为塔板的操作弹性。操作弹性大，说明塔适应负荷变动的能力强，操作性能好。设计时，应使操作点尽可能位于适宜操作区的中央，若操作线紧靠某条边界线，则负荷稍有波动，塔的正常操作即被破坏。

对一定的分离任务，操作点的位置即固定下来，但负荷性能图中各条线的相应位置随着塔板的结构尺寸而变。因此，设计时可根据操作点在负荷性能图中的位置，适当调整塔板结构参数，改进负荷性能图，以满足所需的操作弹性。

塔板负荷性能图对于检验塔板设计的合理性，了解塔的操作状况是否稳定，改进塔的操作性能都具有一定的指导意义。

习 题

1. 甲醇（A）-丙醇（B）物系的气-液相平衡关系服从拉乌尔定律。试求：(1) 温度 $t=80℃$，液相组成 $x=0.5$ 时的气相平衡组成与总压；(2) 总压为 101.33kPa、液相组成 $x=0.4$ 时的气-液平衡温度与气相组成；(3) 液相组成 $x=0.6$、气相组成 $y=0.84$ 时的平衡温度与总压。以上组成均为摩尔分数。用 Antoine 方程计算饱和蒸气压（kPa），式中，t 为温度，℃。

甲醇 $\lg p_A^o=7.19736-\dfrac{1574.99}{t+238.86}$

丙醇 $\lg p_B^o=6.74414-\dfrac{1375.14}{t+193}$

2. 甲醇-丙醇溶液为理想溶液。甲醇和丙醇在 80℃时的饱和蒸气压分别为 181.1kPa 和 50.93kPa。试求 80℃时甲醇与丙醇的相对挥发度 α。

3. 总压为 101.325kPa 时，正庚烷-正辛烷的气-液相平衡数据如下：

温度/℃	液相中正庚烷的摩尔分数(x)	气相中正庚烷的摩尔分数(y)	温度/℃	液相中正庚烷的摩尔分数(x)	气相中正庚烷的摩尔分数(y)
98.4	1.0	1.0	115	0.311	0.491
105	0.656	0.81	120	0.157	0.280
110	0.487	0.673	125.6	0	0

试求：(1) 总压 101.325kPa，溶液中正庚烷为 0.35（摩尔分数，下同）时的泡点及平衡气相组成；(2) 总压 101.325kPa 时，组成 $x=0.35$ 的溶液加热到 117℃，处于什么状态？此溶液全部气化为饱和蒸气时的温度是多少？

4. 苯-甲苯精馏塔中，(1) 已知塔顶温度 82℃，塔顶蒸气组成为苯 0.95，甲苯 0.05，均为摩尔分数，求塔顶操作压力；(2) 若塔釜操作压力为 100kPa，温度为 107℃，试确定釜液的组成。

5. 由正庚烷与正辛烷组成的溶液，在常压连续精馏塔内进行分离。原料的流量为 5000kg/h，其中正庚烷的质量分数为 0.3。要求馏出液中能回收原料中 88%的正庚烷，釜液中正庚烷的质量分数不超过 0.05。试求馏出液与釜液的摩尔流量及馏出液中正庚烷的摩尔分数。

6. 在压力为 101.325kPa 的连续操作的精馏塔中，分离含甲醇 30%的甲醇-水溶液，其流量为 100kmol/h。要求馏出液组成为 0.98，釜液组成为 0.01，以上均为摩尔分数。试求；(1) 甲醇的回收率；(2) 进料的泡点。

7. 某混合液含易挥发组分 0.25，在泡点状态下连续送入精馏塔。塔顶馏出液组成为 0.96，釜液组成为 0.02（以上均为易挥发组分的摩尔分数），试求：(1) 塔顶产品的采出率 $\frac{D}{F}$；(2) 当 $R=2$ 时，精馏段的液气比 $\frac{L}{V}$ 及提馏段的气液比 $\frac{V'}{L'}$。

8. 用一连续操作的精馏塔分离苯-甲苯溶液。进料量为 100kmol/h，进料液中苯的组成为 0.4（摩尔分数，下同），饱和液体进料。馏出液中苯的组成为 0.95，釜液中苯的组成为 0.04，回流比 $R=3$。若塔顶设全凝器，塔釜设再沸器，试求回流液的摩尔流量以及塔内上升蒸气的摩尔流量。

9. 在连续精馏塔中分离双组分理想溶液，原料液流量为 100kmol/h，组成为 0.3（摩尔分数），其精馏段和提馏段操作线方程分别为 $y=0.8x+0.172$ 和 $y=1.3x-0.018$，试求馏出液量和釜液量（kmol/h）。

10. 对苯-甲苯精馏塔精馏段内的第 n 块理论板上的液体进行分析测定，从该板流出的液体苯含量为 0.575（摩尔分数，下同）。已知，塔顶产品组成 $x_D=0.9$，回流比为 2.5，相对挥发度为 2.51。试求进入该理论板的液相及气相的组成 x_{n-1}、y_{n+1} 以及离开塔板的蒸气组成 y_n。

11. 常压下分离丙酮-水溶液的连续精馏塔，进料中含丙酮 50%（摩尔分数，下同），气相分数 80%。要求馏出液和釜液中丙酮的组成分别为 95%和 5%，若取回流比 $R=2$，进料流量为 100kmol/h，分别计算精馏段与提馏段的气相流量和液相流量，并写出两段操作线方程和 q 线方程。

12. 用一常压、连续操作的精馏塔分离含甲醇 0.3（摩尔分数，下同）的水溶液。要求得到含甲醇 0.9 的馏出液及含甲醇 0.03 的釜液，回流比 $R=1.0$。试分别用逐板计算法和图解法求饱和液体进料及冷液进料（$q=1.07$）两种条件下的理论板数及加料板位置。101.325kPa 下的甲醇-水溶液相平衡数据见附录 21。

13. 用一连续操作精馏塔分离含甲醇 0.3（摩尔分数，下同）的水溶液，操作压力为

101.325kPa，要求得到含甲醇 0.95 的馏出液。在饱和液体进料及冷液进料（$q=1.2$）的两种条件下，试求最小回流比 $R_{\min}$。

14. 常压连续精馏塔用来分离甲醇-水溶液。原料液组成为 0.3（摩尔分数），温度为 30℃，试求进料热状况参数。已知进料的泡点温度为 75.3℃，操作条件下甲醇和水的汽化热分别为 1055kJ/kg 和 23205kJ/kg，甲醇和水的比热容分别为 2.68kJ/（kg·℃）和 4.19kJ/（kg·℃）。

15. 用常压下操作的连续精馏塔分离苯-甲苯混合液。进料中含苯 0.4（摩尔分数，下同），要求馏出液含苯 0.97。苯-甲苯溶液的平均相对挥发度为 2.46。试计算下列两种进料热状态下的最小回流比：（1）冷液进料，其进料热状态参数 $q=1.38$；（2）进料为气液混合物，气液比为 3∶4。

16. 在一常压连续操作的精馏塔中分离某双组分溶液，原料液流量为 100kmol/h，含易挥发组分 0.5，泡点进料。塔顶馏出液组成为 08，釜液组成为 0.01（以上均为易挥发组分的摩尔分数），回流比取为最小回流比的 3 倍，该物系的平均相对挥发度 $\alpha=2.5$。试求：（1）塔顶易挥发组分的回收率；（2）馏出液和釜液流量（kmol/h）；（3）操作线方程。

17. 用常压、连续操作的精馏塔分离含苯 0.4（摩尔分数，下同）的苯-甲苯溶液。要求馏出液含苯 0.97，釜液含苯 0.02。回流比为 2.2，泡点进料。苯-甲苯溶液的平均相对挥发度为 2.46。试用简捷计算法求所需理论板数。

18. 在常压连续精馏塔中分离苯-甲苯混合液。原料液流量为 1000kmol/h，其中含苯 0.4，泡点进料。要求塔顶馏出液中含苯 0.9，釜液中含苯 0.02（以上均为摩尔分数），回流比取为最小回流比的 1.5 倍，全塔平均相对挥发度为 2.5。试求：（1）塔顶与塔底产品量及回流比；（2）塔内从上而下第二块理论板上升气体的组成；（3）若改为饱和蒸气进料，其他条件保持不变，此时能否完成分离任务？为什么？

19. 在常压连续筛板精馏塔中分离苯-甲苯混合液。原料液含苯 0.44（摩尔分数，下同），气液混合物进料，液相分数为 1/3。若馏出液组成为 0.975，釜液组成为 0.024，回流比为最小回流比的 1.6 倍，试估算实际板数及适宜进料位置。取全塔效率为 0.54。

20. 苯-甲苯常压连续精馏塔，在全回流条件下测得某相邻两块实际塔板的液相组成（摩尔分数）分别为 0.28 和 0.41，设该物系的相对挥发度为 $\alpha=2.47$，试求其中下层塔板的默弗里板效率，分别以气相和液相表示。

21. 用板式精馏塔分离相对挥发度为 2 的理想溶液。馏出液流量为 100kmol/h，回流比 $R=2$。测得进入第 n 板的气液相组成分别为 $y_{n+1}=0.8$、$x_{n-1}=0.82$，若塔板以气相组成表示的单板效率 $E_{MV}=0.5$，试计算离开第 n 板的气液两相组成。

本章主要符号说明

符号	意义	单位	符号	意义	单位
A	面积	m^2	D	塔顶产品(馏出液)流量	kmol/h
C	操作物系的负荷系数	m/s	d_0	筛孔直径	mm
C_0	流量系数		E	液流收缩系数	
c_p	比热容	kJ/(kg·℃)	E_0	全塔效率	
D	塔径	m	E_{MV}	气相单板效率	

符号	意义	单位	符号	意义	单位
E_{ML}	液相单板效率		r	汽化潜热	kJ/kg
e_V	液沫夹带量	kg 液体/kg 气体	t	温度	℃
F	原料液流量	kmol/h	t	孔中心距	mm
F_0	气相动能因子	$(kg/m)^{0.5}/s$	W_d	宽度	m
H_T	塔板间距，高度	m	u	空塔气速	m/s
h	距离，高度	m	V	气体的摩尔流量	kmol/h
h	与压降相当的液柱高度	m 液柱	W	塔底产品（釜残液）流量	kmol/h
I	物质的焓	kJ/kmol	x	液相中易挥发组分的摩尔分数	
K	稳定系数		y	气相中易挥发组分的摩尔分数	
L	液体的摩尔流量	kmol/h	Z	塔的有效高度	m
l_W	出口堰的堰长	m	α	相对挥发度	
m_s	质量流量	kg/h	β	充气系数	
N	理论塔板数		ρ	密度	kg/m^3
N_P	实际塔板数		υ	各组分的挥发度	kPa
N	筛孔数目		σ	液体表面张力	N/m
p	总压	kPa	θ	停留时间	s
p_A等	分压	kPa	δ	筛板厚度	mm
p°	纯组分的饱和蒸气压	kPa	ϕ	开孔率	
Q	热量	kJ/h	φ	安全系数	
q	进料热状况参数		Δ	液面落差	mm
R	回流比		η	回收率	%

第5章 非均相混合物的分离

凡物系内部有隔开两相的界面存在且界面两侧的物料性质截然不同的混合物，均称为非均相混合物。如由固体颗粒与液体构成的悬浮液、由固体颗粒与气体构成的含尘气体等。在非均相混合物中处于分散状态的物质统称为分散物质或分散相，例如气体中的尘粒、悬浮液中的颗粒、乳浊液中的液滴。非均相物系中处于连续状态的物质统称为分散介质或连续相，例如含尘气体中的气体、悬浮液中的液体。化工生产中要求分离非均相物系的情况很多，比如回收分散相、净化连续相、除去化工废气、废液中的有害物质等。

非均相混合物的分离通常可采用能耗较低的机械分离方法，即利用非均相混合物中两相物理性质（如密度、颗粒形状、尺寸等）的差异，使两相之间发生相对运动而使其分离。本章重点介绍沉降和过滤两种分离方法的操作原理和设备。

5.1 沉降

沉降是指在某种力场中，利用分散相和连续相之间的密度差，使两相发生相对运动而实现分离的操作。利用重力场实现的沉降过程称为重力沉降，利用离心力场实现的沉降过程称为离心沉降。

5.1.1 重力沉降

5.1.1.1 重力沉降速度

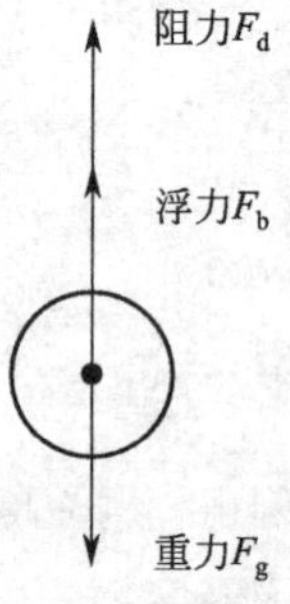

阻力F_d

浮力F_b

重力F_g

图 5-1 球形颗粒在流体中的受力情况

如果颗粒在重力沉降过程中不受周围颗粒和器壁的影响，称为自由沉降。一般单个颗粒在大空间中的沉降过程可视为自由沉降。

如图 5-1 所示，表面光滑的刚性球形颗粒在静止流体中做自由沉降时，颗粒受三个力的作用：重力 F_g、浮力 F_b 和阻力 F_d。三个力分别为：

重力 $F_g=mg=\frac{\pi}{6}d^3\rho_s g$

浮力 $F_b=\frac{\pi}{6}d^3\rho g$

阻力 $F_d=\xi\frac{\pi}{4}d^2\frac{1}{2}\rho u^2$

根据牛顿第二定律，有：

$$F_g-F_b-F_d=ma \tag{5-1}$$

即

$$\frac{\pi}{6}d^3\rho_s g-\frac{\pi}{6}d^3\rho g-\xi\frac{\pi}{4}d^2\frac{1}{2}\rho u^2=ma \tag{5-1a}$$

式中 u——颗粒相对于流体的降落速度，m/s；

g——重力加速度，m/s^2；

d——颗粒直径，m；

ξ——阻力系数；

ρ_s——颗粒的密度，kg/m³；

ρ——流体的密度，kg/m³；

m——颗粒的质量，kg；

a——颗粒的加速度，m/s²。

颗粒的自由沉降过程可分为加速和匀速两个阶段。初始时，颗粒降落速度为零，受到的阻力为零，颗粒将加速下降；随着下降速度的增大，阻力也不断增大，加速度不断减小。当阻力与浮力之和等于颗粒的重力时，颗粒的加速度减为零，此后颗粒便作匀速运动，这一终端速度称为重力沉降速度，用 u_t 表示。由于小颗粒的加速阶段时间很短，通常可以忽略，故可以认为整个沉降过程始终以沉降速度匀速下降。

当 $a=0$ 时，$u=u_t$，代入式(5-1a)，则可得到沉降速度的计算式为：

$$u_t=\sqrt{\frac{4d(\rho_s-\rho)g}{3\xi\rho}} \tag{5-2}$$

使用式(5-2) 计算沉降速度时，首先要知道阻力系数 ξ，通过因次分析法可知 ξ 是颗粒与流体相对运动雷诺数的函数，即：

$$\zeta=f(Re_t) \tag{5-3}$$

而

$$Re_t=\frac{du_t\rho}{\mu} \tag{5-4}$$

计算 Re_t 时，d 应为足以表征颗粒大小的长度，对球形颗粒而言，自然是它的直径。

阻力系数 ξ 与 Re_t 的关系通常由实验测定，结果如图 5-2 所示。由图可见，球形颗粒 ($F_s=1$) 的 ξ-Re_t 关系曲线可以分为三个区域，各区域 ξ 的计算公式分别如下：

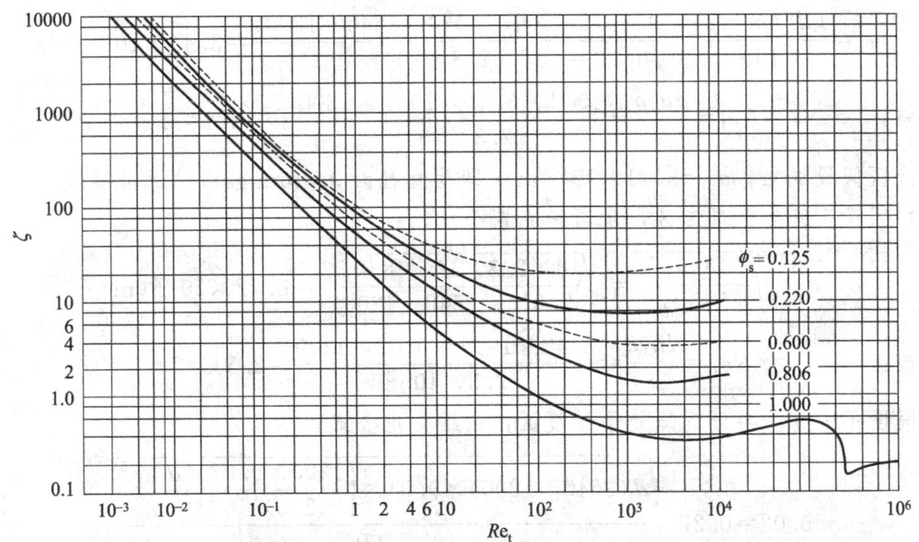

图 5-2　ζ-Re_t 关系曲线（ϕ_s 为颗粒球形度）

层流区 ($10^{-4}<Re_t=2$)，又称斯托克斯 (Stokes) 区：

$$\xi=\frac{24}{Re_t} \tag{5-5}$$

过渡区 ($2<Re_t<10^3$)，又称艾伦 (Allen) 区：

$$\xi=\frac{18.5}{Re_t^{0.6}} \tag{5-6}$$

湍流区（$10^3 \leqslant Re_t < 2\times10^5$），又称牛顿区（Newton）区：

$$\xi=0.44 \tag{5-7}$$

将式(5-5)～式(5-7)分别代入式(5-2)，可以得出球形颗粒在相应区域的 u_t 计算公式。

层流区
$$u_t=\frac{gd^2(\rho_s-\rho)}{18\mu} \tag{5-8}$$

过渡区
$$u_t=0.27\sqrt{\frac{d(\rho_s-\rho)gRe_t^{0.6}}{\rho}} \tag{5-9}$$

湍流区
$$u_t=1.74\sqrt{\frac{d(\rho_s-\rho)g}{\rho}} \tag{5-10}$$

由于沉降操作中涉及的颗粒直径都较小，操作通常处于层流区，因此，式(5-8)应用较多，此式也称为斯托克斯公式。

计算沉降速度需根据不同流型，选用不同的 u_t 计算公式。因此需预先知道 Re_t，但 u_t 待求，Re_t 自然是未知数，所以沉降速度的计算应采用试差法。即先假定流动处于层流区，用 Stokes 公式求出沉降速度 u_t，然后再计算雷诺准数 Re_t 是否在假设的流型范围内。如果与假设一致，则求得的 u_t 有效，否则，根据算出的 Re_t 值改用相应的公式计算 u_t，直到算出的 Re_t 与假设的流型范围一致为止。

【例 5-1】 某烧碱厂拟用重力沉降净化粗盐水。粗盐水的密度为 1200kg/m^3，黏度为 2.3mPa·s，其中固体颗粒可视为球形，密度取 2640kg/m^3。求：(1) 直径为 0.1mm 的颗粒沉降速度；(2) 沉降速度为 0.02m/s 的颗粒直径。

解 (1) 在沉降区域未知的情况下，先假设沉降处于层流区，应用斯托克斯公式：

$$u_t=\frac{gd^2(\rho_s-\rho)}{18\mu}=\frac{9.81\times(1\times10^{-4})^2\times(2640-1200)}{18\times2.3\times10^{-3}}=3.41\times10^{-3}\text{m/s}$$

校核：
$$Re_t=\frac{du_t\rho}{\mu}=\frac{10^{-4}\times3.41\times10^{-3}\times1200}{2.3\times10^{-3}}=0.178<2$$

层流区假设成立，$u_t=3.41\times10^{-3}\text{m/s}$ 即为直径为 0.1mm 颗粒的沉降速度。

(2) 假设沉降处于层流区，由斯托克斯公式，得：

$$d=\sqrt{\frac{18\mu u_t}{g(\rho_s-\rho)}}=\sqrt{\frac{18\times2.3\times10^{-3}\times0.02}{9.81\times(2640-1200)}}=2.42\times10^{-4}(\text{m})$$

校核：
$$Re_t=\frac{du_t\rho}{\mu}=\frac{2.42\times10^{-4}\times0.02\times1200}{2.3\times10^{-3}}=2.53>2$$

原假设不成立。再设沉降处于过渡区，应用艾伦公式，得：

$$0.02=0.27\sqrt{\frac{d(2640-1200)\times9.81\times\left(\frac{1200\times0.02\times d}{2.3\times10^{-3}}\right)^{0.6}}{1200}}$$

解得：
$$d=2.58\times10^{-4}\text{m}$$

校核：
$$Re_t=\frac{du_t\rho}{\mu}=\frac{2.58\times10^{-4}\times0.02\times1200}{2.3\times10^{-3}}=2.69$$

符合 $2<Re_t<10^3$。

过渡区假设成立，沉降速度 0.02m/s 的颗粒直径为 0.258mm。

在浓度较高的非均相混合物中，颗粒之间的距离很小，则颗粒间有明显的相互作用，且容器壁对沉降的影响不可忽略，这种沉降称为干扰沉降，其速度小于自由沉降的速度。

工业上常用的重力沉降设备有降尘室、沉降槽和分级器等。

5.1.1.2 降尘室

降尘室是利用重力沉降从气流中分离尘粒的设备，结构如图 5-3 所示。

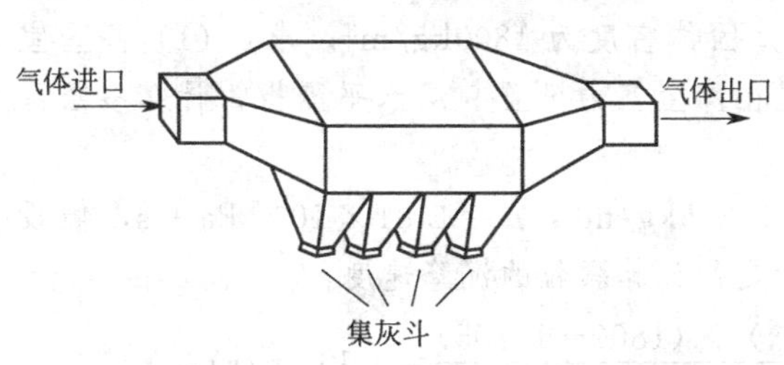

图 5-3 降尘室

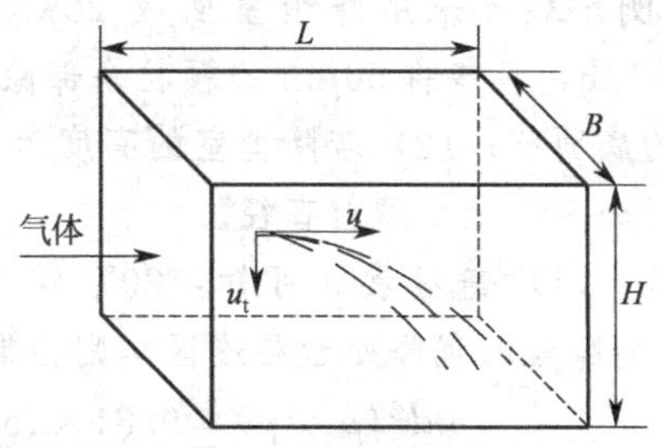

图 5-4 尘粒在降尘室中的运动

颗粒在降尘室的运动情况如图 5-4 所示。含尘气体进入降尘室后，流通截面会扩大，流速降低。尘粒随气流以速度 u 水平向前运动的同时，在重力作用下以沉降速度 u_t 向下运动。只要尘粒能在气体通过降尘室的时间内降到室底，便可从气流中分离出来。

用 H、L 和 B 表示降尘室的长、宽、高，单位为 m，则气体通过降尘室的时间，即停留时间 θ 为：

$$\theta=\frac{L}{u}$$

颗粒从降尘室顶部沉降到降尘室底部所需的时间 θ_t 为：

$$\theta_t=\frac{H}{u_t}$$

则尘粒可从气体中完全沉降分离出来应满足的条件为：

$$\frac{L}{u}\geqslant\frac{H}{u_t} \tag{5-11}$$

气体在降尘室的水平速度为；

$$u=\frac{V_s}{BH}$$

式中 V_s——含尘气体通过降尘室的体积流量，即降尘室的生产能力，m^3/s。

将上式代入式(5-11)，整理得：

$$V_s=uBH\leqslant u_tBL=u_tA_0 \tag{5-12}$$

式中 A_0——降尘室的底面积，m^2。

式(5-12) 表明，降尘室的生产能力仅与其底面积 A_0 和颗粒的沉降速度 u_t 有关，而与降尘室的高度 H 无关，因此，降尘室多设计成扁平形。为了提高其处理量，可在室中设置若干水平隔板，构成多层降尘室，隔板间距一般为 40～100mm。

式(5-12) 还可以用来确定降尘室内能完全被除去的最小颗粒的直径 d_{min}。假设沉降运动处于层流区，式(5-12) 取等号时，有：

$$u_t=\frac{V_s}{A_0}=\frac{gd_{min}^2(\rho_s-\rho)}{18\mu}$$

即
$$d_{\min}=\sqrt{\frac{18\mu}{g(\rho_s-\rho)}\frac{V_s}{A_0}} \tag{5-13}$$

降尘室结构简单，流体阻力大，体积庞大，效率低，一般可以分离粒径大于 50μm 的颗粒，通常作为预除尘使用。降尘室操作时，气速不应过高，否则沉降到底部的尘粒会被扬起，随气体带出降尘室。

【例 5-2】 采用降尘室回收 20℃空气中所含的球形固体颗粒，要求空气处理量为 3600m^3/h，且能将 50μm 的颗粒全部除去，已知固体密度为 1800kg/m^3。求：(1) 降尘室所需的底面积；(2) 若降尘室的高度为 2m，现在降尘室内设置 9 层水平隔板，计算多层降尘室可分离的最小颗粒直径。

解 (1) 查附录 9 可知：20℃空气，$\rho=1.205kg/m^3$，$\mu=1.81\times10^{-5}Pa\cdot s$，假设 50$\mu$m 的颗粒的沉降处于层流区，则由斯托克斯定律计算颗粒的沉降速度：

$$u_t=\frac{gd^2(\rho_s-\rho)}{18\mu}=\frac{9.81\times(50\times10^{-6})^2\times(1800-1.205)}{18\times1.81\times10^{-5}}=0.14(m/s)$$

则降尘室的底面积为

$$A=\frac{V_s}{u_t}=\frac{3600}{3600\times0.14}=7.14(m^2)$$

校核：
$$Re_t=\frac{du_t\rho}{\mu}=\frac{50\times10^{-6}\times0.14\times1.205}{1.81\times10^{-5}}=0.47<1$$

所以，假设正确，降尘室所需的底面积为 7.14m^2。

(2) 用 9 层水平隔板将降尘室分为 10 层，则每一层流过的气量 $V_s'=\frac{1}{10}V_s=360$ (m^3/h)，根据式(5-13)，则能完全被除去的最小颗粒的直径为：

$$d'_{\min}=d_{\min}\sqrt{\frac{V_s'}{V_s}}=50\sqrt{\frac{1}{10}}=15.8(\mu m)$$

因颗粒直径减小，故颗粒沉降处于层流区，斯托克斯定律适用。

5.1.2 离心沉降

5.1.2.1 离心沉降速度

对两相密度差较小且颗粒尺寸很小的非均相物系，利用离心力场进行分离更为有效。与重力沉降过程类似，当颗粒在离心力场中沉降时，在径向上受到的三个力为：

离心力 $\frac{\pi}{6}d^3\rho_s\frac{u_T^2}{r}$（方向沿半径向外）

浮力 $\frac{\pi}{6}d^3\rho\frac{u_T^2}{r}$（方向沿半径向内）

阻力 $\xi\frac{\pi}{4}d^2\frac{1}{2}\rho u_r^2$（方向沿半径向内）

三力平衡，可得到沉降速度的计算式为：

$$u_r=\sqrt{\frac{4d(\rho_s-\rho)u_T^2}{3\xi\rho r}} \tag{5-14}$$

式中 u_r——颗粒的离心沉降速度，m/s；

u_T——颗粒的切线速度，m/s；

d——颗粒直径，m；

r——颗粒的旋转半径，m；

ξ——阻力系数；

ρ_s——颗粒的密度，kg/m^3；

ρ——流体的密度，kg/m^3。

将此式与式(5-2) 比较可知，颗粒的离心沉降速度 u_r 与重力沉降速度 u_t 的计算式相似，只是将重力加速度 g 改为离心加速度$\frac{u_T^2}{r}$，但二者又有所区别。首先离心沉降速度 u_r 不是颗粒的绝对运动速度，而是绝对速度在径向上的分量，且方向不是向下而是沿半径向外；其次离心沉降速度 u_r 不是定值，是随半径而变的，而重力沉降速度 u_t 在颗粒的沉降过程中为常数。

离心沉降分离的多为小颗粒，沉降一般发生在层流区，离心沉降速度可表示为：

$$u_r=\frac{d^2(\rho_s-\rho)u_T^2}{18\mu r} \tag{5-15}$$

工程上，常将同一颗粒的离心加速度与重力加速度之比定义为离心分离因数 K_C，即：

$$K_C=\frac{u_T^2}{gr} \tag{5-16}$$

K_C 数值的大小是反映离心分离设备性能的重要指标，最大可达几千至几万。

工业上常用的离心沉降设备有旋风分离器、旋液分离器等。

5.1.2.2　旋风分离器

(1) 旋风分离器的基本结构与操作原理

旋风分离器是利用离心沉降的原理分离含尘气体的设备。

标准旋风分离器的结构如图 5-5 所示，主体的上部为圆筒形，下部为圆锥形，顶部中心管为排气管，进气管位于圆筒上方并与圆筒切向连接，颗粒出口位于锥底。各部分尺寸均与圆筒直径成比例。

气体在旋风分离器中的运动情况如图 5-6 所示。当含尘气体由圆筒上部的进气管沿切向进入时，受器壁的约束向下会做螺旋运动，称为外旋流。在离心力作用下，颗粒被抛向器壁与气流分离，再沿壁面落至锥底的排灰口。净化后的气体在中心轴附近范围由下而上做螺旋运动，最后由顶部排气管排出，称为内旋流（或气芯）。

旋风分离器的结构简单、造价低廉、可用多种材料制造；操作不受温度、压力的限制，适用范围广；分离效率高，一般可用于分离气流中直径为 5μm 以上的颗粒。不适用于处理黏度较大、含湿量较高及腐蚀性较大的粉尘。

(2) 旋风分离器的主要性能

旋风分离器性能评价的主要指标有临界粒径、分离效率和气流经过旋风分离器的压降。

① 旋风分离器能完全分离出来的最小颗粒直径称为临界粒径。假定颗粒与气体在旋风分离器内的切线速度 u_T 恒定，且等于在进口处的速度 u_i；颗粒沉降过程中所穿过的最大气层厚度等于进气口宽度 B；颗粒与气流的相对运动为层流。若颗粒到达器壁所需的沉降时间等于气体在分离器内的停留时间，可得到临界粒径 d_c 的计算式：

$$d_c=\sqrt{\frac{9\mu B}{\pi N_e u_i \rho_s}} \tag{5-17}$$

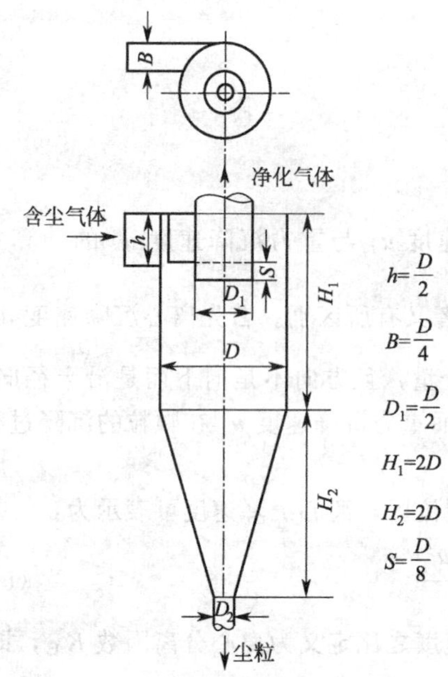

图 5-5 标准旋风分离器

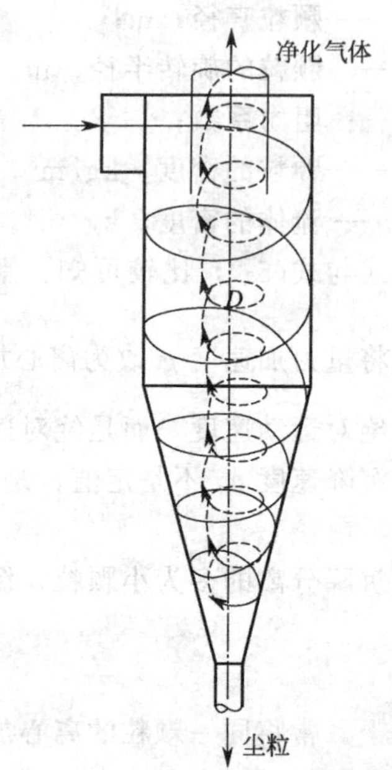

图 5-6 气体在旋风分离器中的运动情况

式中 B——旋风分离器进口管的宽度，m；

N_e——旋风分离器中气流的有效旋转圈数，对标准旋风分离器取 $N_e=5$；

u_i——含尘气体的进口气速，m/s；

μ——气体的黏度，Pa·s；

ρ_s——颗粒的密度，kg/m³。

② 旋风分离器的分离效率有两种表示方法，即总效率 η_0 和粒级效率 η_i。

总效率 η_0 是指进入旋风分离器的全部颗粒中能被分离下来的颗粒的质量分率，即：

$$\eta_0=\frac{C_1-C_2}{C_1} \tag{5-18}$$

式中 C_1、C_2——旋风分离器进口、出口气体的含尘浓度，kg/m³。

粒级效率 η_i 是指每某一粒径颗粒被分离的质量分率，即：

$$\eta_i=\frac{C_{1i}-C_{2i}}{C_{1i}} \tag{5-18a}$$

式中 C_{1i}，C_{2i}——进、出口气体粒径在第 i 段范围内颗粒的质量浓度，kg/m³。

总效率 η_0 在工程计算中常用，也容易测定，但它无法表示旋风分离器对各种尺寸颗粒的分离效果。而粒级效率 η_i 更能反映旋风分离器分离性能的优劣。

总效率与粒级效率之间的关系为：

$$\eta_0=\sum_{i=1}^{n}a_i\eta_i \tag{5-19}$$

式中 a_i——粒径在第 i 段范围内的颗粒的质量分数。

③ 气流通过旋风分离器时与器壁之间的摩擦阻力、流动时的局部阻力以及气体旋转运动所产生的动能损失等，都将造成气体的压力降低。该压降通常可表示为：

$$\Delta p=\frac{\xi\rho u_i^2}{2} \tag{5-20}$$

式中，ξ为阻力系数，其值要通过实验测定。对于同一种结构形式的旋风分离器，ξ值接近常数。

旋风分离器的压降大小是评价其性能好坏的重要指标。气体通过旋风分离器的压降应尽可能小。旋风分离器的压降一般在 500～2000Pa 之间。

【例 5-3】 用一台标准旋风分离器净化含尘气体。筒体直径为 470mm，已知固体密度为 $1100kg/m^3$；气体密度为 $1.2kg/m^3$，黏度为 $1.81\times10^{-5}Pa\cdot s$，流量为 $1440m^3/h$。试求：(1) 该旋风分离器能够分离下来的最小颗粒直径；(2) 气体通过该旋风分离器的压降。

解　(1) 旋风分离器的入口气速为：

$$u_i=\frac{V_s}{BD_1}=\frac{1440}{3600\times\frac{0.47}{4}\times\frac{0.47}{2}}=14.49(m/s)$$

该旋风分离器能够分离下来的最小颗粒直径为：

$$d_c=\sqrt{\frac{9\mu B}{\pi N_e u_i \rho_s}}=\sqrt{\frac{9\times1.8\times10^{-5}\times(0.47/4)}{3.14\times5\times14.49\times1100}}=8.72\times10^{-6}(m)$$

(2) 标准旋风分离器的阻力系数 $\xi=8.0$，则气体通过该旋风分离器的压降为：

$$\Delta p=\frac{\xi\rho u_i^2}{2}=\frac{8.0\times1.2\times14.49^2}{2}=1008(Pa)$$

5.2　过滤

5.2.1　概述

过滤是在外力作用下，使悬浮液中的液体通过多孔介质的孔道，而固体颗粒被截留下来，从而实现固、液分离的操作过程。其中多孔介质称为过滤介质，所处理的悬浮液称为滤浆，通过过滤介质后的液体称为滤液，被过滤介质截留的固体颗粒称为滤饼或滤渣，图 5-7 为过滤操作示意图。驱使液体通过过滤介质的推动力可以有重力、压力（或压差）和离心力，工业上多采用压差。

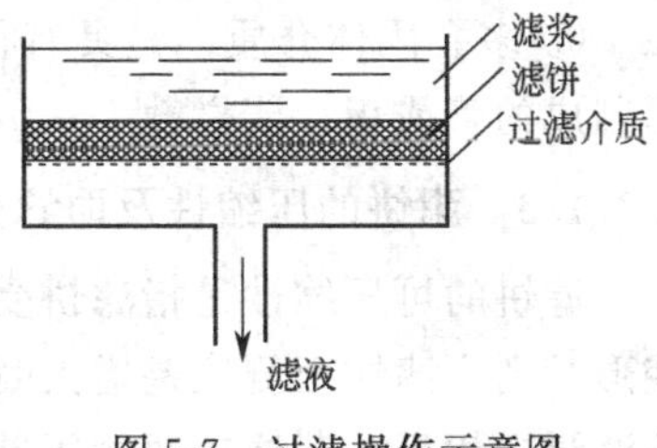

图 5-7　过滤操作示意图

5.2.1.1　过滤方式

工业上的过滤方式主要有两种，即滤饼过滤和深层过滤。

滤饼过滤如图 5-8 所示，悬浮液中颗粒的尺寸大多都比过滤介质的孔道大，颗粒沉积在过滤介质的表面形成滤饼。在过滤的开始阶段，会有部分比介质孔道小的细小颗粒穿过孔道而不被截留，使滤液仍然是浑浊的。但也会有部分颗粒进入过滤介质孔道里，迅速发生如图 5-9所示的“架桥现象”，随着颗粒的逐渐堆积，形成滤饼层。此后，滤饼层就成为对其后的颗粒起主要截留作用的介质，从而得到澄清的滤液。这种过滤方法适用于处理颗粒含量较高的悬浮液（体积分数＞1%）。

如图 5-10 所示，深层过滤的介质层一般较厚，且内部孔道长而曲折。当尺寸比介质孔隙小的固体颗粒进入孔道后，会在表面力、静电力的作用下附着在孔道壁上，而介质表面无滤饼形成。这种过滤方法适用于处理颗粒小且固体含量极小的悬浮液（体积分数＜0.1%）。

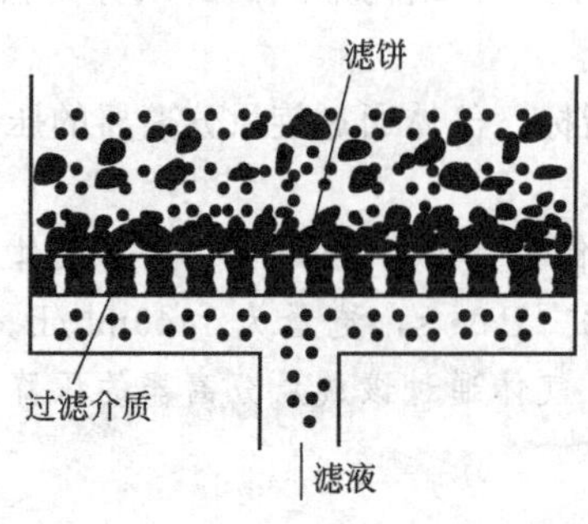

图 5-8　滤饼过滤

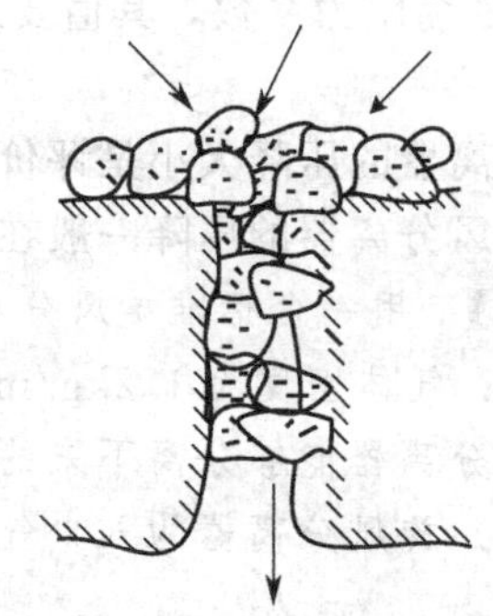

图 5-9　架桥现象

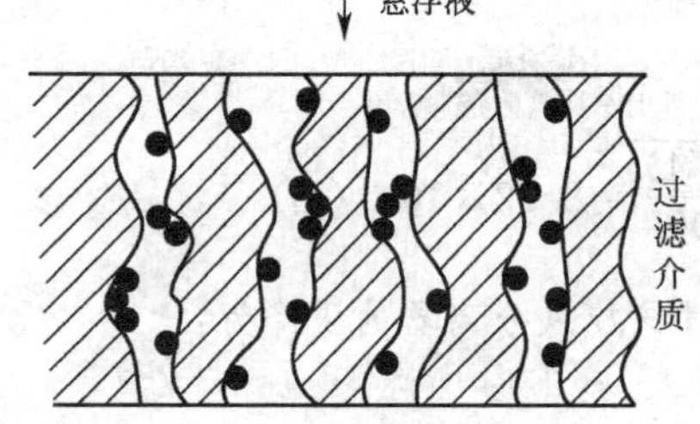

图 5-10　深层过滤示意图

5.2.1.2　过滤介质

过滤介质应能使液体通过而使固体颗粒截留形成滤饼，并对滤饼起支撑作用。其基本要求是具有足够的机械强度和尽可能小的流动阻力，同时，还应具有相应的耐腐蚀性和耐热性。工业上常见的过滤介质有以下几种。

① 织物介质（又称滤布）　包括棉、毛、丝、麻等天然或合成纤维织物以及由玻璃丝或金属丝织成的网，可截留的最小颗粒直径约为 5～65μm。其价格便宜，清洗、更换方便，在工业上应用最为广泛。

② 堆积介质　由各种固体颗粒（细砂、木炭、石棉、硅藻土等）或非纺织纤维等堆积而成，多用于深层过滤中。

③ 多孔固体介质　是具有很多微细孔道的固体材料，如多孔陶瓷、多孔塑料及多孔金属制成的管或板，能拦截 1～3μm 的微细颗粒

5.2.1.3　滤饼的压缩性及助滤剂

滤饼的可压缩性是指滤饼受压后空隙率明显减小的现象。若构成滤饼的颗粒坚硬、不易变形，则当滤饼两侧压差增大时，滤饼的空隙率不会发生明显的变化，这种滤饼称为不可压缩滤饼；相反，若滤饼两侧压差增大后，滤饼的空隙率明显减小而使过滤阻力增大，这种滤饼称为可压缩滤饼。

为了降低可压缩滤饼的过滤阻力，可以将某种质地坚硬、能形成疏松饼层的固体颗粒或纤维状物质混入悬浮液中或预涂在过滤介质上，从而改变滤饼层性能，增加空隙，减少流动阻力。这种预混或预涂的固体颗粒称为助滤剂。

作助滤剂的物质应为能形成多孔饼层的不可压缩刚性颗粒，使滤饼有较高的空隙率、良好的渗透性及较低的流动阻力；应具有化学稳定性，不与悬浮液发生化学反应，也不溶于液相中。常用作助滤剂的物质有硅藻土、珍珠岩粉、碳粉和石棉粉等。必须指出的是，当以滤饼作为目的产品时，不能使用助滤剂。

5.2.2　过滤基本理论

5.2.2.1　过滤速率与过滤速度

随着过滤操作的进行，滤饼逐渐加厚，流动阻力不断增大，所以过滤操作属于不稳定的

流动过程。

单位时间内获得的滤液体积称为过滤速率，单位为 m^3/s 或 m^3/h。而单位时间内单位过滤面积上获得的滤液体积称为过滤速度，单位为 m/s。若设过滤面积为 A，过滤时间为 θ，滤液体积为 V，则过滤速率为$\frac{dV}{d\theta}$，过滤速度为$\frac{dV}{A\,d\theta}$。

5.2.2.2 过滤基本方程式

为便于分析，通常将滤饼与过滤介质中不规则的通道简化为长度均为 l 的一组平行细管。细管长度 l 与饼层厚度 L 成正比，即 $l=K_0L$；细管的当量直径可由床层的空隙率 ε（空隙体积与床层体积之比）和颗粒的比表面积 a（单位体积颗粒具有的表面积）来计算，即：

$$d_e=\frac{4\varepsilon}{a(1-\varepsilon)}$$

滤液通过滤饼和过滤介质时，其内部孔道细微，形状很不规则，滤液所受到的流体阻力很大，导致流速很低，使滤液在孔道中的流动处于层流状态。此时滤液的流速与压降之间的关系服从泊谡叶公式，即：

$$u=\frac{d_e^2\Delta p_1}{32\mu l} \tag{5-21}$$

式中 u——滤液在床层孔道中的流速，m/s；

d_e——滤饼孔道的当量直径，m；

Δp_1——滤液通过滤饼的压降，Pa；

μ——滤液黏度，Pa·s；

l——细管长度，m。

由连续性方程可知，滤液在床层孔道中的流速 u 与过滤速度$\frac{dV}{Ad\theta}$成比例，即 $u=\frac{dV}{\varepsilon A\,d\theta}$，代入式(5-21)，得：

$$\frac{dV}{A\,d\theta}=\frac{\varepsilon^3}{2K_0a^2(1-\varepsilon)^2}\frac{\Delta p_1}{\mu L} \tag{5-22}$$

令$\frac{1}{r}=\frac{\varepsilon^3}{2K_0a^2\ (1-\varepsilon)^2}$，则上式可写为：

$$\frac{dV}{A\,d\theta}=\frac{\Delta p_1}{r\mu L}=\frac{\text{推动力}}{\text{阻力}} \tag{5-23}$$

式(5-23) 表明，过滤速度的大小由两个因素决定：一个是促使滤液流动的压力差 Δp_1，即过滤推动力；另一个是阻碍滤液流动的因素 μrL，即过滤阻力，而后者由两方面的因素决定，一是滤饼层的性质及其厚度，二是滤液的黏度。

式中，r 称为滤饼的比阻，单位为 $1/m^2$，其大小与滤饼的比表面、孔隙率等特性有关，一般由实验测定。对于不可压缩滤饼，r 为常数。

过滤过程中除了滤饼阻力外，还要考虑过滤介质的阻力。可仿照流体力学中的当量长度法，将过滤介质的阻力折合成厚度为 L_e 的滤饼层所产生的阻力，于是介质阻力可以表达为 $r\mu L_e$。过滤介质层与滤饼层是串联的，故通过两者的过滤速度应该相等，则有：

$$\frac{dV}{A\,d\theta}=\frac{\Delta p_1}{\mu rL}=\frac{\Delta p_2}{\mu rL_e}=\frac{\Delta p}{\mu(rL+rL_e)} \tag{5-24}$$

式中　Δp_2——滤液通过过滤介质的压降，Pa；

Δp——滤液通过滤饼和过滤介质的总压降，Pa。

设获得单位体积滤液时，所形成的滤饼体积为 c，则得到滤液体积为 V 时，得到的滤饼体积为

$$cV=LA$$

则滤饼厚度为：

$$L=\frac{cV}{A} \tag{5-25}$$

过滤介质厚度为

$$L_e=\frac{cV_e}{A} \tag{5-26}$$

式中　V_e——得到厚度为 L_e 的滤饼层所获得的滤液体积，m^3。

当然 V_e 实际并不存在，只是一个虚拟量，其值取决于过滤介质和滤饼的特性。

将式(5-25) 及式(5-26) 代入式(5-24)，得：

$$\frac{dV}{A d\theta}=\frac{A\Delta p}{\mu rc(V+V_e)} \tag{5-27}$$

考虑到滤饼的可压缩性，滤饼的比阻 r 与过滤压力之间的关系为：

$$r=r_0\Delta p^s \tag{5-28}$$

式中　r_0——单位压差下滤饼的比阻；

s——滤饼的压缩性指数，滤饼的可压缩性越大，s 值越大，不可压缩滤饼的 $s=0$。

将式(5-28) 代入式(5-27)，得：

$$\frac{dV}{A d\theta}=\frac{A\Delta p^{1-s}}{\mu r_0 c(V+V_e)} \tag{5-29}$$

令

$$K=\frac{2\Delta p^{1-s}}{\mu r_0 c} \tag{5-30}$$

式(5-29) 可简化为：

$$\frac{dV}{A d\theta}=\frac{KA}{2(V+V_e)} \tag{5-31}$$

或

$$\frac{dV}{d\theta}=\frac{KA^2}{2(V+V_e)} \tag{5-31a}$$

式(5-31) 与式(5-31a) 就是过滤基本方程式，表示某一时刻过滤速率与各有关因素间的关系，是过滤计算的基本依据。

5.2.2.3　恒压过滤方程

若将过滤基本方程式用于计算，还需按过滤操作的具体条件积分。

过滤操作有恒压过滤和恒速过滤两种典型方式。由于工业上恒压过滤占主要地位，故下面重点讨论恒压过滤的计算。

恒压过滤时，Δp 保持恒定，对于一定的悬浮液，μ、r_0、c 均为定值，则 K 为定值，积分式(5-31a)，得：

$$V^2+2VV_e=KA^2\theta \tag{5-32}$$

令 $q=\frac{V}{A}$，$q_e=\frac{V_e}{A}$，则式(5-32) 可写成：

$$q^2+2qq_e=K\theta \tag{5-32a}$$

式(5-32)、式(5-32a) 均为恒压过滤方程。式中，K 是反映物料特性和压力差大小的常数，m^2/s；q_e（或 V_e）是反映过滤介质阻力大小的常数，m^3/m^2（或 m^3）。三者统称为过

滤常数，其值由实验测定。

当过滤介质阻力可以忽略时，$V_e=0$，$q_e=0$，恒压过滤方程可以简化为：

$$V^2=KA^2\theta \tag{5-33}$$

$$q^2=K\theta \tag{5-33a}$$

5.2.2.4　过滤常数的测定

过滤常数 K、q_e（或 V_e）可通过恒压过滤实验测定。

对式(5-32a) 进行微分，可得：

$$\frac{d\theta}{dq}=\frac{2}{K}q+\frac{2q_e}{K} \tag{5-34}$$

将上式中的微分用增量代替，得：

$$\frac{\Delta\theta}{\Delta q}=\frac{2}{K}q+\frac{2q_e}{K} \tag{5-34a}$$

式(5-34a) 为一直线方程。恒压过滤待测的悬浮液，在实验中测出连续过滤时间 θ 及以单位面积计的滤液累积量 q，从而得出一系列 $\Delta\theta$ 与 Δq 的对应值，在直角坐标系中以 $\Delta\theta/\Delta q$ 为纵坐标，以 q 为横坐标进行标绘，可得一直线，斜率为 $2/K$，截距为 $2q_e/K$，则可求得 K 与 q_e 的值。

或将式(5-32a) 两边同除以 Kq，可得：

$$\frac{\theta}{q}=\frac{1}{K}q+\frac{2q_e}{K} \tag{5-35}$$

同样是在恒压条件下过滤待测的悬浮液，测出连续过滤时间 θ 及以单位面积计的滤液累积量 q，以 θ/q 为横坐标，以 q 为纵坐标，在直角坐标系中可得一条直线，该直线的斜率为 $1/K$，截距为 $2q_e/K$，则可求得 K 与 q_e 的值。

用上述方法还可以测定不同压差 Δp 下的 K 值，由式(5-30) 可得：

$$\lg K=(1-s)\lg\Delta p+B \tag{5-36}$$

可见 $\lg K$ 与 $\lg\Delta p$ 呈直线关系，由该直线的斜率可求出压缩性指数。

要保证测得的过滤常数可用于工业过滤装置，实验条件必须尽可能与工业条件相吻合。

【例 5-4】 $CaCO_3$ 粉末与水的悬浮液在恒定压差 117kPa 及 25℃下进行过滤，实验结果见表 5-1，过滤面积为 400cm²，求此压差下的过滤常数 K 和 q_e。

表 5-1　恒压过滤实验中的 V-θ 数据

过滤时间 θ/s	6.8	19.0	34.5	53.4	76.0	102.0
滤液体积 V/L	0.5	1.0	1.5	2.0	2.5	3.0

解　利用 $q=\frac{V}{A}$ 将表 5-1 中的数据整理得表 5-2。

表 5-2　θ/q-q 的关系

θ/s	6.8	19.0	34.5	53.4	76.0	102.0
$q/(m^3/m^2)$	0.0125	0.025	0.0375	0.05	0.0625	0.075
$(\theta/q)/(s/m)$	544.0	760.0	920.0	1068.0	1216.0	1360.0

将 θ/q 与 q 的关系标绘成图，得一直线，从附图中求得：

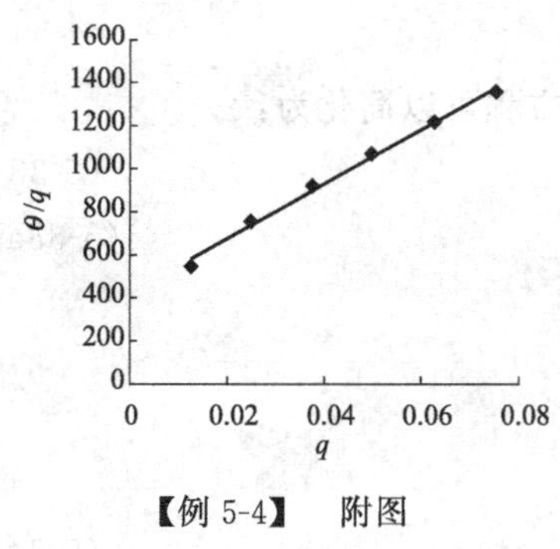

【例 5-4】 附图

斜率 $\frac{1}{K}=12900\text{s/m}^2$，截距 $\frac{2q_e}{K}=410\text{s/m}$

故 $K=7.75\times10^{-5}(\text{m}^2/\text{s})$

$$q_e=\frac{K}{2}\times410=0.016(\text{m}^3/\text{m}^2)$$

5.2.3 过滤设备

工业生产中使用的过滤设备形式多样，按照操作方式可分为间歇过滤机与连续过滤机；按照产生的压力差可分为压滤和吸滤过滤机。以下介绍常用的几种过滤设备。

5.2.3.1 板框压滤机

板框压滤机是一种以压差为推动力的间歇式过滤设备，在工业生产中应用最早，至今仍在使用。如图 5-11 所示，它是由多块带凹凸纹路的滤板和滤框交替排列在支架上组成的，滤板和滤框可在支架上滑动，使用时用手动的或机动的压缩装置将活动机头压向固定机头。

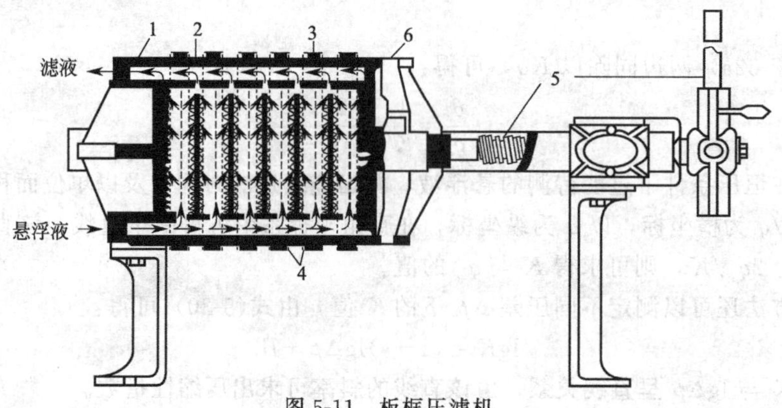

图 5-11 板框压滤机

1—固定头；2—滤板；3—滤框；4—滤布；5—压紧装置；6—可动头

滤板和滤框大多做成正方形，四角开有小孔，如图 5-12 所示。当板框叠合、压紧后，四角的圆孔相连通即构成供滤浆、滤液或洗涤液流动的通道。框的两侧覆以滤布，空框与滤布围成了容纳滤浆和滤饼的空间。

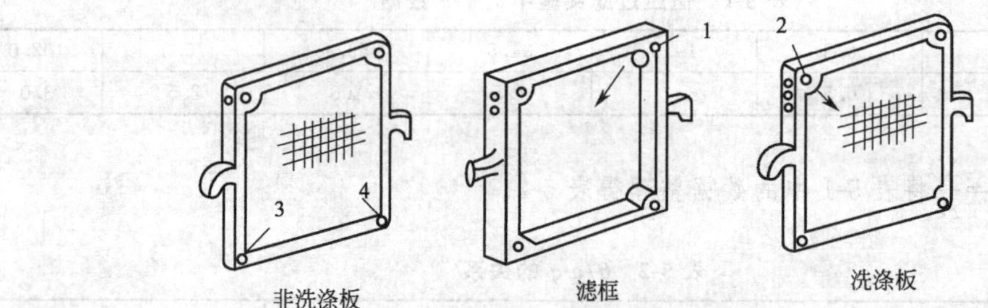

图 5-12 滤板、滤框和洗涤板的构造

1—悬浮液通道；2—洗涤液入口通道；3—滤液通道；4—洗涤液出口通道

滤板可分为洗涤板和非洗涤板。洗涤板左上角的小孔有小通道（如箭头所示）与框内的空间相通，洗涤液可以由此进入。为了便于区别，在板与框边上做了不同的标记，非洗涤板为一钮，滤框为两钮，而洗涤板为三钮。组合时按照非洗涤板-框-洗涤板-框-非洗涤板-框-……顺序排列。

板框压滤机的操作由装合、过滤、洗涤、卸渣、整理五个阶段组成。过滤过程如图 5-13(a)所示。滤浆在操作压力下经滤浆通道由滤框角端的暗孔进入框内，滤液分别横穿过两侧滤布，自相邻板面流到滤液出口排走。固体颗粒被截留于框内形成滤饼，待滤框充满后，即停止过滤。滤液的排出方式有明流和暗流之分。若滤液经由每块板底部旋塞直接排出，则称为明流；若滤液不宜暴露于空气中，则需要将各板流出的滤液汇集于总管后送走，称为暗流。

如果滤饼需要洗涤，先将洗涤板下方滤液出口阀关闭，再将洗水压入洗水通道，经洗涤板角端的小孔进入板面与滤布之间，依次穿过滤布、滤框内的滤饼层及另一侧滤布，最后由滤板底部的滤液出口排出，此即为横穿洗涤法，如图 5-13(b) 所示。

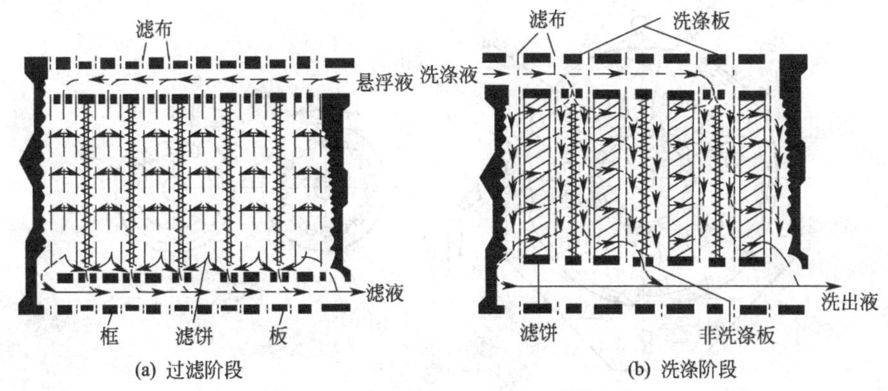

图 5-13　板框压滤机的操作

洗涤结束后，旋开压紧装置，拉开板框，卸下滤饼，清洗滤布，重新装合，再进行下一个操作循环。

板框压滤机结构简单，制造方便，占地面积较小而过滤面积较大，操作压力高，适应性强，故应用颇为广泛。但因为是间歇操作，故生产效率低，劳动强度大，滤布损耗较多。目前国内已生产出自动操作的板框压滤机，使上述缺陷得到改善。

5.2.3.2　加压叶滤机

加压叶滤机也是间歇式过滤机。如图 5-14所示，它由许多不同宽度的长方形滤叶组成。滤叶是由金属多孔板或金属网制造的扁平框架，内有空间，外包滤布，将滤叶装在能承受内压的密闭机壳内，为滤浆所浸没。

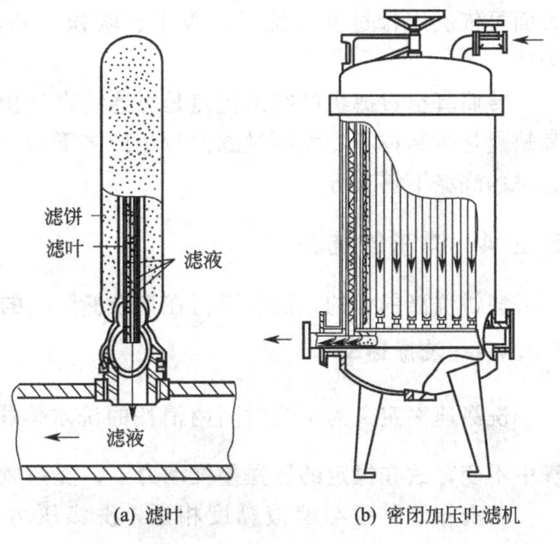

图 5-14　密闭加压叶滤机

过滤时，滤浆用泵压送到机壳内，滤液穿过滤布进入滤叶内，汇集至总管后排出机外，颗粒积于滤布外侧形成滤饼。若滤饼需要洗涤，过滤完毕后机壳内改充清水，洗水循着与滤液相同的路径通过滤饼，称为置换洗涤。洗涤结束后，可通过振动使滤饼脱落或用压缩空气将其吹下。

叶滤机具有过滤推动力大，过滤面积大，滤饼洗涤较充分等优点，而且机械化程度高，劳动强度低。缺点是构造较为复杂，造价较高，更换滤布麻烦。

5.2.3.3 转筒真空过滤机

转筒真空过滤机是工业上应用很广的一种连续操作的过滤机。设备的主体是一个水平转筒，转筒表面装有金属网，上面覆盖滤布，转筒的下部浸入滤浆中。转筒的过滤面积一般为 $5\sim40m^2$，浸没部分约占总面积的 30%～40%，转速约为 0.1～3r/min。

如图 5-15 所示，转筒的内部空间被径向分隔为若干扇形格，每格都有单独的孔道通至筒中心处的分配头。分配头由紧密贴合的转动盘与固定盘构成，转动盘上的每一孔通过前述的连通管各与转筒表面的一段相通。固定盘上有三个凹槽，分别与真空系统和吹气管相连。

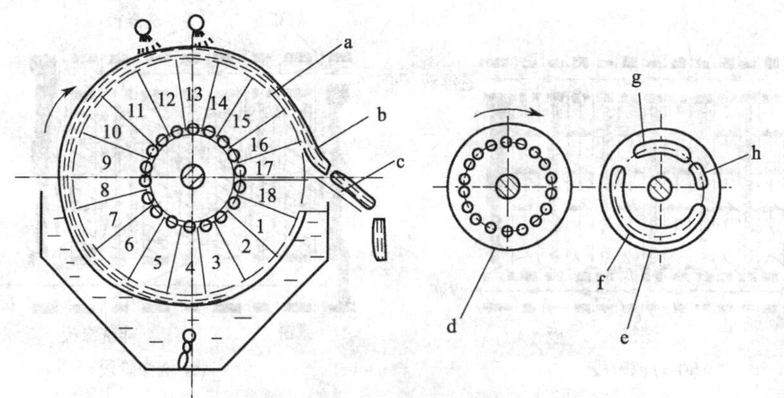

图 5-15 转筒及配头的结构

a—转筒；b—滤饼；c—割刀；d—转动盘；e—固定盘；
f—吸走滤液的真空凹槽；g—吸走洗水的真空凹槽；h—通入压缩空气的凹槽

转筒转动时，借助分配头的作用，这些孔道依次分别与真空管及压缩空气管相通，从而使相应的转筒表面部位分别处于被抽吸或吹送的状态。则在旋转一周的过程中，每个扇形格表面可依次进行过滤、洗涤、吸干、吹松、卸渣等操作。转筒转动一周即完成一个操作循环。

转筒真空过滤机的突出优点是可连续自动操作，特别适于处理量大而容易过滤的料浆；其缺点是转筒体积庞大而过滤面积相形之下嫌小，过滤推动力有限，悬浮液温度不能过高，滤饼的洗涤不够充分。

5.2.4 滤饼的洗涤

滤饼洗涤的目的是回收滞留在颗粒缝隙间的滤液，或净化构成滤饼的固体颗粒。

5.2.4.1 洗涤速率

洗涤速率定义为单位时间内消耗的洗水体积，以 $\left(\frac{dV}{d\theta}\right)_W$ 表示。由于滤饼厚度在洗涤过程中不变，故在恒定的压强差推动力下，洗涤速率基本恒定不变。

若洗涤液黏度与滤液黏度相近，洗涤压力与过滤终了时操作压力相同，则洗涤速率 $\left(\frac{dV}{d\theta}\right)_W$ 与过滤终了时的过滤速率 $\left(\frac{dV}{d\theta}\right)_E$ 有一定的关系。

对于叶滤机和转筒真空过滤机，采用的是置换洗涤法。洗水与过滤终了时滤液流过的路径相同，且洗涤面积与过滤面积相同，则洗涤速率与过滤终了时的过滤速率大致相同，若过滤终了时所得滤液的体积为 V，则：

$$\left(\frac{\mathrm{d}V}{\mathrm{d}\theta}\right)_{\mathrm{W}}=\left(\frac{\mathrm{d}V}{\mathrm{d}\theta}\right)_{\mathrm{E}}=\frac{KA^2}{2(V+V_e)} \tag{5-37}$$

而板框压滤机采用的是横穿洗涤法。洗水流过的路径是过滤终了时滤液流过路径的两倍，而洗水流过的面积仅为过滤面积的一半，则洗涤速率约为过滤终了时的过滤速率的四分之一，即：

$$\left(\frac{\mathrm{d}V}{\mathrm{d}\theta}\right)_{\mathrm{W}}=\frac{1}{4}\left(\frac{\mathrm{d}V}{\mathrm{d}\theta}\right)_{\mathrm{E}}=\frac{KA^2}{8(V+V_e)} \tag{5-38}$$

5.2.4.2　洗涤时间

若每次过滤终了后以体积为 V_{W} 的洗水洗涤滤液，则所需洗涤时间为

$$\theta_{\mathrm{W}}=\frac{V_{\mathrm{W}}}{\left(\frac{\mathrm{d}V}{\mathrm{d}\theta}\right)_{\mathrm{W}}} \tag{5-39}$$

式中　V_{W}——洗水用量，m^3；

θ_{W}——洗涤时间，s。

5.2.5　过滤机的生产能力

过滤机的生产能力通常是指单位时间获得的滤液量，也可用单位时间内得到的滤饼量来表示。

5.2.5.1　间歇过滤机的生产能力

间歇过滤机在每一循环周期中，依次进行过滤、洗涤、卸渣、清洗、装合等操作。在计算生产能力时，应以整个操作周期为基准。一个操作周期的总用时为：

$$\theta_{\mathrm{C}}=\theta+\theta_{\mathrm{W}}+\theta_{\mathrm{R}} \tag{5-40}$$

式中　θ_{C}——操作周期，即一个操作循环的总时间，s；

θ——一个周期内的过滤时间，s；

θ_{W}——一个操作周期内的洗涤时间，s；

θ_{R}——操作周期内的卸渣、清理、装合等辅助操作所用的时间，s。

则过滤机的生产能力计算式为：

$$Q=\frac{V}{\theta_{\mathrm{C}}}=\frac{V}{\theta+\theta_{\mathrm{W}}+\theta_{\mathrm{R}}} \tag{5-41}$$

式中　Q——生产能力，m^3/s；

V——一个操作周期内所获得的滤液体积，m^3。

【例 5-5】 某板框过滤机的板框尺寸为 450mm×450mm×25mm，操作条件下过滤常数 $K=1.26\times10^{-4}\mathrm{m}^2/\mathrm{s}$，$q_e=0.0261\mathrm{m}^3/\mathrm{m}^2$。生产要求在 20min 的时间内得到 $3.87\mathrm{m}^3$ 的滤液，已知得到 $1\mathrm{m}^3$ 滤液可形成 $0.0342\mathrm{m}^3$ 滤饼，试求：(1) 共需多少个滤框？(2) 若洗液性质与滤液性质相同，洗涤时压力差与过滤时相同，洗涤液量为滤液体积的 1/10，问洗涤时间为多少？(3) 若辅助操作时间为 15min，求压滤机的生产能力。

解　(1) 将 $K=1.26\times10^{-4}\mathrm{m}^2/\mathrm{s}$，$q_e=0.0261\mathrm{m}^3/\mathrm{m}^2$，$V=3.87\mathrm{m}^3$ 代入恒压过滤方程式(5-32)中，可得

$$3.87^2+2\times(0.0261\times A)\times3.87=1.26\times10^{-4}\times A^2\times20\times60$$

解得 $A=10.6\text{m}^2$

每框的过滤面积为：$0.45\times0.45\times2=0.405\ (\text{m}^2)$

则所需框数为：$10.6/0.405=26.2$

取 27 个滤框，滤框总容积为：$0.45\times0.45\times0.025\times27=0.137\ (\text{m}^3)$

滤饼体积为：$cV=0.0342\times3.87=0.132\ (\text{m}^3)<0.137\ (\text{m}^3)$

实际过滤面积为：$0.405\times27=10.9\ (\text{m}^2)$

所以采用 27 个滤框可以满足要求。

(2) $V_e=Aq_e=0.0261\times10.9=0.284\ (\text{m}^3)$

洗水用量为：$V_W=3.87/10=0.387\ (\text{m}^3)$

板框过滤机采用横穿洗涤法，故洗涤时间为：

$$\theta_W=\frac{8V_W(V+V_e)}{KA^2}=\frac{8\times0.387\times(3.87+0.284)}{1.26\times10^{-4}\times10.9^2}=859.1(\text{s})$$

(3) 板框压滤机的生产能力：

$$Q=\frac{V}{\theta+\theta_W+\theta_R}=\frac{3.87}{1200+859.1+900}=1.308\times10^{-3}(\text{m}^3/\text{s})=4.71(\text{m}^3/\text{h})$$

5.2.5.2 连续过滤机的生产能力

连续过滤机（以转筒真空过滤机为例）的特点是过滤、洗涤、卸饼等操作在转筒表面的不同区域内同时进行。任何时间总有一部分表面浸没在滤浆中进行过滤，在转筒回转一周过程中，任何一块表面都只有部分时间进行过滤。转筒回转一周即为一个操作周期。

对转筒转速为 nr/min 的转筒真空过滤机，一个操作周期为：

$$\theta_c=\frac{60}{n} \tag{5-42}$$

转筒表面浸入滤浆中的分数称为浸没度，以 φ 表示，则

$$\varphi=\text{浸没角度}/360° \tag{5-43}$$

因转筒以匀速运动，故浸没度 φ 就是转筒表面任何一块过滤面积每次浸入滤浆中的时间（即过滤时间）分数。因此，在一个操作周期内，转筒表面任何一块过滤面积所经历的过滤时间为：

$$\theta=\varphi\theta_c=\frac{60\varphi}{n} \tag{5-44}$$

将此时间代入恒压过滤方程式(5-32)，可得到转筒每转一周所得到的滤液体积：

$$V=\sqrt{KA^2\theta+V_e^2}-V_e=\sqrt{KA^2\frac{60\varphi}{n}+V_e^2}-V_e \tag{5-45}$$

则每小时所得滤液体积，即生产能力（单位为 m^3/h）为：

$$Q=60nV=60\left(\sqrt{60KA^2\varphi n+V_e^2n^2}-V_en\right) \tag{5-46}$$

当滤布阻力可以忽略时，$V_e=0$，则上式可简化为：

$$Q=60n\sqrt{KA^2\frac{60\varphi}{n}}=465A\sqrt{Kn\varphi} \tag{5-47}$$

从上式可以看出，适当提高转速 n 和浸没度 φ，对提高连续过滤机的生产能力有利。

【例 5-6】 用转筒真空过滤机过滤某种悬浮液，转筒真空过滤机的转筒直径为 1m，长 2.5m，转筒转速 1r/min，转筒的浸没度为 0.35。每获得 1m^3 滤液可得滤饼 0.04m^3。现已

测得操作条件下的过滤常数为 $K=8\times10^{-4}\mathrm{m^2/s}$，$q_e=0.01\mathrm{m^3/m^2}$。试求此过滤机的生产能力及滤饼的厚度。

解　转筒转一周的过滤时间为

$$\theta=\frac{60\varphi}{n}=\frac{60\times0.35}{1}=21(\mathrm{s})$$

将 $\theta=21\mathrm{s}$ 代入恒压过滤方程式(5-32a)，得：

$$q^2+0.02q=8\times10^{-4}\times21$$

解得

$$q=0.12\mathrm{m^3/m^2}$$

过滤面积　$A=\pi DL=1\times2.5\pi=7.85\ (\mathrm{m^2})$

一个操作周期内所得滤液　$V=qA=0.120\times7.85=0.942\ (\mathrm{m^3})$

则转筒过滤机的生产能力为：

$$Q=60nV=60\times1\times0.942=56.52(\mathrm{m^3/h})$$

转筒转一周所得滤饼体积

$$V_{饼}=cV=0.04\times0.942=0.038(\mathrm{m^3})$$

则滤饼厚度为：　$L=\frac{V_{饼}}{A}=\frac{0.038}{7.85}=4.8(\mathrm{mm})$

习题

1. 某球形颗粒直径为 40μm，密度为 2650kg/m³，求其分别在 20℃水和 20℃空气中的沉降速度。

2. 用落球法测定某液体的黏度。将待测液体置于玻璃容器中，测得直径为 6.35mm 的钢球在此液体内沉降 200mm 所需的时间为 7.32s，已知钢球的密度为 7900kg/m³，液体的密度为 1300kg/m³。试计算液体的黏度。

3. 采用降尘室回收常压炉气中所含的球形固体颗粒。降尘室底面积为 10m²，高 1.6m。操作条件下气体密度为 0.5kg/m³，黏度为 $2.0\times10^{-5}\mathrm{Pa\cdot s}$，颗粒密度为 3000kg/m³。气体体积流量为 5m³/s。试求：(1) 可完全回收的最小颗粒的直径；(2) 如将降尘室改为多层结构以完全回收 20μm 的颗粒，求多层降尘室的层数及层间距。

4. 用直径为 500mm 的标准旋风分离器处理某含尘气体。已知尘粒的密度为 2600kg/m³，气体的密度为 0.8kg/m³，黏度为 $2.4\times10^{-5}\mathrm{Pa\cdot s}$。含尘气体在操作条件下的处理量为 2000m³/h，求临界粒径及气体通过该旋风分离器时的压降。

5. 拟在 $9.81\times10^3\mathrm{Pa}$ 的恒定压强差下过滤某悬浮液。已知该悬浮液由直径为 0.1mm 的球形颗粒状物质悬浮于水中组成，过滤时形成不可压缩滤饼，其空隙率为 60%，水的黏度为 $1.0\times10^{-3}\mathrm{Pa\cdot s}$，过滤介质阻力可以忽略，若每获得 1m³ 滤液所形成的滤饼体积为 0.333m³。试求：(1) 每平方米过滤面积上获得 1.5m³ 滤液所需的过滤时间；(2) 若将此过滤时间延长一倍，可再得滤液多少？

6. 在恒定压差 103kPa 下，用过滤面积为 1000cm² 的小型板框压滤机对指定悬浮液进行过滤实验。过滤时间 50s 时，得到 $2.44\times10^{-3}\mathrm{m^3}$ 滤液，过滤时间 660s 时，得到 $9.78\times10^{-3}\mathrm{m^3}$ 滤液。求：(1) 此压差下的过滤常数 K 和 q_e；(2) 再收集 $2.5\times10^{-3}\mathrm{m^3}$ 滤液所需的时间。

7. 在恒定压差下用一个滤框对某悬浮液进行过滤，滤框尺寸为635×635×25mm。已测出过滤常数$K=4\times10^{-6}m^2/s$，滤饼体积与滤液体积之比为0.1，设介质阻力可略，求（1）当滤框充满滤饼时可得多少滤液？（2）所需过滤时间。

8. 用某板框压滤机恒压过滤某固体悬浮液。滤框长与宽均为600mm，厚度为30mm，共有26个框，已知过滤常数$K=2\times10^{-5}m^2/s$，$q_e=0.015m^3/m^2$，滤饼体积与滤液体积比为$c=0.075m^3/m^3$。（1）试求过滤至滤框充满滤饼时所需的过滤时间；（2）过滤终了，用所得滤液体积10%的清水洗涤滤饼，求洗涤时间；（3）洗涤后，卸渣、整理、重装等辅助时间为25min，求生产能力为多少（m^3滤液/h）？

9. 某叶滤机过滤面积为$0.4m^2$，在2×10^2kPa的恒压差下过滤某固体悬浮液，4h得到$4m^3$滤液。已知滤饼不可压缩，过滤介质阻力可忽略，试求（1）其他条件不变，过滤面积增大一倍，过滤4h得到多少滤液？（2）其他条件不变，过滤压差增大一倍，过滤4h得到多少滤液？（3）在原工况下过滤完毕，用所得滤液体积10%的清水洗涤滤饼，所需洗涤时间。

10. 在表压200kPa下用一小型板框压滤机进行某悬浮液的过滤实验，测得过滤常数$K=1.25\times10^{-4}m^2/s$，$q_e=0.02m^3/m^2$。今要用一转筒过滤机过滤同样的悬浮液，滤布与板框过滤实验时亦相同。已知滤饼不可压缩，操作真空度为80kPa。转速为0.5r/min，转筒在滤浆的浸入分数为1/3，转筒直径为1.5m，长为1m。试求（1）转筒真空过滤机的生产能力为多少（m^3滤液/h）？（2）如滤饼体积与滤液体积之比为0.2，转筒表面的滤饼最终厚度为多少毫米？

11. 现用一台转筒真空过滤机（转鼓直径为1.75m，长度0.98m，过滤面积$5m^2$，浸没角120°）在66.7kPa真空度下过滤某种悬浮液。已知过滤常数为$5.15\times10^{-6}m^2/s$，每获得$1m^3$滤液可得$0.66m^3$滤饼，过滤介质阻力忽略，滤饼不可压缩，转鼓转速为1r/min，求过滤机的生产能力及转筒表面的滤饼厚度。

12. 用转筒真空过滤机过滤某种悬浮液，料浆处理量为$25m^3/h$，已知滤饼体积与滤液体积之比为0.08，转筒浸没度为1/3，过滤面积为$2.11m^2$，现测得过滤常数K为$8\times10^{-4}m^2/s$，过滤介质阻力可略。求此过滤机的转速n。

本章主要符号说明

符号	意义	单位	符号	意义	单位
A	面积	m^2	F	力	N
a	加速度	m/s^2	g	重力加速度	m/s^2
a	颗粒的比表面积	m^2/m^3	H	高度	m
a_i	i组分的质量分数		K_C	离心分离因数	
B	宽度	m	K	过滤常数	m^2/s
C	颗粒在气体中的质量浓度	kg/m^3	L	长度,滤饼厚度	m
c	滤饼体积	m^3	L_e	过滤介质的当量滤饼厚度	m
c	滤饼体积与滤液体积的比	m^3/m^3	L	长度	m
D	设备的直径	m	m	质量	kg
d	颗粒直径	m	n	转速	r/s
d_c	临界粒径	m	N_e	旋风分离器中气流的有效旋转圈数	
d_e	滤饼孔道的当量直径	m	Δp	压降,压力差	Pa

符号	意义	单位	符号	意义	单位
q	单位过滤面积得到的滤液体积	m^3/m^2	V_s	体积流量	m^3/s
q_e	单位过滤面积得到的当量滤液体积	m^3/m^2	V_e	过滤介质的当量滤液体积	m^3
Q	过滤机的生产能力	m^3/s	ρ	流体的密度	kg/m^3
r	旋转半径	m	ρ_s	颗粒的密度	kg/m^3
r	滤饼的比阻	$1/m^2$	μ	黏度	Pa·s
s	滤饼的压缩性指数		θ	时间	s
u	流速	m/s	θ_C	操作周期	s
u_t	重力沉降速度	m/s	ε	床层空隙率	
u_T	颗粒的切线速度	m/s	ξ	阻力系数	
u_r	颗粒的离心沉降速度	m/s	η	效率	
u_i	旋风分离器的进口气速	m/s	φ	浸没度	
V	体积	m^3			

第6章 干 燥

6.1 概述

6.1.1 固体物料的去湿

在化工生产中，有些固体原料、产品或半成品为便于贮存、运输、加工和使用，常常需要将其中所含的湿分（水或其他液体）去除至生产规定的指标，这种单元操作简称为“去湿”。“去湿”的方法主要有以下三种：

(1) 机械去湿

当固体原料中含湿分较多时，可利用重力或离心力，如沉降、过滤、离心分离等机械分离的方法除去大部分湿分，这种方法能耗少，但湿分不能彻底除去，一般用于初步除湿。

(2) 吸附去湿

利用吸湿性很强的物料，即干燥剂，如无水氯化钙、硅胶等吸附物料中的湿分而达到去湿的目的。这种方法因为干燥剂的吸湿能力有限，只适用于去除物料中的少量湿分。

(3) 热能去湿

借助热能使物料中的湿分汽化，并及时排出生成的蒸气，以获得含湿量符合要求的固体物料，这种单元操作称为干燥。这种方法能耗大，但湿分去除比较彻底。

工业上，一般先用机械方法除去湿物料中的大部分湿分，然后再通过干燥方法进一步除湿，使物料中湿分含量达到要求。

6.1.2 干燥过程的分类

干燥过程的种类很多，按操作压力的不同，可分为常压干燥和真空干燥两种；按操作方式的不同，可分为连续式、间歇式两种；按照加热方式的不同，干燥过程可分为以下四种。

① 传导干燥　热能以传导方式通过传热壁面加热物料，使其中的湿分汽化。

② 对流干燥　干燥介质直接与湿物料接触，以对流方式向物料传递热量，产生的蒸汽被干燥介质带走。

③ 辐射干燥　热能以电磁波的形式由辐射器发射到湿物料表面，被物料吸收转化为热能，使湿分汽化。

④ 介电加热干燥　将需要干燥的物料放在高频电场内，利用高频电场的交变作用加热湿物料，使其中的湿分汽化。

在上述四种干燥操作中，以对流干燥的应用最为广泛。使用的干燥介质可以是热空气、烟道气或其他惰性气体，湿物料中的湿分可以是水分，也可以是其他液体。本章主要讨论干燥介质是空气，湿分是水的对流干燥过程。

6.1.3 对流干燥过程

如图 6-1 所示，湿空气经风机送入预热器，加热到一定温度后送入干燥器与湿物料直接接触，热空气以对流方式将热量传给湿物料，使其表面水分汽化并进入气相，被空气带走；同时，汽化后物料表面水分浓度小于内部水分浓度，则湿物料内部的水分扩散至表面，使干燥进行下去，最后废气自干燥器另一端排出。所以，干燥是传热、传质同时进行的过程，但两者的传递方向相反。传热的方向是由气相到固相，热空气与湿物料之间的温差是传热的推动力；传质的方向是由固相到气相，传质的推动力是物料表面的水汽分压与热空气中水汽分压之差。干燥过程进行的必要条件是湿物料表面的水汽分压必须大于干燥介质中的水汽分压，两者差别越大，干燥操作进行得越快。所以干燥介质应将汽化的水分及时带走，以维持一定的传质推动力。若干燥介质为水汽饱和，则推动力为零，干燥操作停止进行。

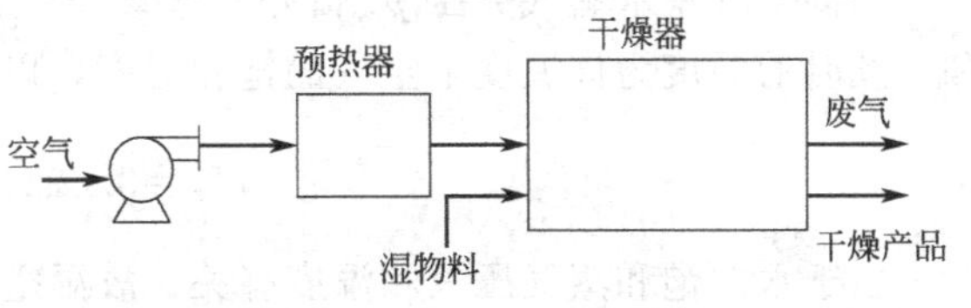

图 6-1　对流干燥流程示意图

6.2　湿空气的性质与湿度图

6.2.1　湿空气的性质

干燥过程中，常采用不饱和的湿空气作为干燥介质，它既是载热体又是载湿体。其状态变化反映干燥过程中的传热和传质状况，故首先介绍湿空气的性质。

湿空气是绝干空气和水蒸气的混合物。由于在干燥前、后，湿空气中水汽含量不断增加，但绝干空气的质量保持不变，故为了计算方便，湿空气的相关性质均以单位质量绝干空气为基准。

6.2.1.1　湿空气中水蒸气含量的表示方法

湿空气中水蒸气含量常用湿度 H 或相对湿度 φ 表示。

（1）湿度 H

湿度 H 为湿空气中所含水蒸气的质量与绝干空气质量之比，又称湿含量或绝对湿度。其单位为 kg 水汽/kg 绝干空气，通常简写为 kg/kg 绝干气，其定义式为：

$$H=\frac{\text{湿空气中水汽的质量}}{\text{湿空气中绝干空气的质量}}=\frac{n_w M_w}{n_a M_a}=\frac{18n_w}{29n_a}=0.622\times\frac{n_w}{n_a} \tag{6-1}$$

式中　H——湿空气的湿度，kg/kg 绝干气；

M_a——干空气的摩尔质量，kg/kmol；

M_w——水蒸气的摩尔质量，kg/kmol；

n_w——水蒸气的物质的量，kmol；

n_a——干空气的物质的量，kmol。

常压下，湿空气可视为理想混合气体，故有

$$\frac{n_w}{n_a}=\frac{p_w}{p-p_w}$$

则

$$H=0.622\times\frac{p_w}{p-p_w} \tag{6-2}$$

式中　p_w——水蒸气分压，Pa 或 N/m^2；

p——湿空气总压，Pa 或 N/m^2。

当湿空气中水蒸气分压 p_w 恰好等于该空气温度下水的饱和蒸气压 p_s 时，空气达到饱和，此时的湿度为该温度下空气的饱和湿度，以 H_s 表示。

$$H_s=0.622\times\frac{p_s}{p-p_s} \tag{6-3}$$

由于水的饱和蒸气压只和温度有关，故湿空气的饱和湿度是总压与温度的函数。

(2) 相对湿度 φ

在一定总压下，湿空气中水汽分压 p_w 与同温度下水的饱和蒸气压 p_s 之比的百分数，称为相对湿度，以 φ 表示，即

$$\varphi=\frac{p_w}{p_s}\times100\% \tag{6-4}$$

相对湿度代表湿空气的不饱和程度，反映湿空气吸收水汽的能力。湿空气的 φ 值愈小，即 p_w 与 p_s 的差距愈大，表示湿空气偏离饱和状态的程度愈远，吸湿能力愈大。当 $p_w=0$ 时，$\varphi=0$，表示空气中不含水分，为绝干空气，此时的空气具有最大吸湿能力；当 $p_w=p_s$ 时，$\varphi=1$，表示空气被水汽饱和，不能再吸收水汽，称为饱和空气，饱和空气不能用作干燥介质。可见，由相对湿度可以判断该湿空气能否作为干燥介质，而湿度只表示湿空气中水汽含量的绝对值，不能反映湿空气的干燥能力。

将式(6-4) 代入式(6-2)，可以得到湿空气的 H 与 φ 之间的关系

$$H=0.622\times\frac{\varphi p_s}{p-\varphi p_s} \tag{6-5}$$

可见，对水蒸气分压相同，而温度不同的湿空气，若温度愈高，则 p_s 值愈大，φ 值愈小，干燥能力愈大。

以上介绍的是表示湿空气中水分含量的两个性质，下面来学习与热量衡算有关的性质。

6.2.1.2 湿空气比容 υ_H

湿空气中，单位质量绝干空气及其所带水汽的总体积称为湿空气的比容，又称湿容积。以 υ_H 表示，单位为 m^3 湿空气/kg 绝干气，根据定义可写出

$$\upsilon_H=\upsilon_a+\upsilon_w H=(0.772+1.244H)\frac{273+t}{273}\times\frac{1.013\times10^5}{p} \tag{6-6}$$

式中 υ_a——1kg 干空气在总压 $p=1.013$kPa 及温度 t 下的体积，m^3/kg 绝干气；

υ_w——1kg 水汽在总压 $p=1.013$kPa 及温度 t 下的体积，m^3/kg 水汽。

由上式可见，一定总压下，湿空气比容是其温度和湿度的函数。

6.2.1.3 湿空气的比热容 c_H

常压下，单位质量绝干空气及其所带的水汽温度升高（或降低）1℃时所需吸收（或放出）的热量，称为湿空气的比热容，以 c_H 表示，单位为 kJ/(kg 绝干气·℃)，根据定义可写出

$$c_H=c_a+c_w H \tag{6-7}$$

式中 c_a——干空气的比热容，kJ/(kg 绝干气·℃)；

c_w——水汽的比热容，kJ/(kg 绝干气·℃)。

在常见温度范围内，c_a、c_w 可按常数处理，取为 $c_a=1.01$kJ/(kg 绝干气·℃)，$c_w=1.88$ kJ/(kg 绝干气·℃)，将这些数值代入式(6-7)，得

$$c_H=1.01+1.88H \tag{6-7a}$$

此时，湿空气的比热容只是湿度的函数。

6.2.1.4　湿空气的焓 I

湿空气的焓是指单位质量绝干空气的焓及其所带水汽的焓之和，以 I 表示，单位为 kJ/kg 绝干气，根据定义可写出

$$I=I_a+I_w H \tag{6-8}$$

式中　I_a——绝干空气的焓，kJ/kg 绝干气；

I_w——水汽的焓，kJ/kg 水汽。

焓是相对值，一般以 0℃为基准温度，且规定 0℃时绝干空气及液态水的焓均为零。则湿空气中绝干空气的焓就是其显热，而水汽的焓包括水在 0℃时的汽化热以及水汽在 0℃以上的显热。则温度为 t、湿度为 H 的湿空气的焓的计算式为

$$I=c_a t+(r_0+c_w t)H=(c_a+c_w H)t+r_0 H=(1.01+1.88H)t+2492H \tag{6-9}$$

式中　r_0——水在 0℃时的汽化潜热，其值为 2492kJ/kg。

【例 6-1】 常压下，某湿空气的温度为 20℃，湿度为 0.0147kg 水汽/kg 绝干气，(1) 求其水汽分压 p_w、相对湿度 φ、比容、比热容和焓；(2) 若空气被加热到 50℃，再分别求以上各项。

解　(1) 由式(6-2)：$H=0.622\times\dfrac{p_w}{p-p_w}$，得

$$0.0147=0.622\times\frac{p_w}{101.3-p_w}$$

解得　$p_w=2.335\text{kPa}$

查附录 10，得 20℃时，水的饱和蒸气压 $p_s=2.335\text{kPa}$，因 $p_w=p_s$，故 $\varphi=1$，即空气已被水蒸气饱和，不能再用作载湿体。

由式(6-6)，得

$$\begin{aligned}\upsilon_H&=\upsilon_a+\upsilon_w H=(0.772+1.244H)\frac{273+t}{273}\times\frac{1.013\times10^5}{p}\\&=(0.772+1.244\times0.0147)\frac{273+20}{273}\times\frac{1.013\times10^5}{1.013\times10^5}\\&=0.848(\text{m}^3\ \text{湿空气/kg 绝干气})\end{aligned}$$

由式(6-7a)，得

$$c_H=1.01+1.88H=1.01+1.88\times0.0147=1.038\ [\text{kJ/(kg}\cdot\text{K)}]$$

由式(6-9)，得

$$I=c_H t+2492H=1.038\times20+2492\times0.0147=57.39(\text{kJ/kg})$$

(2) 当空气从 20℃加热到 50℃，湿度不变，仍为 0.0147kg 水汽/kg 绝干气；

查附录 10，得 50℃时，水的饱和蒸气压 $p_s=12.34\text{kPa}$，则相对湿度为

$$\varphi=\frac{p_w}{p_s}=\frac{2.335}{12.34}=0.189$$

由此可以看出，当空气温度升高后，相对湿度减小，又可用作载湿体。

由式(6-6)，得

$$\begin{aligned}\upsilon_H&=(0.772+1.244H)\frac{273+t}{273}\\&=(0.772+1.244\times0.0147)\frac{273+50}{273}\end{aligned}$$

$$=0.935(m^3\ 湿空气/kg\ 绝干气)$$

由此可以看出，当空气温度升高后，湿度不变，但体积受热膨胀，所以比容增大。

在式(6-7a)的适用范围内，湿空气的比热容可认为只是湿度的函数。所以，20℃和50℃时的c_H相同，均为1.038kJ/(kg·K)

由式(6-9)，得

$$I=1.038\times50+2492\times0.0147=88.53(kJ/kg)$$

由此可以看出，当空气温度升高后，湿度不变，焓增大。

6.2.1.5 干球温度与湿球温度

如图6-2所示，左边是一支放置在空气流中的普通温度计，其感温球露在空气中，称为干球温度计，所测温度为空气的真实温度，称为干球温度，以t表示。另一支温度计的感温球用湿纱布包裹，纱布的另一端浸在水中，使纱布一直保持湿润，这支温度计称为湿球温度计。将其置于温度为t、湿度为H的不饱和空气流中，若开始时湿纱布的温度与空气相同，由于空气是不饱和的，湿纱布表面的饱和蒸气压大于空气中的水汽分压，则必然发生湿纱布表面的水分向空气汽化并扩散的现象。水分汽化所需潜热，首先取自湿纱布的显热，使其温度下降（湿球温度计的读数随之下降），于是在纱布与气流之间产生温差，使空气向湿纱布传递热量，其传热速率随两者之间温差的增加而提高，直到空气向湿纱布的传热速率恰好等于湿纱布表面汽化水分的耗热速率时，两者达到平衡状态，此时湿球温度计指示的温度维持不变，称为该空气的湿球温度，以t_w表示。前面曾假设开始时湿纱布的温度与空气相同，实际上不论湿球的初温如何，最终必定能达到这种动态平衡，只是到达平衡所需的时间不同。

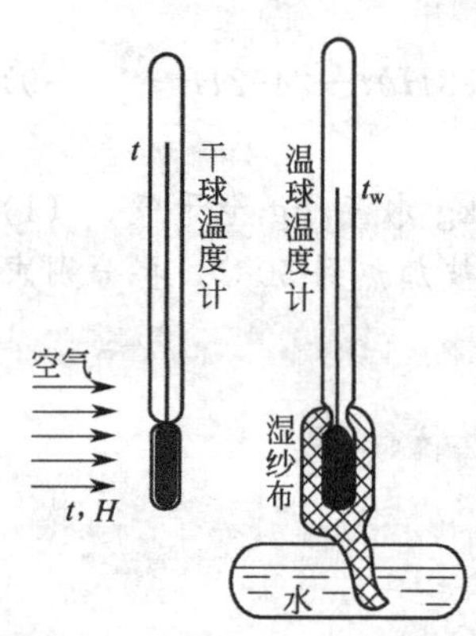

图6-2 干球温度计和湿球温度计

在上述过程中，因湿空气流量大，自湿球表面汽化的水分量很少，故可认为湿空气的温度t、湿度H恒定不变。当湿球温度达到稳定时，自空气向湿球表面的传热速率为

$$Q=\alpha A(t-t_w) \tag{6-10}$$

式中 Q——空气向湿球表面的传热速率，W；

α——空气与湿球间的对流传热系数，W/(m²·℃)；

A——空气与湿球间的接触面积，m²；

t——空气的温度，℃；

t_w——空气的湿球温度，℃。

湿球表面水分向空气中汽化的传质速率为

$$N=k_H A(H_w-H) \tag{6-11}$$

单位时间内，汽化所需的潜热为

$$Nr_w=k_H A(H_w-H)r_w \tag{6-12}$$

式中 N——水分向空气中汽化的传质速率，kg/s；

k_H——以湿度差为推动力的传质系数，kg/(m²·s·ΔH)；

H_w——空气在湿球温度t_w下的饱和湿度，kg/kg绝干气；

r_w——湿球温度t_w下水的汽化潜热，kJ/kg。

当单位时间内，由空气向湿球表面传递的热量Q恰好等于湿球表面水分汽化所需的热

量时，有

$$\alpha A(t-t_w)=k_H A(H_w-H)r_w$$

整理，得：

$$t_w=t-\frac{k_H r_w}{\alpha}(H_w-H) \tag{6-13}$$

式(6-13) 表明，湿球温度 t_w 是湿空气温度 t、湿度 H 的函数。实验证明：一般情况下，式中 k_H 及 α 都与空气速度的 0.8 次幂成正比，所以 k_H/α 值与空气速度无关，只与物系有关。对空气-水蒸气系统，$\alpha/k_H\approx1.09$。根据上述原理，可用干湿球温度计来测量空气的湿度。应注意，在测量时，空气速度应大于 5m/s，以减少热辐射和传导的影响，使测量结果较为精确。

应用式(6-13) 求 t_w 时，要用试差法。

6.2.1.6 绝热饱和温度 t_{as}

图 6-3 为绝热饱和冷却塔的示意图。设塔的保温良好，无热损失，也无热量补充，即与外界绝热。温度为 t 和湿度为 H 的不饱和空气由塔底进入塔内，大量温度为 t_{as} 的水自塔顶喷淋而下，与空气在填料层中逆流接触，然后回到塔底再循环使用，空气由塔顶排出。由于空气处于不饱和状态，在空气与水的接触过程中，水分会不断汽化进入空气。又由于系统与外界无热量交换，水分汽化所需的潜热只能来自空气温度下降放出的显热，而水分汽化时又将这部分热量以潜热的形式带回空气。于是气体沿塔上升途中，不断地冷却和增湿，而焓值不变。若塔足够高，使得气、液两相有充足的接触时间，最终空气在塔顶被水汽所饱和，液体不再汽化，空气的温度也不再降低，与水温相同，此过程称为湿空气的绝热饱和冷却过程。达到稳定状态时，空气的温度称为绝热饱和温度，以 t_{as} 表示，相应的湿度称为绝热饱和湿度，以 H_{as} 表示。在此过程中，由于循环水不断汽化至空气中，被带出塔外，所以需向塔内不断补充温度为 t_{as} 的水。

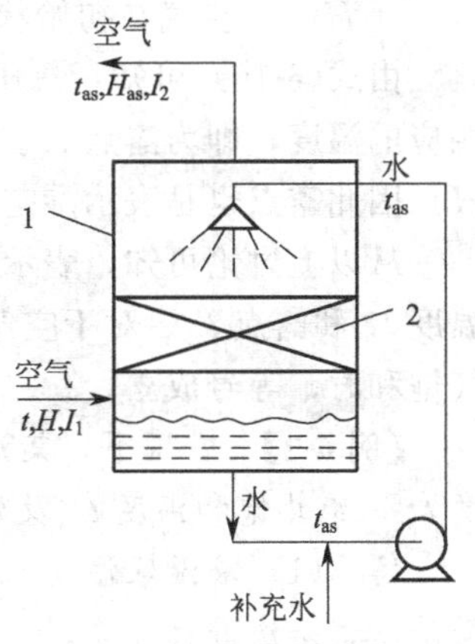

图 6-3 绝热饱和冷却塔示意图
1—绝热饱和冷却塔；2—填料层

以单位质量的绝干空气为基准，在稳态下，对图 6-3 的塔作热量衡算，空气放出的显热等于水分汽化所需的潜热，即

$$c_H(t-t_{as})=(H_{as}-H)r_{as}$$

整理，得：

$$t_{as}=t-\frac{r_{as}}{c_H}(H_{as}-H) \tag{6-14}$$

式中 r_{as}——温度 t_{as} 下水的汽化潜热，kJ/kg。

H_{as} 与 r_{as} 是 t_{as} 的函数，c_H 是 H 的函数。因此，空气的绝热饱和温度 t_{as} 是空气初始温度 t 和湿度 H 的函数，是空气绝热、冷却、增湿达到饱和时的温度，是表示湿空气性质的参数之一。在一定的总压下，只要测得湿空气的 t 与 t_{as}，即可用上式来确定空气的湿度 H。

比较式(6-13) 与式(6-14) 可知，两者在形式上类似。而实验证明，对于空气-水体系，在常用温度范围内，有 $\frac{\alpha}{k_H}\approx c_H$ 及 $r_{as}\approx r_w$，故在一定温度 t 及湿度 H 下，湿球温度近似等于绝热饱和温度，即：$t_{as}\approx t_w$。但对其他体系，$\frac{\alpha}{k_H}$ 与 c_H 相差很大，则 $t_{as}\approx t_w$ 就不成

立了。

必须指出的是，湿球温度 t_w 与绝热饱和温度 t_{as} 是两个完全不同的概念，只是对于空气-水体系，两者在数值上近似相等，从而简化了这一体系的干燥计算。

应用式(6-14) 求 t_{as} 时，也要用试差法。

6.2.1.7 露点 t_d

一定总压下，将不饱和空气等湿降温至饱和状态时的温度称为露点，以 t_d 表示，对应的湿度为露点下的饱和湿度，以 H_d 表示。

湿空气在露点下湿度达到饱和，故 $\varphi=1$，则有

$$H_d=H=0.622\frac{p_d}{p-p_d} \tag{6-15}$$

或

$$p_d=\frac{Hp}{0.622+H} \tag{6-16}$$

式中 p_d——露点下水的饱和蒸气压，即该空气在初始状态下的水汽分压 p_w，Pa；

H——空气在初始状态下的湿度，kg/kg 绝干气。

由式(6-16) 可知，总压一定的条件下，若已知空气的湿度 H，则可确定 p_d，再查得其相应的温度，即为露点 t_d。反之，若已知空气的露点 t_d，可用式(6-15) 来确定空气的湿度 H。因此露点也是表示湿空气性质的参数，也可用来测量空气的湿度。

从以上讨论可知，表示湿空气性质的特征温度有：干球温度 t、湿球温度 t_w、绝热饱和温度 t_{as} 和露点 t_d。对于空气-水体系，四个温度之间的关系为：$t\geqslant t_w\approx t_{as}\geqslant t_d$，且仅当空气饱和时，等号成立。

【例 6-2】 常压下，某湿空气的温度为 40℃，湿度为 0.0340kg/kg 绝干气，求其湿球温度 t_w、绝热饱和温度 t_{as} 及露点 t_d。

解 (1) 求湿球温度 t_w 可用式(6-13) 来计算，但由于 r_w、H_w 都是 t_w 的函数，所以需采用试差法进行计算。

设 $t_w=35$℃，查附录。得 35℃时，水的 $p_s=5.621$kPa，$r_w=2412$kJ/kg，则

$$H_w=0.622\times\frac{p_s}{p-p_s}=0.622\times\frac{5.621}{101.3-5.621}=0.03654(\text{kg/kg 绝干气})$$

$$t_w=t-\frac{k_H r_w}{\alpha}(H_w-H)=40-\frac{2412}{1.09}(0.03654-0.0340)$$
$$=34.4\ (℃)$$

计算得到的 t_w 值与假设值很接近，故可认为 $t_w=34.4$℃。

(2) 求绝热饱和温度 t_{as} 可用式(6-14) 来计算，和计算 t_w 一样，也需用试差法进行计算。

设 $t_{as}=35$℃，则

$$H_{as}=0.622\times\frac{p_s}{p-p_s}=0.622\times\frac{5.621}{101.3-5.621}=0.03654(\text{kg/kg 绝干气})$$

$$c_H=1.01+1.88H=1.01+1.88\times0.0340=1.074\ [\text{kJ/(kg·K)}]$$

$$t_{as}=t-\frac{r_{as}}{c_H}(H_{as}-H)=40-\frac{2412}{1.074}(0.03654-0.0340)$$
$$=34.3\ (℃)$$

计算得到的 t_{as} 值与假设值很接近，故可认为 $t_{as}=34.3$℃。

计算结果表明，对于空气-水体系，$t_w \approx t_{as}$。

(3) 求露点 t_d 可用式(6-16) 来计算

$$p_d=\frac{Hp}{0.622+H}=\frac{0.0340\times 101.3}{0.622+0.0340}=5.250(\text{kPa})$$

查附录10，可得与其相对应的温度即为露点 $t_d=33.2℃$。

6.2.2 湿空气的湿度图及其应用

由前述分析可知，湿空气的各项参数，在一定的总压下，只要知道其中两个互相独立的参数，湿空气的状态即可确定，其他参数便可通过计算获得。但参数间的计算比较繁琐，有时还需要试差。为了便于计算，工程上将湿空气各参数间的关系标绘在坐标图中，利用此图可便捷地由已知参数查出其他未知参数，这就是湿度图。常用的湿度图有两种：温度-湿度图（t-H 图）、焓-湿度图（I-H 图）。下面介绍 I-H 图。

6.2.2.1 湿空气的 *I-H* 图

图 6-4 为总压为 101.3kPa 下，以湿空气的焓 I 为纵坐标，湿空气的湿度 H 为横坐标绘制的 I-H 图。若系统总压偏离常压太远，则不能应用此图。

图中两个坐标轴夹角为 135°，这样可使图中各曲线分散开，以提高读数的准确性。图中共有五种线，分别介绍如下。

(1) 等湿度线（等 H 线）

等湿度线是一系列平行于纵轴的直线。

(2) 等焓线（等 I 线）

等焓线是一系列平行于斜轴的直线。

(3) 等干球温度线（等 t 线）

将式(6-9) 改写为

$$I=(2492+1.88t)H+1.01t \tag{6-9a}$$

由上式可知，当温度 t 一定时，I 与 H 呈直线关系，故在 I-H 图中，对应不同的 t，可作出一系列等 t 线。由于等 t 线斜率（$2492+1.88t$）随温度的升高而增大，故等 t 线是不平行的，温度越高，等 t 线斜率越大。

(4) 等相对湿度线（等 φ 线）

根据式(6-5) 可标绘出等相对湿度线，即

$$H=0.622\times\frac{\varphi p_s}{p-\varphi p_s} \tag{6-5}$$

总压一定时，对于任意给定的 φ 值，上式可简化为 H 与 p_s 的关系式，而 p_s 又是温度 t 的函数，因此，可根据上式算出若干组 H 与 t 的对应关系，并标绘于 I-H 图中，即得到一条等 φ 线。则取一系列 φ 值，可作出一系列等 φ 线。图 6-4 中标绘了 5%～100%的一组等 φ 线。其中 $\varphi=100\%$ 的等 φ 线为饱和空气线，此时空气被水汽饱和。

(5) 水蒸气分压线

将式(6-2) 改写为

$$p_w=\frac{Hp}{0.622+H} \tag{6-2a}$$

总压一定时，式(6-2a) 表示水汽分压 p_w 与湿度 H 之间的关系，因为 H 远小于 0.622，故上式可近似视为线性方程。由上式算出若干组 p_w 与 H 之间的对应关系，并标绘于 I-H

图中，即得到水蒸气分压线。图 6-4 中，水蒸气分压线标绘在 $\varphi=100\%$ 的曲线下方，p_w 的坐标轴位于图的右侧。

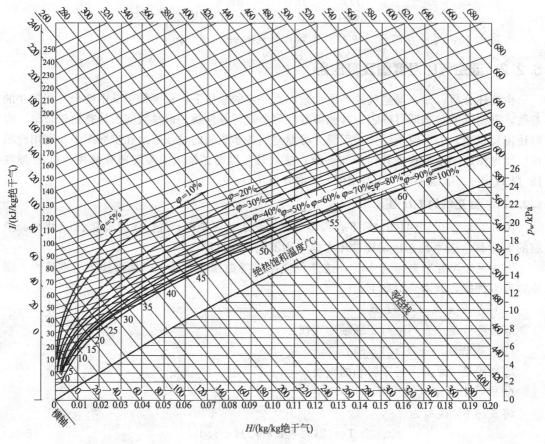

图 6-4　湿空气的 I-H 图

6.2.2.2　*I-H* 图的应用

湿度图中的任意一点都代表某一确定的湿空气状态，只要依据任意两个独立性质参数，即可在 I-H 图中定出该空气状态点，由此点可查得湿空气的其他性质参数。

如图 6-5 所示，A 点为湿空气状态点，由通过 A 点的等 t 线、等 H 线、等 I 线即可确定湿空气的温度、湿度和焓。等 H 线与 $\varphi=100\%$ 的饱和空气线相交于 B 点，通过 B 点的等 t 线所示的温度为露点 t_d。等 H 线与水蒸气分压线相交于 C 点，C 点在图的右侧坐标上对应的读数为湿空气的水蒸气分压 p_w。通过 A 点的等 I 线与 $\varphi=100\%$ 的饱和空气线相交于 D 点，通过 D 点的等 t 线所示的温度为绝热饱和温度 t_{as} 或湿球温度 t_w。图中明显可以看出，对于不饱和空气，$t>t_{as}$（或 t_w）$>t_d$。

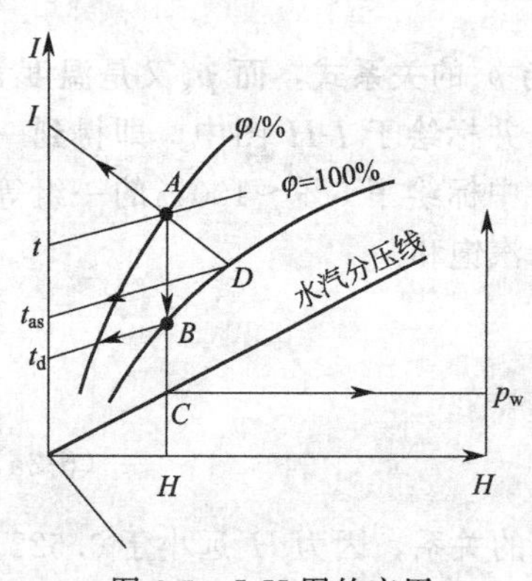

图 6-5　I-H 图的应用

应该注意的是，只有根据湿空气的两个独立参数才能在 I-H 图中确定空气的状态点。而湿空气的性质参数并非都是独立的，例如 t_d-H、p_w-H、t_w（或 t_{as}）-I 等都不是相互独立的，它们均落在同一条等 H 线或等 I 线上，不能用来确定空气的状态点。常用来确定空气的状态点的两个独立参数有：t-φ、t-H、t-t_d、t-t_w（或 t_{as}）等，其状态点的确定方法如图 6-6 所示。

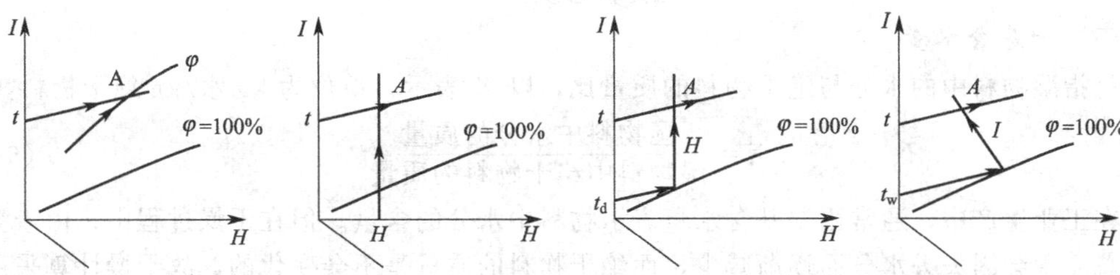

图 6-6　在 I-H 图上确定湿空气的状态点

【例 6-3】 总压为 101.3kPa 时，湿空气的湿度为 0.0075 kg/kg 绝干气，干球温度为 20℃，用 I-H 图确定其相对湿度 φ、水蒸气分压 p_w、焓 I、露点 t_d、湿球温度 t_w。

解　如附图所示，由 $H=0.0075$kg/kg 绝干气、$t=20$℃，在 I-H 图上定出状态点 A，由此可读取其他参数。

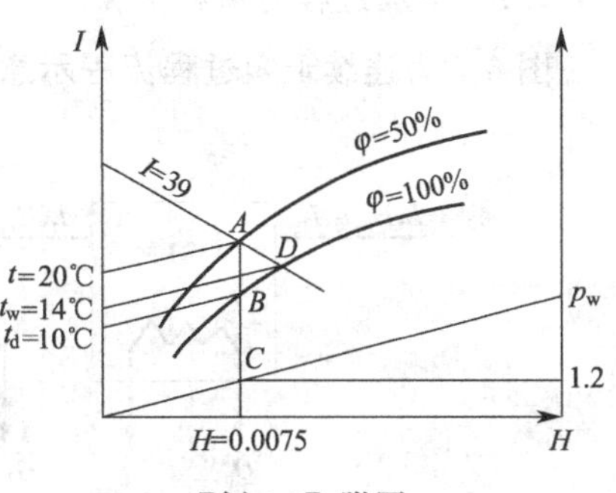

【例 6-3】附图

(1) 相对湿度 φ　由过点 A 的等 φ 线可确定其相对湿度 $\varphi=50\%$。

(2) 焓 I　由过点 A 的等 I 线可确定其焓 $I=39$kJ/kg 绝干气。

(3) 湿球温度 t_w 由点 A 沿等 I 线与 $\varphi=100\%$ 的饱和空气线相交于 D 点，通过 D 点的等 t 线所示温度为绝热饱和温度，也是湿球温度 $t_w=14$℃。

(4) 露点 t_d　由点 A 沿等 H 线与 $\varphi=100\%$ 的饱和空气线相交于 B 点，通过 B 点的等 t 线所示温度为露点 $t_d=10$℃。

(5) 水蒸气分压 p_w　由点 A 沿等 H 线向下与水蒸气分压线相交于 C 点，在图的右侧坐标上读出水蒸气分压 $p_w=1.2$kPa。

6.3　干燥过程的物料衡算与热量衡算

干燥过程的计算，首先应确定从湿物料中去除的水分量、热空气的用量和所需热量，并据此进行干燥设备的设计和选型、选择合适型号的风机与换热设备等。

6.3.1　干燥过程的物料衡算

通过干燥过程的物料衡算，可确定将湿物料干燥到指定的含水量所需除去的水分量、热空气的消耗量以及干燥产品的流量，从而确定在给定干燥任务下所用的干燥器尺寸，并配备合适的风机。

6.3.1.1　湿物料中含水量的表示方法

湿物料中的含水量通常有以下两种表示方法。

(1) 湿基含水量

是指以湿物料为计算基准时，湿物料中的水分的质量分数，以 w 表示，单位为 kg 水/kg

湿料，即

$$w=\frac{\text{湿物料中水分的质量}}{\text{湿物料总质量}}\times 100\% \tag{6-17}$$

(2) 干基含水量

是指湿物料中的水分与绝干物料的质量比，以 X 表示，单位为 kg 水/kg 绝干物料，即

$$X=\frac{\text{湿物料中水分的质量}}{\text{湿物料中绝干物料的质量}} \tag{6-18}$$

在工业生产中，通常用湿基含水量表示物料中水分的含量。但在干燥过程中，由于湿物料的总质量会因失去水分而逐渐减少，而绝干物料的质量是不会变化的，故干燥计算采用干基含水量较为方便。两种含水量之间的换算关系为

$$w=\frac{X}{1+X} \quad \text{或} \quad X=\frac{w}{1-w} \tag{6-19}$$

6.3.1.2 干燥过程的物料衡算

图 6-7 为连续干燥过程流程示意图。

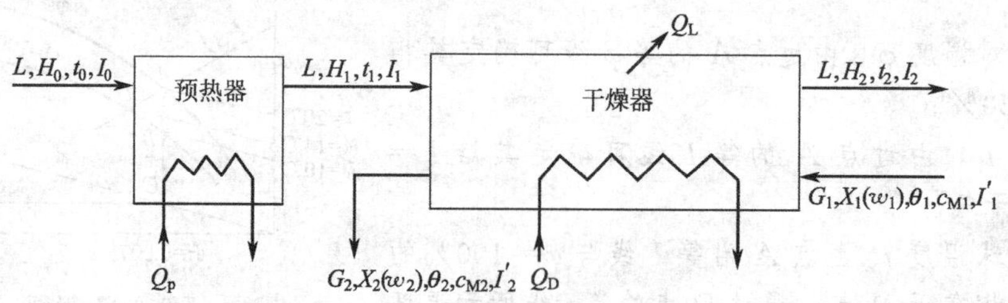

图 6-7 连续干燥过程流程示意图

L——绝干空气质量流量，kg/h；

G_1，G_2——湿物料进、出干燥器时的质量流量，kg/h；

G_c——湿物料中绝干物料的质量流量，kg/h；

X_1，X_2——湿物料进、出干燥器时的干基含水量，kg 水/kg 绝干物料；

w_1，w_2——湿物料进、出干燥器时的湿基含水量，kg 水/kg 湿料；

H_0，H_1，H_2——湿空气进入预热器和进、出干燥器时的湿度，kg/kg 绝干气；

t_0，t_1，t_2——湿空气进入预热器和进、出干燥器时的温度，℃；

I_0，I_1，I_2——湿空气进入预热器和进、出干燥器时的焓，kJ/kg 绝干气；

c_{M1}，c_{M2}——湿物料进、出干燥器时的比热容，kJ/(kg·℃)；

θ_1、θ_2——湿物料进、出干燥器时的温度，℃；

I'_1，I'_2——湿物料进、出干燥器时的焓，kJ/kg 绝干物料；

Q_P——单位时间内预热器消耗的热量，kW；

Q_D——单位时间内向干燥器补充的热量，kW；

Q_L——单位时间内干燥器向周围损失的热量，kW。

(1) 水分蒸发量

对如图 6-7 所示的连续干燥器进行物料衡算。若不计干燥器中的物料损失，则在干燥过程中，绝干物料的质量不变，即

$$G_c=G_1(1-w_1)=G_2(1-w_2) \tag{6-20}$$

对干燥过程中的水分进行衡算，得

$$W=G_1-G_2=G_1w_1-G_2w_2=G_c(X_1-X_2)=L(H_2-H_1) \tag{6-21}$$

式中 W——单位时间内水分的蒸发量，kg/h。

(2) 空气消耗量

整理式(6-21)，可得

$$L=\frac{W}{H_2-H_1} \tag{6-22}$$

式中 L——单位时间内消耗的绝干空气的质量，kg 干气/h。

上式等号两侧同除以 W，得

$$l=\frac{L}{W}=\frac{l}{H_2-H_1} \tag{6-23}$$

式中 l——比空气用量，即每汽化 1kg 水分所消耗的绝干空气量，kg 干气/kg 水。

空气通过预热器前后的湿度不变，则 $H_0=H_1$，式(6-23) 可写为

$$l=\frac{1}{H_2-H_1}=\frac{1}{H_2-H_0} \tag{6-23a}$$

由式(6-23a) 可看出，比空气用量只与空气的最初和最终湿度有关，而与干燥过程所经历的路径无关。

实际进入干燥器的湿空气的消耗量：

$$L'=L(1+H_0) \quad 或 \quad l'=l(1+H_0) \tag{6-24}$$

式中 L'——单位时间内消耗的湿空气的质量，kg 湿空气/h；

l'——实际比空气用量，每汽化 1kg 水分所消耗的湿空气用量，kg 湿空气/kg 水。

(3) 干燥产品流量

由式(6-20) 与式(6-21)，可得干燥产品流量

$$G_2=G_1-W=G_1\frac{1-w_1}{1-w_2} \tag{6-25}$$

【例 6-4】 在一连续干燥器中，每小时将 2000kg 湿物料由含水量 3%干燥至 0.5%（均为湿基），干燥介质为空气，初温为 20℃，湿度为 0.01kg/kg 绝干气，经预热器加热至 120℃进入干燥器，离开干燥器时，空气的湿度为 0.02kg/kg 绝干气，试求：(1) 水分蒸发量；(2) 新鲜空气消耗量（分别以质量及体积表示）；(3) 干燥产品量。

解 (1) 水分蒸发量 W

绝干物料量 $G_c=G_1(1-w_1)=2000\times(1-0.03)=1940$(kg 干料/h)

物料的干基含水量

$$X_1=\frac{w_1}{1-w_1}=\frac{0.03}{1-0.03}=0.0309(\text{kg 水/kg 绝干物料})$$

$$X_2=\frac{w_2}{1-w_2}=\frac{0.005}{1-0.005}=0.0050(\text{kg 水/kg 绝干物料})$$

则水分蒸发量

$$W=G_c(X_1-X_2)=1940\times(0.0309-0.0050)=50.25(\text{kg/h})$$

(2) 新鲜空气消耗量

绝干空气用量 $L=\frac{W}{H_2-H_1}=\frac{W}{H_2-H_0}=\frac{50.25}{0.02-0.01}=5025$(kg 干气/h)

新鲜湿空气质量用量 $L'=L(1+H_0)=5025\times(1+0.01)=5075.25$(kg/h)

湿空气比容

$$\upsilon_H=(0.772+1.244H_0)\frac{273+t_0}{273}\times\frac{1.013\times10^5}{p}$$
$$=(0.772+1.244\times0.01)\times\frac{273+20}{273}$$
$$=0.8419(\mathrm{m^3/kg}\ 干气)$$

新鲜湿空气体积用量 $V=L\upsilon_H=5025\times0.8419=4230.55(\mathrm{m^3/h})$

(3) 干燥产品量 G_2

$$G_2=G_1-W=2000-50.25=1949.75(\mathrm{kg/h})$$

6.3.2 干燥过程的热量衡算

通过干燥系统的热量衡算，可以确定物料干燥所消耗的热量和干燥器排出空气的状态。作为计算预热器和干燥器的传热面积、加热介质用量以及干燥系统热效率的依据。

图 6-7 为连续干燥过程的流程示意图。温度为 t_0，湿度为 H_0，焓为 I_0 的新鲜空气，经预热器加热至状态为 t_1、H_1、I_1，进入干燥器与湿物料接触，其湿度增加、温度降低，离开干燥器时状态为 t_2、H_2、I_2。固体物料进、出干燥器的流量分别为 G_1、G_2，温度分别为 θ_1、θ_2，含水量分别为 X_1、X_2，焓分别为 I'_1、I'_2。以 0℃为基准温度，1s 为基准时间，对图中各部分进行热量衡算。

(1) 对预热器的热量衡算

忽略热损失，对图 6-7 中的预热器进行热量衡算，得

$$LI_0+Q_p=LI_1 \tag{6-26}$$

则单位时间内预热器消耗的热量为

$$Q_p=L(I_1-I_0) \tag{6-26a}$$

(2) 对干燥器的热量衡算

对图 6-7 中的干燥器进行热量衡算，得

$$LI_1+Q_D+G_cI'_1=LI_2+G_cI'_2+Q_L \tag{6-27}$$

则单位时间内向干燥器补充的热量为

$$Q_D=L(I_2-I_1)+G_c(I'_2-I'_1)+Q_L \tag{6-27a}$$

(3) 干燥系统消耗的总热量

干燥系统消耗的总热量 Q 为 Q_p 与 Q_D 之和，即

$$Q=Q_p+Q_D=L(I_2-I_0)+G_c(I'_2-I'_1)+Q_L \tag{6-28}$$

为便于应用，对式(6-28) 中的 (I_2-I_0) 及 $(I'_2-I'_1)$ 做进一步处理。

① 对 (I_2-I_0) 根据式(6-8)、式(6-9)，I_2 及 I_0 可分别写为

$$I_0=c_at_0+I_{w0}H_0$$
$$I_2=c_at_2+I_{w2}H_2$$

式中，I_{w0}、I_{w2} 分别为进入和离开干燥器系统时湿空气中水汽的焓，两者数值相差不大，可近似取为 $I_{w0}\approx I_{w2}$，则

$$I_2-I_0=c_a(t_2-t_0)+I_{w2}(H_2-H_0) \tag{6-29}$$

而

$$I_{w2}=r_0+c_wt_2$$

将上式代入式(6-29) 中，得

$$I_2-I_0=c_a(t_2-t_0)+(r_0+c_wt_2)(H_2-H_0)$$

或

$$I_2-I_0=1.01(t_2-t_0)+(2492+1.88t_2)(H_2-H_0) \tag{6-29a}$$

② 对 $(I'_2-I'_1)$ 湿物料进、出干燥器的焓差为

$$I'_2-I'_1=c_{M2}\theta_2-c_{M1}\theta_1 \tag{6-30}$$

式中，$c_M=c_s+c_wX$，c_s与c_w分别为绝干物料及水的比热容。

将式(6-29a) 及式(6-30) 代入式(6-28) 中，得

$$Q=Q_p+Q_D=1.01L(t_2-t_0)+W(2492+1.88t_2)+G_c(c_{M2}\theta_2-c_{M1}\theta_1)+Q_L \tag{6-31}$$

由式(6-31) 可看出，干燥系统消耗的总热量用于：加热空气、蒸发物料中的水分、加热湿物料及损失于周围环境中。

6.3.3 干燥系统的热效率

干燥系统的热效率定义为

$$\eta=\frac{\text{汽化湿物料中水分所需的热量}}{\text{向干燥系统输入的总热量}}\times 100\% \tag{6-32}$$

蒸发水分所需的热量为

$$Q_v=W(2492+1.88t_2-4.187\theta_1)$$

将上式代入式(6-32)，得

$$\eta=\frac{W(2492+1.88t_2-4.187\theta_1)}{Q}\times 100\% \tag{6-32a}$$

若忽略湿物料中水分带入系统的焓，上式可简化为

$$\eta=\frac{W(2492+1.88t_2)}{Q}\times 100\% \tag{6-32b}$$

干燥系统的热效率越高，表示热利用率越好，操作费用越低。设法使干燥器出口空气的湿度增高而温度降低，可以提高热效率。但这样会降低干燥过程的传质推动力，降低干燥速率。特别是对吸水性物料的干燥，空气出口温度应高些，而湿度应低些，即相对湿度应低些。在实际干燥操作中，空气出口温度应比进入干燥器时的绝热饱和温度高 20～50℃，这样才能保证干燥系统后面的设备及管路中不致析出水滴，否则可能会使干燥产品返潮，且易造成管路的堵塞和设备材料的腐蚀。此外，尽量利用废气中的热量（如用废气预热冷空气或湿物料)，减少设备和管道的热损失，都有助于热效率的提高。

【例 6-5】 常压下以初温为 15℃，湿度为 0.0073kg/kg 绝干气的新鲜空气为干燥介质，空气经预热器加热至 90℃进入干燥器，离开时的温度为 65℃，湿度为 0.022kg/kg 绝干气。湿物料进入干燥器时的温度为 15℃，湿基含水量为 20%，离开干燥器时的温度为 45℃，湿基含水量为 1%，每小时得到 250kg 干燥产品，其比热容为 1.34kJ/(kg·℃)。忽略预热器的热损失，干燥器的热损失为 1.2kW。试求：(1) 新鲜空气消耗量；(2) 预热器消耗的热量；(3) 干燥系统消耗的总热量；(4) 干燥系统的热效率。

解 (1) 新鲜空气消耗量

绝干物料量 $G_c=G_2(1-w_2)=250\times(1-0.01)=247.5$(kg 干料/h)

物料的干基含水量

$$X_1=\frac{w_1}{1-w_1}=\frac{0.2}{1-0.2}=0.25(\text{kg 水/kg 绝干物料})$$

$$X_2=\frac{w_2}{1-w_2}=\frac{0.01}{1-0.01}=0.01(\text{kg 水/kg 绝干物料})$$

则水分蒸发量

$$W=G_c(X_1-X_2)=247.5\times(0.25-0.01)=59.4(\text{kg/h})$$

绝干空气消耗量 $L=\frac{W}{H_2-H_1}=\frac{W}{H_2-H_0}=\frac{59.4}{0.022-0.0073}=4040.82$(kg 干气/h)

新鲜空气消耗量 $L'=L(1+H_0)=4040.82\times(1+0.0073)=4070.32$(kg/h)

(2) 预热器消耗的热量

$$\begin{aligned}Q_p&=L(I_1-I_0)=L(1.01+1.88H_0)(t_1-t_0)\\&=4040.82\times(1.01+1.88\times0.0073)\times(90-15)\\&=310251.33(\text{kJ/h})=86.18(\text{kW})\end{aligned}$$

(3) 干燥系统消耗的总热量

$$\begin{aligned}Q&=1.01L(t_2-t_0)+W(2492+1.88t_2)+G_c c_{M2}(\theta_2-\theta_1)+Q_L\\&=1.01\times4040.82\times(65-15)+59.4\times(2492+1.88\times65)+247.5\times\\&\quad 1.34\times(45-15)+1.2\times3600\\&=373614.39(\text{kJ/h})=103.78(\text{kW})\end{aligned}$$

(4) 干燥系统的热效率 若忽略湿物料中水分带入系统的焓，则有

$$\begin{aligned}\eta&=\frac{W(2492+1.88t_2)}{Q}\times100\%\\&=\frac{59.4\times(2492+1.88\times65)}{373614.39}\times100\%\\&=41.56\%\end{aligned}$$

6.3.4 干燥器出口空气状态的确定

由以上的分析、计算可以看出，对干燥系统进行物料衡算和热量衡算时，必须知道空气离开干燥器时的状态参数，而这些参数的确定取决于空气在干燥器内所经历的过程。因为在干燥器内，空气与物料之间既有热量传递、也有质量传递，同时还有外界与干燥器之间的热量交换（外界向干燥器补充热量或干燥器的热量损失），故确定干燥器出口空气状态的过程比较复杂，需对不同干燥过程进行分析。一般根据空气在干燥器内焓的变化，将干燥过程分为等焓干燥过程与非等焓干燥过程。

6.3.4.1 等焓干燥过程

等焓干燥过程又称绝热干燥过程，其应满足以下基本条件：

① 不向干燥器内补充热量，即 $Q_D=0$；

② 忽略干燥器的热损失，即 $Q_L=0$；

③ 物料进出干燥器的焓相等，即 $I'_2=I'_1$。

将以上条件代入式(6-27a)，可得

$$I_2=I_1$$

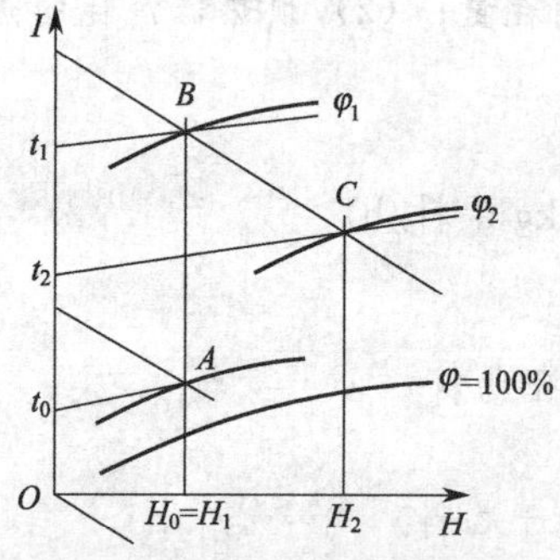

图 6-8 等焓干燥过程中湿空气状态变化示意图

上式说明空气通过干燥器时，焓不变。而实际操作中很难实现此过程，故等焓干燥过程又称理想干燥过程。但它能简化干燥的计算，可作为实际干燥的比较基准，并在 I-H 图上迅速确定干燥器出口的空气状态。

如图 6-8 所示，根据新鲜空气任意两个独立的状态参数，如 t_0 与 H_0，在图上确定状态点 A，此点为进入预热器前的空气状态点。空气经预热器被加热到 t_1，但湿度不变（$H_1=H_0$），故从点 A 沿等 H 线与温度为 t_1 的等 t 线相交于 B 点，

此点为离开预热器（即进入干燥器）的空气状态点。由于空气在干燥器内经历等焓过程，即沿通过 B 点的等 I 线变化，故只要知道空气离开干燥器时的任一参数，如温度 t_2（或相对湿度 φ_2），则过 B 点的等 I 线与温度为 t_2 的等 t 线（或 $\varphi=\varphi_2$ 的等 φ 线）的交点 C 即为空气出干燥器的状态点。

6.3.4.2　非等焓干燥过程

相对于理想干燥过程，非等焓干燥过程又称实际干燥过程，根据空气焓的变化情况，非等焓干燥过程可能有以下几种情况。

(1) 干燥过程中空气焓值降低（$I_1>I_2$）

向干燥器补充的热量小于干燥器的热损失与加热物料消耗的热量之和时，空气离开干燥器时的焓小于进入干燥器时的焓，此时，过程的操作线 BC_1 位于 BC 线的下方，如图 6-9 所示。

(2) 干燥过程中空气焓值增大（$I_1<I_2$）

向干燥器补充的热量大于干燥器的热损失与加热物料消耗的热量之和时，空气经过干燥器后的焓值增大，此时，过程的操作线位于 BC 线的上方，如图 6-9 中线 BC_2 所示。

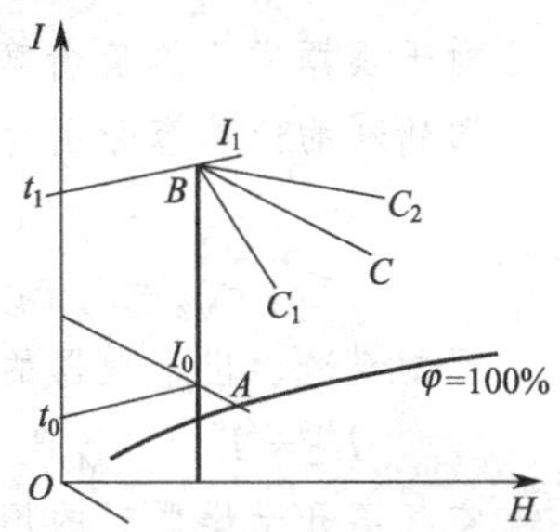

图 6-9　非等焓干燥过程中湿空气状态变化示意图

对于非等焓干燥过程，空气离开干燥器的状态参数可用物料衡算式和热量衡算式联立求解确定，也可采用图解法确定。

【例 6-6】 常压下将湿物料由湿基含水量 20% 干燥至 1%。干燥介质为初温 15℃，湿度 0.0073kg/kg 绝干气的新鲜空气，经预热器加热至 90℃进入干燥器，离开时的温度为 65℃。每小时得到 250kg 干燥产品，绝干物料的比热容为 1.25kJ/(kg·℃)。(1) 若为理想干燥器，试求新鲜空气消耗量及预热器的耗热量；(2) 若为非理想干燥器，湿物料进入干燥器时的温度为 15℃，离开干燥器时的温度为 45℃，干燥器的热损失为 1.2kW，且干燥器内不补充热量，再求新鲜空气消耗量及预热器的耗热量。

解　(1) 按理想干燥器计算

绝干物料量　$G_c=G_2(1-w_2)=250\times(1-0.01)=247.5$(kg 干料/h)

物料的干基含水量

$$X_1=\frac{w_1}{1-w_1}=\frac{0.2}{1-0.2}=0.25\text{(kg 水/kg 绝干物料)}$$

$$X_2=\frac{w_2}{1-w_2}=\frac{0.01}{1-0.01}=0.01\text{(kg 水/kg 绝干物料)}$$

则水分蒸发量

$$W=G_c(X_1-X_2)=247.5\times(0.25-0.01)=59.4\text{(kg/h)}$$

空气进入干燥器时的焓

$$\begin{aligned}I_1&=(1.01+1.88H_1)t_1+2492H_1\\&=(1.01+1.88\times0.0073)\times90+2492\times0.0073\\&=110.33\text{(kJ/kg 绝干气)}\end{aligned}$$

对于理想干燥器，$I_1=I_2$，则有

$$110.33=(1.01+1.88H_2)\times65+2492H_2$$

解得

$$H_2=0.0171\text{(kg/kg 绝干气)}$$

绝干空气消耗量　$L=\dfrac{W}{H_2-H_1}=\dfrac{59.4}{0.0171-0.0073}=6061.22$(kg 干气/h)

新鲜空气消耗量 $L'=L(1+H_0)=6061.22\times(1+0.0073)=6105.47(\text{kg/h})$

预热器的耗热量

$$\begin{aligned} Q_P &= L(I_1-I_0)=L(1.01+1.88H_0)(t_1-t_0) \\ &= 6061.22\times(1.01+1.88\times0.0073)\times(90-15) \\ &= 465376.23(\text{kJ/h})=129.27(\text{kW}) \end{aligned}$$

(2) 按非理想干燥器计算

对干燥器中的水分进行衡算，得

$$L(H_2-0.0073)=59.4 \tag{a}$$

对干燥器进行热量衡算：

湿物料的比热容分别为

$$c_{M1}=c_s+c_wX_1=1.25+4.187\times0.25=2.30\ [\text{kJ/(kg}\cdot℃)]$$

$$c_{M2}=c_s+c_wX_2=1.25+4.187\times0.01=1.29\ [\text{kJ/(kg}\cdot℃)]$$

湿物料进、出干燥器的焓差为

$$I'_2-I'_1=c_{M1}\theta_1-c_{M2}\theta_2=1.29\times45-2.30\times15=23.55(\text{kJ/kg 绝干气})$$

空气离开干燥器时的焓

$$\begin{aligned} I_2 &= (1.01+1.88H_2)t_2+2492H_2 \\ &= (1.01+1.88H_2)\times65+2492H_2 \\ &= 65.65+2614.2H_2 \end{aligned}$$

根据题意，干燥器中不补充热量，即 $Q_D=0$，则据式(6-27a)，有

$$L(I_2-I_1)+G_c(I'_2-I'_1)+Q_L=0$$

将相关数据代入上式，得

$$L(2614.2H_2-44.68)+10148.63=0 \tag{b}$$

联立式(a)、式(b) 两式，解得：

$L=6456.52\text{kg 干气/h}, H_2=0.0165\text{kg/kg 绝干气}, I_2=108.78\text{kJ/kg 绝干气}$

新鲜空气消耗量 $L'=L(1+H_0)=6456.52\times(1+0.0073)=6503.65(\text{kg/h})$

预热器的耗热量

$$\begin{aligned} Q_P &= L(I_1-I_0)=6456.52(1.01+1.88H_0)(t_1-t_0) \\ &= 6456.52\times(1.01+1.88\times0.0073)\times(90-15) \\ &= 495727.09(\text{kJ/h})=137.7(\text{kW}) \end{aligned}$$

通过本例题的计算可以看出，在物料干燥要求相同的情况下，非等焓干燥过程由于有热损失和物料带走热量，使得空气的焓值降低，即 $I_2<I_1$，空气出口温度不变，则湿度 H_2 比理想干燥器的出口湿度低，因此需要消耗更多的热空气，同时增加了预热器的热负荷。

6.4 干燥速率与干燥时间

通过物料衡算及热量衡算，可以确定干燥过程中水分蒸发量、空气消耗量及所需热量，进而为选择合适的风机和预热器提供依据。但确定干燥器的尺寸以及完成一定干燥任务所需的干燥时间等问题，则需通过干燥速率的计算方可解决。由于干燥过程中除去的水分，首先从物料内部迁移至表面，再由表面汽化进入干燥介质。因此，干燥速率不仅取决于空气的性质及操作条件，还与物料中所含水分的性质有关。

6.4.1 物料中所含水分的性质

6.4.1.1 平衡水分与自由水分

根据在一定干燥条件下，物料所含水分能否用干燥方法除去，可将物料中的水分分为平衡水分与自由水分。

湿物料与一定状态的空气接触，当湿物料表面的水汽分压与空气中的水汽分压不等时，物料将脱除或吸收水分，直至二者相等，此时物料中所含水分称为该空气状态下物料的平衡水分，其含量为平衡含水量，用 X^* 表示。只要空气状态恒定，物料的平衡含水量是该条件下物料被干燥的极限，不会因与空气接触时间的延长而改变，即物料的平衡水分是该条件下不能被干燥除去的水分。

物料的平衡含水量与物料的种类和湿空气的性质有关。图 6-10 为某些物料在 25℃时的平衡含水量与空气相对湿度 φ 的关系曲线，称为平衡曲线。从图中看出，同一空气状态下，不同物料的平衡含水量相差很大。吸水性物料（如烟叶、皮革等）的平衡含水量较高，非吸水性物料（如陶土、玻璃绒等）的平衡含水量较低。对同一种物料，平衡含水量随所接触的空气状态而变。温度一定时，空气的相对湿度越高，其平衡含水量越高；相对湿度一定时，物料的平衡含水量随空气温度的升高略有减小。当温度变化不大时，可忽略温度对平衡含水量的影响。

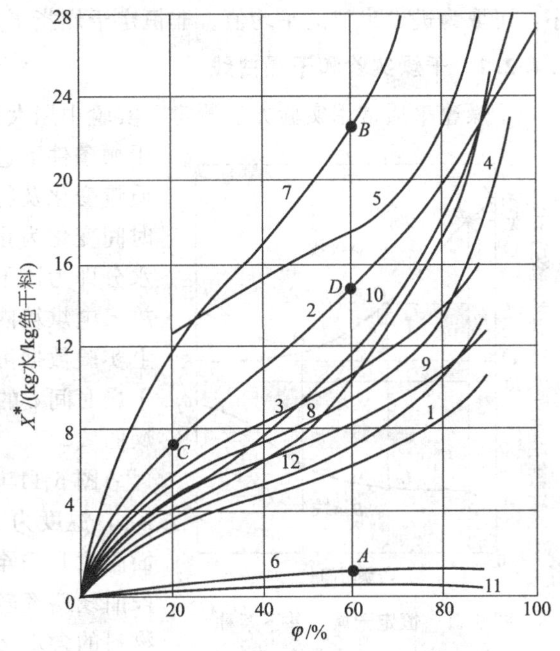

图 6-10 某些物料在 25℃时的平衡含水量与空气相对湿度 φ 的关系曲线

1—新闻纸；2—羊毛，毛织物；3—硝化纤维；4—丝；5—皮革；6—陶土；7—烟叶；8—肥皂；9—牛皮胶；10—木材；11—玻璃绒；12—棉花

湿物料中超出平衡含水量的那部分水分称为自由水分，是该空气状态下可以用干燥方法除去的水分。物料中自由水分和平衡水分的划分不仅与物料有关，还与空气的状态有关。

6.4.1.2 结合水分与非结合水分

根据水分与物料结合的状况（或物料中水分脱除的难易程度），物料中的水分还可分为结合水分与非结合水分。

物料细胞壁或纤维壁中的水分及小毛细管中的水分属于结合水分。这种水分凭借化学力和物理化学力与物料结合，结合力较强，其蒸气压低于同温度下纯水的饱和蒸气压，致使干燥过程的传质推动力下降，故难以用干燥方法除去。

物料存在于物料表面的附着水分及大孔隙中的水分属于非结合水分。这种水分与物料的结合力较弱，其蒸气压与同温度下纯水的饱和蒸气压相等，故易于用干燥方法除去。

结合水分与非结合水分的划分只取决于物料本身的性质，而与空气状态无关。

6.4.2 恒定干燥条件下的干燥速率

确定干燥器的大小，应知道物料由初始含水量降至工艺要求的最终含水量所需要的干燥时间。而干燥时间取决于干燥速率。物料的性质、结构以及空气的状态、与湿物料的接触方式以及干燥器的结构都会影响干燥速率。通常根据空气状态的变化情况，干燥过程可分为恒定干燥和非恒定干燥。恒定干燥指干燥过程中空气的湿度、温度、流速以及与湿物料的接触状况都不变，适用于生产中以大量空气干燥少量湿物料的情况。此时，空气的各项性质变化小，可取为进、出口的平均值。非恒定干燥指干燥过程中空气的状态不断变化。

6.4.2.1 干燥实验和干燥曲线

干燥速率通常用实验方法测定。实验中用大量空气与少量湿物料接触，可认为是在恒定干燥条件下进行的。实验中，每隔一段时间测定物料的质量变化及物料的表面温度 θ，直到物料的质量不再随时间变化为止。此时物料与空气达到平衡，物料中所含水分即为该干燥条件下的平衡含水量。然后取出物料并放入电烘箱内烘干至恒重，得到绝干物料的质量。用以上实验数据可标绘出物料含水量 X 及物料表面温度 θ 与干燥时间 τ 的关系曲线，如图 6-11 所示，此曲线称为干燥曲线。

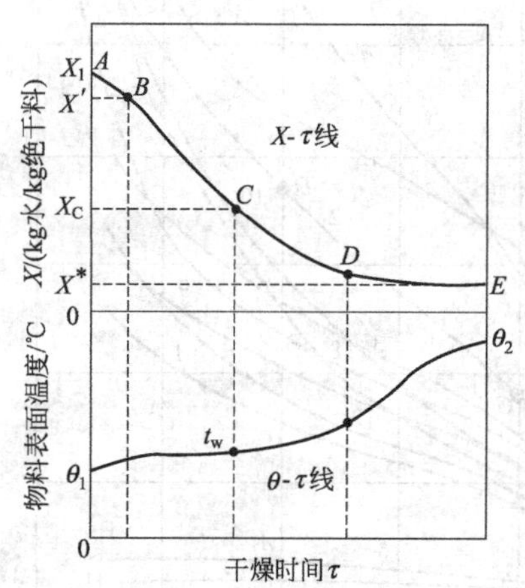

图 6-11 恒定干燥条件下某种物料的干燥曲线

图 6-11 中 A 点表示物料的初始状态，含水量为 X_1，温度为 θ_1。干燥开始后，物料与热空气接触，表面温度升高至 t_w，含水量下降至 X'，到达 B 点，AB 段曲线斜率较小。在其后的 BC 段中，曲线斜率变大，物料的含水量 X 与时间 τ 呈直线关系，表面温度维持 t_w 不变，空气传给物料的显热恰好等于水分自物料汽化所需的潜热。C 点之后，空气传给物料的热量仅有一部分用于水分汽化，另一部分用来加热物料，使其温度由 t_w 升高至 θ_2，该段曲线斜率逐渐变小，直到物料中所含水分降至平衡含水量 X^* 为止。

6.4.2.2 干燥速率曲线

干燥速率定义为单位时间、单位干燥面积上汽化的水分质量，即

$$U=\frac{\mathrm{d}W}{A\,\mathrm{d}\tau} \tag{6-33}$$

式中 U——干燥速率，$kg/(m^2 \cdot s)$；

A——干燥面积，m^2；

W——汽化的水分量，kg；

τ——干燥时间，s。

其中，
$$\mathrm{d}W=-G_c\mathrm{d}X$$

将上式代入式(6-33)，得

$$U=-\frac{G_c\mathrm{d}X}{A\,\mathrm{d}\tau} \tag{6-34}$$

式中 G_c——物料中绝干物料的质量，kg；

X——物料的干基含水量，kg水/kg绝干物料。

式(6-33) 及式(6-34) 均为干燥速率的微分表达式，式中的负号表示物料的含水量随干燥时间的增加而减少。绝干物料的质量 G_c 与干燥面积 A 可由实验测得，由图 6-11 所示的干燥曲线求出各点斜率 $\frac{dX}{d\tau}$，再按式(6-34) 计算出物料的干燥速率，即可标绘出 U 与 X 的关系曲线，即为干燥速率曲线，如图 6-12 所示。

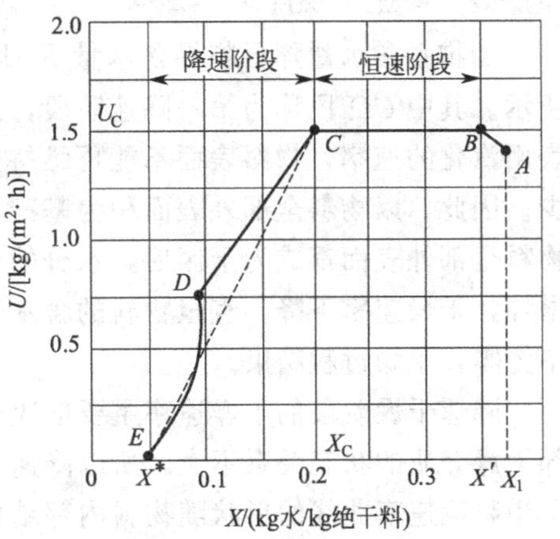

图 6-12 恒定干燥条件下的干燥速率曲线

干燥过程可以划分为两个阶段。图中的 ABC 段为干燥的第一阶段，其中 AB 段为预热段，一般时间很短，通常并入 BC 段内一起考虑。BC 段内干燥速率保持恒定，基本不随物料含水量改变，故称为恒速干燥阶段。图中的 CDE 段为干燥的第二阶段，在此阶段内，干燥速率随物料含水量的减少而降低，直至 E 点，物料的含水量降至操作条件下的平衡含水量 X^*，对应的干燥速率为零，干燥过程结束。两个干燥阶段之间的分界点 C 称为临界点，所对应的物料含水量称为临界含水量，以 X_C 表示；该点的干燥速率等于恒速阶段的干燥速率，以 U_C 表示。

下面分别讨论恒速干燥阶段与降速干燥阶段的干燥机理及影响因素。

(1) 恒速干燥阶段

干燥过程中，湿物料内部的水分汽化包括两个过程：水分由湿物料内部迁移至表面和水分自物料表面汽化到空气中。在恒速干燥阶段，湿物料水分从内部迁移至表面的速率必须大于或等于水分自表面汽化的速率，才能使物料表面始终维持润湿状态，从而维持干燥速率恒定。故恒速干燥阶段干燥速率的大小取决于物料表面水分的汽化速率，即取决于物料外部的干燥条件，所以恒速干燥阶段又称为表面汽化控制阶段。一般来说，此阶段汽化的水分为非结合水分。

在恒定干燥条件下，该阶段物料表面完全润湿，其状况与湿球温度计湿纱布的表面状况相似，物料表面温度 θ 等于空气的湿球温度 t_w，物料表面的湿度等于空气在 t_w 下的饱和湿度 H_w，并且空气传给湿物料的显热恰好等于水分汽化所需的潜热，即

$$dQ = r_w dW \tag{6-35}$$

其中空气与物料表面的对流传热速率为

$$\frac{dQ}{A d\tau} = \alpha (t - t_w) \tag{6-36}$$

水分自物料表面汽化的速率

$$\frac{dW}{A d\tau} = k_H (H_w - H) \tag{6-37}$$

联立式(6-35)、式(6-36) 及式(6-37)，可解得恒速干燥阶段的干燥速率

$$U = \frac{\alpha}{r_w}(t - t_w) = k_H (H_w - H) \tag{6-38}$$

因为干燥是在恒定条件下进行的，所以随空气条件而变的 α 和 k_H 保持不变，并且 $(t-t_w)$ 及 (H_w-H) 也为定值，由式(6-38) 可以看出，湿物料与空气间的传热速率和传质速率均保持不变，湿物料以恒定的速率 U 汽化水分。此阶段的干燥速率只与空气的状态有关，而与物料的种类无关。提高空气的温度和流速或降低空气的湿度，均能提高恒速干燥阶段的

干燥速率。

(2) 降速干燥阶段

当物料含水量降至临界含水量 X_C以下时，即进入降速干燥阶段，如图 6-12 中 CDE 段所示。其中 CD 段称为第一降速阶段，该阶段物料内部水分向表面扩散的速率已小于水分自表面汽化的速率，物料表面不能再维持全部润湿，而出现部分“干区”，使实际汽化表面减少。因此，以物料全部外表面积为基准计算的干燥速率下降。DE 段称为第二降速阶段，当物料全部外表面都成为干区后，水分的汽化面逐渐向物料内部移动，此时传热、传质的阻力增加，干燥速率下降，直至物料的含水量降至操作条件下的平衡含水量 X^*，对应的干燥速率为零，干燥过程结束。

降速干燥阶段的干燥速率主要取决于物料本身的结构、形状、尺寸和堆放厚度，而与外部干燥介质的状态关系不大，所以降速干燥阶段又称为物料内部扩散控制阶段。另外，降速干燥阶段速率曲线的形状随物料内部结构的不同而不同。

(3) 临界含水量 X_C

物料的临界含水量 X_C是恒速干燥阶段与降速干燥阶段的分界点，是干燥过程的一个重要参数。X_C值越大，则进入降速阶段越早，完成相同的干燥任务所需的时间越长。临界含水量 X_C的大小与物料的性质、厚度和恒速阶段的干燥速率有关，通常吸水性物料的临界含水量比非吸水性物料的大；同一物料，恒速阶段的干燥速率越大，则临界含水量越高，物料层越厚，则临界含水量越大。临界含水量通常由实验测定。表 6-1 给出了某些物料临界含水量的数值范围。

表 6-1 不同物料临界含水量的范围

有机物料		无机物料		临界含水量
特征	例子	特征	例子	(干基)/%
很粗的纤维	未染过的羊毛	大于 50 目(筛目)的无孔物料	石英	3～5
		晶体的、粒状的、孔隙较少的物料，颗粒为 50～325 目(筛目)	食盐、海砂、砂石	5～15
晶体的、粒状的、孔隙较小的物料	麸酸结晶	细晶体有孔物料	硝石、细砂、黏土料、细泥	15～25
粗纤维细粉	粗毛线、醋酸纤维、印刷纸、碳酸颜料	细沉淀物，无定形和胶体状态的物料，无机颜料	碳酸钙、细陶土、普鲁士蓝	25～50
细纤维，无定形的和均匀状态的压紧物料	淀粉、亚硫酸、纸浆、厚皮革	浆状，有机物的无机盐	碳酸钙、碳酸镁、二氧化钛、硬脂酸钙	50～100
分散的压紧物料，胶体状态和凝胶状态的物料	鞣制皮革、糊墙纸、动物胶	有机物的无机盐、催化剂、吸附剂	硬脂酸锌、四氯化锡、硅胶、氢氧化铝	100～3000

6.4.3 恒定干燥条件下干燥时间的计算

6.4.3.1 恒速干燥阶段

恒速干燥阶段的干燥速率 U 为常量，且等于临界干燥速率 U_C，故物料由初始含水量 X_1降到临界含水量 X_C所需的干燥时间 τ_1可通过积分式(6-34) 得到

$$\int_0^{\tau_1} d\tau = -\frac{G_c}{A}\int_{X_1}^{X_C} \frac{dX}{U}$$

即
$$\tau_1=\frac{G_c}{AU_C}(X_1-X_C) \tag{6-39}$$

式中 U_C 可由干燥速率曲线直接查得，也可用式(6-38) 计算得到。式中空气与物料表面的对流传热系数 α 可用以下关联式估算。

(1) 空气平行流过静止物料层表面

$$\alpha=0.0204G^{0.8} \tag{6-40}$$

式中　G——湿空气的质量流速，$kg/(m^2 \cdot h)$；

α——对流传热系数，$W/(m^2 \cdot ℃)$。

此式的应用条件为 $G=2450\sim29300kg/(m^2 \cdot h)$；空气的平均温度为 45～150℃。

(2) 空气垂直流过静止物料层表面

$$\alpha=1.17G^{0.37} \tag{6-41}$$

此式的应用条件为 $G=3900\sim19500kg/(m^2 \cdot h)$。

(3) 空气与运动颗粒间的传热

$$\alpha=\frac{\lambda_g}{d_p}\left[2+0.54\left(\frac{d_p u_t}{\nu_g}\right)^{0.5}\right] \tag{6-42}$$

式中　d_p——颗粒的平均直径，m；

u_t——颗粒的沉降速率，m/s；

λ_g——空气的热导率，$W/(m \cdot ℃)$；

ν_g——空气的运动黏度，m^2/s。

6.4.3.2　降速干燥阶段

降速干燥阶段，物料的含水量由 X_C 下降到 X_2 所需的干燥时间 τ_2 仍可通过积分式(6-34) 获得

$$\int_0^{\tau_2}d\tau=-\frac{G_c}{A}\int_{X_C}^{X_2}\frac{dX}{U}$$

即
$$\tau_2=\frac{G_c}{A}\int_{X_2}^{X_C}\frac{dX}{U} \tag{6-43}$$

该阶段的干燥速率随物料含水量的减少而降低，干燥时间通常可用图解积分法或近似计算法求取。

(1) 图解积分法

当降速干燥阶段的干燥速率随物料含水量呈非线性变化时，一般采用图解积分法计算干燥时间。由干燥速率曲线查出不同 X 值对应的 U 值，以 X 为横坐标，$\frac{1}{U}$ 为纵坐标，在直角坐标系中进行标绘，则介于 X_2、X_C 之间曲线下的面积即为式(6-43) 中积分项的值，如图 6-13 所示。

(2) 近似计算法

若降速干燥阶段的干燥速率随物料含水量呈线性变化，则降速阶段的干燥速率曲线为图 6-14 中的虚线 CE 所示。

其方程为

$$U=k_x(X-X^*) \tag{6-44}$$

式中　k_x——降速阶段干燥速率曲线的斜率，kg 绝干料/$(m^2 \cdot s)$。

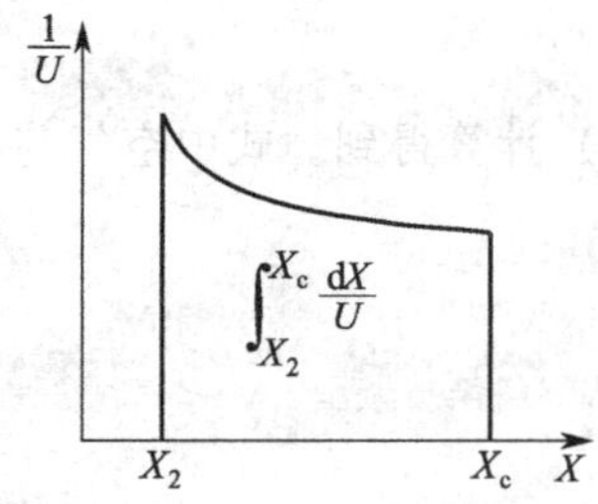

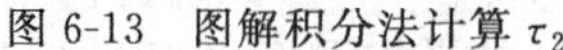

图 6-13　图解积分法计算 τ_2

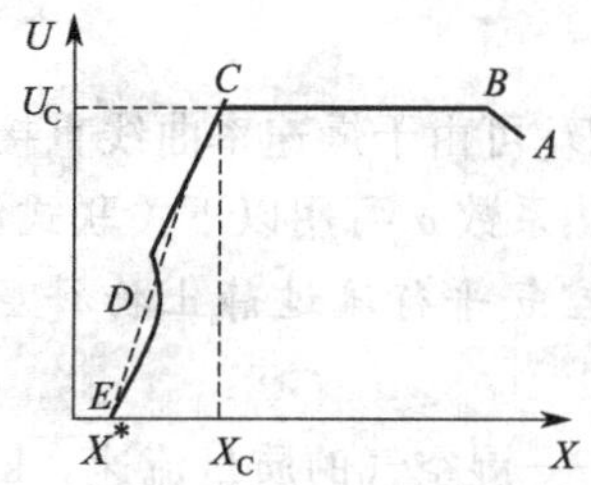

图 6-14　干燥速率曲线示意图

且

$$k_x=\frac{U_C}{X_C-X^*} \tag{6-45}$$

将式(6-44)、式(6-45) 代入式(6-43)，可解得降速阶段的干燥时间

$$\tau_2=\frac{G_c}{Ak_x}\ln\frac{X_C-X^*}{X_2-X^*} \tag{6-46}$$

或

$$\tau_2=\frac{G_c(X_C-X^*)}{AU_C}\ln\frac{X_C-X^*}{X_2-X^*} \tag{6-46a}$$

因此，物料干燥所需的总干燥时间为

$$\tau=\tau_1+\tau_2 \tag{6-47}$$

【例 6-7】 某物料在恒定干燥条件下进行间歇干燥，其干燥速率曲线如图 6-12 所示，将该物料由含水量 $X_1=0.35$kg 水/kg 绝干物料降至 $X_2=0.06$kg 水/kg 绝干物料，湿物料的质量为 800kg，干燥面积为 50m²，试确定物料干燥所需的时间。(降速阶段的干燥速率近似按直线处理)

解　绝干物料量　　$G_c=\frac{G_1}{1+X_1}=\frac{800}{1+0.35}=592.6$(kg 干料)

由图 6-12 查得该物料的临界含水量 $X_C=0.2$kg 水/kg 绝干物料，平衡含水量 $X^*=0.05$kg 水/kg 绝干物料。由于 $X_2<X_C$，所以干燥包括恒速和降速两个阶段。

对于恒速干燥阶段，物料含水量由 X_1 降至 X_C，由图 6-12 查得该物料的 $U_C=1.5$kg/(m²·h)，则

$$\tau_1=\frac{G_c}{AU_C}\times(X_1-X_C)=\frac{592.6}{50\times1.5}\times(0.35-0.2)=1.18(\text{h})$$

对于降速干燥阶段，物料含水量由 X_C 降至 X_2，且降速阶段的干燥速率近似按直线处理，则

$$\tau_2=\frac{G_c(X_C-X^*)}{AU_C}\ln\frac{X_C-X^*}{X_2-X^*}$$

$$=\frac{592.6\times(0.2-0.05)}{50\times1.5}\ln\frac{0.2-0.05}{0.06-0.05}$$

$$=3.21(\text{h})$$

物料干燥所需的总时间为

$$\tau=\tau_1+\tau_2=1.18+3.21=4.39(\text{h})$$

6.5　干燥器

在化工生产中，由于被干燥物料的形状、性质不同，生产规模差别很大，对干燥产品的

要求也不尽相同，所以选用的干燥器的形式也是多种多样的。为满足生产需要，干燥器应达到以下基本要求：

① 保证产品的工艺要求　如达到规定的干燥程度，保证产品的外观、形状及大小等。

② 设备的生产能力要高　干燥速率快、时间短，可提高生产能力或减小设备尺寸。

③ 能耗的经济性　干燥是能耗较高的单元操作，因此要设法提高干燥器的热效率；同时，干燥系统的流动阻力要小，以降低动力消耗。

④ 操作控制方便，劳动条件好。

干燥器类型较多，分类方法也较多。按操作压力可分为常压和减压干燥器；按操作方式可分为间歇式和连续式干燥器；按加热方式可分为对流式、传导式、辐射式和介电加热式干燥器。下面介绍几种工业上常用的干燥器。

6.5.1　工业上常用的干燥器

6.5.1.1　厢式干燥器

厢式干燥器是典型的间歇式干燥设备，小型的称为烘箱，大型的称为烘房，一般为常压操作。

图6-15为并流厢式干燥器的结构示意图。其外形呈厢式，外部用绝热材料保温，以减少热损失。厢内有多层框架，其上放有多个矩形浅盘，被干燥的物料置于盘中，厚度一般为10～100mm。新鲜空气由风机3吸入，经加热器4预热后，沿箭头指示方向进入底部几层物料盘干燥物料，再经加热器5加热后，进入中间的几层物料盘干燥物料，最后经加热器6加热后，进入上部的几层物料盘干燥物料，部分废气排出，另一部分循环使用。这种加热方式称为多级加热式或中间加热式，可使厢内空气温度均匀，提高热量利用率。厢式干燥器也可采用单级加热式。

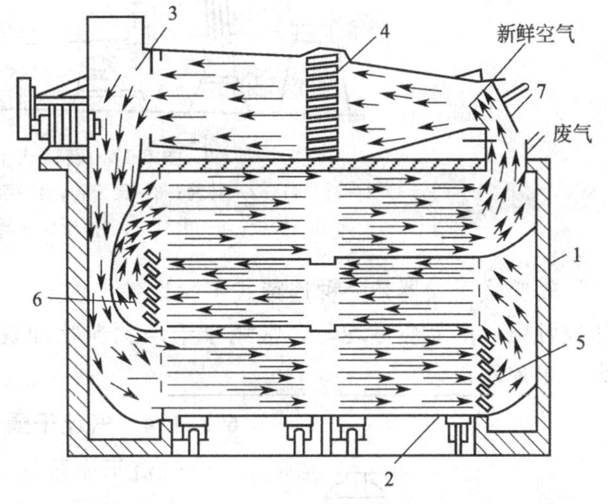

图6-15　厢式干燥器

1—干燥室；2—小板车；3—送风机；4～6—空气预热器；7—调节门

厢式干燥器结构简单，对物料的适应性强，适用于小批量、多品种的物料干燥。其缺点是物料得不到分散，干燥时间长，完成一定任务所需的设备体积大。

6.5.1.2　洞道式干燥器

洞道式干燥器可视为连续化的厢式干燥器。如图6-16所示。干燥器为一狭长的通道，内部铺设铁轨，盛有物料的小车可连续或半连续地沿铁轨运行，空气连续地在洞道内被加热并强制性地流过物料，则物料被干燥。

洞道式干燥器结构多样，操作简单，能量消耗不大，适用于体积大、干燥时间长的物料，如皮革、木材、陶瓷等的干燥。

6.5.1.3　转筒式干燥器

如图6-17所示，转筒式干燥器的主体是一个与水平面稍呈倾斜的旋转转筒。湿物料的

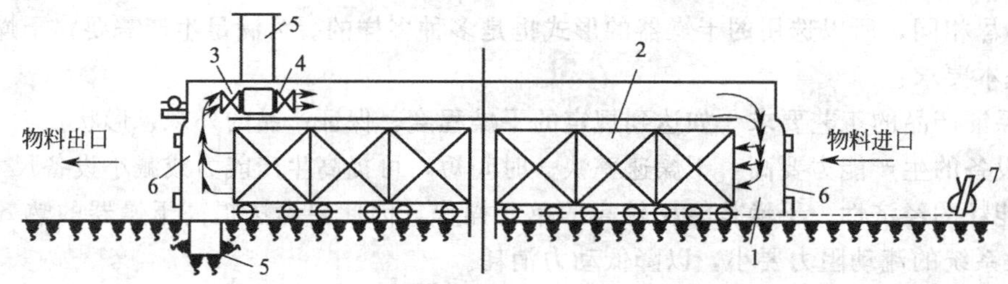

图 6-16 洞道式干燥器

1—洞道；2—运输车；3—送风机；4—空气预热器；5—废气出口；6—封闭门；7—推动运输车的绞车

自转筒高的一端加入，随着转筒的转动，不断被其中的抄板抄起并均匀地洒下，与由低端进入的热空气或烟道气逆流接触，同时物料在重力作用下不断向低端移动，成为干燥产品被送出。废气自进料端排出。操作方式也可采用并流。

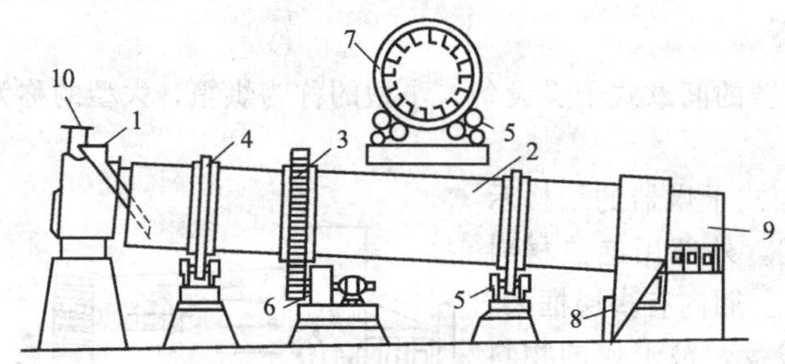

图 6-17 转筒式干燥器

1—进料口；2—转筒；3—腰齿轮；4—滚圈；5—托轮；6—变速箱；

7—抄板；8—出料口；9—干燥介质进口；10—废气出口

转筒式干燥器是一种连续式干燥设备，生产能力大，流动阻力小，操作方便，对物料的适应性强，产品质量均匀，常用于干燥颗粒状和块状物料；但设备复杂庞大，一次性投资大，占地面积大。

6.5.1.4 气流干燥器

气流干燥器是一种连续式干燥设备，其流程如图 6-18 所示。空气经预热至一定温度后送入干燥管下部，以 20～40m/s 的速度向上流动。湿物料由加料器加入干燥管，以粉粒状悬浮在高速气流中，与热空气一起向上流动，并在输送过程中被干燥。干燥后的物料经旋风分离器分离下来，从下部引出，废气经湿式除尘器后排出。气流干燥器可用于干燥粉粒状，也可用于干燥泥状或块状物料，只是需要加装分散器或粉碎机，使物料被分散或粉碎后再进入干燥器。

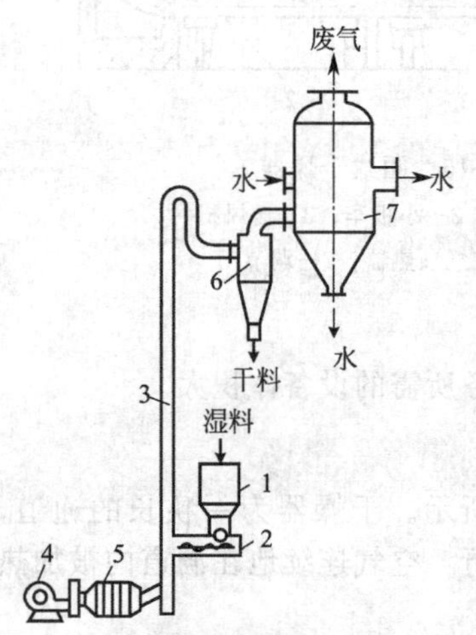

图 6-18 气流干燥器

1—加料斗；2—螺旋加料器；

3—干燥管；4—风机；5—预热器；

6—旋风分离器；7—湿式除尘器

气流干燥器的干燥速率大，干燥时间短，适用于热敏性物质的干燥；同时具有结构简单、占地面积小、成本费用低、热效率高等优点。其缺点是流动阻力大，动力消耗多，并且由于物料在运动过程中与器壁及物料之间相互摩擦，易使产品磨碎，使分离器的负荷较大。

6.5.1.5 流化床干燥器

流化床干燥器是固体流态化技术在干燥中的应用。可分为单层流化床干燥器、多层流化床干燥器、卧式多室流化床干燥器等类型。图 6-19 所示为单层圆筒流化床干燥器。湿物料由床层一侧加入，与通过多孔分布板的热气流接触，控制合适的气流速率，使固体颗粒悬浮在气流中，形成流化床。颗粒和热空气间进行速率较高的传热、传质，从而达到物料被干燥的目的，最终在床层另一侧得到干燥产品。废气由干燥器顶部排出，经旋风分离器回收细小颗粒后放空。由于流化床中存在物料的返混和短路，致使物料在干燥器中的停留时间不一致，易造成干燥产品的质量不均匀，因此单层圆筒流化床干燥器通常用于干燥处理量大、对干燥要求不高的物料。

对干燥要求较高或所需时间较长的物料，可采用多层（或多室）流化床干燥器。图6-20所示为卧式多室流化床干燥器的结构示意图。干燥器内用垂直挡板分割成多室（一般为4～8室）。挡板与多孔分布板间留有一定间隙（一般为几十毫米），使物料能够逐室通过。湿物料加入后，依次由第一室流经各室，到达最后一室卸出。由于挡板的作用，物料在干燥室内的停留时间趋于一致，产品的干燥程度均匀；并可根据干燥要求，调节进入各室的热风和冷风量，以实现最适宜的风温和风速。例如因为第一室中物料较湿，热空气的流量可大些；最后一室可只通冷空气，迅速冷却产品，以便于包装和贮存。

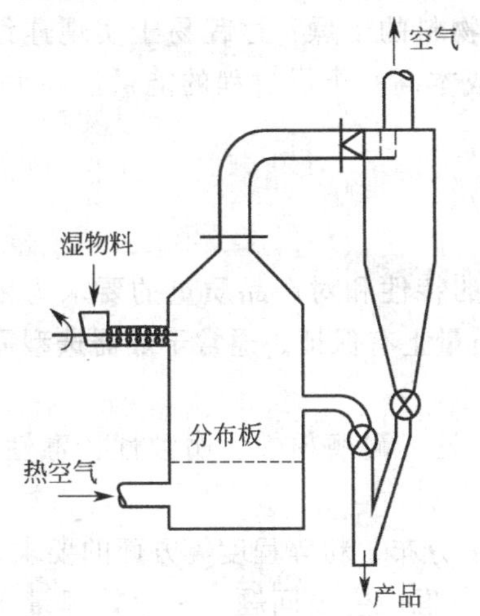

图 6-19　单层圆筒流化床干燥器

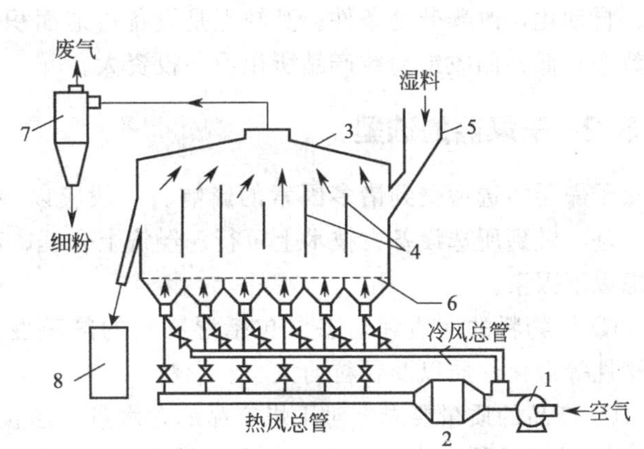

图 6-20　卧式多室流化床干燥器

1—风机；2—预热器；3—干燥室；4—挡板；
5—料斗；6—多孔板；7—旋风分离器；8—干料桶

流化床干燥器结构简单、活动部件少，操作维修方便；物料的干燥速率大，热能利用率高；流化床内温度均一并能自由调节，可以得到质量均匀的产品；物料在床层内的停留时间可自由调节，对于难干燥或要求干燥产品含水量低的物料特别适用。其缺点是对干燥物料的形状和粒度有限制，多用于干燥 30μm～6mm 的粉粒状物料。

6.5.1.6　喷雾干燥器

喷雾干燥器是用喷雾器将溶液、悬浮液、浆状液等喷洒成雾滴分散在热气流中，使水分迅速汽化而达到干燥的目的。

常用的喷雾干燥流程如图 6-21 所示。浆料用送料泵压至喷嘴，经喷雾器（喷嘴）喷成细小的雾滴而分散在热气流中，雾滴在干燥器内与热气流接触，其中的水分迅速汽化，成为微粒或细粉落到器底。产品由风机吸至旋风分离器及袋滤器中被回收，废气经风机排出。喷雾干燥所用干燥介质多为热空气，也可用烟道气或惰性气体。

喷雾器是喷雾干燥的关键部分，它影响到产品的质量和能量消耗。对喷雾器的一般要求

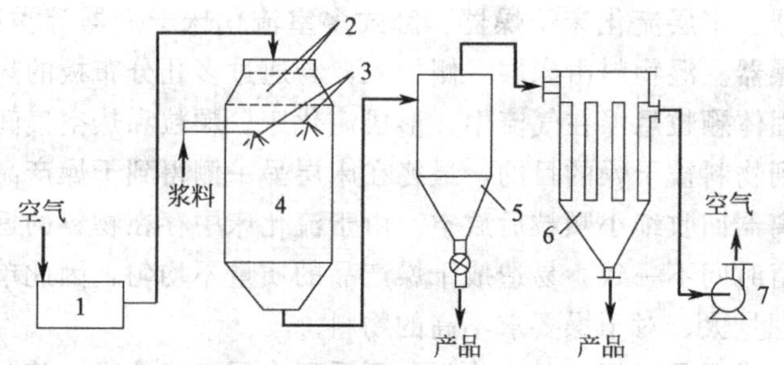

图 6-21 喷雾干燥流程

1—燃烧炉；2—空气分布器；3—压力式雾化器；4—干燥器；
5—旋风分离器；6—袋滤器；7—风机

是颗粒均匀，结构简单，生产能力大，能量消耗低及操作容易等。常用的喷雾器有压力式、旋转式及气流式三种基本形式。

喷雾干燥器的优点是可由料液直接得到粉粒产品，省去了蒸发、结晶、分离及粉碎等中间过程；干燥速率快，干燥时间短，尤其适用于热敏物性物料的干燥；过程易于实现连续化、自动化，改善劳动条件。其缺点是设备占地面积大、成本高；干燥过程的能量消耗大，热效率较低；回收细粉粒产品所用设备投资大。

6.5.2 干燥器的选型

干燥器的选型受到诸多因素的影响。一般应以湿物料的特性和对产品质量的要求为依据，基本做到所选设备在技术上可行、经济上合理、产品质量上有保证。通常干燥器选型需考虑以下因素。

① 湿物料的性质和形态　包括湿物料的热敏性、黏附性、耐磨损性、腐蚀性、毒性、可燃性等理化性质以及颗粒的大小、形状。

② 产品的质量要求　对干燥产品的含水量、形状、粒度分布、粉碎程度等方面的要求。

③ 处理量的大小　处理量的大小是选择干燥器时需要考虑的主要问题。一般处理量小时，宜选用间歇操作的干燥器；处理量大时，宜选用连续操作的干燥器。

④ 干燥的热源及能耗的经济性　对可利用热源的选择及能量的综合利用。

⑤ 回收问题　包括粉粒的回收和溶剂的回收。

⑥ 其他　干燥设备的占地面积、排放物及噪声是否满足环保要求等因素。

表 6-2 列出了主要干燥器的选用，可供选型时参考。

表 6-2 主要干燥器的选用

湿物料的状态	物料的实例	处理器	适用的干燥器
液体或泥浆状	洗涤剂、树脂溶液、盐溶液、牛奶等	大批量	喷雾干燥器
		小批量	滚筒干燥器
泥糊状	染料、颜料、硅胶、淀粉、黏土、碳酸钙等的滤饼或沉淀物	大批量	气流干燥器 带式干燥器
		小批量	真空转筒干燥器
粉粒状	聚氯乙烯等合成树脂、合成肥料、磷肥、活性炭、石膏、钛铁矿、谷物	大批量	气流干燥器 转筒干燥器 流化床干燥器
		小批量	转筒干燥器 厢式干燥器

续表

湿物料的状态	物料的实例	处理器	适用的干燥器
块状	煤、焦炭、矿石等	大批量	转筒干燥器
		小批量	厢式干燥器
片状	烟叶、薯片等	大批量	带式干燥器 转筒干燥器
		小批量	穿流厢式干燥器
短纤维	醋酸纤维、硝酸纤维	大批量	带式干燥器
		小批量	穿流厢式干燥器
一定大小的物料或制品	陶瓷器、胶合板、皮革等	大批量	洞道式干燥器
		小批量	高频干燥器

习 题

1. 常压下，某湿空气的温度为30℃，湿度为0.01kg水汽/kg绝干气。(1) 试求其水汽分压、相对湿度、比容、比热容和焓；(2) 若空气被加热到50℃，以上各项有何变化？

2. 常压下，某湿空气的温度为20℃，相对湿度为75%，求其露点、湿球温度及绝热饱和温度。

3. 总压为101.3kPa时，湿空气的湿度为0.05kg/kg绝干气，干球温度为60℃，用I-H图确定其相对湿度、水蒸气分压、焓、露点、湿球温度，并绘出求解过程的示意图。

4. 常压下干球温度为25℃，湿球温度为15℃的空气，经预热器加热至50℃进入干燥器。热空气在干燥器中经历等焓干燥过程，离开干燥器时的相对湿度为80%。试求：(1) 原空气的湿度、相对湿度、焓及露点；(2) 离开干燥器时空气的温度、湿度、焓及露点。

5. 在一连续干燥器中，每小时将1000kg湿物料的湿基含水量由4%干燥至0.5%。干燥介质为空气，初温为20℃，相对湿度为50%，经预热器加热至100℃进入干燥器，离开干燥器时，空气的湿度为0.06kg/kg绝干气。试求：(1) 水分蒸发量；(2) 新鲜空气消耗量（分别以质量及体积表示）；(3) 干燥产品质量流量。

6. 在常压干燥器中将湿物料含水量由10%干燥至1%（均为湿基），处理量为14000kg/h。湿物料进入干燥器时的温度为20℃，离开干燥器时的温度为70℃，绝干物料的比热容为1.4kJ/(kg·K)。干燥介质为空气，初温为20℃，相对湿度为50%，经预热器加热至130℃进入干燥器，离开干燥器时，空气的温度为80℃，湿度为0.0194kg/kg绝干气，忽略热损失。试求：(1) 新鲜空气消耗量；(2) 预热器消耗的热量；(3) 干燥系统消耗的总热量；(4) 干燥系统的热效率。

7. 常压下，在一理想干燥器中，每小时将1000kg含水量为50%的湿物料干燥至6%（均为湿基）。已知新鲜空气的初温为25℃，湿度为0.05 kg/kg绝干气，经预热器加热至111℃进入干燥器，离开干燥器时，空气的温度为38℃，试求新鲜空气消耗量及预热器消耗的热量。

8. 常压下，将初温为26℃，湿度为0.0156kg/kg绝干气的新鲜空气送入预热器，预热至95℃进入干燥器，离开时的温度为65℃。被干燥的湿物料进入干燥器时的温度为25℃，湿基含水量为15%，离开干燥器时的温度为35℃，湿基含水量为0.2%，处理量为1000kg/h，绝干物料的比热容为1.84kJ/(kg·℃)。干燥器的热损失为40kW，且干燥器内不补充热量，求新鲜空气消耗量及预热器的耗热量。

9. 在恒定干燥条件下，将1500kg湿物料由含水量18%降至1.5%（均为湿基），干燥面积为50m^2。已知该物料的临界含水量为0.1kg/kg绝干物料，平衡含水量为0.01kg/kg绝干物料，恒速阶段干燥速率为2.2kg/(m^2·h)，降速阶段的干燥速率与自由含水量呈直线变化。问所需干燥时间为多少小时？

本章主要符号说明

符号	意义	单位
A	干燥面积	m^2
c	比热容	kJ/(kg·K)
d_p	颗粒的平均直径	m
G	质量流量	kg/h
H	空气的湿度	kg/kg绝干气
I	湿空气的焓	kJ/kg绝干气
I_a	绝干空气的焓	kJ/kg绝干气
I_w	水汽的焓	kJ/kg水气
I'	物料的焓	kJ/kg绝干物料
k_H	以湿度差为推动力的传质系数	kg/(m^2·s·ΔH)
L	干空气用量	kg/h
L'	湿空气用量	kg/h
l	比空气用量	kg/kg水
M	摩尔质量	kg/kmol
N	传质速率	kg/s
n	物质的量	kmol
p	压力	Pa
Q	传热速率(热流量)	kW
r	汽化潜热	J/kg
t	空气的温度	℃或K
t_{as}	空气的绝热饱和温度	℃或K
t_w	空气的湿球温度	℃或K
t_d	空气的露点温度	℃或K
U	干燥速率	kg/(m^2·s)
W	水分的汽化量	kg/h
w	物料的湿基含水量	kg水/kg湿料
X	物料的干基含水量	kg水/kg绝干物料
α	对流传热系数	W/(m^2·℃)
θ	物料的温度	℃
τ	干燥时间	s
φ	相对湿度	
η	热效率	
λ	热导率	W/(m·℃)或W/(m·K)
υ_H	湿空气比容	m^3湿空气/kg绝干气
ν	运动黏度	m^2/s

第7章 其他单元过程简介

7.1 蒸发

将含有不挥发性溶质的溶液加热沸腾，使其中的挥发性溶剂部分汽化并移除，从而达到溶液浓缩目的的过程称为蒸发。蒸发操作广泛应用于化工、轻工、制药、食品等行业中，以获得浓缩液或制取纯净溶剂为目的，或两者兼具。

蒸发过程中的热源常采用新鲜的饱和水蒸气，称为生蒸汽；而将从溶液中蒸出的蒸汽称为二次蒸汽。将二次蒸汽直接冷凝而不再利用的操作，称为单效蒸发；若将二次蒸汽引入下一级蒸发器作为加热蒸汽，并将多个蒸发器串联，即为多效蒸发。

蒸发操作可以间歇进行，也可以连续进行。工业上大规模的生产过程通常采用的是连续蒸发过程。

蒸发操作可以在常压、加压和减压下进行。对于热敏性物料，如抗生素溶液、果汁等应在减压下进行。而高黏度物料就应采用加压高温热源加热（如导热油、熔盐等）进行蒸发。

工业上被蒸发的溶液多为水溶液，故本章仅限于讨论水溶液的蒸发。但其基本原理和设备对其他液体的蒸发原则上也是适用的。

7.1.1 单效蒸发

7.1.1.1 单效蒸发的流程

图7-1所示为单效蒸发的简化流程。图中蒸发器由加热室和分离室两部分组成。加热室通常为列管式换热器，加热蒸汽在加热室的管间冷凝，放出的热量通过管壁传给列管内的溶液，使其沸腾并汽化。气液混合物在分离室中分离，其中液体又落回加热室，当浓缩到规定浓度后由底部排出蒸发器；分离出的蒸汽（又称二次蒸汽）先经顶部除沫器除沫，再经冷凝器冷凝后，通过大气腿排出；不凝性气体经分离器和缓冲罐由真空泵排出。

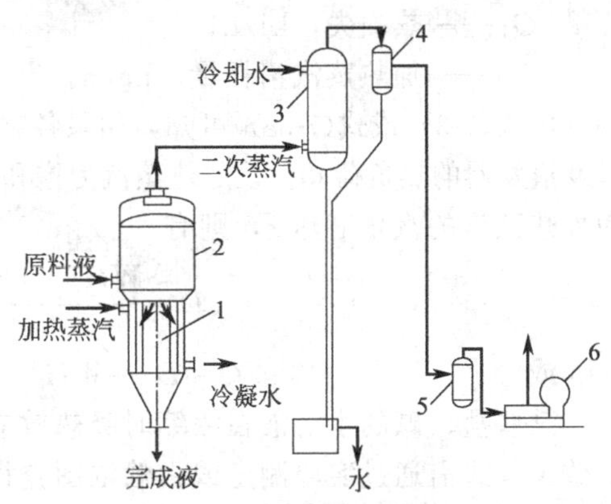

图7-1 单效蒸发流程示意图

1—加热室；2—分离室；3—冷凝器；4—分离器；5—缓冲罐；6—真空泵

7.1.1.2 单效蒸发的工艺计算

对于单效蒸发，在给定生产任务和操作条件后，通常需要通过物料衡算、热量衡算和传热速率方程来确定水的蒸发量、加热蒸汽消耗量及蒸发器的传热面积。

(1) 水蒸发量的计算

对图7-2所示的蒸发器进行溶质的物料衡算，可得

$$Fx_0=(F-W)x_1$$

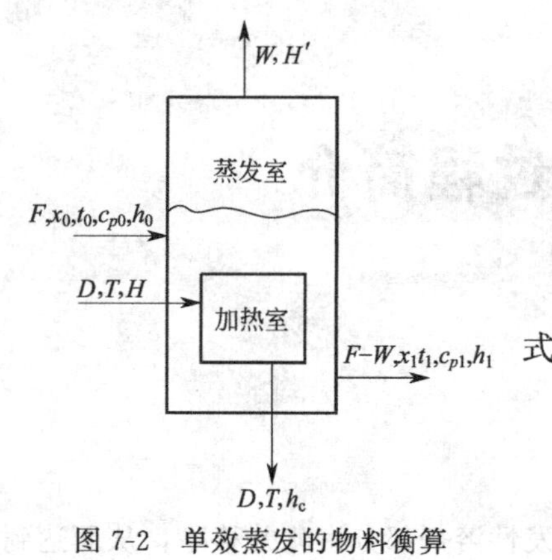

图 7-2 单效蒸发的物料衡算与热量衡算

则水的蒸发量为

$$W=F\left(1-\frac{x_0}{x_1}\right) \tag{7-1}$$

完成液的浓度为

$$x_1=\frac{Fx_0}{F-W} \tag{7-2}$$

式中 F——原料液量，kg/h；

W——蒸发水量，kg/h；

x_0——原料液中溶质的质量分数；

x_1——完成液中溶质的质量分数。

(2) 加热蒸汽消耗量的计算

对图 7-2 作热量衡算得

$$DH+Fh_0=WH'+(F-W)h_1+Dh_c+Q_L \tag{7-3}$$

或

$$Q=D(H-h_c)=WH'+(F-W)h_1-Fh_0+Q_L \tag{7-3a}$$

式中 H——加热蒸汽的焓，kJ/kg；

H'——二次蒸汽的焓，kJ/kg；

h_0——原料液的焓，kJ/kg；

h_1——完成液的焓，kJ/kg；

h_c——加热室排出冷凝水的焓，kJ/kg；

Q——蒸发器的热负荷或传热速率，kJ/h；

Q_L——热损失，kJ/h；

D——加热蒸汽消耗量，kg/h。

由式(7-3) 或式(7-3a) 可知，如果各物流的焓值及热损失已知，即可求出加热蒸汽用量 D 以及蒸发器的热负荷 Q。设加热蒸汽为饱和蒸汽，且冷凝水在饱和温度下排出，$(H-h_c)$ 即为加热蒸汽的汽化潜热 r，则有

$$D=\frac{WH'+(F-W)h_1-Fh_0+Q_L}{r} \tag{7-4}$$

或

$$Q=Dr=WH'+(F-W)h_1-Fh_0+Q_L \tag{7-4a}$$

某些盐、碱的水溶液在浓缩时吸热效应非常显著，其焓值是其浓度和温度的函数，具体函数关系式需通过实验测定或由焓浓图查得。对于浓缩热不大的溶液，其焓值可由比热容近似算出。规定 0℃时液体的焓为零，并将 H' 取 t_1 下饱和蒸汽的焓，则式(7-4) 可写为

$$D=\frac{Wr'+Fc_{p0}(t_1-t_0)+Q_L}{r} \tag{7-5}$$

式中 r'——二次蒸汽的汽化潜热，kJ/kg；

c_{p0}——原料液的比热容，kJ/(kg·℃)；

t_1——完成液的温度,℃；

t_0——原料液的温度,℃。

由式(7-5) 可以看出，加热蒸汽放出的热量用于将原料液加热至沸腾、使水分汽化以及热损失。

若原料液由预热器加热至沸点后进入蒸发器，并忽略热损失，则由式(7-5) 可得

$$D=\frac{Wr'}{r} \tag{7-6}$$

或
$$e=\frac{D}{W}=\frac{r'}{r} \tag{7-6a}$$

式中，e 称为单位蒸汽消耗量，表示蒸发 1kg 水分消耗加热蒸汽的量。由于蒸汽的汽化潜热随压力变化不大，即 $r \approx r'$。对单效蒸发而言，$e \approx 1$，即蒸发 1kg 水分约需约 1kg 加热蒸汽；实际操作中由于存在热损失等因素，e 值约为 1.1 或更大。e 值是衡量蒸发装置经济性的指标。

(3) 蒸发器传热面积的计算

蒸发过程为蒸汽冷凝和溶液沸腾之间的恒温差传热，则蒸发器的传热面积为：

$$A=\frac{Q}{K(T-t)} \tag{7-7}$$

式中 A——蒸发器的传热面积，m^2；

K——蒸发器的总传热系数，$W/(m^2 \cdot ℃)$；

Q——蒸发器的热负荷，W；

T——加热蒸汽的温度，℃；

t——操作条件下溶液的沸点，℃。

式(7-7) 中的热负荷可通过 $Q=Dr$ 求得。但在确定有效温度差 $\Delta t_m = T-t$ 时，需要考虑由于溶液沸点升高而产生的温度差损失 Δ 的影响。蒸发过程中，溶液的蒸气压下降、加热管中静压头的存在以及管路流体阻力都会产生温度差损失。如果温度差损失 Δ 已知，二次蒸汽的饱和温度 T' 又可查到，则溶液的沸点 t 可由下式计算：

$$t=T'+\Delta \tag{7-8}$$

【例 7-1】 在连续操作的单效蒸发器中，将 2000kg/h 的某无机盐水溶液由 10%（质量分数）浓缩至 30%（质量分数）。蒸发器的操作压力为 40kPa（绝压），相应的溶液沸点为 80℃。加热蒸汽的压力为 200kPa（绝压）。已知原料液的比热容为 3.77kJ/(kg·℃)，蒸发器的热损失为 12000W。设溶液的稀释热可以忽略，试求 (1) 水分的蒸发量；(2) 原料液分别为 30℃、80℃和 120℃时的加热蒸汽消耗量，并比较它们的经济性。

解 (1) 水分的蒸发量

$$W=F\left(1-\frac{x_0}{x_1}\right)=2000\times\left(1-\frac{0.1}{0.3}\right)=1333.33(\text{kg/h})$$

(2) 加热蒸汽消耗量 查得压力为 40kPa 和 200kPa 的饱和水蒸气的冷凝潜热分别为 2312kJ/kg 和 2205kJ/kg。溶液的稀释热可以忽略。

① 原料液温度为 30℃时，加热蒸汽消耗量为

$$D=\frac{Wr'+Fc_{p0}(t_1-t_0)+Q_L}{r}$$
$$=\frac{2000\times3.77\times(80-30)+1333.33\times2312+\dfrac{12000\times3600}{1000}}{2205}$$
$$=1588.60(\text{kg/h})$$

单位蒸汽消耗量为
$$e=\frac{1588.60}{1333.33}=1.19$$

② 原料液温度为 80℃时，加热蒸汽消耗量为

$$D=\frac{Wr'+Fc_{p0}(t_1-t_0)+Q_L}{r}$$

$$=\frac{1333.33\times2312+\frac{12000\times3600}{1000}}{2205}$$

$$=1417.62(kg/h)$$

单位蒸汽消耗量为 $e=\frac{1417.62}{1333.33}=1.06$

③ 原料液温度为120℃时，加热蒸汽消耗量为

$$D=\frac{Wr'+Fc_{p0}(t_1-t_0)+Q_L}{r}$$

$$=\frac{2000\times3.77\times(80-120)+1333.33\times2312+\frac{12000\times3600}{1000}}{2205}$$

$$=1280.84(kg/h)$$

单位蒸汽消耗量为 $e=\frac{1280.84}{1333.33}=0.96$

由以上计算结果可知，原料液的温度越高，蒸发1kg水分所消耗的加热蒸汽量越少。

7.1.2 多效蒸发

由前述可知，蒸发溶液中的大量水分，就要消耗大量的加热蒸汽。为了节省蒸汽的用量，大规模的工业生产过程中多采用多效蒸发。即将第一个蒸发器汽化的二次蒸汽作为加热介质通入第二个蒸发器的加热室，再将第二个蒸发器的二次蒸汽通入第三个蒸发器的加热室作为热源，按此原则依次串接多个蒸发器，就构成多效蒸发。每一个蒸发器称为一效，通入新鲜加热蒸汽的蒸发器称为第一效，后面的蒸发器依次称为第二效、第三效……。可以看出，采用多效蒸发，由于各效（末效除外）的二次蒸汽都作为下一效蒸发器的加热蒸汽，故提高了生蒸汽的利用率，提高了经济效益。

在多效蒸发中，各效的压力、加热蒸汽的温度及溶液的沸点依次降低。只有当提供的生蒸汽的压力较高或末效采用真空操作的条件时，多效蒸发逆流才是可行的。

按照加料方式的不同，多效蒸发有并流、逆流、平流三种常见的流程。

7.1.2.1 并流（顺流）加料

并流加料是工业上最常用见的加料方法，其流程如图7-3所示，溶液与蒸汽的流动方向相同，均由第一效顺序流至末效。

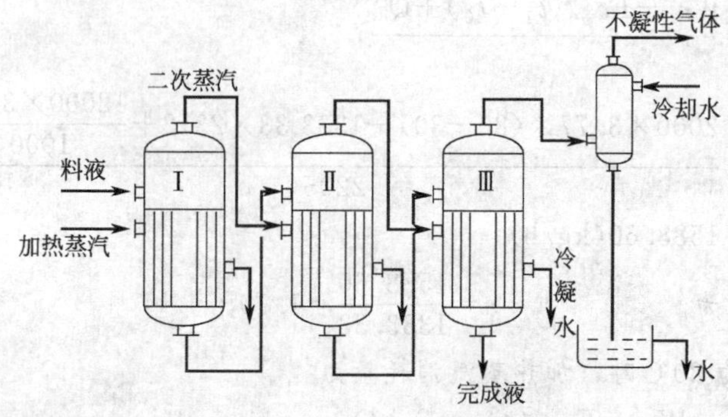

图7-3 并流加料三效蒸发流程

并流法的优点是：各效的压力依次降低，故可利用效间的压差输送料液而无需用泵；此外，各效溶液的沸点依次降低，当前一效溶液流入后一效时，会因过热而发生自蒸发（也称为闪蒸），因而可以产生更多的二次蒸汽。

并流法的缺点是：溶液的浓度沿流动方向不断提高，而温度却不断下降，使溶液的黏度逐渐增加，从而导致蒸发器的传热系数逐渐下降。因此，对于溶液的黏度随浓度的增加而迅速增大的料液不宜采用并流法。

7.1.2.2　逆流加料

逆流加料的流程如图 7-4 所示，溶液的流向与蒸汽的流向相反，即加热蒸汽由第一效进入，顺序流至末效；而原料液由末效进入，用泵依次输送至前一效，最后完成液由第一效排出。

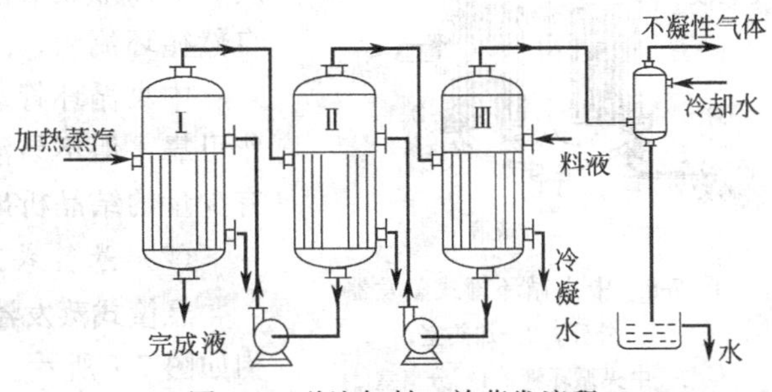

图 7-4　逆流加料三效蒸发流程

采用逆流法，溶液的浓度和温度均沿着流动方向逐渐升高，因此各效溶液的黏度较为接近，使各效的传热系数也大致相同；逆流法的缺点是溶液在效间的输送必须用泵，故能量消耗大。此外，各效（末效除外）的进料温度均低于沸点，与并流法相比，所产生的二次蒸汽量较少。逆流加料法适于处理黏度随温度和浓度变化较大的溶液，但不宜处理热敏性物料。

7.1.2.3　平流加料

平流加料的流程如图 7-5 所示。是指原料液平行加入各效，完成液亦分别自各效排出，而蒸汽的流向仍由第一效流向末效。此种流程适合处理蒸发过程中有结晶析出的溶液。例如某些无机盐溶液的蒸发，由于过程中析出结晶而不便于在效间输送，可采用此法将含有晶体的浓溶液自各效分别引出。

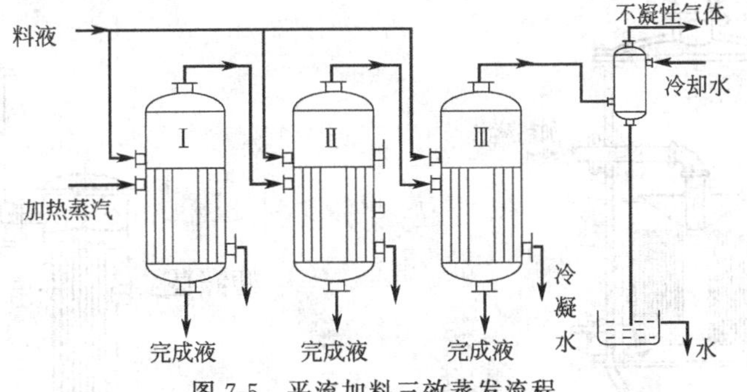

图 7-5　平流加料三效蒸发流程

7.1.3　蒸发器

蒸发器主要由加热室和分离室两部分组成。根据溶液在加热室内的流动情况，可将蒸发器分为循环型和单程型两类。

7.1.3.1　循环型蒸发器

这类蒸发器的特点是溶液在重力场下，依靠自身密度差或借助外加动力的作用在蒸发器内做循环流动，具体可分为自然循环和强制循环两种类型。

(1) 中央循环管式蒸发器

中央循环管式蒸发器又称标准式蒸发器，在工业上的应用较为广泛。其结构如图 7-6 所示。蒸发器的加热室由垂直管束构成，管束中央有一根直径较大的管子，称为中央循环管，其截面积一般为管束总截面积的 40%～100%。当加热蒸汽在管间冷凝放热时，由于加热管束内单位体积溶液的受热面积远大于中央循环管内溶液的受热面积，所以管束内的气液混合物中含汽率较高，使管束内的溶液密度小于中央循环管内溶液的密度。从而形成溶液在管束内向上，在中央循环管内向下的自然循环流动。

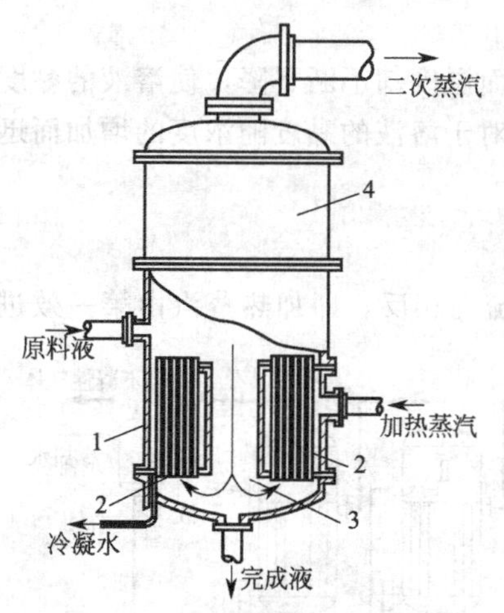

图 7-6　中央循环管式蒸发器
1—外壳；2—加热室；
3—中央循环管；4—分离室

中央循环管蒸发器的结构简单、紧凑，制造方便，操作可靠，但不易清洗和维修。它适用于蒸发结垢不严重，有少量的结晶析出及腐蚀性不大的溶液。

(2) 悬筐式蒸发器

悬筐式蒸发器是中央循环管式蒸发器的改进版，其结构如图 7-7 所示。加热室像个篮筐，悬挂在蒸发器壳体的下部。溶液沿加热管束上升，而后沿加热室外壁与蒸发器壳体间的环隙向下流动而形成循环。这种蒸发器的加热室可由顶部取出进行检修或更换，且热损失较小，但结构复杂，单位传热面积的金属消耗较多。适用于蒸发易结晶、易结垢的溶液。

(3) 外热式蒸发器

外热式蒸发器的结构如图 7-8 所示。其主要特点是把加热器与分离室分开安装，这样不仅易于清洗、更换，同时还降低了蒸发器的总高度。这种蒸发器的加热管较长，且循环管又不被加热，故溶液的循环速度较大，既有利于提高传热系数，也有利于减轻结垢。

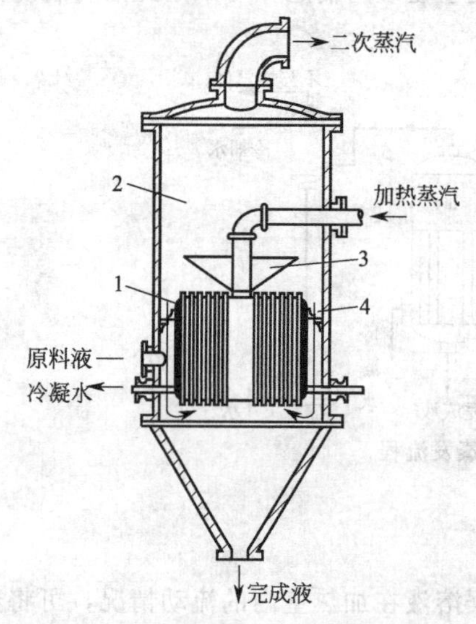

图 7-7　悬筐式蒸发器
1—加热室；2—分离室；3—除沫器；4—循环通道

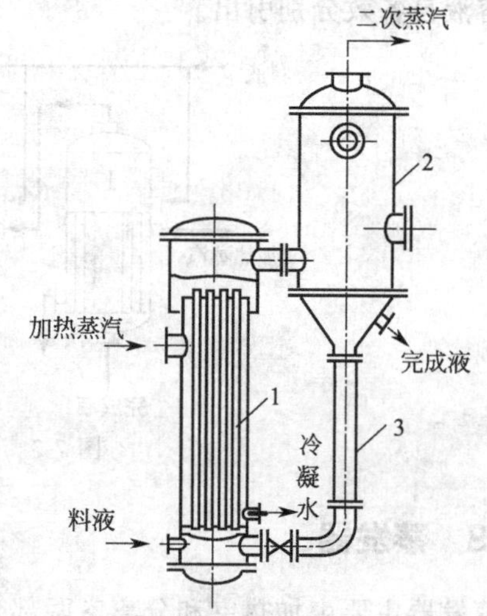

图 7-8　外热式蒸发器
1—加热室；2—分离室；3—循环管

(4) 强制循环式蒸发器

上述几种蒸发器均为自然循环型蒸发器，其循环动力有限，导致溶液循环速度较低。为提高循环速度，可采用如图 7-9 所示的强制循环式蒸发器。这种蒸发器内的溶液用泵进行强制循环，循环速度可达 2～5m/s。其优点是传热系数大，适合蒸发黏度较大、易结垢、易结晶的溶液；缺点是动力消耗较大。

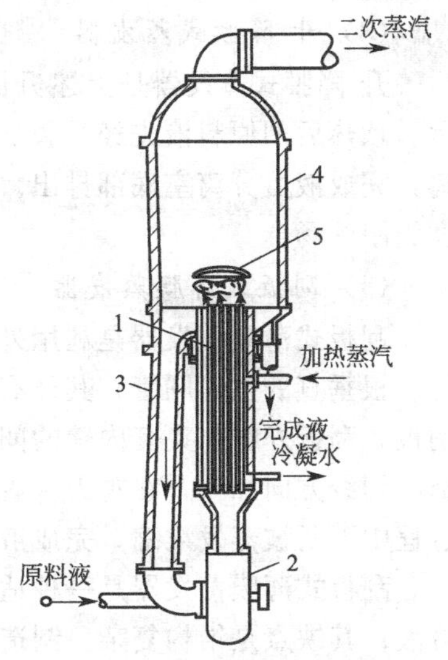

图 7-9 强制循环式蒸发器

1—加热管；2—循环泵；3—循环管；4—分离室；5—除沫器

7.1.3.2 单程型蒸发器

单程型蒸发器中，溶液在加热室管壁上呈膜状流动，只通过加热室一次，不做循环流动即成为完成液排出。这类蒸发器传热效率高，蒸发速度快，溶液受热时间短，因此特别适用于热敏性物料的蒸发。根据物料在加热室内流动方向的不同，单程型蒸发器可分为以下几种类型。

(1) 升膜式蒸发器

升膜式蒸发器的结构如图 7-10 所示，其加热室由一根或数根垂直长管组成。原料液预热后由加热室底部进入，在加热管内受热沸腾后迅速汽化，生成的蒸汽在管内高速上升，带动料液沿管壁呈膜状向上流动，沿程不断蒸发汽化，气液混合物进入分离室后分离，完成液由分离室底部排出，二次蒸汽由顶部导出。

升膜式蒸发器适合处理蒸发量大，热敏性或易发泡的溶液，不适于蒸发高黏度、有晶体析出或易结垢的溶液。

(2) 降膜式蒸发器

蒸发浓度较高、黏度较大的溶液，可采用如图 7-11 所示的降膜式蒸发器。原料液由加热室顶部加入，经液体分布器分布后，在重力作用下沿管壁呈膜状向下流动，同时蒸发增浓，气液混合物由加热管底部排出，进入分离室分离，完成液由分离室底部排出。

降膜式蒸发器形成均匀液膜较困难，因此不适于处理易结晶和易结垢的溶液。

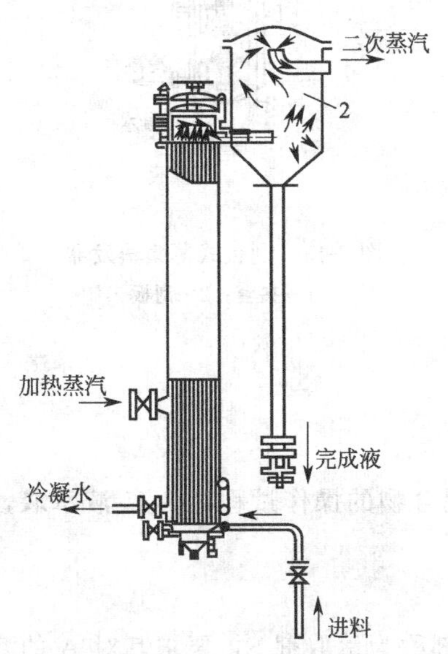

图 7-10 升膜式蒸发器

1—蒸发器；2—分离器

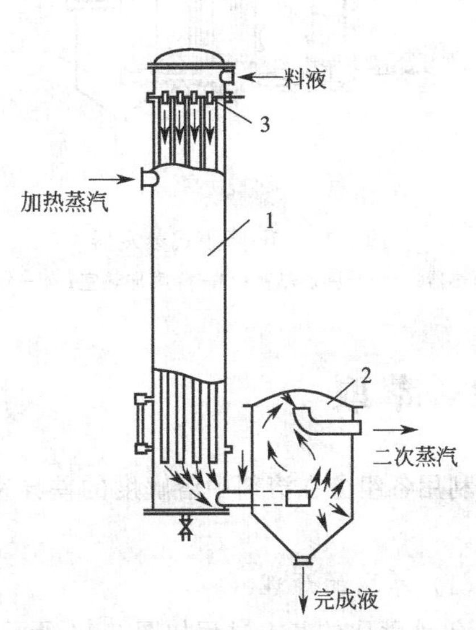

图 7-11 降膜式蒸发器

1—蒸发器；2—分离器；3—液体分布器

(3) 升-降膜式蒸发器

升-降膜式蒸发器是上述升膜式蒸发器与降膜式蒸发器的结合体，其结构如图 7-12 所示。预热后的原料液先经升膜加热室上升，再沿降膜加热室下降，气液混合物进入分离室分离，完成液由分离室底部排出。这类蒸发器多用于蒸发过程中黏度变化较大的溶液或厂房高度受限的场合。

(4) 刮板式薄膜蒸发器

刮板式薄膜蒸发器是利用外加动力成膜的单程蒸发器，其结构如图 7-13 所示，加热管是一根垂直的空心圆管，其外有夹套，内通加热蒸汽；圆管中心装有立式旋转轴，轴上装有刮板，刮板外缘与夹套内壁的间隙很小，通常为 0.5～1.5mm。原料液经预热后由蒸发器上部沿切线方向加入，在重力和旋转刮板的作用下，在内壁形成旋转下降的薄膜，溶液在下降过程中不断被蒸发浓缩，完成液由底部排出，二次蒸汽由顶部逸出。

刮板式薄膜蒸发器是一种适应性很强的新型蒸发器，可适用于高黏度和易结晶、结垢的溶液；其缺点是结构复杂，制造要求高，传热面积不大，且动力消耗大。

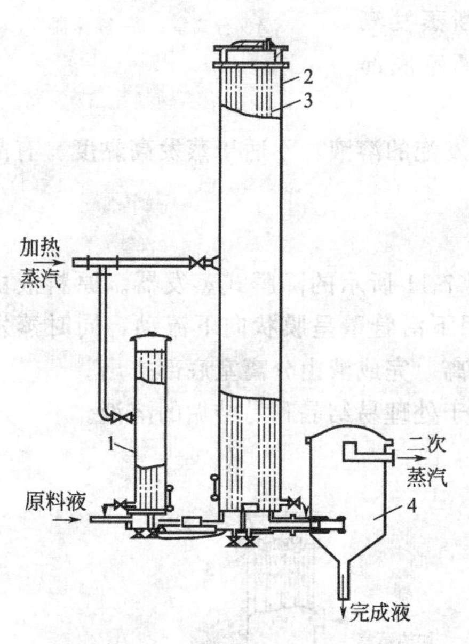

图 7-12　升-降膜式蒸发器

1—预热器；2—升膜加热室；3—降膜加热室；4—分离室

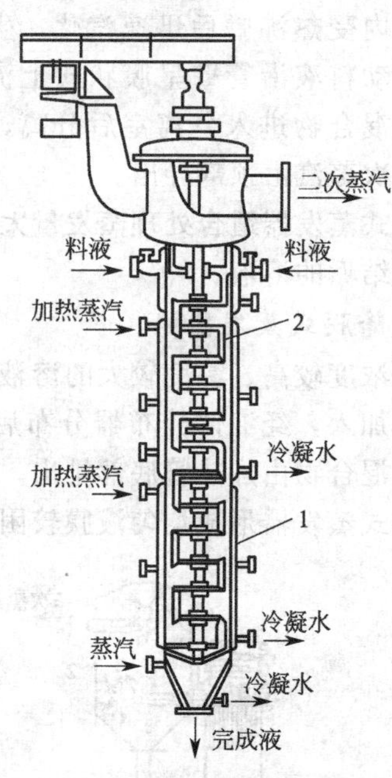

图 7-13　刮板式薄膜蒸发器

1—夹套；2—刮板

7.2　萃取

利用各组分在溶剂中溶解度的差异来分离液体混合物的操作过程称为液-液萃取，简称萃取。

(1) 萃取的原理

液-液萃取的基本过程如图 7-14 所示，选用的溶剂称为萃取剂 S，要求其对 A 的溶解能力要大，而与 B 的相互溶解度则愈小愈好；原料液中易溶于萃取剂的组分，称为溶质 A；难溶于萃取剂的组分称为原溶剂 B。萃取时，先将萃取剂加入要分离的液体混合物中，采取措施使原料液与萃取剂在混合器中保持密切接触，溶质 A 将通过相界面由原料液向萃取剂中扩散；在充分接触、传质之后，两液相在分层器中沉降两层，一层以萃取剂 S 为主，并溶有较多的溶质，称为萃取相 E；另一层以原溶剂 B 为主，还含有未被萃取完的部分溶质，称为萃余相 R。若萃取剂 S 和 B 部分互溶，则萃取相中还含有 B，萃余相中亦含有 S。萃取相和萃余相均是液体混合物，为得到产品 A 并回收萃取剂 S，还需对其进行分离，通常采用蒸馏；当溶质很难挥发时，也可采用蒸发。

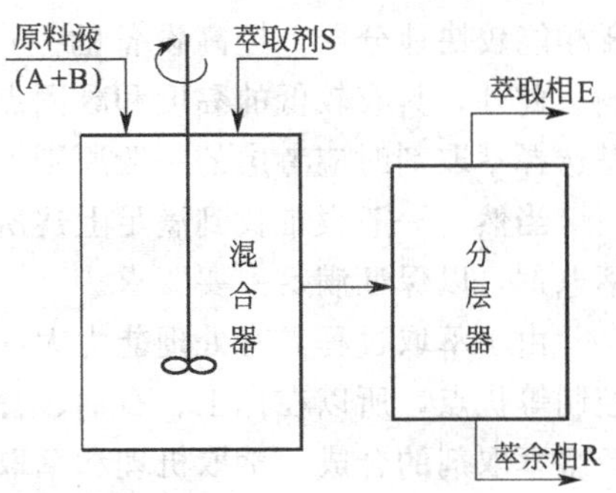

图 7-14　液-液萃取过程原理图

(2) 萃取操作的工业应用

由萃取的操作原理可知，萃取过程本身并不能直接完成分离任务，只是将一个难分离的混合物转变为两个易分离的混合物。对于一种液体混合物，是直接采用蒸馏方法分离还是采用萃取作为过渡来分离，主要取决于技术上的可行性和经济上的合理性。工业上，一般在下列情况下采用萃取操作更有利。

① 原料液中各组分间的相对挥发度接近于 1 或形成恒沸物，若采用蒸馏方法则不能分离或很不经济。

② 原料液中需要分离的组分含量很低并且是难挥发组分，采用蒸馏方法耗热很多。

③ 原料液中需要分离的组分是热敏性物质，蒸馏时易于分解、聚合或发生其他变化。

(3) 萃取剂的选择

选择合适的萃取剂是保证萃取操作分离效果和经济性的关键。选取萃取剂时应考虑以下因素。

① 萃取剂的选择性和选择性系数　萃取剂的选择性是指萃取剂 S 对原料液中两个组分溶解能力的差异。若 S 对溶质 A 的溶解能力比对原溶剂 B 的溶解能力大得多，那么这种萃取剂的选择性就好。萃取剂的选择性可用选择性系数 β 表示：

$$\beta=\frac{\text{A 在萃取相中的质量分数}}{\text{B 在萃取相中的质量分数}}\Bigg/\frac{\text{A 在萃余相中的质量分数}}{\text{B 在萃余相中的质量分数}} \tag{7-9}$$

由 β 值的大小可判断所选择萃取剂是否适宜和分离的难易程度。若 $\beta>1$，说明组分 A 在萃取相中的相对含量比萃余相中的高，即组分 A、B 得到了一定程度的分离。显然 β 值越大，组分 A、B 的分离就越容易，相应的萃取剂的选择性也就越高。当组分 A、B 完全不互溶时，则选择性系数趋于无穷大，这是理想情况。若 $\beta=1$，则由上式可知，萃取相和萃余相脱除萃取剂 S 后将具有相同的组成，并且等于原料液的组成，说明组分 A、B 不能用此萃取剂分离。

② 萃取剂 S 与溶剂 B 的互溶度　萃取剂 S 与溶剂 B 的互溶度越小，则可能得到的萃取液的最高组成越大，越易分离。所以选择与 B 互溶度小的萃取剂更有利于萃取分离。

③ 萃取剂回收的难易与经济性　脱除萃取剂通常采用蒸馏方法。萃取剂回收的难易很大程度上决定了萃取过程的经济性。因此，要求萃取剂 S 与原料液中组分的相对挥发度要大，不应形成恒沸物，并且最好含量低的组分为易挥发组分。若被萃取的溶质不挥发或挥发度很低，而 S 为易挥发组分时，则 S 的汽化潜热要小，以节省能耗。

④ 萃取剂的其他物化性质　要求萃取剂与被分离混合液有较大的密度差，以使 E 相与

R 相能较快地分层，提高设备的生产能力。同时，两相间的界面张力对萃取效果有重要影响。此外，具有较低的黏度和凝固点、良好的化学稳定性和热稳定性、对设备腐蚀性小等都是选择萃取剂时应考虑的一般原则。

当然，一般很难找到满足上述所有要求的萃取剂。要根据实际情况进行权衡，合理选用萃取剂，以保证满足主要要求。

由于萃取过程具有处理能力大、选择性好、操作温度低、能耗低、易于连续操作和自动控制等优点，所以在化工、石油、食品、生物制药、核工业等行业得到广泛应用。随着一些新型萃取剂的合成、萃取机理和萃取规律的研究日益深入，萃取正成为分离混合物操作中很有发展前景的单元操作之一。

7.2.1 萃取流程

萃取操作可分为分级接触式和连续接触式两类。分级式接触萃取流程又有单级、多级错流、多级逆流之分。无论单级还是多级萃取操作，均假设各级为理论板，即离开各级的 E 相和 R 相互为平衡。一个实际萃取级的分离能力达不到一个理论级，两者的差异用级效率校正。级效率一般针对具体设备通过实验测定。

7.2.1.1 单级萃取流程

单级萃取是萃取中最简单、最基本的操作方式，可间歇也可连续操作，其流程如图7-15所示。将原料液与萃取剂一起加到混合器中，借助搅拌，使其充分混合接触，经过一段时间的萃取后，将混合液送入分层器中，经静置分离为萃取相 E 和萃余相 R 两层，再将萃取相和萃余相分别送入脱溶剂设备以回收萃取剂，得到萃取液 E′和萃余液 R′，回收的萃取剂可循环使用。

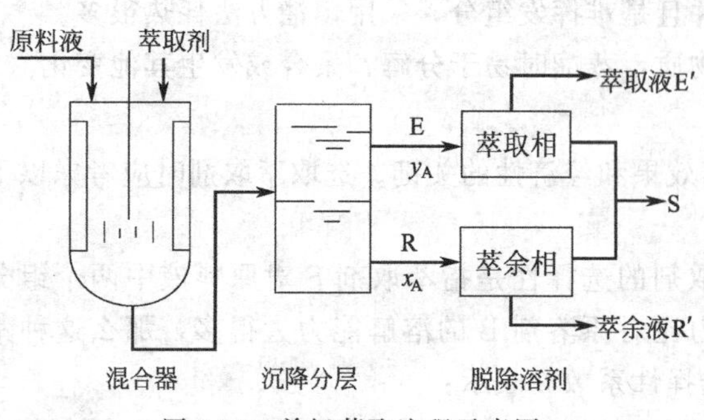

图 7-15 单级萃取流程示意图

7.2.1.2 多级错流萃取流程

在萃取操作中，为了进一步降低萃余相中溶质的浓度，可将单级萃取所获得的萃余相再次加入新鲜溶剂进行萃取，像这样重复的单级萃取操作即成为多级错流萃取，如图 7-16 所示。图中每一个圆圈代表一级，每一级包括混合器和分层器。每一级都加入新鲜萃取剂，而原料液从第 1 级进入，被萃取后得到的萃余相依次通过各级并被各级的新鲜萃取剂萃取，如此反复多次萃取，只要级数足够多，最终就可得到溶质组成低于指定值的萃余相。从最末级引出的萃余相 R_n 送入溶剂回收装置脱除 S，得到萃余液 R′；各级得到的萃取相 E_1、E_2、…、E_n 分别排出汇集在一起送入溶剂回收装置脱除 S，得到萃取液 E′，所回收的萃取剂返回系统循环使用。

多级错流萃取流程中，由于各级均加入新鲜萃取剂，所以萃取效果较好；但萃取剂用量大，溶剂回收费用高，所以在工业生产中的应用受到限制。

7.2.1.3 多级逆流萃取流程

在生产中，为了用较少的萃取剂达到较高的萃取率，常采用多级逆流萃取，如图 7-17 所示。原料液从第 1 级进入系统，依次通过各级萃取，得到各级的萃余相，其溶质组成逐级下降，最后从第 n 级流出；萃取剂则从第 n 级进入系统，依次通过各级与萃余相逆向接触，

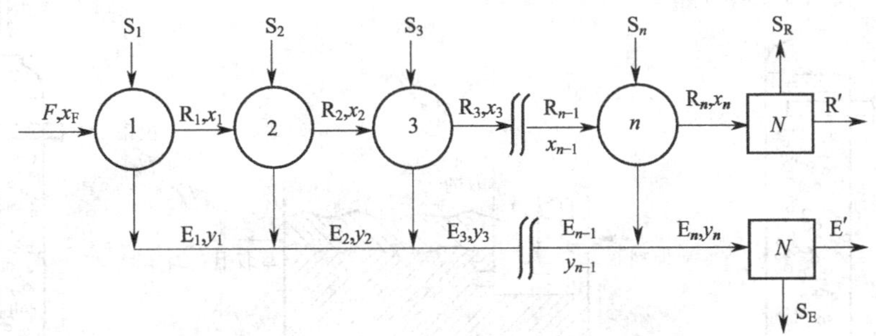

图 7-16 多级错流萃取流程示意图

进行多次萃取，其溶质组成逐级提高，最后从第1级流出。最终的萃余相与萃取相分别送入溶剂回收装置脱除S，得到萃取液和萃余液，脱除的萃取剂返回系统循环使用。

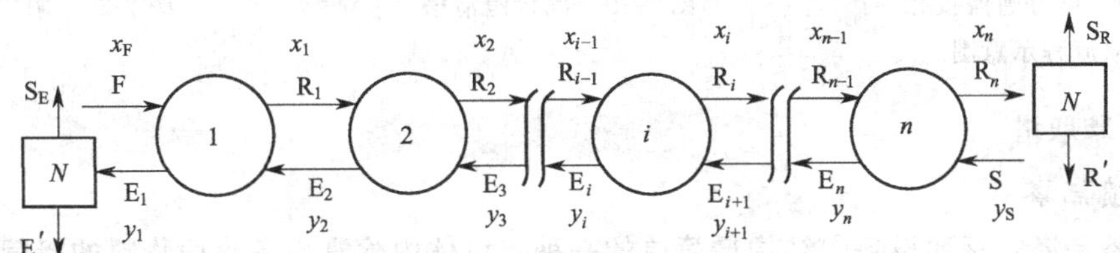

图 7-17 多级逆流萃取流程示意图

7.2.1.4 微分逆流接触萃取流程

微分逆流接触萃取通常在塔式设备中进行，如图7-18所示。原料液为重相，自塔顶加入，从上而下流动，作为连续相充满塔内有效空间；萃取剂为轻相，自塔底进入，自下而上流动，以液滴形式分散于连续相内，从而使两相充分接触进行传质，两相组成沿着塔高连续变化。萃取结束，两相分别在塔顶、塔底分离，萃取相从塔顶流出，萃余相从塔底流出。

7.2.2 萃取设备

根据两相接触方式的不同，萃取设备可分为逐级接触式和微分接触式两类；根据外界是否输入机械能，萃取设备又可分为有外加能量和无外加能量两类。

目前，工业上使用的萃取设备种类很多，下面介绍一些典型设备。

7.2.2.1 混合澄清槽

混合澄清槽是使用最早、并且目前仍广泛应用于工业生产的一种典型的逐级接触式萃取设备。它可单级操作，也可多级组合操作。

典型的单级混合澄清槽如图7-19所示，它由混合器及澄清器两部分组成，该混合器内装有搅拌器。被处理的原料液及萃取剂同时加入混合器内，经搅拌后充分混合，流入澄清器，进行沉降分层，形成萃取相和萃余相，分别由其出口排出。若为了进一步提高分离程度，可将多个混合澄清槽按错流或逆流的流程组合成多级萃取设备，所需级数多少随工艺的分离要求而定。

混合澄清槽具有处理量大、传质效率高，设备结构简单、操作方便，易实现多级连续操作等优点；缺点是：设备水平排列，占地面积大；每级内都设有搅拌装置，级间需要物料输送装置，使设备费及操作费用较高。

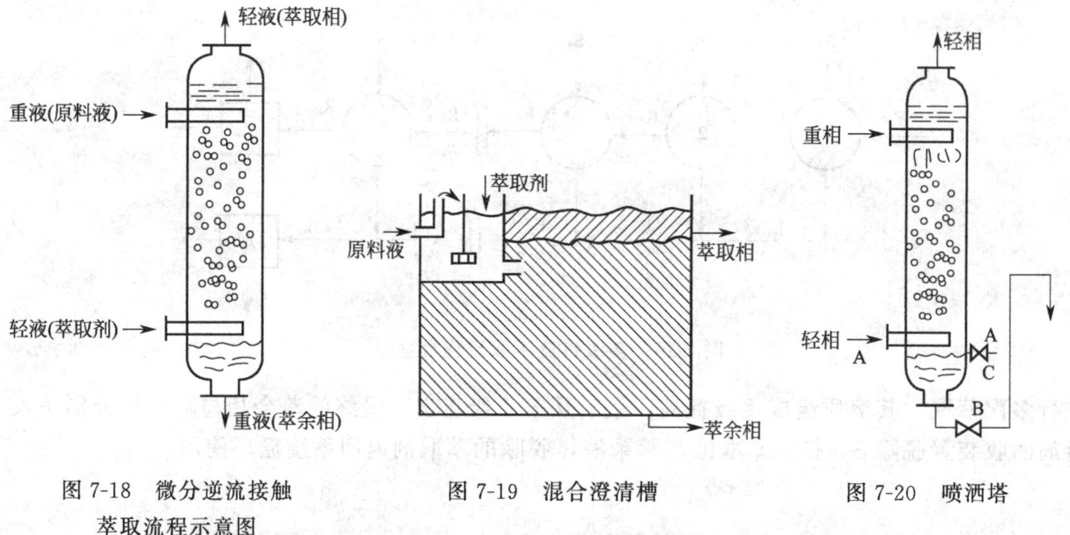

图 7-18　微分逆流接触萃取流程示意图

图 7-19　混合澄清槽

图 7-20　喷洒塔

7.2.2.2　萃取塔

(1) 喷洒塔

喷洒塔是塔式萃取设备中结构最简单的一种，塔体内除进出各流股物料的接管和分散装置外，无其他内部构件，如图 7-20 所示。

操作时，轻、重两相分别从塔的底部和顶部进入，并在密度差作用下呈逆流流动。其中一相作为连续相充满塔内空间，另一相以液滴形式分散于连续相，从而使两相接触传质。塔体两端各有一个澄清室供两相分离。

喷洒塔的缺点是轴向返混严重、传质效率低，只适用于仅需一两个理论级的场合，如水洗、中和或处理含有固体的物系。

(2) 填料萃取塔

填料萃取塔的结构与气液传质过程所用的填料塔结构基本相同，塔内支承板上填充有一定高度的填料，如图 7-21 所示。操作时，轻、重两相分别由塔底和塔顶进入，再由塔顶和塔底排出。连续相充满整个塔，分散相由分布器分散成液滴进入填料层，在与连续相逆流接触的过程中进行传质。填料层的作用是增加相际接触面积，减少轴向返混。

填料萃取塔的优点是结构简单，操作方便，适合处理腐蚀性料液。一般用于所需少于三个理论级的场合。

(3) 筛板萃取塔

筛板萃取塔如图 7-22 所示，塔内装有若干层筛板，筛板的孔径一般为 3～9mm。

筛板萃取塔是逐级接触式萃取设备，依靠两相的密度差，在重力的作用下，两相进行分散和逆向流动。若以轻相为分散相，则轻相从塔下部进入。轻相穿过筛板分散成细小的液滴进入筛板上的连续相——重相层，密切接触后，轻相液滴凝聚于上层筛板的下侧，实现轻重两相的分离，并进行轻相的自身混合，然后轻相再次穿过筛板而分散。这样分散、凝聚交替进行，直至塔顶澄清、分层、排出。而重相进入塔内，则横向流过塔板，在筛板上与分散相液体接触和萃取后，由降液管流至下一层筛板。这样重复以上过程，直至塔底与轻相分离排出。筛板萃取塔由于塔板的限制，减小了轴向返混，同时具有结构简单、传质效率高、造价低、可处理腐蚀性料液等优点，因而得到广泛应用。

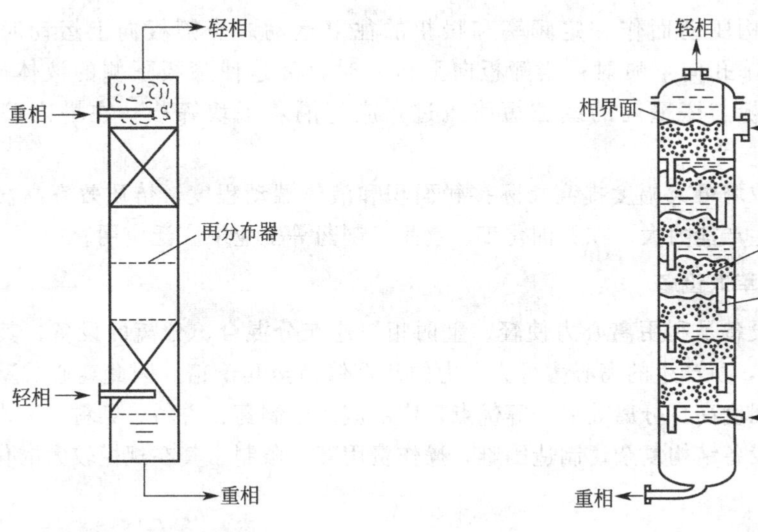

图 7-21　填料萃取塔　　图 7-22　筛板萃取塔（轻相为分散相）

(4) 脉冲筛板塔

脉冲筛板塔是指在外力作用下，液体在塔内产生脉冲运动的筛板塔。其结构与气液传质设备中无降液管的筛板塔类似，如图 7-23 所示。塔两端直径较大部分为上澄清段和下澄清段，中间为两相传质段，其中装有若干层具有小孔的筛板，板间距较小，一般为 50mm，在塔的下澄清段装有脉冲管。操作时，由脉冲发生器提供的脉冲使塔内液体做上下往复运动，迫使液体经过筛板上的小孔，使分散相破碎成较小的液滴分散在连续相中，并形成强烈的湍动，从而促进传质过程的进行。

脉冲筛板塔结构简单，传质效率高，适于处理腐蚀性或含有悬浮固体的料液，但生产能力较小，在化工生产中的应用受到一定限制。

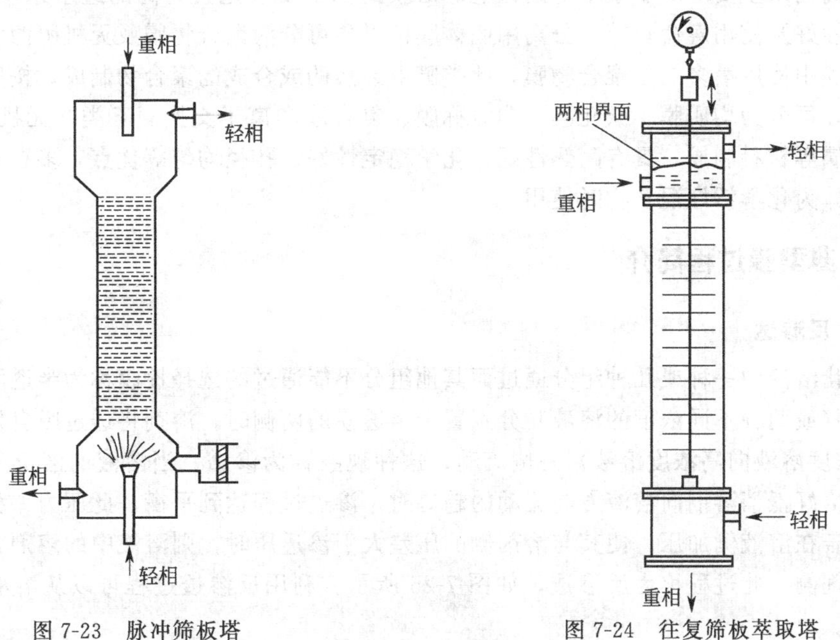

图 7-23　脉冲筛板塔　　图 7-24　往复筛板萃取塔

(5) 往复筛板萃取塔

往复筛板萃取塔的结构如图 7-24 所示，将若干层筛板按一定间距固定在中心轴上，由塔顶的传动机构驱动而作一定频率和振幅的往复运动。当筛板向上运动时，迫使筛板上侧的液体经筛孔向下喷射；当筛板向下运动时，又迫使筛板下侧的液体向上喷射。为防止液体沿筛板与塔壁间的缝隙短路流过，应每隔若干块筛板，在塔内壁设置一块环形挡板。

往复筛板萃取塔可大幅度提高相际接触面积和液体湍动程度，传质效率高，流动阻力小，操作方便，生产能力大，在石油化工、食品、制药等工业中广泛应用。

7.2.2.3 离心式萃取设备

离心式萃取设备是利用离心力使轻、重两相快速充分混合、分离的设备，其转速可达2000～5000r/min，所产生的离心力可为重力的几百倍乃至几千倍。因此离心式萃取设备具有体积小、生产强度高、分离效果好等优点，广泛应用于制药、香料、染料、废水处理等行业。但由于此类设备结构复杂，制造困难，操作费用高，限制了其在规模较大的化工生产中的使用。

7.3 膜分离

膜分离是利用选择性透过膜来实现流体混合物中组分分离的过程。膜分离是近年来发展起来的新的分离技术，已广泛应用于生物工程、食品、医药、化工、水处理等个各个领域。

膜分离过程的推动力是膜两侧的压力差、浓度差或电位差等。其中以压力差为推动力的膜过程目前应用最广、历史最悠久，包括微滤、超滤和反渗透等；以浓度差为推动力的膜分离过程包括渗析、气体膜分离和渗透蒸发等；以电位差为推动力的膜分离过程成为电渗析，用于溶液中带电粒子的分离。

膜分离效果主要取决于膜本身的性能。对膜的基本要求是具有高的透水速率和选择性，化学稳定性好及使用寿命长等。分离用固体膜按材质可分为聚合物膜及无机膜两大类。目前在分离用膜中使用最多的是聚合物膜，此类膜由天然的或合成的聚合物制成，按照其结构与作用特点，可分为均质膜、微孔膜、非对称膜、复合膜和离子交换膜五类。无机膜由陶瓷、玻璃、金属等材料制成，具有耐热性好、化学稳定性好、孔径均匀等优点，多在较高温度下或原料流体为化学活性混合物时使用。

7.3.1 典型膜过程简介

7.3.1.1 反渗透

能够让溶液中一种或几种组分通过而其他组分不能通过的选择性膜称为半透膜。当把溶剂和溶液（或两种不同浓度的溶液）分别置于半透膜的两侧时，溶剂将透过膜自发地向溶液（或从低浓度溶液向高浓度溶液）一侧流动，这种现象称为渗透。当溶液的液位升高到所产生的压差恰好抵消溶剂向溶液方向流动的趋势时，渗透过程达到平衡，此压力差称为溶液的渗透压。若在溶液侧加压，使其与溶剂侧的压差大于渗透压时，则溶液中的溶剂将通过膜反向流入溶剂侧，此过程称为反渗透，如图 7-25 所示。利用反渗透过程可以从溶液中部分分离出溶剂。

反渗透过程工艺简单，能耗低，操作和控制容易，目前已广泛应用于医药、化工和食品等行业中的分离、精制、浓缩等操作过程，如海水和苦咸水的淡化，纯水和超纯水制备，废水处理等。

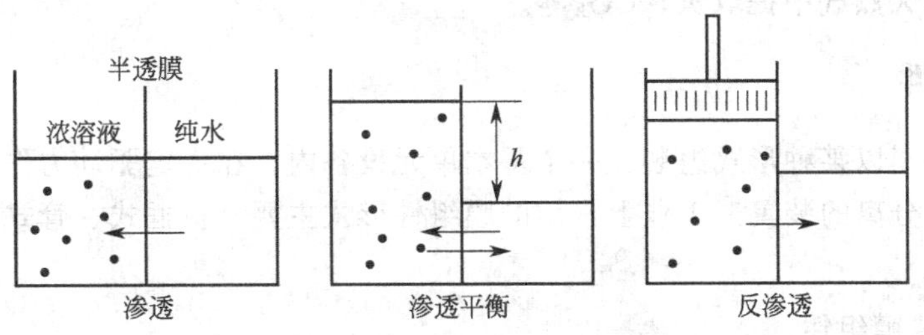

图 7-25　渗透与反渗透示意图

7.3.1.2　超滤

超滤是以压差为推动力，用固体多孔膜截留混合物中的微粒和大分子溶质而使溶剂通过膜的分离过程。

超滤的分离机理主要是膜表面的筛分作用，而膜表面及微孔内的吸附和滞留也起到截留大分子溶质的作用。

超滤主要适用于热敏物、生物活性物等大分子物质的溶液分离与浓缩，广泛应用于食品、医药、工业废水处理、超纯水制备及生物技术工业。

7.3.1.3　电渗析

电渗析是在直流电场的作用下，利用离子交换膜的选择透过性使溶液中的阴阳离子作定向移动，从而实现溶液分离的过程。

离子交换膜有两种类型：基本上只允许阳离子通过的阳膜和只允许阴离子通过的阴膜。典型的电渗析过程如图 7-26 所示。阴、阳离子交换膜交替排列组成若干平行通道，其中放有隔网以免阴膜和阳膜接触。在外加直流电场的作用下，原料液流过通道时，阴、阳离子将各自穿过阴、阳离子交换膜分别向阳极、阴极移动，进入浓缩室，获得浓缩的电解质溶液；而淡化室内的离子浓度下降，得到相对较稀的电解质溶液。

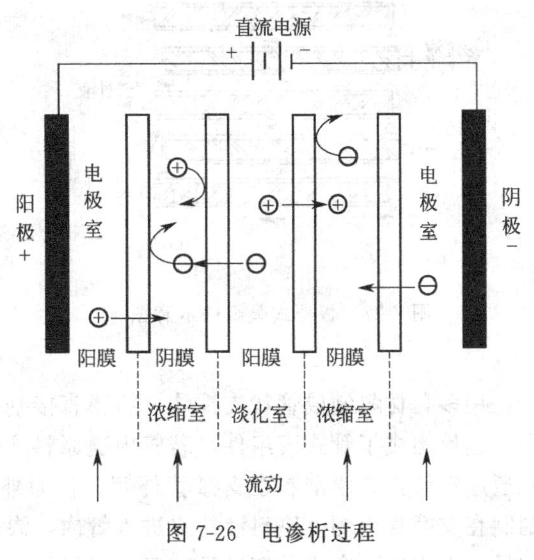

图 7-26　电渗析过程

目前电渗析技术已发展成为大规模的化工单元过程，广泛应用于苦咸水脱盐，随着性能更为优良的新型离子交换膜的出现，电渗析在食品、医药和化工领域的应用前景广阔。

7.3.1.4　气体膜分离

气体膜分离是在膜两侧压差的作用下，利用气体混合物中各组分在膜中渗透速率的差异而实现组分分离的过程。渗透速率快的气体在渗透侧富集，渗透速率慢的气体在原料侧富集。

分离膜多采用均质膜，有时也用微孔膜。均质膜的分离机理是各组分在膜中溶解度和扩散系数的差异。

气体膜分离技术在工业上的主要应用有：从工业气体中回收氢，分离空气得到富氧空气和富氮空气，从天然气中提取氦、CO_2等。

7.3.2 膜组件

膜组件是将膜以某种形式组装在一个基本单元设备内，在一定驱动力作用下，可以完成混合物中各组分分离的装置。工业上常用的膜组件形式主要有板框式、管式、螺旋卷式、中空纤维式四类。

7.3.2.1 板框式膜组件

板框式膜组件又称平板式膜组件，其结构如图 7-27 所示。在分离器内放置多层多孔支撑板，板两侧覆以固体膜，原料液进入容器后沿膜表面逐层横向流过，穿过膜的透过液在多孔板内流动并从板端的出口流出，浓缩液流经多层板膜表面后流出容器。

板框式膜组件用途广泛，其料液流通截面大，不易堵塞，组装方便，膜易于清洗、更换；缺点是安装、密封要求高。

7.3.2.2 管式膜组件

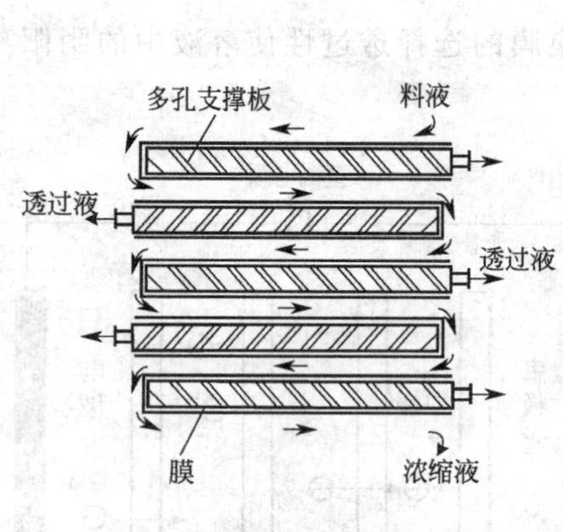

图 7-27　板框式膜组件示意图

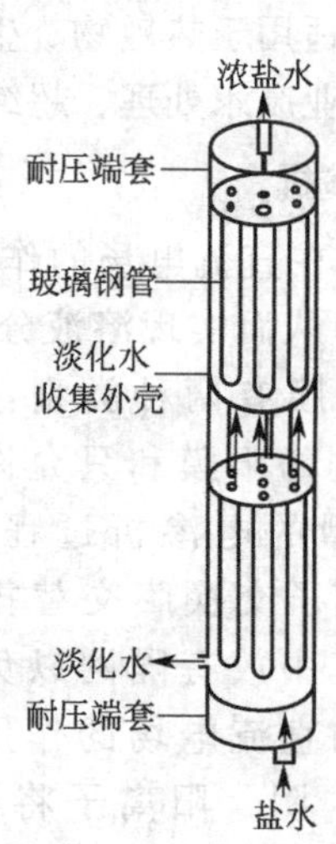

图 7-28　内压管束式膜组件示意图

用多孔材料制成管状支撑体，将膜直接刮制在支撑管的内侧或外侧，并将数根膜管组装在一起就构成了管式膜组件。若管内通原料液，则膜刮制在支撑管内侧，称为内压型；若管外通原料液，则膜刮制在支撑管外侧，称为外压型。图 7-28 所示为内压管束式膜组件，膜刮制在支撑管内侧，原料液盐水进入管内，渗透液经膜后通过支撑管集中排出，浓缩液从管的另一端排出，完成分离过程。管式膜组件具有结构简单，流动状态好、易清洗的特点，但装填密度较小。

7.3.2.3 螺旋卷式膜组件

螺旋卷式膜组件的结构如图 7-29 所示。它由中间为多孔支撑板、两侧是膜的“膜袋”装配而成。膜袋的三个边密封，另一个开放边与一根多孔中心管相连接。在膜袋外部再衬一层网状间隔材料（隔网），绕中心管紧密地卷成柱状，再装进圆柱形压力容器内。原料液进入组件后，沿隔网流动，穿过膜的透过液在多孔支撑板内流动，并至中心管汇集流出。螺旋卷式膜组件结构紧凑、装填密度高；缺点是制作成本高，膜清洗困难。

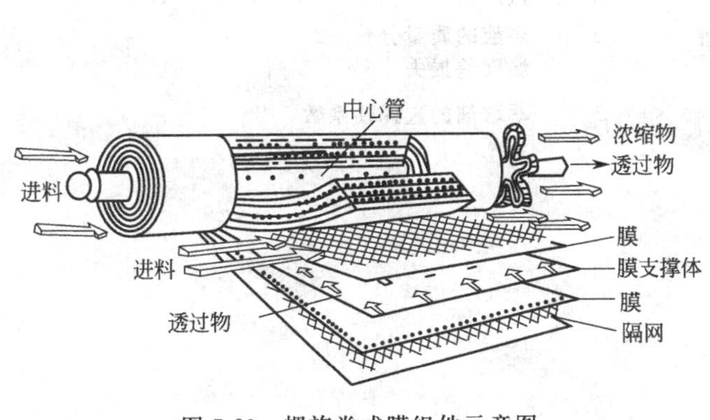

图 7-29　螺旋卷式膜组件示意图

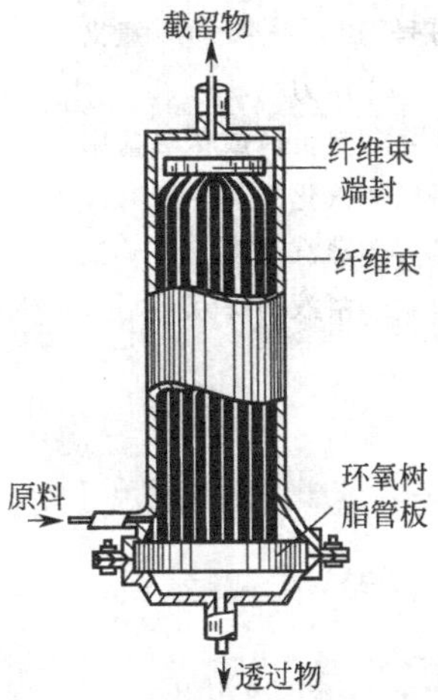

截留物
纤维束
端封
纤维束
环氧树
脂管板
原料
透过物

图 7-30　中空纤维式膜组件示意图

7.3.2.4　中空纤维式膜组件

将膜材料制成极细的中空纤维，将数量为几十万根的中空纤维束一端封死，一端用环氧树脂浇注成管板，再装入圆筒型压力容器内，就构成了中空纤维式膜组件，如图 7-30 所示。原料液在中空纤维膜外侧流过，穿过纤维膜的透过液从纤维中空腔流出，浓缩液则在容器的另一端排出。

中空纤维膜组件结构紧凑、装填密度高，不需外加支撑材料；但膜易堵塞，清洗困难。

习题

1. 蒸发过程与传热过程的主要异同点有哪些？
2. 多效蒸发的优缺点有哪些？
3. 比较分析多效蒸发的流程及适用场合。
4. 比较循环型与单程型蒸发器的操作特点及适用场合。
5. 萃取操作的基本原理是什么？
6. 液体混合物采用蒸馏方法还是采用萃取方法分离是由哪些因素决定的？
7. 选择萃取溶剂时应考虑哪些因素？
8. 何为选择性系数 β？$\beta=1$ 和 $\beta=\infty$ 分别意味着什么？
9. 什么是膜分离？有哪些常用的膜分离过程？
10. 工业上常用的膜组件有哪些类型？各有什么特点？

本章主要符号说明

符号	意义	单位	符号	意义	单位
A	传热面积	m^2	F	原料液流量	kg/h
c_p	比热容	kJ/(kg·K)	H	蒸汽的焓	kJ/kg
D	加热蒸汽消耗量	kg/h	h	液体的焓	kJ/kg
e	单位蒸汽消耗量	kg/kg	K	总传热系数	W/(m^2·℃)

符号	意义	单位	符号	意义	单位
p	压力	N/m^2	t	液体温度	℃
Q	热负荷或传热速率	kJ/h	W	蒸发量	kg/h
r	汽化潜热	kJ/kg	x	溶液的质量分数	
T	蒸汽温度	℃	Δ	温度差损失	℃
t	溶液的沸点	℃	β	萃取剂的选择性系数	

附　录

1. 单位换算表

说明：下列表格中，各单位名称上的数字标志代表所属的单位制度：①cgs 制，②SI 制，③工程制。没有标志的是制外单位。有＊号的是英制单位。

(1) 长度

① cm 厘米	②③ m 米	＊ ft 英尺	＊ in 英寸
1	10^{-2}	0.03281	0.3937
100	1	3.281	39.37
30.48	0.3048	1	12
2.54	0.0254	0.08333	1

(2) 面积

① cm^2 厘米^2	②③ m^2 米^2	＊ ft^2 英尺^2	＊ in^2 英寸^2
1	10^{-4}	0.001076	0.1550
10^4	1	10.76	1550
929.0	0.0929	1	144.0
6.452	0.0006452	0.006944	1

(3) 体积

① cm^3 厘米^3	②③ m^3 米^3	L 公升	＊ ft^3 英尺^3	＊ Imperial gal 英加仑	＊ U.S. gal 美加仑
1	10^{-6}	10^{-3}	3.531×10^{-5}	0.0002200	0.0002642
10^6	1	10^3	35.31	220.0	264.2
10^3	10^{-3}	1	0.03531	0.2200	0.2642
28320	0.02832	28.32	1	6.228	7.481
4546	0.004546	4.546	0.1605	1	1.201
3785	0.003785	3.785	0.1337	0.8327	1

(4) 质量

① g 克	② kg 千克	③ $kgf\cdot s^2/m$ 千克(力)·秒^2/米	t 吨	＊ lb 磅
1	10^{-3}	1.020×10^{-4}	10^{-6}	0.002205
1000	1	0.1020	10^{-3}	2.205
9807	9.807	1		
453.6	0.4536		4.536×10^{-4}	1

(5) 重量或力

① dyn 达因	② N 牛顿	③ kgf 千克(力)	＊ lbf 磅(力)
1	10^{-5}	1.020×10^{-6}	2.248×10^{-6}
10^5	1	0.1020	0.2248
9.807×10^5	9.807	1	2.205
4.448×10^5	4.448	0.4536	1

(6) 密度

① g/cm^3 克/厘米^3	② kg/m^3 千克/米^3	③ $kgf\cdot s^2/m^4$ 千克(力)·秒^2/米^4	＊ lb/ft^3 磅/英尺^3
1	1000	102.0	62.43
10^{-3}	1	0.1020	0.06243
0.009807	9.807	1	
0.01602	16.02		1

(7) 压力

① bar 巴 $=10^6$dyn/cm^2	② Pa=N/m^2 帕斯卡=牛顿/米^2	③ kgf/m^2=mmH$_2$O 千克(力)/米^2	atm 物理大气压	kgf/cm^2 工程大气压	mmHg(0℃) 毫米汞柱	* lbf/in^2 磅/英寸^2
1	10^5	10200	0.9869	1.020	750.0	14.5
10^{-5}	1	0.1020	9.869×10^{-6}	1.020×10^{-5}	0.007500	1.45×10^{-4}
9.807×10^{-5}	9.807	1	9.678×10^{-5}	10^{-4}	0.07355	0.001422
1.013	1.013×10^5	10330	1	1.033	760.0	14.70
0.9807	9.807×10^4	10000	0.9678	1	735.5	14.22
0.001333	133.3	13.60	0.001316	0.00136	1	0.0193
0.06895	6895	703.1	0.06804	0.07031	51.72	1

(8) 能量、功、热

① erg=dyn·cm 尔格	② J=N·m 焦耳	③ kgf·m 千克(力)·米	③ kcal=1000cal 千卡	kW·h 千瓦·时	* ft·lbf 英尺·磅(力)	* B.t.u. 英热单位
1	10^{-7}					
10^7	1	0.1020	2.39×10^{-4}	2.778×10^{-7}	0.7376	9.486×10^{-4}
	9.807	1	2.344×10^{-3}	2.724×10^{-6}	7.233	0.009296
	4187	426.8	1	1.162×10^{-3}	3088	3.968
	3.6×10^6	3.671×10^5	860.0	1	2.655×10^6	3413
	1.356	0.1383	3.239×10^{-4}	3.766×10^{-7}	1	0.001285
	1055	107.6	0.2520	2.928×10^{-4}	778.1	1

(9) 功率、传热速率

① erg/s 尔格/秒	② kW=1000J/s 千瓦	③ kgf·m/s 千克(力)·米/秒	③ kcal/s=1000cal/s 千卡/秒	* ft·lbf/s 英尺·磅(力)/秒	* B.t.u./s 英热单位/秒
1	10^{-10}				
10^{10}	1	102	0.2389	737.6	0.9486
	0.009807	1	0.002344	7.233	0.009296
	4.187	426.8	1	3088	3.963
	0.001356	0.1383	3.293×10^{-4}	1	0.001285
	1.055	107.6	0.2520	778.1	1

(10) 动力黏度(通称黏度)

① P=dyn·s/cm^2=g/(cm·s) 泊	② N·s/m^2=Pa·s 牛·秒/米^2	③ kgf·s/m^2 千克(力)·秒/米^2	cP 厘泊	* lb/(ft·s) 磅/(英尺·秒)
1	0.1	0.01020	100	0.06719
10	1	0.1020	1000	0.6719
98.07	9.807	1	9807	6.589
10^{-2}	10^{-3}	1.020×10^{-4}	1	6.719×10^{-4}
14.88	1.488	0.1517	1488	1

(11) 运动黏度、扩散系数

① cm^2/s 厘米²/秒	② ③ m^2/s 米²/秒	m^2/h 米²/时	* ft^2/h 英尺²/时
1	10^{-4}	0.36	3.875
10^4	1	3600	38750
2.778	2.778×10^{-4}	1	10.76
0.2581	2.581×10^{-5}	0.0929	1

(12) 表面张力

① dyn/cm 达因/厘米	② N/m 牛顿/米	③ kgf/m 千克(力)/米	* lbf/ft 磅(力)/英尺
1	0.001	1.020×10^{-4}	6.852×10^{-5}
1000	1	0.1020	0.06852
9807	9.807	1	0.672
14590	14.59	1.488	1

(13) 热导率

① cal/(cm·s·℃) 卡/(厘米·秒·℃)	② W/(m·K) 瓦/(米·开)	③ kcal/(m·s·℃) 千卡/(米·秒·℃)	kcal/(m·h·℃) 千卡/(米·时·℃)	* B. t. u./(ft·h·℉) 英热单位/(英尺·时·℉)
1	418.7	0.1	360	241.9
2.388×10^{-2}	1	2.388×10^{-4}	0.8598	0.5788
10	4187	1	3600	2419
2.778×10^{-3}	1.163	2.778×10^{-4}	1	0.6720
4.134×10^{-3}	1.731	4.139×10^{-4}	1.488	1

(14) 焓、潜热

① cal/g 卡/克	② J/kg 焦耳/千克	③ kcal/kgf 千卡/千克(力)	* B. t. u./lb 英热单位/磅
1	4187	(1)	1.8
2.389×10^{-4}	1	(2.389×10^{-4})	4.299×10^{-4}
0.5556	2326	(0.5556)	1

(15) 比热容、熵

① cal/(g·℃) 卡/(克·℃)	② J/(kg·K) 焦耳/(千克·开)	③ kcal/(kgf·℃) 千卡/[千克(力)·℃]	* B. t. u./(lb·℉) 英热单位/(磅·℉)
1	4187	(1)	1
2.389×10^{-4}	1	(2.389×10^{-4})	2.389×10^{-4}

(16) 传热系数

① cal/(cm²·s·℃) 卡/(厘米²·秒·℃)	② W/(m²·K) 瓦/(米²·开)	③ kcal/(m²·s·℃) 千卡/(米²·秒·℃)	kcal/(m²·h·℃) 千卡/(米²·时·℃)	* B. t. u./(ft²·h·℉) 英热单位/(英尺²·时·℉)
1	4.187×10^4	10	3.6×10^4	7376
2.388×10^{-5}	1	2.388×10^{-4}	8598	1761
0.1	4187	1	3600	737.6
2.778×10^{-5}	1.163	2.778×10^{-4}	1	2049
1.356×10^{-4}	5.678	1.356×10^{-3}	4.882	1

(17) 标准重力加速度

g = 980.7 cm/s² ① = 9.807 m/s² ②③ = 32.17 ft/s² *

(18) 通用气体常数

R = 1.987cal/(mol·K) ① = 8.314kJ/(kmol·K) ② = 848kgf·m/(kmol·K) ③ = 82.06atm·cm³/(mol·K) = 0.08206atm·m³/(kmol·K) = 0.08206atm·l/(mol·K) = 1.987kcal/(kmol·K) = 1.987B. t. u./(lbmol·℉) * = 1544lbf·ft/(lbmol·℉) *

(19) 斯蒂芬-玻尔兹曼常数

s_0 = 5.71×10^{-5} erg/(s·cm²·K⁴) ① = 5.67×10^{-8} W/(m²·K⁴) ② = 4.88×10^{-8} kcal/(h·m²·K) ③ = 1.73×10^{-9} B. t. u./(h·ft²·℉) *

2. 某些气体的重要物理性质

序号	名称	分子式	分子质量 /(kg/kmol)	密度 (0℃,101.3kPa) /(kg/m³)	定压比热容		黏度 /10⁻³cP 或 μPa·s	沸点 (101.3kPa) /℃	汽化潜热 (101.3kPa)		临界点		热导率	
					kcal/(kg·℃)	kJ/(kg·℃)			kJ/kg	kcal/kgf	温度 ℃	压力 atm	W /(m·K)	kcal /(m·h·℃)
1	空气	—	28.95	1.293	0.241	1.009	17.3	−195	197	47	−140.7	37.20	0.0244	0.021
2	氧	O_2	32	1.429	0.218	0.653	20.3	−132.98	213	50.92	−118.82	49.72	0.0240	0.0206
3	氮	N_2	28.02	1.251	0.250	0.745	17.0	−195.78	199.2	47.58	−147.13	33.49	0.0228	0.0196
4	氢	H_2	2.016	0.0899	3.408	10.130	8.42	−252.75	454.2	108.5	−239.9	12.80	0.163	0.140
5	氦	He	4.00	0.1785	1.260	3.180	18.8	−268.95	19.5	4.66	−267.96	2.26	0.144	0.124
6	氩	Ar	39.94	1.782	0.127	0.322	20.9	−185.87	163	38.9	−122.44	48.00	0.0173	0.0149
7	氯	Cl_2	70.91	3.217	0.115	0.355	12.9(16°)	−33.8	305	72.95	144.0	76.10	0.0072	0.0062
8	氨	NH_3	17.03	0.771	0.530	0.670	9.18	−33.4	1373	328	132.4	111.50	0.0215	0.0185
9	一氧化碳	CO	28.01	1.250	0.250	0.754	16.6	−191.48	211	50.5	−140.2	34.53	0.0226	0.0194
10	二氧化碳	CO_2	44.01	1.976	0.200	0.653	13.7	−78.2	574	137	31.1	72.90	0.0137	0.0118
11	二氧化硫	SO_2	64.07	2.927	0.151	0.502	11.7	−10.8	394	94	157.5	77.78	0.0077	0.0066
12	二氧化氮	NO_2	46.01	—	0.192	0.615	—	21.2	712	170	158.2	100.00	0.0400	0.0344
13	硫化氢	H_2S	34.08	1.539	0.253	0.804	11.66	−60.2	548	131	100.4	188.90	0.0131	0.0113
14	甲烷	CH_4	16.04	0.717	0.531	1.700	10.3	−161.58	511	122	−82.15	45.60	0.0300	0.0258
15	乙烷	C_2H_6	30.07	1.357	0.413	1.440	8.5	−88.50	486	116	32.1	48.85	0.0180	0.0155
16	丙烷	C_3H_8	44.1	2.020	0.445	1.650	7.95(18°)	−42.1	427	102	95.6	43.00	0.0148	0.0127
17	丁烷(正)	C_4H_{10}	58.12	2.673	0.458	1.730	8.1	−0.5	386	92.3	152	37.50	0.0135	0.0116
18	戊烷(正)	C_5H_{12}	72.15	—	0.410	1.570	8.74	−36.08	151	36	197.1	33.00	0.0128	0.0110
19	乙烯	C_2H_4	28.05	1.261	0.365	1.222	9.85	−103.7	481	115	9.7	50.70	0.0164	0.0141
20	丙烯	C_3H_6	42.08	1.914	0.390	1.436	8.35(20°)	−47.7	440	105	91.4	45.40	—	—
21	乙炔	C_2H_2	26.04	1.171	0.402	1.352	9.35	−83.66(升华)	829	198	35.7	61.60	0.0184	0.0158
22	氯甲烷	CH_3Cl	50.49	2.308	0.177	0.582	9.89	−24.1	406	96.9	143	66.00	0.0085	0.0073
23	苯	C_6H_6	78.11	—	0.299	1.139	7.2	80.2	394	94	288.5	47.70	0.0088	0.0076

3. 某些液体的重要物理性质

名称	分子式	密度 ρ(20℃)/(kg/m³)	沸点 T_b(101.3kPa)/℃	汽化热/(kJ/kg)	比热容 c_p(20℃)/[kJ/(kg·℃)]	黏度 μ(20℃)/mPa·s	热导率 λ(20℃)/[W/(m·℃)]	体积膨胀系数 $\beta\times10^4$(20℃)/℃$^{-1}$	表面张力 $\sigma\times10^3$(20℃)/(N/m)
水	H_2O	998	100	2258	4.183	1.005	0.599	1.82	72.8
氯化钠盐水(25%)	—	1186(25℃)	107	—	3.39	2.3	0.57(30℃)	4.4	—
氯化钙盐水(25%)	—	1228	107	—	3.39	2.5	0.57	(3.4)	—
硫酸	H_2SO_4	1831	340(分解)	—	1.47(98%)	23	0.38	5.7	—
硝酸	HNO_3	1513	86	481.1	—	1.17(10℃)	—	—	—
盐酸(30%)	HCl	1149	—	—	2.55	2(31.5%)	0.42	—	—
二硫化碳	CS_2	1262	46.3	352	1.005	0.38	0.16	12.1	32
戊烷	C_5H_{12}	626	36.07	357.4	2.24(15.6℃)	0.229	0.113	15.9	16.2
己烷	C_6H_{14}	659	68.74	335.1	2.31(15.6℃)	0.313	0.119	—	18.2
庚烷	C_7H_{16}	684	98.43	316.5	2.21(15.6℃)	0.411	0.123	—	20.1
辛烷	C_8H_{18}	703	125.67	306.4	2.19(15.6℃)	0.540	0.131	—	21.8
三氯甲烷	$CHCl_3$	1489	61.2	253.7	0.992	0.58	0.138(30℃)	12.6	28.5(10℃)
四氯化碳	CCl_4	1594	76.8	195	0.850	1.0	0.12	—	26.8
1,2-二氯乙烷	$C_2H_4Cl_2$	1253	83.6	324	1.260	0.83	0.14(50℃)	—	30.8
苯	C_6H_6	879	80.10	393.9	1.704	0.737	0.148	12.4	28.6
甲苯	C_7H_8	867	110.63	363	1.70	0.675	0.138	10.9	27.9
邻二甲苯	C_8H_{10}	880	144.42	347	1.74	0.811	0.142	—	30.2
间二甲苯	C_8H_{10}	864	139.10	343	1.70	0.611	0.167	0.1	29.0
对二甲苯	C_8H_{10}	861	138.35	340	1.704	0.643	0.129	—	28.0
苯乙烯	C_8H_9	911(15.6℃)	145.2	(352)	1.733	0.72	—	—	—
氯苯	C_6H_5Cl	1106	131.8	325	1.298	0.85	0.14(30℃)	—	32
硝基苯	$C_6H_5NO_2$	1203	210.9	396	1.47	2.1	0.15	—	41
苯胺	$C_6H_5NH_2$	1022	184.4	448	2.07	4.3	0.17	8.5	42.9
酚	C_6H_5OH	1050(50℃)	181.8(熔点 40.9℃)	511	—	3.4(50℃)	—	—	—
萘	$C_{10}H_8$	1145(固体)	217.9(熔点 80.2℃)	314	1.80(100℃)	0.59(100℃)	—	—	—
甲醇	CH_3OH	791	64.7	1101	2.48	0.6	0.212	12.2	22.6
乙醇	C_2H_5OH	789	78.3	846	2.39	1.15	0.172	11.6	22.8
乙醇(95%)	—	804	78.2	—	—	1.4	—	—	—
乙二醇	$C_2H_4(OH)_2$	1113	197.6	780	2.35	23	—	—	47.7
甘油	$C_3H_5(OH)_3$	1261	290(分解)	—	—	1499	0.59	5.3	63
乙醚	$(C_2H_5)_2O$	714	34.6	360	2.34	0.24	0.140	16.3	18
乙醛	CH_3CHO	783(18℃)	20.2	574	1.9	1.3(18℃)	—	—	21.2
糠醛	$C_5H_4O_2$	1168	161.7	452	1.6	1.15(50℃)	—	—	43.5
丙酮	CH_3COCH_3	792	56.2	523	2.35	0.32	0.17	—	23.7
甲酸	$HCOOH$	1220	100.7	494	2.17	1.9	0.26	—	27.8
醋酸	CH_3COOH	1049	118.1	406	1.99	1.3	0.17	10.7	23.9
醋酸乙酯	$CH_3COOC_2H_5$	901	77.1	368	1.92	0.48	0.14(10℃)	—	—
煤油	—	780～820	—	—	—	3	0.15	10.0	—
汽油	—	680～800	—	—	—	0.7～0.8	0.19(30℃)	12.5	—

4. 常用固体材料的密度和比热容

名称	密度/(kg/m³)	比热容/[kJ/(kg・℃)]	名称	密度/(kg/m³)	比热容/[kJ/(kg・℃)]
(1)金属			(3)建筑材料、绝热材料、耐酸材料及其他		
钢	7850	0.461	干砂	1500～1700	0.796
不锈钢	7900	0.502	黏土	1600～1800	0.754(－20～20℃)
铸铁	7220	0.502	锅炉炉渣	700～1100	—
铜	8800	0.406	黏土砖	1600～1900	0.921
青铜	8000	0.381	耐火砖	1840	0.963～1.005
黄铜	8600	0.379	绝热砖(多孔)	600～1400	—
铝	2670	0.921	混凝土	2000～2400	0.837
镍	9000	0.461	软木	100～300	0.963
铅	11400	0.1298	石棉板	770	0.816
(2)塑料			石棉水泥板	1600～1900	—
酚醛	1250～1300	1.26～1.67	玻璃	2500	0.67
脲醛	1400～1500	1.26～1.67	耐酸陶瓷制品	2200～2300	0.75～0.80
聚氯乙烯	1380～1400	1.84	耐酸砖和板	2100～2400	—
聚苯乙烯	1050～1070	1.34	耐酸搪瓷	2300～2700	0.837～1.26
低压聚乙烯	940	2.55	橡胶	1200	1.38
高压聚乙烯	920	2.22	冰	900	2.11
有机玻璃	1180～1190	—			

5. 常用固体材料的热导率

(1) 常用金属材料的热导率

热导率/[W/(m・K)] \ 温度/℃	0	100	200	300	400
铝	228	228	228	228	228
铜	384	379	372	367	363
铁	73.3	67.5	61.6	54.7	48.9
铅	35.1	33.4	31.4	29.8	—
镍	93.0	82.6	73.3	63.97	59.3
银	414	409	373	362	359
碳钢	52.3	48.9	44.2	41.9	34.9
不锈钢	16.3	17.5	17.5	18.5	—

(2) 常用非金属材料的热导率

名称	温度/℃	热导率/[W/(m・℃)]	名称	温度/℃	热导率/[W/(m・℃)]
棉绳	—	0.10～0.21	泡沫塑料	—	0.0465
石棉板	30	0.10～0.14	泡沫玻璃	－15	0.00489
软木	30	0.0430		－80	0.00349
玻璃棉	—	0.0349～0.0698	木材(横向)	—	0.14～0.175
保温灰	—	0.0698	(纵向)	—	0.384
锯屑	20	0.0465～0.0582	耐火砖	230	0.872
棉花	100	0.0698		1200	1.64
厚纸	20	0.14～0.349	混凝土	—	1.28
玻璃	30	1.09	绒毛毡	—	0.0465
	－20	0.76	85%氧化镁粉	0～100	0.0698
搪瓷	—	0.87～1.16	聚氯乙烯	—	0.116～0.174
云母	50	0.430	酚醛加玻璃纤维	—	0.259
泥土	20	0.698～0.930	酚醛加石棉纤维	—	0.294
冰	0	2.33	聚碳酸酯	—	0.191
膨胀珍珠岩散料	25	0.021～0.062	聚苯乙烯泡沫	25	0.0419
软橡胶	—	0.129～0.159		－150	0.00174
硬橡胶	0	0.150	聚乙烯	—	0.329
聚四氟乙烯	—	0.242	石墨	—	139

6. 某些固体材料的黑度

材料名称	温度/℃	黑度 ε	材料名称	温度/℃	黑度 ε
表面不磨光的铝	26	0.055	已经氧化的灰色镀锌铁板	24	0.276
表面被磨光的铁	425～1020	0.144～0.377	石棉纸板	24	0.96
用金刚砂冷加工后的铁	20	0.242	石棉纸	40～370	0.93～0.945
氧化后的铁	100	0.736	水	0～100	0.95～0.963
氧化后表面光滑的铁	125～525	0.78～0.82	石膏	20	0.903
未经加工处理的铸铁	925～1115	0.87～0.95	表面粗糙没有上过釉的硅砖	100	0.80
表面被磨光的铸铁件	770～1040	0.52～0.56	表面粗糙上过釉的硅砖	1100	0.85
表面上有一层有光泽的氧化物的钢板	25	0.82	上过釉的黏土耐火砖	1100	0.75
			涂在铁板上的有光泽的黑漆	25	0.875
经过刮面加工的生铁	830～990	0.60～0.70	无光泽的黑漆	40～95	0.96～0.98
氧化铁	500～1200	0.85～0.95	白漆	40～95	0.80～0.95
无光泽的黄铜板	50～360	0.22	平整的玻璃	22	0.937
氧化铜	800～1100	0.66～0.84	烟尘，发光的煤尘	95～270	0.952
铬	100～1000	0.08～0.26	上过釉的瓷器	22	0.924
有光泽的镀锌铁板	28	0.228			

7. 某些液体的热导率

液体	温度/℃	热导率/[W/(m・℃)]	液体	温度/℃	热导率/[W/(m・℃)]
石油	20	0.180	四氯化碳	0	0.185
汽油	30	0.135		68	0.163
煤油	20	0.149	二硫化碳	30	0.161
	75	0.140		75	0.152
正戊烷	30	0.135	乙苯	30	0.149
	75	0.128		60	0.142
正己烷	30	0.138	氯苯	10	0.144
	60	0.137	硝基苯	30	0.164
正庚烷	30	0.140		100	0.152
	60	0.137	硝基甲苯	30	0.216
正辛烷	60	0.140		60	0.208
丁醇，100%	20	0.182	橄榄油	100	0.164
丁醇，80%	20	0.237	松节油	15	0.128
正丙醇	30	0.171	氯化钙盐水，30%	30	0.550
	75	0.164	氯化钙盐水，15%	30	0.590
正戊醇	30	0.163	氯化钠盐水，25%	30	0.570
	100	0.154	氯化钠盐水，12.5%	30	0.590
异戊醇	30	0.152	硫酸，90%	30	0.360
	75	0.151	硫酸，60%	30	0.430
正己醇	30	0.163	硫酸，30%	30	0.520
	75	0.156	盐酸，12.5%	32	0.520
正庚醇	30	0.163	盐酸，25%	32	0.480
	75	0.157	盐酸，38%	32	0.440
丙烯醇	25～30	0.180	氢氧化钾，21%	32	0.580
乙醚	30	0.138	氢氧化钾，42%	32	0.550
	75	0.135	氨	25～30	0.180
乙酸乙酯	20	0.175	氯水溶液	20	0.450
氯甲烷	-15	0.192		60	0.500
	30	0.154	水银	28	0.360
三氯甲烷	30	0.138			

8. 壁面污垢热阻（污垢系数）

（1）冷却水

单位：$m^2 \cdot K/W$

加热流体的温度/℃	115以下		115～205	
水的温度/℃	25以下		25以上	
水的流速/(m/s)	1以下	1以上	1以下	1以上
海水	0.8598×10^{-4}	0.8598×10^{-4}	1.7197×10^{-4}	1.7197×10^{-4}
自来水、井水、湖水、软化锅炉水	1.7197×10^{-4}	1.7197×10^{-4}	3.4394×10^{-4}	3.494×10^{-4}
蒸馏水	0.8598×10^{-4}	0.8598×10^{-4}	0.8598×10^{-4}	0.8598×10^{-4}
硬水	5.1590×10^{-4}	5.1590×10^{-4}	8.598×10^{-4}	8.598×10^{-4}
河水	5.1590×10^{-4}	3.4394×10^{-4}	6.8788×10^{-4}	5.1590×10^{-4}

（2）工业用气体

气体名称	热阻/$(m^2 \cdot K/W)$
有机化合物	0.8598×10^{-4}
水蒸气	0.8598×10^{-4}
空气	3.4394×10^{-4}
溶剂蒸气	1.7197×10^{-4}
天然气	1.7197×10^{-4}
焦炉气	1.7197×10^{-4}

（3）工业用液体

液体名称	热阻/$(m^2 \cdot K/W)$
有机化合物	1.7197×10^{-4}
盐水	1.7197×10^{-4}
熔盐	0.8598×10^{-4}
植物油	5.1590×10^{-4}

（4）石油分馏物

馏出物名称	热阻/$(m^2 \cdot K/W)$
原油	$3.4394\times10^{-4}\sim12.098\times10^{-4}$
汽油	1.7197×10^{-4}
石脑油	1.7197×10^{-4}
煤油	1.7197×10^{-4}
柴油	$3.4394\times10^{-4}\sim5.1590\times10^{-4}$
重油	8.598×10^{-4}
沥青油	17.197×10^{-4}

9. 干空气的重要物理性质（101.3kPa）

温度/℃	密度/(kg/m^3)	比热容/[kJ/(kg·℃)]	热导率$\lambda\times10^2$/[W/(m·℃)]	黏度$\mu\times10^5$/Pa·s	普兰特数 Pr
−50	1.584	1.013	2.035	1.46	0.728
−40	1.515	1.013	2.117	2.52	0.728
−30	1.453	1.013	2.198	1.57	0.723
−20	1.395	1.009	2.279	1.62	0.716
−10	1.342	1.009	2.360	1.67	0.712
0	1.293	1.005	2.442	1.72	0.707
10	1.247	1.005	2.512	1.77	0.705
20	1.205	1.005	2.591	1.81	0.703
30	1.165	1.005	2.673	1.86	0.701

续表

温度 /℃	密度 /(kg/m³)	比热容 /[kJ/(kg・℃)]	热导率 $\lambda\times10^2$ /[W/(m・℃)]	黏度 $\mu\times10^5$ /Pa・s	普兰特数 Pr
40	1.128	1.005	2.756	1.91	0.699
50	1.093	1.005	2.826	1.96	0.698
60	1.060	1.005	2.896	2.01	0.696
70	1.029	1.009	2.966	2.06	0.694
80	1.000	1.009	3.047	2.11	0.692
90	0.972	1.009	3.128	2.15	0.690
100	0.946	1.009	3.210	2.19	0.688
120	0.898	1.009	3.338	2.29	0.686
140	0.854	1.013	3.489	2.37	0.684
160	0.815	1.017	3.640	2.45	0.682
180	0.779	1.022	3.780	2.53	0.681
200	0.746	1.026	3.931	2.60	0.680
250	0.674	1.038	4.268	2.74	0.677
300	0.615	1.047	4.605	2.97	0.674
350	0.566	1.059	4.908	3.14	0.676
400	0.524	1.068	5.210	3.30	0.678
500	0.456	1.093	5.745	3.62	0.687
600	0.404	1.114	6.222	3.91	0.699
700	0.362	1.135	6.711	4.18	0.706
800	0.329	1.156	7.176	4.43	0.713
900	0.301	1.172	7.630	4.67	0.717
1000	0.277	1.185	8.071	4.90	0.719
1100	0.257	1.197	8.502	5.12	0.722
1200	0.239	1.206	9.153	5.35	0.724

10. 水的重要物理性质

温度 /℃	饱和蒸气压 /kPa	密度 /(kg/m³)	焓 /(kJ/kg)	比热容 /[kJ/(kg・℃)]	热导率 $\lambda\times10^2$ /[W/(m・℃)]	黏度 $\mu\times10^5$ /Pa・s	体积膨胀系数 $\beta\times10^4$ /℃$^{-1}$	表面张力 $\sigma\times10^3$ /(N/m)	普兰特数 Pr
0	0.608	999.9	0	4.212	55.13	179.2	−0.63	75.6	13.67
10	1.226	999.7	42.04	4.191	57.45	130.8	0.70	74.1	9.52
20	2.335	998.2	83.90	4.183	59.89	100.5	1.82	72.6	7.02
30	4.247	995.7	125.7	4.174	61.76	80.07	3.21	71.2	5.42
40	7.377	992.2	167.5	4.174	63.38	65.60	3.87	69.6	4.31
50	12.31	988.1	209.3	4.174	64.78	54.94	4.49	67.7	3.54
60	19.92	983.2	251.1	4.178	65.94	46.88	5.11	66.2	2.98
70	31.16	977.8	293	4.178	66.76	40.61	5.70	64.3	2.55
80	47.38	971.8	334.9	4.195	67.45	35.65	6.32	62.6	2.21
90	70.14	965.3	377	4.208	68.04	31.65	6.95	60.7	1.95
100	101.3	958.4	419.1	4.220	68.27	28.38	7.52	58.8	1.75
110	143.3	951.0	461.3	4.238	68.50	25.89	8.08	56.9	1.60
120	198.6	943.1	503.7	4.250	68.62	23.73	8.64	54.8	1.47
130	270.3	934.8	546.4	4.266	68.62	21.77	9.19	52.8	1.36
140	361.5	926.1	589.1	4.287	68.50	20.10	9.72	50.7	1.26
150	476.2	917.0	632.2	4.312	68.38	18.63	10.3	48.6	1.17
160	618.3	907.4	675.3	4.346	68.27	17.36	10.7	46.6	1.10
170	792.6	897.3	719.3	4.379	67.92	16.28	11.3	45.3	1.05
180	1003.5	886.9	763.3	4.417	67.45	15.30	11.9	42.3	1.00
190	1225.6	876.0	807.6	4.460	66.99	14.42	12.6	40.8	0.96

续表

温度/℃	饱和蒸气压/kPa	密度/(kg/m³)	焓/(kJ/kg)	比热容/[kJ/(kg·℃)]	热导率 $\lambda\times10^2$/[W/(m·℃)]	黏度 $\mu\times10^5$/Pa·s	体积膨胀系数 $\beta\times10^4$/℃$^{-1}$	表面张力 $\sigma\times10^3$/(N/m)	普兰特数 Pr
200	1554.8	863.0	852.4	4.505	66.29	13.63	13.3	38.4	0.93
210	1917.7	852.8	897.7	4.555	65.48	13.04	14.1	36.1	0.91
220	2320.9	840.3	943.7	4.614	64.55	12.46	14.8	33.8	0.89
230	2798.6	827.3	990.2	4.681	63.73	11.97	15.9	31.6	0.88
240	3347.9	813.6	1037.5	4.756	62.80	11.47	16.8	29.1	0.87
250	3977.7	799.0	1085.6	4.844	61.76	10.98	18.1	26.7	0.86
260	4698.3	784.0	1135.0	4.949	60.43	10.59	19.7	24.2	0.87
270	5504.0	767.9	1185.3	5.070	59.96	10.20	21.6	21.9	0.88
280	6417.2	750.7	1236.3	5.229	57.45	9.81	23.7	19.5	0.90
290	7443.3	732.3	1289.9	5.485	55.82	9.42	26.2	17.2	0.93
300	8592.9	712.5	1344.8	5.736	53.96	9.12	29.2	14.7	0.97

11. 水在不同温度下的黏度

温度/℃	黏度/cP 或 mPa·s	温度/℃	黏度/cP 或 mPa·s	温度/℃	黏度/cP 或 mPa·s
0	1.7921	34	0.7371	69	0.4117
1	1.7313	35	0.7225	70	0.4061
2	1.6728	36	0.7085	71	0.4006
3	1.6191	37	0.6947	72	0.3952
4	1.5674	38	0.6814	73	0.3900
5	1.5188	39	0.6685	74	0.3849
6	1.4728	40	0.6560	75	0.3799
7	1.4284	41	0.6439	76	0.3750
8	1.3860	42	0.6321	77	0.3702
9	1.3462	43	0.6207	78	0.3655
10	1.3077	44	0.6097	79	0.3610
11	1.2713	45	0.5988	80	0.3565
12	1.2363	46	0.5883	81	0.3521
13	1.2028	47	0.5782	82	0.3478
14	1.1709	48	0.5683	83	0.3436
15	1.1404	49	0.5588	84	0.3395
16	1.1111	50	0.5494	85	0.3355
17	1.0828	51	0.5404	86	0.3315
18	1.0559	52	0.5315	87	0.3276
19	1.0299	53	0.5229	88	0.3239
20	1.0050	54	0.5146	89	0.3202
20.2	1.0000	55	0.5064	90	0.3165
21	0.9810	56	0.4985	91	0.3130
22	0.9579	57	0.4907	92	0.3095
23	0.9359	58	0.4832	93	0.3060
24	0.9142	59	0.4759	94	0.3027
25	0.8937	60	0.4688	95	0.2994
26	0.8737	61	0.4618	96	0.2962
27	0.8545	62	0.4550	97	0.2930
28	0.8360	63	0.4483	98	0.2899
29	0.8180	64	0.4418	99	0.2868
30	0.8007	65	0.4355	100	0.2838
31	0.7840	66	0.4293		
32	0.7679	67	0.4233		
33	0.7523	68	0.4174		

12. 饱和水蒸气表（按温度排列）

温度 /℃	绝对压强 /kPa	蒸汽密度 /(kg/m³)	焓/(kJ/kg)		汽化热 /(kJ/kg)
			液体	蒸汽	
0	0.6082	0.00484	0	2491	2491
5	0.8730	0.00680	20.9	2500.8	2480
10	1.226	0.00940	41.9	2510.4	2469
15	1.707	0.01283	62.8	2520.5	2458
20	2.335	0.01719	83.7	2530.1	2446
25	3.168	0.02304	104.7	2539.7	2435
30	4.247	0.03036	125.6	2549.3	2424
35	5.621	0.03960	146.5	2559.0	2412
40	7.377	0.05114	167.5	2568.6	2401
45	9.584	0.06543	188.4	2577.8	2389
50	12.34	0.0830	209.3	2587.4	2378
55	15.74	0.1043	230.3	2596.7	2366
60	19.92	0.1301	251.2	2606.3	2355
65	25.01	0.1611	272.1	2615.5	2343
70	31.16	0.1979	293.1	2624.3	2331
75	38.55	0.2416	314.0	2633.5	2320
80	47.38	0.2929	334.9	2642.3	2307
85	57.88	0.3531	355.9	2651.1	2295
90	70.14	0.4229	376.8	2659.9	2283
95	84.56	0.5039	397.8	2668.7	2271
100	101.33	0.5970	418.7	2677.0	2258
105	120.85	0.7036	440.0	2685.0	2245
110	143.31	0.8254	461.0	2693.4	2232
115	169.11	0.9635	482.3	2701.3	2219
120	198.64	1.1199	503.7	2708.9	2205
125	232.19	1.296	525.0	2716.4	2191
130	270.25	1.494	546.4	2723.9	2178
135	313.11	1.715	567.7	2731.0	2163
140	361.47	1.962	589.1	2737.7	2149
145	415.72	2.238	610.9	2744.4	2134
150	476.24	2.543	632.2	2750.7	2119
160	618.28	3.252	675.8	2762.9	2087
170	792.59	4.113	719.3	2773.3	2054
180	1003.5	5.145	763.3	2782.5	2019
190	1255.6	6.378	807.6	2790.1	1982
200	1554.8	7.840	852.0	2795.5	1944
210	1917.7	9.567	897.2	2799.3	1902
220	2320.9	11.60	942.4	2801.0	1859
230	2798.6	13.98	988.5	2800.1	1812
240	3347.9	16.76	1034.6	2796.8	1762
250	3977.7	20.01	1081.4	2790.1	1709
260	4693.8	23.82	1128.8	2780.9	1652
270	5504.0	28.27	1176.9	2768.3	1591
280	6417.2	33.47	1225.5	2752.0	1526
290	7443.3	39.60	1274.5	2732.3	1457
300	8592.9	46.93	1325.5	2708.0	1382

13. 饱和水蒸气表（按压强排列）

绝对压强 /kPa	温度 /℃	蒸汽密度 /(kg/m³)	焓/(kJ/kg)		汽化热 /(kJ/kg)
			液体	蒸汽	
1.0	6.3	0.00773	26.5	2503.1	2477
1.5	12.5	0.01133	52.3	2515.3	2463
2.0	17.0	0.01486	71.2	2524.2	2453
2.5	20.9	0.01836	87.5	2531.8	2444
3.0	23.5	0.02179	98.4	2536.8	2438
3.5	26.1	0.02523	109.3	2541.8	2433
4.0	28.7	0.02867	120.2	2546.8	2427
4.5	30.8	0.03205	129.0	2550.9	2422
5.0	32.4	0.03537	135.7	2554.0	2418
6.0	35.6	0.04200	149.1	2560.1	2411
7.0	38.8	0.04864	162.4	2566.3	2404
8.0	41.3	0.05514	172.7	2571.0	2398
9.0	43.3	0.06156	181.2	2574.8	2394
10.0	45.3	0.06798	189.6	2578.5	2389
15.0	53.5	0.09956	224.0	2594.0	2370
20.0	60.1	0.1307	251.5	2606.4	2355
30.0	66.5	0.1909	288.8	2622.4	2334
40.0	75.0	0.2498	315.9	2634.1	2312
50.0	81.2	0.3080	339.8	2644.3	2304
60.0	85.6	0.3651	358.2	2652.1	2294
70.0	89.9	0.4223	376.6	2659.8	2283
80.0	93.2	0.4781	390.1	2665.3	2275
90.0	96.4	0.5338	403.5	2670.8	2267
100.0	99.6	0.5896	416.9	2676.3	2259
120.0	104.5	0.6987	437.5	2684.3	2247
140.0	109.2	0.8076	457.7	2692.1	2234
160.0	113.0	0.8298	473.9	2698.1	2224
180.0	116.6	1.021	489.3	2703.7	2214
200.0	120.2	1.127	493.7	2709.2	2205
250.0	127.2	1.390	534.4	2719.7	2185
300.0	133.3	1.650	560.4	2728.5	2168
350.0	138.8	1.907	583.8	2736.1	2152
400.0	143.4	2.162	603.6	2742.1	2138
450.0	147.7	2.415	622.4	2747.8	2125
500.0	151.7	2.667	639.6	2752.8	2113
600.0	158.7	3.169	676.2	2761.4	2091
700.0	164.7	3.666	696.3	2767.8	2072
800	170.4	4.161	721.0	2773.7	2053
900	175.1	4.652	741.8	2778.1	2036
1×10^3	179.9	5.143	762.7	2782.5	2020
1.1×10^3	180.2	5.633	780.3	2785.5	2005
1.2×10^3	187.8	6.124	797.9	2788.5	1991
1.3×10^3	191.5	6.614	814.2	2790.9	1977
1.4×10^3	194.8	7.103	829.1	2792.4	1964
1.5×10^3	198.2	7.594	843.9	2794.5	1951
1.6×10^3	201.3	8.081	857.8	2796.0	1938
1.7×10^3	204.1	8.567	870.6	2797.1	1926
1.8×10^3	206.9	9.053	883.4	2798.1	1915
1.9×10^3	209.8	9.539	896.2	2799.2	1903
2×10^3	212.2	10.03	907.3	2799.7	1892
3×10^3	233.7	15.01	1005.4	2798.9	1794
4×10^3	250.3	20.10	1082.9	2789.8	1707
5×10^3	263.8	25.37	1146.9	2776.2	1629
6×10^3	275.4	30.85	1203.2	2759.5	1556
7×10^3	285.7	36.57	1253.2	2740.8	1488
8×10^3	294.8	42.58	1299.2	2720.5	1404
9×10^3	303.2	48.89	1343.5	2699.1	1357

14. 液体黏度共线图

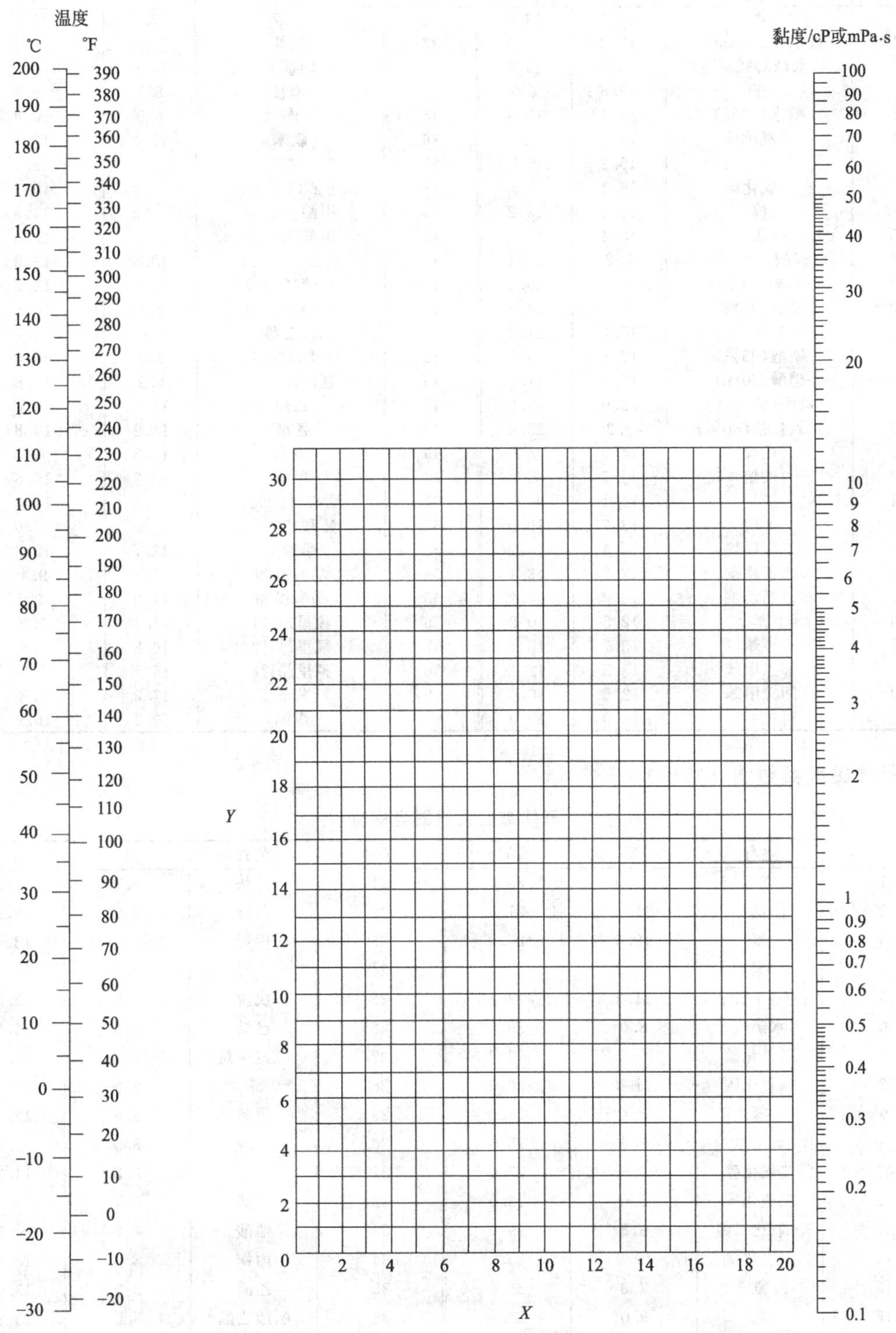

用法举例：求苯在50℃时的黏度，从本表序号26查的 $X=12.5$，$Y=10.9$。把这两个数值标在前页共线图的 Y-X 坐标上得一点，把这点与图中左方温度标尺上的50℃点连成一直线，延长，与右方黏度标尺相交，由此交点定出50℃苯的黏度为0.44cP。

液体黏度共线图坐标值

序号	名称	X	Y	序号	名称	X	Y
1	水	10.2	13.0	31	乙苯	13.2	11.5
2	盐水(25%NaCl)	10.2	16.6	32	氯苯	12.3	12.4
3	盐水(25%$CaCl_2$)	6.6	15.9	33	硝基苯	10.6	16.2
4	氨	12.6	2.0	34	苯胺	8.1	18.7
5	氨水(26%)	10.1	13.9	35	酚	6.9	20.8
6	二氧化碳	11.6	0.3	36	联苯	12.0	18.3
7	二氧化硫	15.2	7.1	37	萘	7.9	18.1
8	二硫化碳	16.1	7.5	38	甲醇(100%)	12.4	10.5
9	溴	14.2	13.2	39	甲醇(90%)	12.3	11.8
10	汞	18.4	16.4	40	甲醇(40%)	7.8	15.5
11	硫酸(110%)	7.2	27.4	41	乙醇(100%)	10.5	13.8
12	硫酸(100%)	8.0	25.1	42	乙醇(95%)	9.8	14.3
13	硫酸(98%)	7.0	24.8	43	乙醇(40%)	6.5	16.6
14	硫酸(60%)	10.2	21.3	44	乙二醇	6.0	23.6
15	硝酸(95%)	12.8	13.8	45	甘油(100%)	2.0	30.0
16	硝酸(60%)	10.8	17.0	46	甘油(50%)	6.9	19.6
17	盐酸(31.5%)	13.0	16.6	47	乙醚	14.5	5.3
18	氢氧化钠(50%)	3.2	25.8	48	乙醛	15.2	14.8
19	戊烷	14.9	5.2	49	丙酮	14.5	7.2
20	乙烷	14.7	7.0	50	甲酸	10.7	15.8
21	庚烷	14.1	8.4	51	醋酸(100%)	12.1	14.2
22	辛烷	13.7	10.0	52	醋酸(70%)	9.5	17.0
23	三氯甲烷	14.4	10.2	53	醋酸酐	12.7	12.8
24	四氯化碳	12.7	13.1	54	醋酸乙酯	13.7	9.1
25	二氯乙烷	13.2	12.2	55	醋酸戊酯	11.8	12.5
26	苯	12.5	10.9	56	氟里昂-11	14.4	9.0
27	甲苯	13.7	10.4	57	氟里昂-12	16.8	5.6
28	邻二甲苯	13.5	12.1	58	氟里昂-21	15.7	7.5
29	间二甲苯	13.9	10.6	59	氟里昂-22	17.2	4.7
30	对二甲苯	13.9	10.9	60	煤油	10.2	16.9

15. 气体黏度共线图（常压）

气体黏度共线图坐标值

序号	名称	X	Y	序号	名称	X	Y
1	空气	11.0	20.0	21	乙炔	9.8	14.9
2	氯	11.0	21.3	22	丙烯	9.7	12.9
3	氮	10.6	20.0	23	丙烯	9.0	13.8
4	氢	11.2	12.4	24	丁烯	9.2	13.7
5	$3H_2+1N_2$	11.2	17.2	25	戊烷	7.0	12.8
6	水蒸气	8.0	16.0	26	己烷	8.6	11.8
7	二氧化碳	9.5	18.7	27	三氯甲烷	8.9	15.7
8	一氧化碳	11.0	20.0	28	苯	8.5	13.2
9	氨	8.4	16.0	29	甲苯	8.6	12.4
10	硫化氢	8.6	18.0	30	甲醇	8.5	15.6
11	二氧化硫	9.6	17.0	31	乙醇	9.2	14.2
12	二硫化碳	8.0	16.0	32	丙醇	8.4	13.4
13	一氧化二氮	8.8	19.0	33	醋酸	7.7	14.3
14	一氧化氮	10.9	20.5	34	丙酮	8.9	13.0
15	氟	7.3	23.8	35	乙醚	8.9	13.0
16	氯	9.0	18.4	36	醋酸乙酯	8.5	13.2
17	氯化氢	8.8	18.7	37	氟里昂-11	10.6	15.1
18	甲烷	9.9	15.5	38	氟里昂-12	11.1	16.0
19	乙烷	9.1	14.5	39	氟里昂-21	10.8	15.3
20	乙烯	9.5	15.1	40	氟里昂-22	10.1	17.0

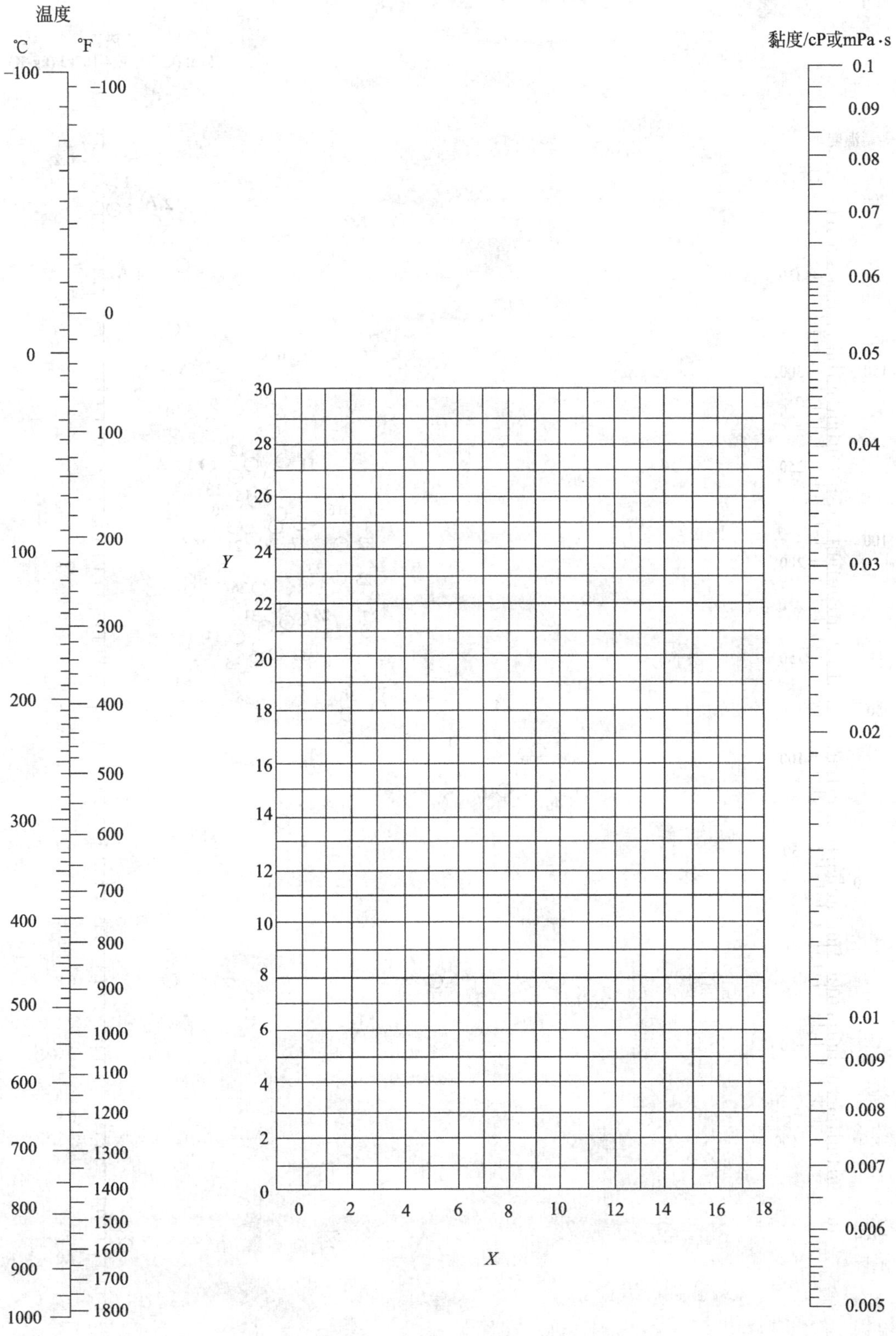

温度
℃
℉
-100
-100
0
0
100
100
200
200
300
400
500
600
700
800
900
1000
1100
1200
1300
1400
1500
1600
1700
1800
300
400
500
600
700
800
900
1000
Y
X
30
28
26
24
22
20
18
16
14
12
10
8
6
4
2
0
0
2
4
6
8
10
12
14
16
18
黏度/cP或mPa·s
0.1
0.09
0.08
0.07
0.06
0.05
0.04
0.03
0.02
0.01
0.009
0.008
0.007
0.006
0.005

16. 液体比热容共线图

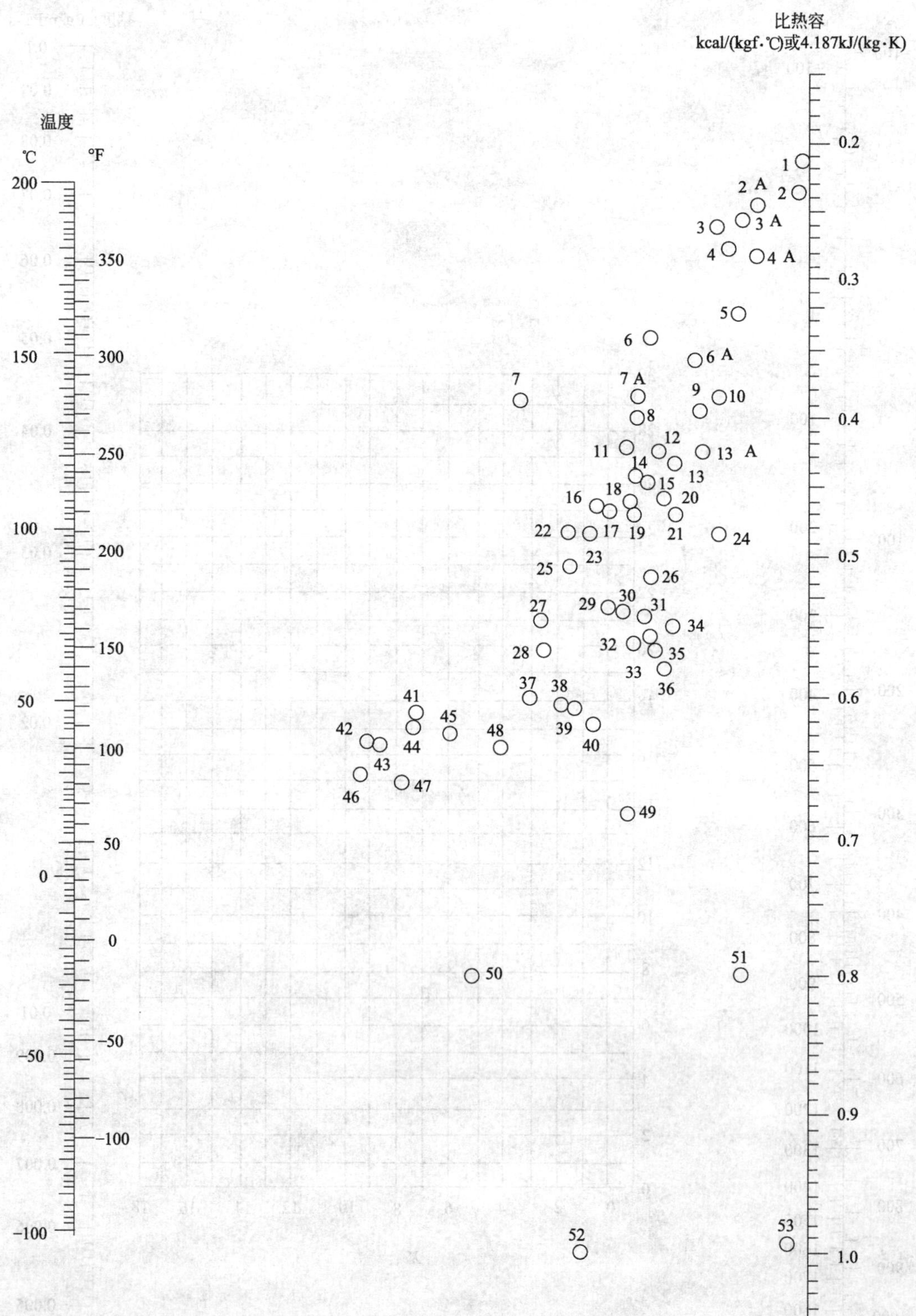

温度
℃
°F
比热容
kcal/(kgf·℃)或4.187kJ/(kg·K)

液体比热容共线图中的编号

编号	名称	温度范围/℃	编号	名称	温度范围/℃	编号	名称	温度范围/℃
53	水	10～200	6A	二氯乙烷	－30～60	47	异丙醇	－20～50
51	盐水(25%NaCl)	－40～20	3	过氯乙烯	－30～40	44	丁醇	0～100
49	盐水(25%$CaCl_2$)	－40～20	23	苯	10～80	43	异丁醇	0～100
52	氨	－70～50	23	甲苯	0～60	37	戊醇	－50～25
11	二氧化硫	－20～100	17	对二甲苯	0～100	41	异戊醇	10～100
2	二硫化碳	－100～25	18	间二甲苯	0～100	39	乙二醇	－40～200
9	硫酸(98%)	10～45	19	邻二甲苯	0～100	38	甘油	－40～20
48	盐酸(30%)	20～100	8	氯苯	0～100	27	苯甲基醇	－20～30
35	己烷	－80～20	12	硝基苯	0～100	36	乙醚	－100～25
28	庚烷	0～60	30	苯胺	0～130	31	异丙醚	－80～200
33	辛烷	－50～25	10	苯甲基氯	－20～30	32	丙酮	20～50
34	壬烷	－50～25	25	乙苯	0～100	29	醋酸	0～80
21	癸烷	－80～25	15	联苯	80～120	24	醋酸乙酯	－50～25
13A	氯甲烷	－80～20	16	联苯醚	0～200	26	醋酸戊酯	0～100
5	二氯甲烷	－40～50	16	联苯-联苯醚	0～200	20	吡啶	－50～25
4	三氯甲烷	0～50	14	萘	90～200	2A	氟里昂-11	－20～70
22	二苯基甲烷	30～100	40	甲醇	－40～20	6	氟里昂-12	－40～15
3	四氯化碳	10～60	42	乙醇(100%)	30～80	4A	氟里昂-21	－20～70
13	氯乙烷	－30～40	46	乙醇(95%)	20～80	7A	氟里昂-22	－20～60
1	溴乙烷	5～25	50	乙醇(50%)	20～80	3A	氟利昂-113	－20～70
7	碘乙烷	0～100	45	丙醇	－20～100			

17. 气体比热容共线图（常压）

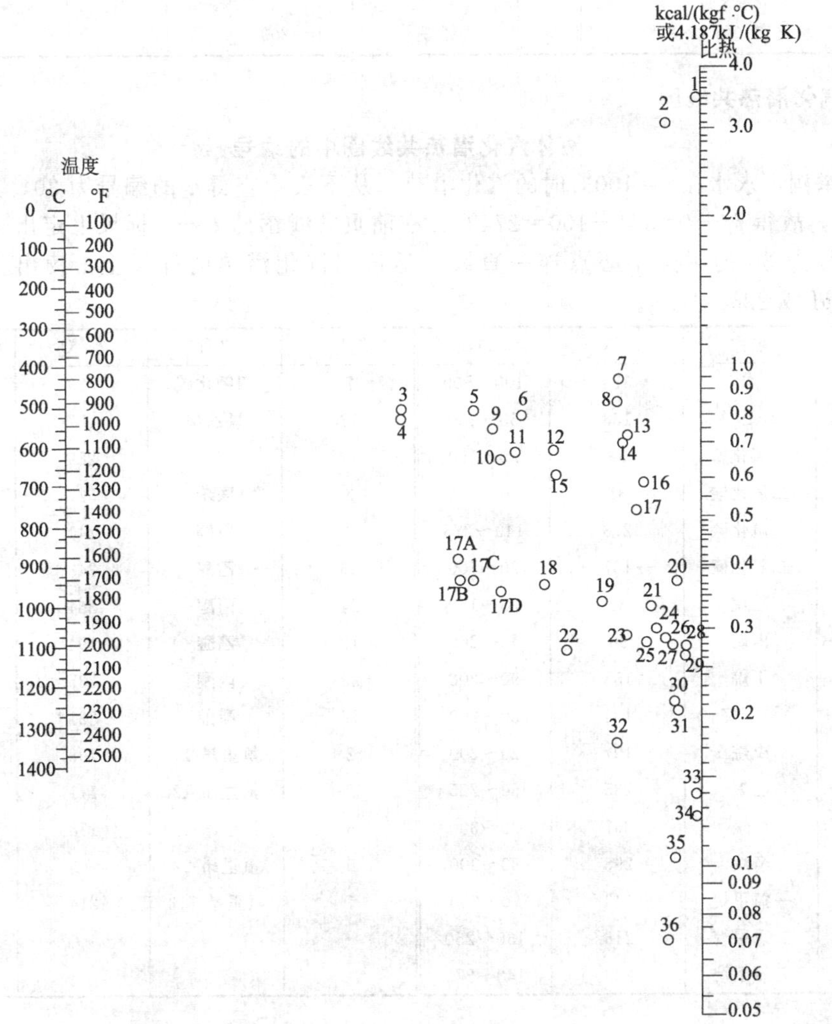

气体比热容共线图中的编号

编号	名称	温度范围/℃	编号	名称	温度范围/℃	编号	名称	温度范围/℃
27	空气	0～1400	24	二氧化碳	400～1400	9	乙烷	200～600
23	氧	0～500	22	二氧化硫	0～400	8	乙烷	600～1400
29	氧	500～1400	31	二氧化硫	400～1400	4	乙烯	0～200
26	氮	0～1400	17	水蒸气	0～1400	11	乙烯	200～600
1	氢	0～600	19	硫化氢	0～700	13	乙烯	600～1400
2	氢	600～1400	21	硫化氢	700～1400	10	乙炔	0～200
32	氯	0～200	20	氟化氢	0～1400	15	乙炔	200～400
34	氯	200～1400	30	氯化氢	0～1400	16	乙炔	400～1400
33	硫	300～1400	35	溴化氢	0～1400	17B	氟里昂-11	0～500
12	氨	0～600	36	碘化氢	0～1400	17C	氟里昂-21	0～500
14	氨	600～1400	5	甲烷	0～300	19A	氟里昂-22	0～500
25	一氧化氮	0～700	6	甲烷	300～700	17D	氟里昂-113	0～500
28	一氧化氮	700～1400	7	甲烷	700～1400			
18	二氧化碳	0～400	3	乙烷	0～200			

18. 液体汽化潜热共线图

液体汽化潜热共线图中的编号

用法举例：求水在 $t=100$℃时的汽化潜热，从下表中查得水的编号为 30，又查得水的 $t_c=374$℃，故得 $t_c-t=374-100=274$℃，在前页共线图的 t_c-t 标尺上定出 274℃的点，与图中编号为 30 的圆圈中心点连一直线，延长到汽化潜热的标尺上，读出交点读数为 540kcal/kgf 或 2260kJ/kg。

编号	名称	t_c/℃	t_c-t 范围/℃	编号	名称	t_c/℃	t_c-t 范围/℃
30	水	374	100～500	2	四氯化碳	283	30～250
29	氨	133	50～200	17	氯乙烷	187	100～250
19	一氧化氮	36	25～150	13	苯	289	10～400
21	二氧化碳	31	10～100	3	联苯	527	175～400
4	二硫化碳	273	140～275	27	甲醇	240	40～250
14	二氧化硫	157	90～160	26	乙醇	243	20～140
25	乙烷	32	25～150	24	丙醇	264	20～200
23	丙烷	96	40～200	13	乙醚	194	10～400
16	丁烷	153	90～200	22	丙酮	235	120～210
15	异丁烷	134	80～200	18	醋酸	321	100～225
12	戊烷	197	20～200	2	氟里昂-11	198	70～225
11	己烷	235	50～225	2	氟里昂-12	111	40～200
10	庚烷	267	20～300	5	氟里昂-21	178	70～250
9	辛烷	296	30～300	6	氟里昂-22	96	50～170
20	一氯甲烷	143	70～250	1	氟里昂-113	214	90～250
8	二氯甲烷	216	150～250				
7	三氯甲烷	263	140～270				

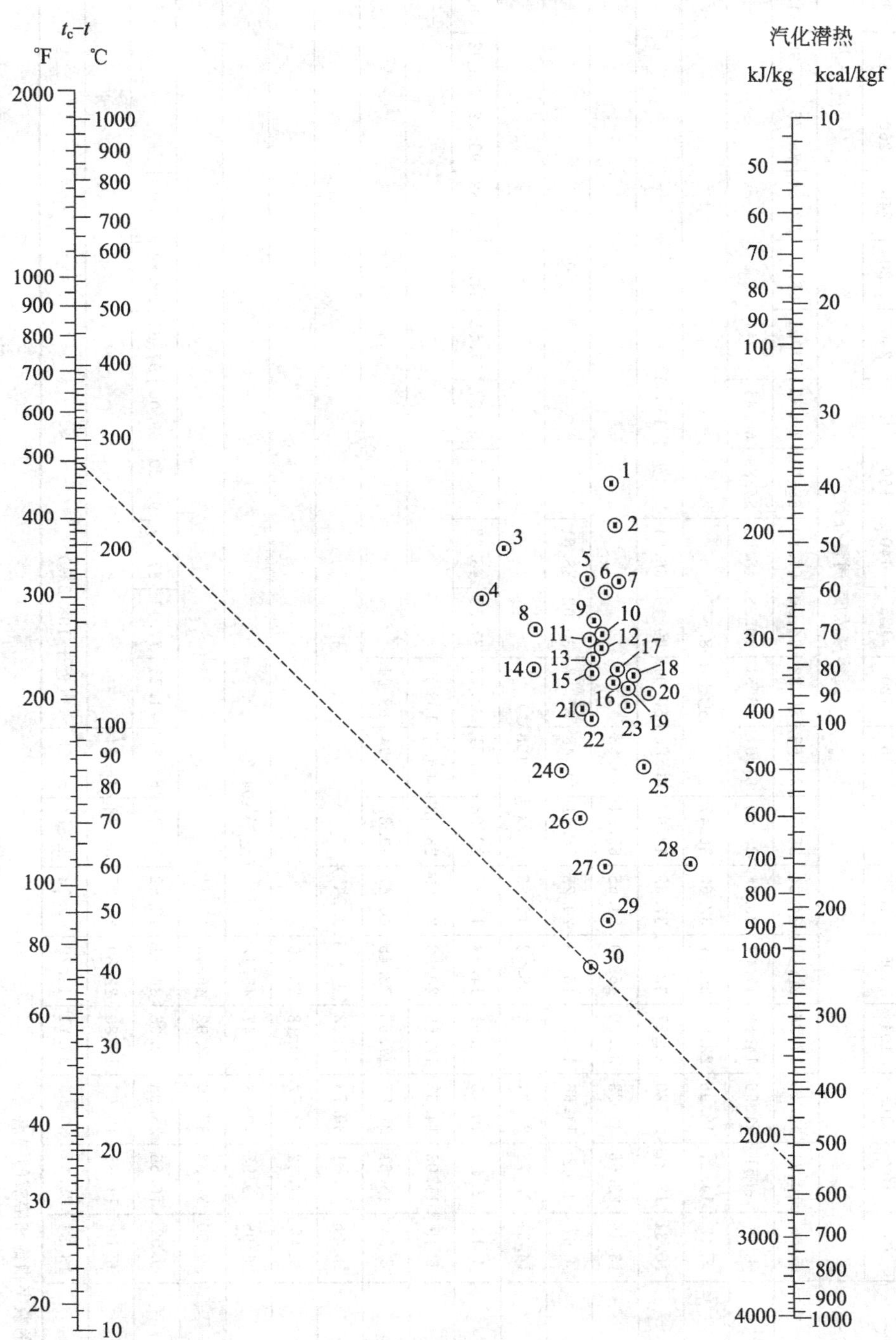

t_c-t
°F ℃
汽化潜热
kJ/kg kcal/kgf

19. 无机物水溶液在 101.3kPa（绝）下的沸点

溶液 \ 温度/℃	101	102	103	104	105	107	110	115	120	125	140	160	180	200	220	240	260	280	300	340
	溶液浓度(质量分数)/%																			
$CaCl_2$	5.66	10.31	14.16	17.36	20.00	24.24	29.33	35.68	40.83	54.80	57.89	68.94	75.85	64.91	68.73	72.64	75.76	78.95	81.63	86.18
KOH	4.49	8.51	11.96	14.82	17.01	20.88	25.65	31.97	36.51	40.23	48.05	54.89	60.41							
KCl	8.42	14.31	18.96	23.02	26.57	32.62	36.47	(近于 108.5℃)												
K_2CO_3	10.31	18.37	24.20	28.57	32.24	37.69	43.97	50.86	56.04	60.40	66.94	(近于 133.5℃)								
KNO_3	13.19	23.66	32.23	39.20	45.10	54.65	65.34	79.53												
$MgCl_2$	4.67	8.42	11.66	14.31	16.59	20.23	24.41	29.48	33.07	36.02	38.61									
$MgSO_4$	14.31	22.78	28.31	32.23	35.32	42.86	(近于 108℃)													
NaOH	4.12	7.40	10.15	12.51	14.53	18.32	23.08	26.21	33.77	37.58	48.32	60.13	69.97	77.53	84.03	88.89	93.02	95.92	98.47	(近于 314℃)
NaCl	6.19	11.03	14.67	17.69	20.32	25.09	28.92	(近于 108°)												
$NaNO_3$	8.26	15.61	21.87	17.53	32.45	40.47	49.87	60.94	68.94											
Na_2SO_4	15.26	24.81	30.73	31.83	(近于 103.2℃)															
Na_2CO_3	9.42	17.22	23.72	29.18	33.66															
$CuSO_4$	26.95	39.98	40.83	44.47	45.12	(近于 104.2℃)														
$ZnSO_4$	20.00	31.22	37.89	42.92	46.15															
NH_4NO_3	9.09	16.66	23.08	29.08	34.21	42.52	51.92	63.24	71.26	77.11	87.09	93.20	69.00	97.61	98.84	100				
NH_4Cl	6.10	11.35	15.96	19.80	22.89	28.37	35.98	46.94												
$(NH_4)_2SO_4$	13.34	23.41	30.65	36.71	41.79	49.73	49.77	53.55	(近于 108.2℃)											

注：括号内的数字指饱和溶液的沸点。

20. 某些气体在水中的亨利系数

气体	温度/℃															
	0	5	10	15	20	25	30	35	40	45	50	60	70	80	90	100
	$E\times10^{-6}$/kPa															
H_2	5.87	6.16	6.44	6.70	6.92	7.16	7.39	7.52	7.61	7.70	7.75	7.75	7.71	7.65	7.61	7.55
N_2	5.35	6.05	6.77	7.48	8.15	8.76	9.36	9.98	10.5	11.0	11.4	12.2	12.7	12.8	12.8	12.8
空气	4.38	4.94	5.56	6.15	6.73	7.30	7.81	8.34	8.82	9.23	9.59	10.2	10.6	10.8	10.9	10.8
CO	3.57	4.01	4.48	4.95	5.43	5.88	6.28	6.68	7.05	7.39	7.71	8.32	8.57	8.57	8.57	8.57
O_2	2.58	2.95	3.31	3.69	4.06	4.44	4.81	5.14	5.42	5.70	5.96	6.37	6.72	6.96	7.08	7.10
CH_4	2.27	2.62	3.01	3.41	3.81	4.18	4.55	4.92	5.27	5.58	5.85	6.34	6.67	6.91	7.01	7.10
NO	1.71	1.96	2.21	2.45	2.67	2.91	3.14	3.35	3.57	3.77	3.95	4.24	4.44	4.54	4.58	4.60
C_2H_6	1.28	1.57	1.92	2.90	2.66	3.06	3.47	3.88	4.29	4.69	5.07	5.72	6.31	6.70	6.96	7.01
	$E\times10^{-5}$/kPa															
C_2H_4	5.59	6.62	7.78	9.07	10.3	11.6	12.9	—	—	—	—	—	—	—	—	—
N_2O	—	1.19	1.43	1.68	2.01	2.28	2.62	3.06	—	—	—	—	—	—	—	—
CO_2	0.738	0.888	1.05	1.24	1.44	1.66	1.88	2.12	2.36	2.60	2.87	3.46	—	—	—	—
C_2H_2	0.73	0.85	0.97	1.09	1.23	1.35	1.48	—	—	—	—	—	—	—	—	—
Cl_2	0.272	0.334	0.399	0.461	0.537	0.604	0.669	0.74	0.80	0.86	0.90	0.97	0.99	0.97	0.96	—
H_2S	0.272	0.319	0.372	0.418	0.489	0.552	0.617	0.686	0.755	0.825	0.689	1.04	1.21	1.37	1.46	1.50
	$E\times10^{-4}$/kPa															
SO_2	0.167	0.203	0.245	0.294	0.355	0.413	0.485	0.567	0.661	0.763	0.871	1.11	1.39	1.70	2.01	—

21. 某些二元物系的气液平衡组成

（1）乙醇-水（101.3kPa）

乙醇(摩尔分数)/%		温度/℃	乙醇(摩尔分数)/%		温度/℃
液相中	气相中		液相中	气相中	
0.00	0.00	100	32.73	58.26	81.5
1.90	17.00	95.5	39.65	61.22	80.7
7.21	38.91	89.0	50.79	65.64	79.8
9.66	43.75	86.7	51.98	65.99	79.7
12.38	47.04	85.3	57.32	68.41	79.3
16.61	50.89	84.1	67.63	73.85	78.74
23.37	54.45	82.7	74.72	78.15	78.41
26.08	55.80	82.3	89.43	89.43	78.15

（2）苯-甲苯（101.3kPa）

苯(摩尔分数)/%		温度/℃	苯(摩尔分数)/%		温度/℃
液相中	气相中		液相中	气相中	
0.0	0.0	110.6	59.2	78.9	89.4
8.8	21.2	106.1	70.0	85.3	86.8
20.0	37.0	102.2	80.3	91.4	84.4
30.0	50.0	98.6	90.3	95.7	82.3
39.7	61.8	95.2	95.0	97.9	81.2
48.9	71.0	92.1	100.0	100.0	80.2

（3）氯仿-苯（101.3kPa）

氯仿(质量分数)/%		温度/℃	氯仿(质量分数)/%		温度/℃
液相中	气相中		液相中	气相中	
10	13.6	79.9	60	75.0	74.6
20	27.2	79.0	70	83.0	72.8
30	40.6	78.1	80	90.0	70.5
40	53.0	77.2	90	96.1	67.0
50	65.0	76.0			

(4) 水-醋酸 (101.3kPa)

水(摩尔分数)/%		温度/℃	水(摩尔分数)/%		温度/℃
液相中	气相中		液相中	气相中	
0.0	0.0	118.2	83.3	88.6	101.3
27.0	39.4	108.2	88.6	91.9	100.9
45.5	56.5	105.3	93.0	95.0	100.5
58.8	70.7	103.8	96.8	97.7	100.2
69.0	79.0	102.8	100.0	100.0	100.0
76.9	84.5	101.9			

(5) 甲醇-水 (101.3kPa)

甲醇(摩尔分数)/%		温度/℃	甲醇(摩尔分数)/%		温度/℃
液相中	气相中		液相中	气相中	
5.31	28.34	92.9	29.09	68.01	77.8
7.67	40.01	90.3	33.33	69.18	76.7
9.26	43.53	88.9	35.13	73.47	76.2
12.57	48.31	86.6	46.20	77.56	73.8
13.15	54.55	85.0	52.92	79.71	72.7
16.74	55.85	83.2	59.37	81.83	71.3
18.18	57.75	82.3	68.49	84.92	70.0
20.83	62.73	81.6	77.01	89.62	68.0
23.19	64.85	80.2	87.41	91.94	66.9
28.18	67.75	78.0			

22. 管子规格

(1) 普通无缝钢管(摘自 GB/T 8163—2008)

外径/mm	壁厚/mm		外径/mm	壁厚/mm	
	从	到		从	到
10	0.25	3.5	60	1.0	16
13.5	0.25	4.0	76	1.0	20
17	0.25	5.0	89	1.4	24
21	0.4	6.0	114	1.5	30
27	0.4	7.0	140	3.0	36
34	0.4	8.0	168	3.5	45
42	1.0	10	219	6.0	55
48	1.0	12	273	6.5	85

注:壁厚有 0.25mm、0.3mm、0.4mm、0.5mm、0.6mm、0.8mm、1.0mm、1.2mm、1.4mm、1.5mm、1.6mm、1.8mm、2.0mm、2.2mm、2.5mm、2.8mm、3.0mm、3.2mm、3.5mm、4.0mm、4.5mm、5.0mm、5.5mm、6.0mm、6.5mm、7.0mm、7.5mm、8.0mm、8.5mm、9.0mm、9.5mm、10mm、11mm、12mm、13mm、14mm、15mm、16mm、17mm、18mm、19mm、20mm、22mm、24mm、25mm、26mm、28mm、30mm、32mm、34mm、36mm、38mm、40mm、42mm、45mm、48mm、50mm、55mm、60mm、65mm、70mm、75mm、80mm、85mm、90mm。

（2）低压流体输送用焊接钢管（摘自 GB/T 3091—2008）

公称直径 /mm	外径 /mm	普通管 壁厚/mm	加厚管 壁厚/mm	公称直径 /mm	外径 /mm	普通管 壁厚/mm	加厚管 壁厚/mm
6	10.2	2.0	2.5	40	48.3	3.5	4.5
8	13.5	2.5	2.8	50	60.3	3.8	4.5
10	17.2	2.5	2.8	65	76.1	4.0	4.5
15	21.3	2.8	3.5	80	88.9	4.0	5.0
20	26.9	2.8	3.5	100	114.3	4.0	5.0
25	33.7	3.2	4.0	125	139.7	4.0	5.5
32	42.4	3.5	4.0	150	168.3	4.5	6.0

23. 离心泵规格（摘录）

（1）IS 型单级单吸离心泵性能表

型号	转速 n/(r/min)	流量		扬程 H/m	效率 η/%	功率/kW		必需汽蚀余量 (NPSH)/m	质量(泵/底座)/kg
		m^3/h	L/s			轴功率	电动机功率		
IS50-32-125	2900	7.5	2.08	22	47	0.96	2.2	2.0	32/46
		12.5	3.47	20	60	1.13		2.0	
		15	4.17	18.5	60	1.26		2.5	
	1450	3.75	1.04	5.4	43	0.13	0.55	2.0	32/38
		6.3	1.74	5	54	0.16		2.0	
		7.5	2.08	4.6	55	0.17		2.5	
IS50-32-160	2900	7.5	2.08	34.3	44	1.59	3	2.0	50/46
		12.5	3.47	32	54	2.02		2.0	
		15	4.17	29.6	56	2.16		2.5	
	1450	3.75	1.04	13.1	35	0.25	0.55	2.0	50/38
		6.3	1.74	12.5	48	0.29		2.0	
		7.5	2.08	12	49	0.31		2.5	
IS50-32-200	2900	7.5	2.08	82	38	2.82	5.5	2.0	52/66
		12.5	3.47	80	48	3.54		2.0	
		15	4.17	78.5	51	3.95		2.5	
	1450	3.75	1.04	20.5	33	0.41	0.75	2.0	52/38
		6.3	1.74	20	42	0.51		2.0	
		7.5	2.08	19.5	44	0.56		2.5	
IS50-32-250	2900	7.5	2.08	21.8	23.5	5.87	11	2.0	88/110
		12.5	3.47	20	38	7.16		2.0	
		15	4.17	18.5	41	7.83		2.5	
	1450	3.75	1.04	5.35	23	0.91	1.5	2.0	88/64
		6.3	1.74	5	32	1.07		2.0	
		7.5	2.08	4.7	35	1.14		3.0	
IS65-50-125	2900	7.5	4.17	35	58	1.54	3	2.0	50/41
		12.5	6.94	32	69	1.97		2.0	
		15	8.33	30	68	2.22		3.0	
	1450	3.75	2.08	8.8	53	0.21	0.55	2.0	50/38
		6.3	3.47	8.0	64	0.27		2.0	
		7.5	4.17	7.2	65	0.30		2.5	

续表

型号	转速 $n/(r/min)$	流量		扬程 H/m	效率 $\eta/\%$	功率/kW		必需汽蚀余量(NPSH)/m	质量(泵/底座)/kg
		m^3/h	L/s			轴功率	电动机功率		
IS65-50-160	2900	15	4.17	53	54	2.65	5.5	2.0	51/66
		25	6.94	50	65	3.35		2.0	
		30	8.33	47	66	3.71		2.5	
	1450	7.5	2.08	13.2	50	0.36	0.75	2.0	51/38
		12.5	3.47	12.5	60	0.45		2.0	
		15	4.17	11.8	60	0.49		2.5	
IS65-40-200	2900	15	4.17	53	49	4.42	7.5	2.0	62/66
		25	6.94	50	60	5.67		2.0	
		30	8.33	47	61	6.29		2.5	
	1450	7.5	2.08	13.2	43	0.63	1.1	2.0	62/46
		12.5	3.47	12.5	55	0.77		2.0	
		15	4.17	11.8	57	0.85		2.5	
IS65-40-250	2900	15	4.17	82	37	9.05	15	2.0	82/110
		25	6.94	80	50	10.89		2.0	
		30	8.33	78	53	12.02		2.5	
	1450	7.5	2.08	21	35	1.23	2.2	2.0	82/67
		12.5	3.47	20	46	1.48		2.0	
		15	4.17	19.4	48	1.65		2.5	
IS65-40-315	2900	15	4.17	127	28	18.5	30	2.5	152/110
		25	6.94	125	40	21.3		2.5	
		30	8.33	123	44	22.8		3.0	
	1450	7.5	2.08	32.2	25	6.63	4	2.5	152/67
		12.5	3.47	32.0	37	2.94		2.5	
		15	4.17	31.7	41	3.16		3.0	
IS80-65-125	2900	30	8.33	22.5	64	2.87	5.5	3.0	44/46
		50	13.9	20	75	3.63		3.0	
		60	16.7	18	74	3.98		3.5	
	1450	15	4.17	5.6	55	0.42	0.75	2.5	44/38
		25	6.94	5	71	0.48		2.5	
		30	8.33	4.5	72	0.51		3.0	
IS80-65-160	2900	30	8.33	36	61	4.82	7.5	2.5	48/66
		50	13.9	32	73	5.97		2.5	
		60	16.7	29	72	6.59		3.0	
	1450	15	4.17	9	55	0.67	1.5	2.5	48/46
		25	6.94	8	69	0.79		2.5	
		30	8.33	7.2	68	0.86		3.0	
IS80-50-200	2900	30	8.33	53	55	7.87	15	2.5	64/124
		50	13.9	40	69	9.87		2.5	
		60	16.7	47	71	10.8		3.0	
	1450	15	4.17	13.2	51	1.06	2.2	2.5	64/46
		25	6.94	12.5	65	1.31		2.5	
		30	8.33	11.8	67	1.44		3.0	

续表

型号	转速 $n/(r/min)$	流量		扬程 H/m	效率 $\eta/\%$	功率/kW		必需汽蚀余量 (NPSH)/m	质量(泵/底座)/kg
		m^3/h	L/s			轴功率	电动机功率		
IS80-50-250	2900	30	8.33	84	52	13.2	22	2.5	90/110
		50	13.9	80	63	17.3		2.5	
		60	16.7	75	64	19.2		3.0	
	1450	15	4.17	21	49	1.75	3	2.5	90/64
		25	6.94	20	60	2.22		2.5	
		30	8.33	18.8	61	2.52		3.0	
IS80-50-315	2900	30	8.33	128	41	25.5	37	2.5	125/160
		50	13.9	125	54	31.5		2.5	
		60	16.7	123	57	35.3		3.0	
	1450	15	4.17	32.5	39	3.4	5.5	2.5	125/66
		25	6.94	32	52	4.19		2.5	
		30	8.33	31.5	56	4.6		3.0	
IS100-80-125	2900	60	16.7	24	67	5.86	11	4.0	49/64
		100	27.8	20	78	7.00		4.5	
		120	33.3	16.5	74	7.28		5.0	
	1450	30	8.33	6	64	0.77	1	2.5	49/46
		50	13.9	5	75	0.91		2.5	
		60	16.7	4	71	0.92		3.0	
IS100-80-160	2900	60	16.7	36	70	8.42	15	3.5	69/110
		100	27.8	32	78	11.2		4.0	
		120	33.3	28	75	12.2		5.0	
	1450	30	8.33	9.2	67	1.12	2.2	2.0	69/64
		50	13.9	8.0	75	1.45		2.5	
		60	16.7	6.8	71	1.57		3.5	
IS100-65-200	2900	60	16.7	54	65	13.6	22	3.0	81/110
		100	27.8	50	76	17.9		3.6	
		120	33.3	47	77	19.9		4.8	
	1450	30	8.33	13.5	60	1.84	4	2.0	81/64
		50	13.9	12.5	73	2.33		2.0	
		60	16.7	11.8	74	2.61		2.5	
IS100-65-250	2900	60	16.7	87	61	23.4	37	3.5	90/160
		100	27.8	80	72	30.0		3.8	
		120	33.3	74.5	73	33.3		4.8	
	1450	30	8.33	21.3	55	3.16	5.5	2.0	90/66
		50	13.9	20	68	4.00		2.0	
		60	16.7	19	70	4.44		2.5	
IS100-65-315	2900	60	16.7	133	55	39.6	75	3.0	180/295
		100	27.8	125	66	51.6		3.6	
		120	33.3	118	67	57.5		4.2	
	1450	30	8.33	34	51	5.44	11	2.0	180/112
		50	13.9	32	63	6.92		2.0	
		60	16.7	30	64	7.67		2.5	

续表

型号	转速 n/(r/min)	流量 m³/h	流量 L/s	扬程 H/m	效率 η/%	功率/kW 轴功率	功率/kW 电动机功率	必需汽蚀余量 (NPSH)/m	质量(泵/底座)/kg
IS125-100-200	2900	120	33.3	57.5	67	28.0	45	4.5	108/160
		200	55.6	50	81	33.6		4.5	
		240	66.7	44.5	80	36.4		5.0	
	1450	60	16.7	14.5	62	3.83	7.5	2.5	108/66
		100	27.8	12.5	76	4.48		2.5	
		120	33.3	11	75	4.79		3.0	
IS125-100-250	2900	120	33.3	87	66	43.0	75	3.8	166/295
		200	55.6	80	78	55.9		4.2	
		240	66.7	72	75	62.8		5.0	
	1450	60	16.7	21.5	63	5.59	11	2.5	166/112
		100	27.8	20	76	7.17		2.5	
		120	33.3	18.5	77	7.84		3.0	
IS125-100-315	2900	120	33.3	132.5	60	72.1	110	4.0	189/330
		200	55.6	125	75	90.8		4.5	
		240	66.7	120	77	101.9		5.0	
	1450	60	16.7	33.5	58	9.4	15	2.5	189/160
		100	27.8	32	73	7.9		2.5	
		120	33.3	30.5	74	13.5		3.0	
IS125-100-400	1450	60	16.7	52	53	16.1	30	2.5	205/233
		100	27.8	50	65	21.0		2.5	
		120	33.3	48.5	67	23.6		3.0	
IS150-125-250	1450	120	33.3	22.5	71	10.4	18.5	3.0	188/158
		200	55.6	20	81	13.5		3.0	
		240	66.7	17.5	78	14.7		3.5	
IS150-125-315	1450	120	33.3	34	70	15.9	30	2.5	192/233
		200	55.6	32	79	22.1		2.5	
		240	66.7	29	80	23.7		3.0	
IS150-125-400	1450	120	33.3	53	62	27.9	45	2.0	223/233
		200	55.6	50	75	36.3		2.8	
		240	66.7	46	74	40.6		3.5	
IS220-150-315	1450	240	66.7	37	70	34.6	55	3.0	262/295
		400	111.1	32	82	42.5		3.5	
		460	127.8	28.5	80	44.6		4.0	
IS220-150-400	1450	240	66.7	55	74	48.6	90	3.0	295/298
		400	111.1	50	81	67.2		3.8	
		460	127.8	48	76	74.2		4.5	

(2) Y 型离心油泵

泵型号	流量 /(m³/h)	扬程 /m	转速 /(r/min)	允许汽蚀余量 /m	泵效率/%	功率/kW 轴功率	功率/kW 电机功率
50Y60	13.0	67	2950	2.9	38	6.24	7.5
50Y60A	11.2	53	2950	3.0	35	4.68	7.5
50Y60B	9.9	39	2950	2.8	33	3.18	4

续表

泵型号	流量/(m^3/h)	扬程/m	转速/(r/min)	允许汽蚀余量/m	泵效率/%	功率/kW	
						轴功率	电机功率
50Y60×2	12.5	120	2950	2.4	34.5	11.8	15
50Y60×2A	12	105	2950	2.3	35	9.8	15
50Y60×2B	11	89	2950	2.25	32	8.35	11
65Y60	25	60	2950	3.05	50	8.18	11
65Y60A	22.5	49	2950	3.0	49	6.13	7.5
65Y60B	20	37.5	2950	2.7	47	4.35	5.5
65Y100	25	110	2950	3.2	40	18.8	22
65Y100A	23	92	2950	3.1	39	14.75	18.5
65Y100B	21	73	2950	3.05	40	10.45	15
65Y100×2	25	200	2950	2.85	42	35.8	45
65Y100×2A	23	175	2950	2.8	41	26.7	37
65Y100×2B	22	150	2950	2.75	42	21.4	30
80Y60	50	58	2950	3.2	56	14.1	18.5
80Y100	50	100	2950	3.1	51	26.6	37
80Y100A	45	85	2950	3.1	52.5	19.9	30
80Y100×2	50	200	2950	3.6	53.5	51	75
80Y100A×2A	47	175	2950	3.5	50	44.8	55
80Y100A×2B	43	153	2950	3.35	51	35.2	45
80Y100A×2C	40	125	2950	3.3	49	27.8	37

24. 4-72型离心通风机规格（摘录）

机号	转速/(r/min)	全压/Pa	流量/(m^3/h)	效率/%	所需功率/kW
6C	2240	2432.1	15800	91	14.1
	2000	1941.8	14100	91	10.0
	1800	1569.1	12700	91	7.3
	1250	755.1	8800	91	2.53
	1000	480.5	7030	91	1.39
	800	294.2	5610	91	0.73
8C	1800	2795.0	29900	91	30.8
	1250	1343.6	20800	91	10.3
	1000	863.0	16600	91	5.52
	630	343.2	10480	91	1.51
10C	1250	2226.2	41300	94.3	32.7
	1000	1422.0	32700	94.3	16.5
	800	912.1	26130	94.3	8.5
	500	353.1	16390	94.3	2.3
6D	1450	1961.4	20130	89.5	14.2
	960	441.3	6720	91	1.32
8D	1450	1961.4	20130	89.5	14.2
	730	490.4	10150	89.5	2.06
16B	900	2942.1	121000	94.3	127
20B	710	2844.0	186300	94.3	190

注：传动方式：B、C—皮带轮传动；D—联轴器传动。

25. 管壳式热交换器系列标准（摘自JB/T 4714、4715—92）

(1) 固定管板式换热器

① 换热管为ϕ19mm的换热器的基本参数（管心距25mm）

公称直径 DN/mm	公称压力 PN/MPa	管程数 N	管子根数 n	中心排管数	管程流通面积/m^2	计算换热面积/m^2 管长 L/mm					
						1500	2000	3000	4500	6000	9000
159	1.60 2.50 4.00 6.40	1	15	5	0.0027	1.3	1.7	2.6	—	—	—
219		1	33	7	0.0058	2.8	3.7	5.7	—	—	—
273		1	65	9	0.0115	5.4	7.4	11.3	17.1	22.9	—
		2	56	8	0.0049	4.7	6.4	9.7	14.7	19.7	—
325		1	99	11	0.0175	8.3	11.2	17.1	26.0	34.9	—
		2	88	10	0.0078	7.4	10.0	15.2	23.1	31.0	—
		4	68	10	0.0030	5.7	7.7	11.8	17.9	23.9	—
400	0.60 1.00 1.60 2.50 4.00	1	174	14	0.0307	14.5	19.7	30.1	45.7	61.3	—
		2	164	15	0.0145	13.7	18.6	28.4	43.1	57.8	—
		4	146	14	0.0065	12.2	16.6	25.3	38.3	51.4	—
450		1	237	17	0.0419	19.8	26.9	41.0	62.2	83.5	—
		2	220	16	0.0194	18.4	25.0	38.1	57.8	77.5	—
		4	200	16	0.0088	16.7	22.7	34.6	52.5	70.4	—
500		1	275	19	0.0486	—	31.2	47.6	72.2	96.8	—
		2	256	18	0.0226	—	29.0	44.3	67.2	90.2	—
		4	222	18	0.0098	—	25.2	38.4	58.3	78.2	—
600		1	430	22	0.0760	—	48.8	74.4	112.9	151.4	—
		2	416	23	0.0368	—	47.2	72.0	109.3	146.5	—
		4	370	22	0.0163	—	42.0	64.0	97.2	130.3	—
		6	360	20	0.0106	—	40.8	62.3	94.5	126.8	—
700		1	607	27	0.1073	—	—	105.1	159.4	213.8	—
		2	574	27	0.0507	—	—	99.4	150.8	202.1	—
		4	542	27	0.0239	—	—	93.8	142.3	190.9	—
		6	518	24	0.0153	—	—	89.7	136.0	182.4	—
800	0.60 1.00 1.60 2.50 4.00	1	797	31	0.1408	—	—	138.0	209.3	280.7	—
		2	776	31	0.0686	—	—	134.3	203.8	273.3	—
		4	722	31	0.0319	—	—	125.0	189.8	254.3	—
		6	710	30	0.0209	—	—	122.9	186.5	250.0	—
900	0.60 1.00 1.60 2.50	1	1009	35	0.1783	—	—	174.7	265.0	355.3	536.0
		2	988	35	0.0873	—	—	171.0	259.5	347.9	524.9
		4	938	35	0.0414	—	—	162.4	246.4	330.3	489.3
		6	914	34	0.0269	—	—	158.2	240.0	321.9	485.6
1000		1	1267	39	0.2239	—	—	219.3	332.8	446.2	673.1
		2	1234	39	0.1090	—	—	213.6	324.1	434.6	655.6
		4	1186	38	0.0524	—	—	205.3	311.5	417.7	630.1
		6	1148	38	0.0338	—	—	198.7	301.5	404.3	609.9
(1100)		1	1501	43	0.2652	—	—	—	394.2	528.6	797.4
		2	1470	43	0.1299	—	—	—	386.1	517.7	780.9
		4	1450	43	0.0641	—	—	—	380.8	510.6	770.3
		6	1380	42	0.0406	—	—	—	362.4	486.0	733.1

注：表中的管程流通面积为各程平均值。括号内公称直径不推荐使用。管子为正三角形排列。

② 换热管为 ϕ25mm 的换热器基本参数（管心距 32mm）

公称直径 DN/mm	公称压力 PN/MPa	管程数 N	管子根数 n	中心排管数	管程流通面积/m^2 $d\times\delta_t$(壁厚)/mm×mm		计算换热面积/m^2 管长 L/mm					
					$\phi25\times2$	$\phi25\times2.5$	1500	2000	3000	4500	6000	9000
159	1.60 2.50 4.00 6.40	1	11	3	0.0038	0.0035	1.2	1.6	2.5	—	—	—
219		1	25	5	0.0087	0.0079	2.7	3.7	5.7	—	—	—
273		1	38	6	0.0132	0.0119	4.2	5.7	8.7	13.1	17.6	—
		2	32	7	0.0050	0.0050	3.5	4.8	7.3	11.1	14.8	—
325		1	57	9	0.0197	0.0179	6.3	8.5	13.0	19.7	26.4	—
		2	56	9	0.0097	0.0088	6.2	8.4	12.7	19.3	25.9	—
		4	40	9	0.0035	0.0031	4.4	6.0	9.1	13.8	18.5	—

续表

公称直径 DN/mm	公称压力 PN/MPa	管程数 N	管子根数 n	中心排管数	管程流通面积/m² $d\times\delta_t$(壁厚)/mm×mm		计算换热面积/m² 管长 L/mm					
					ϕ25×2	ϕ25×2.5	1500	2000	3000	4500	6000	9000
400	0.60 1.00 1.60 2.50 4.00	1	98	12	0.0339	0.0308	10.8	14.6	22.3	33.8	45.4	—
		2	94	11	0.0163	0.0148	10.3	14.0	21.4	32.5	43.5	—
		4	76	11	0.0066	0.0060	8.4	11.3	17.3	26.3	35.2	—
450		1	135	13	0.0468	0.0424	14.8	20.1	30.7	46.6	62.5	—
		2	126	12	0.0218	0.0198	13.9	18.8	28.7	43.5	58.4	—
		4	106	13	0.0092	0.0083	11.7	15.8	24.1	36.6	49.1	—
500	0.60 1.00 1.60 2.50 4.00	1	174	14	0.0603	0.0546	—	26.0	39.6	60.1	80.6	—
		2	164	15	0.0284	0.0257	—	24.5	37.3	56.6	76.0	—
		4	144	15	0.0125	0.0113	—	21.4	32.8	49.7	66.7	—
600		1	245	17	0.0849	0.0769	—	36.5	55.8	84.6	113.5	—
		2	232	16	0.0402	0.0364	—	34.6	52.8	80.1	107.5	—
		4	222	17	0.0192	0.0174	—	33.1	50.0	76.7	102.8	—
		6	216	16	0.0125	0.0113	—	32.2	49.2	74.6	100.0	—
700		1	355	21	0.1230	0.1115	—	—	80.0	122.6	164.4	—
		2	342	21	0.0592	0.0537	—	—	77.9	118.1	158.4	—
		4	322	21	0.0279	0.0253	—	—	73.3	111.2	149.1	—
		6	304	20	0.0175	0.0159	—	—	69.2	105.0	140.8	—
800	0.60 1.60 2.50 4.00	1	467	23	0.1618	0.1466	—	—	106.3	161.3	216.3	—
		2	450	23	0.0779	0.0707	—	—	102.4	155.4	208.5	—
		4	442	23	0.0383	0.0347	—	—	100.6	152.7	204.7	—
		6	430	24	0.0248	0.0225	—	—	97.9	148.5	119.2	—
900		1	605	27	0.2095	0.1900	—	—	137.8	209.0	280.2	422.7
		2	588	27	0.1018	0.0923	—	—	133.9	203.1	272.3	410.8
		4	554	27	0.0480	0.0435	—	—	126.1	191.4	256.6	387.1
		6	538	26	0.0311	0.0282	—	—	122.5	185.8	249.2	375.9
1000		1	749	30	0.2594	0.2352	—	—	170.5	258.7	346.9	523.3
		2	742	29	0.1285	0.1165	—	—	168.9	256.3	343.7	518.4
		4	710	29	0.0615	0.0557	—	—	161.6	245.2	328.8	496.0
		6	698	30	0.0403	0.0365	—	—	158.9	241.1	323.3	487.7
(1100)		1	931	33	0.3225	0.2923	—	—	—	321.6	431.2	650.4
		2	894	33	0.1548	0.1404	—	—	—	308.8	414.1	624.6
		4	848	33	0.0734	0.0666	—	—	—	292.9	392.8	592.5
		6	830	32	0.0479	0.0434	—	—	—	286.7	384.4	579.9

注：表中的管程流通面积为各程平均值。括号内公称直径不推荐使用。管子为正三角形排列。

(2) 浮头式（内导流）换热器的主要参数

公称直径 DN/mm	管程数 N	管根数①		中心排管数		管程流通面积/m²			A②/m²							
		管外径 d/mm				$d\times\delta_t$(壁厚)/mm×mm			管长 L=3m		管长 L=4.5m		管长 L=6m		管长 L=9m	
		19	25	19	25	19×2	25×2	25×2.5	19	25	19	25	19	25	19	25
325	2	60	32	7	5	0.0053	0.0055	0.0050	10.5	7.4	15.8	11.1	—	—	—	—
	4	52	28	6	4	0.0023	0.0024	0.0022	9.1	6.4	13.7	9.7	—	—	—	—
426	2	120	74	8	7	0.0106	0.0126	0.0116	20.9	16.9	31.6	25.6	42.3	34.4	—	—
400	4	108	68	9	6	0.0048	0.0059	0.0053	18.8	15.6	28.4	23.6	38.1	31.6	—	—
500	2	206	124	11	8	0.0182	0.0215	0.0194	35.7	28.3	54.1	42.8	72.5	57.4	—	—
	4	192	116	10	9	0.0085	0.0100	0.0091	33.2	26.4	50.4	40.1	67.6	53.7	—	—
600	2	324	198	14	11	0.0286	0.0343	0.0311	55.8	44.9	84.8	68.2	113.9	91.5	—	—
	4	308	188	14	10	0.0136	0.0163	0.0148	53.1	42.6	80.7	64.8	108.2	86.9	—	—
	6	284	158	14	10	0.0083	0.0091	0.0083	48.9	35.8	74.4	54.4	99.8	73.1	—	—

续表

公称直径 DN/mm	管程数 N	管根数①		中心排管数		管程流通面积/m^2			A②/m^2							
		管外径 d/mm				$d\times\delta_t$(壁厚)/mm×mm			管长 $L=3$m		管长 $L=4.5$m		管长 $L=6$m		管长 $L=9$m	
		19	25	19	25	19×2	25×2	25×2.5	19	25	19	25	19	25	19	25
700	2	468	268	16	13	0.0414	0.0464	0.0421	80.4	60.6	122.2	92.1	164.1	123.7	—	—
	4	448	256	17	12	0.0198	0.0222	0.0201	76.9	57.8	117.0	87.9	157.1	118.1	—	—
	6	382	224	15	10	0.0112	0.0129	0.0116	65.6	50.6	99.8	76.9	133.9	103.4	—	—
800	2	610	336	19	15	0.0539	0.0634	0.0575	—	—	158.9	125.4	213.5	168.5	—	—
	4	588	352	18	14	0.0260	0.0305	0.0276	—	—	153.2	120.6	205.8	162.1	—	—
	6	518	316	16	14	0.0152	0.0182	0.0165	—	—	134.9	108.3	181.3	145.5	—	—
900	2	800	472	22	17	0.0707	0.0817	0.0741	—	—	207.6	161.2	279.2	216.8	—	—
	4	776	456	21	16	0.0343	0.0395	0.0353	—	—	201.4	155.7	270.8	209.4	—	—
	6	720	426	21	16	0.0212	0.0246	0.0223	—	—	186.9	145.5	251.3	195.6	—	—
1000	2	1006	606	24	19	0.0890	0.0105	0.0952	—	—	260.6	206.6	350.6	277.9	—	—
	4	980	588	23	18	0.0433	0.0509	0.0462	—	—	253.9	200.4	341.6	269.7	—	—
	6	892	564	21	18	0.0262	0.0326	0.0295	—	—	231.1	192.2	311.0	258.7	—	—
1100	2	1240	736	27	21	0.1100	0.1270	0.1160	—	—	320.3	250.2	431.3	336.8	—	—
	4	1212	716	26	20	0.0536	0.0620	0.0562	—	—	313.1	243.4	421.6	327.7	—	—
	6	1120	692	24	20	0.0329	0.0399	0.0362	—	—	289.3	235.2	389.6	316.7	—	—
1200	2	1452	880	28	22	0.1290	0.1520	0.1380	—	—	374.4	298.6	504.3	402.2	764.2	609.4
	4	1424	860	28	22	0.0629	0.0745	0.0675	—	—	367.2	291.8	494.6	393.1	749.5	595.6
	6	1348	828	27	21	0.0396	0.0478	0.0434	—	—	347.6	280.9	468.2	378.4	709.5	573.4
1300	4	1700	1026	31	24	0.0751	0.0887	0.0804	—	—	—	—	589.3	467.1	—	—
	6	1616	972	29	24	0.0476	0.0560	0.0509	—	—	—	—	560.2	443.3	—	—
1400	4	1972	1192	32	26	0.0871	0.1030	0.0936	—	—	—	—	682.6	542.9	1035.6	823.6
	6	1890	1130	30	24	0.0557	0.0652	0.0592	—	—	—	—	654.2	514.7	992.5	780.8
1500	4	2304	1400	34	29	0.1020	0.1210	0.1100	—	—	—	—	795.9	636.3	—	—
	6	2252	1332	34	28	0.0663	0.0769	0.0697	—	—	—	—	777.9	605.4	—	—
1600	4	2632	1592	37	30	0.1160	0.1380	0.1250	—	—	—	—	907.6	722.3	1378.7	1097.3
	6	2520	1518	37	29	0.0742	0.0876	0.0795	—	—	—	—	869.0	688.8	1320.0	1047.2
1700	4	3012	1856	40	32	0.1330	0.1610	0.1460	—	—	—	—	1036.1	840.1	—	—
	6	2834	1812	38	32	0.0835	0.0981	0.0949	—	—	—	—	974.9	820.2	—	—
1800	4	3384	2056	43	34	0.1490	0.1780	0.1610	—	—	—	—	1161.3	928.4	1766.9	1412.5
	6	3140	1986	37	30	0.0925	0.1150	0.1040	—	—	—	—	1077.5	896.7	1639.5	1364.4

① 排管数按正方形旋转45°排列计算。

② 计算换热面积按光管及公称压力2.5MPa的管板厚度确定，$A=\pi d(L-2\delta_t-0.006)n$。

参考文献

[1] 谭天恩，窦梅，周明华等．化工原理．第3版．北京：化学工业出版社，2010.
[2] 柴诚敬，贾绍义，张凤宝，夏清，张国亮等．化工原理．北京：高等教育出版社，2010.
[3] 姚玉英，陈常贵，柴诚敬．化工原理．第3版．天津：天津大学出版社，2010.
[4] 杨祖荣，刘丽英，刘伟．化工原理．第二版．北京：化学工业出版社，2009.
[5] 陈敏恒，丛德滋，方图南，齐鸣斋．化工原理．第3版．北京：化学工业出版社，2006.
[6] 陈敏恒，潘鹤林，齐鸣斋．化工原理（少学时）．上海:华东理工出版社，2008.
[7] 管国锋，赵汝溥．化工原理．第3版．北京：化学工业出版社，2010.
[8] 钟理，伍钦，马四朋，曾朝霞．化工原理．北京：化学工业出版社，2008.
[9] 马晓迅，夏素兰，曾庆荣．化工原理．北京：化学工业出版社，2012.
[10] 王晓红，田文德，王英龙．化工原理．北京：化学工业出版社，2009.
[11] 王志魁，刘丽英，刘伟．化工原理．第4版．北京：化学工业出版社，2012.
[12] 蒋丽芬．化工原理．北京：高等教育出版社，2007.
[13] 刘志丽．化工原理．北京：化学工业出版社，2008.
[14] 张浩勤，陆美娟．化工原理．第2版． 北京：化学工业出版社，2006.
[15] 李居参，周波，乔子荣．化工单元操作实用技术．北京：高等教育出版社，2008.
[16] 贾绍义，柴诚敬．化工原理课程设计．天津：天津大学出版社，2002.
[17] 马江权，冷一欣．化工原理课程设计．第2版．北京：中国石化出版社，2011.
[18] 任晓光，宋永吉，李翠清．化工原理课程设计指导．北京：化学工业出版社，2009.
[19] 申迎华，郝晓刚．化工原理课程设计．北京：化学工业出版社，2009.
[20] 何潮洪，南碎飞，安越等．化工原理习题精解． 北京：科学出版社，2012.
[21] 丁忠伟．化工原理学习指导． 北京：化学工业出版社，2012.
[22] 丛德滋，丛梅，方图南．化工原理详解与应用．北京：化学工业出版社，2002.